高等职业教育系列教材

Mastercam X6 造型与自动编程项目教程

主　编　史亚贝　杨　笋
副主编　刘娇月　季　祥
参　编　高志华　邓　晓　任　燕　石社轩
主　审　韩全立

机械工业出版社

本书遵循“科学性、实用性、先进性、可读性”的原则，采用“项目驱动、任务引领”的工作过程导向方法进行编写，具有专业性强、操作性强、指导性强的特点。本书分为4个项目，分别为初识Mastercam、二维图形的构建与加工、三维曲面的造型与加工、三维实体造型与多轴铣削加工。

本书既可作为高等职业学校相关专业的教学用书，也可作为工程技术人员的自学用书。

本书配有授课电子课件和示例文件，需要的教师可登录机械工业出版社教材服务网 www.cmpedu.com 免费注册后下载，或联系编辑索取（QQ：1239258369，电话：010-88379739）。

图书在版编目（CIP）数据

Mastercam X6造型与自动编程项目教程/史亚贝，杨笋主编．—北京：机械工业出版社，2015.10（2023.1重印）

高等职业教育系列教材

ISBN 978-7-111-52017-7

Ⅰ.①M… Ⅱ.①史…②杨… Ⅲ.①数控机床—计算机辅助设计—应用软件—高等职业教育—教材 Ⅳ.①TG659-39

中国版本图书馆CIP数据核字（2015）第254564号

机械工业出版社（北京市百万庄大街22号 邮政编码100037）
策划编辑：曹帅鹏 责任编辑：曹帅鹏 范成欣
版式设计：霍永明 责任校对：陈 越
责任印制：常天培
北京机工印刷厂有限公司印刷
2023年1月第1版第5次印刷
184mm×260mm·16.5印张·406千字
标准书号：ISBN 978-7-111-52017-7
定价：49.00元

电话服务	网络服务
客服电话：010-88361066	机 工 官 网：www.cmpbook.com
010-88379833	机 工 官 博：weibo.com/cmp1952
010-68326294	金 书 网：www.golden-book.com
封底无防伪标均为盗版	机工教育服务网：www.cmpedu.com

高等职业教育系列教材机电类专业

编委会成员名单

出版说明

《国务院关于加快发展现代职业教育的决定》指出：到2020年，形成适应发展需求、产教深度融合、中职高职衔接、职业教育与普通教育相互沟通，体现终身教育理念，具有中国特色、世界水平的现代职业教育体系，推进人才培养模式创新，坚持校企合作、工学结合，强化教学、学习、实训相融合的教育教学活动，推行项目教学、案例教学、工作过程导向教学等教学模式，引导社会力量参与教学过程，共同开发课程和教材等教育资源。机械工业出版社组织国内80余所职业院校（其中大部分是示范性院校和骨干院校）的骨干教师共同规划、编写并出版的“高等职业教育系列教材”，已历经十余年的积淀和发展，今后将更加紧密结合国家职业教育文件精神，致力于建设符合现代职业教育教学需求的教材体系，打造充分适应现代职业教育教学模式的、体现工学结合特点的新型精品化教材。

在本系列教材策划和编写的过程中，主编院校通过编委会平台充分调研相关院校的专业课程体系，认真讨论课程教学大纲，积极听取相关专家意见，并融合教学中的实践经验，吸收职业教育改革成果，寻求企业合作，针对不同的课程性质采取差异化的编写策略。其中，核心基础课程的教材在保持扎实的理论基础的同时，增加实训和习题以及相关的多媒体配套资源；实践性课程的教材则强调理论与实训紧密结合，采用理实一体的编写模式；实用技术型课程的教材则在其中引入了最新的知识、技术、工艺和方法，同时重视企业参与，吸纳来自企业的真实案例。此外，根据实际教学的需要对部分内容进行了整合和优化。

归纳起来，本系列教材具有以下特点：

1）围绕培养学生的职业技能这条主线来设计教材的结构、内容和形式。

2）合理安排基础知识和实践知识的比例。基础知识以“必需、够用”为度，强调专业技术应用能力的训练，适当增加实训环节。

3）符合高职学生的学习特点和认知规律。对基本理论和方法的论述容易理解、清晰简洁，多用图表来表达信息；增加相关技术在生产中的应用实例，引导学生主动学习。

4）教材内容紧随技术和经济的发展而更新，及时将新知识、新技术、新工艺和新案例等引入教材。同时注重吸收最新的教学理念，并积极支持新专业的教材建设。

5）注重立体化教材建设。通过主教材、电子教案、配套素材光盘、实训指导和习题及解答等教学资源的有机结合，提高教学服务水平，为高素质技能型人才的培养创造良好的条件。

由于我国高等职业教育改革和发展的速度很快，加之我们的水平和经验有限，因此在教材的编写和出版过程中难免出现疏漏。我们恳请使用这套教材的师生及时向我们反馈质量信息，以利于我们今后不断提高教材的出版质量，为广大师生提供更多、更适用的教材。

机械工业出版社

前　言

Mastercam 是美国 CNC Software Inc. 公司开发的基于 PC 平台的 CAD/CAM 软件，它对硬件的要求不高，在一般配置的计算机上就可以运行，且操作灵活、界面友好、易学易用，适用于大多数用户，能迅速地给企业带来经济效益。另外，Mastercam 相对其他同类软件具有非常高的性价比，对广大中小企业来说是理想的选择，是经济、有效的全方位的软件系统，是工业界及学校广泛采用的 CAD/CAM 系统。

本书遵循“科学性、实用性、先进性、可读性”的原则，采用“项目驱动、任务引领”的工作过程导向方法介绍了 Mastercam。在结构设计上体现了实用性，以典型零件加工为例，使学生获得完成工作岗位任务所需要的综合职业能力。项目内容的选择由简到难，注重实用性和针对性，相关理论知识覆盖面广，满足企业实际工作岗位任务的需求，每个项目根据零件的加工过程进行循序渐进的阐述。以工作岗位任务引领理论知识，让学生在完成工作任务的过程中学习相关专业知识，培养学生的综合职业能力。

本书以 Mastercam X6 为平台，由初识 Mastercam、二维图形的构建与加工、三维曲面的造型与加工、三维实体造型与多轴铣削加工等 4 个项目组成，每个项目按照工作过程分解为若干个任务进行讲解。

本书由河南工业职业技术学院组织编写，由韩全立担任主审。河南工业职业技术学院史亚贝、河南省经济管理学校杨笋担任主编，河南工业职业技术学院刘娇月、季祥担任副主编。项目 1 由季祥编写；项目 2 的任务 2.1、2.2 由刘娇月编写，任务 2.3、2.4 及其他内容由史亚贝编写；项目 3 的任务 3.1、3.2、3.3 由河南工业职业技术学院高志华编写，任务 3.4 由河南省经济管理学校杨笋编写，任务 3.5 及其他内容由河南工业职业技术学院邓晓编写；项目 4 的任务 4.1、4.2 由河南工业职业技术学院任燕编写，任务 4.3、4.4 及其他内容由河南工业职业技术学院石社轩编写；全书由史亚贝统稿。

在本书的编写过程中参阅了大量的书籍和网络文献，由于参考文献部分篇幅有限，不能一一列出，在此向著作权所有人表示感谢。

本书既可作为高职高专院校机械类、机电类专业的教材，也可供模具制造、机械制造等技术人员参考。

由于编者水平所限，书中难免存在缺点、错误，恳请读者批评指正。

编　者

目 录

项目 1　初识 Mastercam

项目学习内容

- Mastercam 的特点。
- Mastercam 的工作过程。
- Mastercam 的基本操作。

项目引入

- CAD 软件与 CAM 软件的功能。
- CAM 的优势。

任务 1.1　了解 Mastercam 的功能

1. Mastercam 简介

Mastercam 是美国的计算机数控程序设计公司 CNC Software Inc. 研制的计算机辅助制造系统软件。它将 CAD 和 CAM 这两大功能综合在一起，是最经济、有效的 CAD/CAM 软件系统之一，也是我国目前十分流行的 CAD/CAM 系统软件。Mastercam 具有强大、稳定、快速的功能，使用户不论是在设计制图上还是在 CNC 铣床、车床和线切割等加工上，都能获得最佳的成果。Mastercam 可以在 Microsoft Windows 操作系统中运行，且支持中文操作，是工业界及学校广泛采用的 CAD/CAM 系统软件。

Mastercam 包括设计、铣削、车削、木雕、浮雕、线切割六大模块。设计模块用于二维及三维图形创建，铣削模块用于生成铣削加工刀具路径，车削模块用于生成车削加工刀具路径，木雕模块用于木雕刀具路径，浮雕模块用于创建浮雕刀具路径，线切割模块用于创建电火花切割刀具路径。

2. Mastercam 的特点

1）Mastercam 除了可以产生 NC 程序，本身也具有 CAD 功能（2D、3D、图形设计、尺寸标注、动态旋转、图形阴影处理等功能）。它可以直接在系统上制图并转换成 NC 加工程序，也可以将其他绘图软件绘好的图形通过一些标准的或特定的转换文件（如 DXF 文件、CADL 文件及 IGES 文件等）转换到 Mastercam 中，再生成数控加工程序。

2）Mastercam 是一套以图形驱动的软件，应用广泛，操作方便。它能同时提供适合目前国际上通用的各种数控系统的后置处理程序文件，以便将 NCI（刀具路径文件）转换成相应的 CNC 控制器上所使用的数控加工程序（NC 代码），如 FANUC、MELADS、AGIE、Hitachi 等数控系统。

3）Mastercam 能预先依据使用者定义的刀具、进给率、转速等，模拟刀具路径和计算加工时间，也可从 NC 加工程序（NC 代码）转换成刀具路径图。

4）Mastercam 系统设有刀具库及材料库，能根据被加工工件材料及刀具规格尺寸自动确定进给率、转速等加工参数。

5）提供 RS232C 接口通信功能及 DNC 功能。

3. Mastercam 的工作过程

（1）零件图样和加工工艺分析

零件图样和加工工艺分析是编程的基础，主要内容如下：

1）分析零件的几何形状、尺寸、公差及精度要求。

2）确定零件相对机床坐标系的装夹位置及被加工部分所处的坐标平面。

3）选择刀具并准确测定刀具有关尺寸。

4）确定工件坐标系、编程原点，找正基准面及对刀点。

5）确定加工路线。

6）选择合理的加工工艺参数。

（2）零件几何模型的造型

通过 Mastercam 的 CAD 功能，将零件的几何图形准确地绘制在计算机界面上，同时通过一定的数据结构自动存储图形数据文件。这些数据是计算刀位轨迹的依据，是加工的基础数据，是保证零件精度的必要条件，直接影响编程结果的准确性，所以在设计阶段应力求图形设计数据准确。

由于 Mastercam X6 在 CAD 方面的功能较为薄弱，所以在使用 Mastercam X6 进行数控加工前，经常使用其他 CAD 软件完成原始模型的创建，然后另存为 Mastercam 可以读取的文件格式。

（3）刀位轨迹的计算生成

1）设置工件。为了使模拟加工时的仿真效果更加真实，需要在模型中设置工件。另外，如果需要系统自动运算进给速度等参数，设置工件也是非常重要的。

2）选择加工方法。由于加工的零件不同，因此只有选择合适的加工方式，才能提高加工效率和加工质量，并通过 CNC 加工刀具路径获取控制机床自动加工的 NC 程序。

3）选择刀具。一个零件从粗加工到精加工可能要分成若干步骤，需要使用多把刀具，而刀具的选择直接影响加工的成败和效率。

4）设置加工参数。需要设置的加工参数包括共性参数及在不同的加工方式中所采用的特性参数。

5）加工仿真。用实体切削的方式来模拟刀具路径。对于已生成刀具路径的操作，可在图形窗口中以线框形式或实体形式模拟刀具路径，让用户在图形方式下很直接地观察到刀具切削工件的实际过程，以验证各操作定义的合理性。

（4）后置处理，生成加工程序

后置处理的目的是形成数控加工指令文件。由于各种机床使用的数控系统不同，使用的数控指令文件的代码和格式也不同，因此 Mastercam 系统设置一个后置处理文件选项，生成与某类数控系统对应的加工文件，按文件使用的指令格式定义数控文件所使用的代码、程序格式等内容，生成所需要的 NC 程序。

（5）程序输出

1）使用打印机可以打印出数控加工程序清单，在绘图机上绘制出刀位轨迹图形，更加直观地了解加工的走刀过程。

2）使用U盘可将NC程序从计算机上复制过来，亦可将NC程序复制到数控系统。

3）对于有标准通信接口的数控系统可以直接和计算机联系，由通信程序将加工程序传输给数控系统。

任务1.2　熟悉Mastercam X6的基本操作

1. 文件操作

文件操作主要包括新建文件、打开文件、保存文件、打印文件等与文档有关的内容，这些命令集中在“文件”菜单中，如图1-1所示。

（1）新建文件

启动Mastercam后，系统就自动新建了一个空白的文件。新建文件的后缀名是.MCX-6。单击菜单“文件”→“新建文件”命令，可以新建一个空白的MCX文件。

新建一个文件时，由于Mastercam是当前窗口系统，因此系统只能存在一个文件。如果当前的文件已经保存过，那么将直接新建一个空白文件，并且将原来的已经保存过的文件关闭。

（2）打开文件

单击菜单栏的“文件”→“打开文件”命令，弹出如图1-2所示的“打开”对话框。首先选择需要打开文件所在的路径，如果文件所在的文件夹已经显示在对话框的列表中，那么用鼠标双击该文件夹，就可以将指定的文件打开。若需要打开其他类型的文件，则可以在文件名右侧的下拉菜单中选择对应的文件格式进行筛选。

【提示】Mastercam软件系统的内容复杂繁多，因此软件提供了英文版的在线帮助供用户随时查看。获取在线帮助的方法有以下两种：

1）针对某项功能，如绘制直线功能，调用该功能后，在工具栏中会出现一个?按钮，单击该按钮可以直接到达相应部分的帮助。

2）直接按〈Alt + H〉组合键，打开在线帮助文档，查找相应的帮助文件。

（3）合并文件

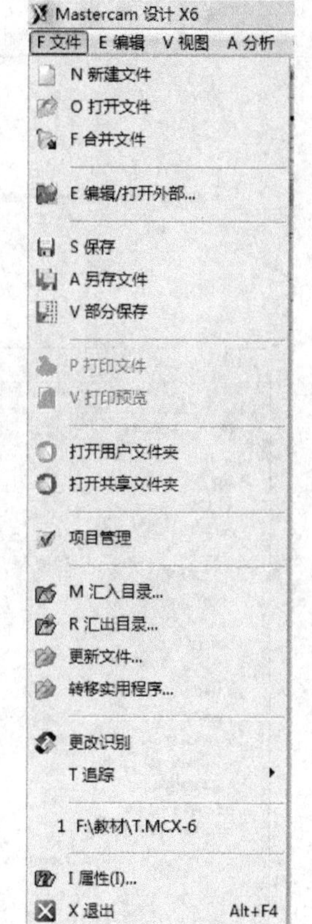

图1-1　“文件”菜单

合并文件是在当前的文件中，插入另一个文件中的图形。首先打开一个文件或者新建一个文件，这里可以打开示例文件中的“ch1/1-1.MCX-6”文件。单击菜单“文件”→“合并文件”命令，弹出【打开】对话框，选择一个文件，作为插入的文件（这里选择示例文件中的“ch1/1-2.MCX-6”文件），如图1-3所示。

插入结果如图1-4所示，文件“1-2.MCX-6”中的图形已经插入到“1-1.MCX-6”文件中。合并文件工具栏如图1-5所示，其中列出了合并文件的各项功能。

【提示】工具栏是Mastercam的一个重要部分，虽然它以工具栏的形式出现，但实际上

图 1-2 “打开”对话框

图 1-3 打开合并文件

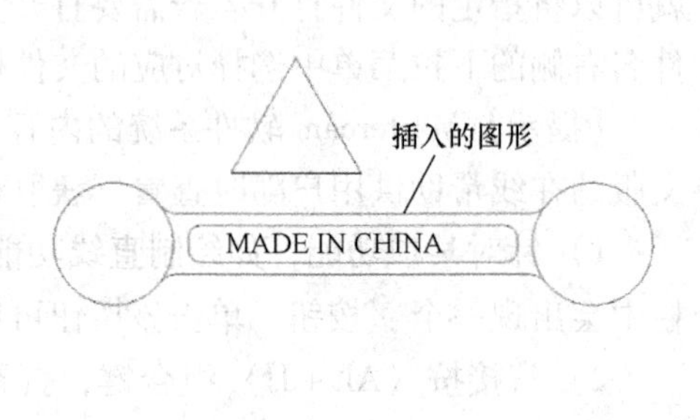

图 1-4 文件合并

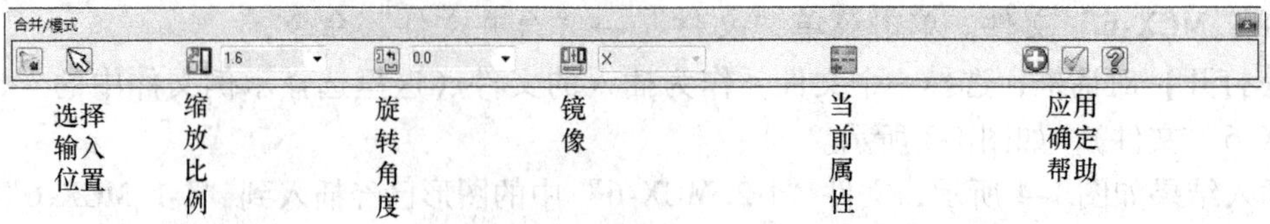

合并/模式

选择输入位置　缩放比例　旋转角度　镜像　当前属性　应用 确定 帮助

图 1-5 合并文件工具栏

更像一个对话框。对于大部分 Mastercam 的功能，都在工具栏上列出了该功能可以输入的参数。

（4）保存文件

Mastercam X6 版本提供了 3 种保存文件的方式：保存、另存文件和部分保存。调用这 3 种功能都可以通过单击“文件”来进行。

1）保存：对未保存过的新文件，或者已经保存过但是作了修改的文件进行保存。

2）另存文件：将已经保存过的文件保存在另外的文件路径并以其他文件名进行保存或者保存为其他文件格式。

3）部分保存：可以将当前文件中的某些图形保存下来。调用该功能后，选择要保存的图形元素，完成后在“普通选项”工具栏上单击按钮，弹出如图 1-6 所示的“另存为”对话框，确定保存的路径及文件名后，单击“保存”按钮进行保存。

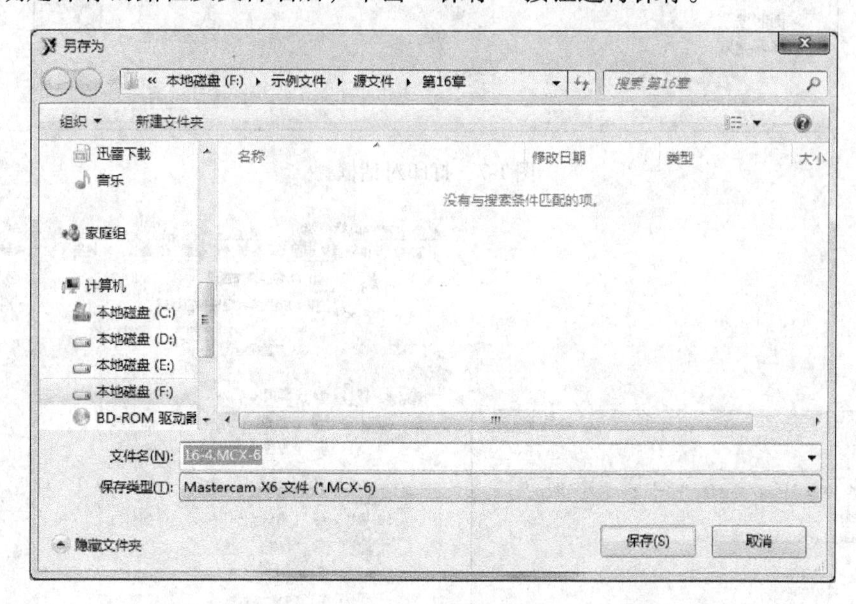

图 1-6　部分保存

（5）打印文件

单击菜单“文件”→“打印文件”命令，弹出如图 1-7 所示的“打印”对话框，在“名称”下拉列表框中选择用于打印的打印机。单击 属性... 按钮，在弹出的如图 1-8 所示的“打印设置”对话框中设定打印的相关参数。

2. 视图操作

在进行图形设计等操作时，经常需要对界面上的图形进行缩放、旋转等操作，以便细致地观看图形的细节。Mastercam X6 的“视图”菜单提供了丰富的视图操作功能，如图 1-9 所示。

（1）视图平移

视图平移功能可以使视图在界面上进行移动。单击菜单“视图”→“平移”命令，调用视图平移功能，按下鼠标左键，将图形移动到合适的位置，然后松开鼠标左键，完成平移操作。如果需要继续进行平移操作，则需要再次调用平移功能。

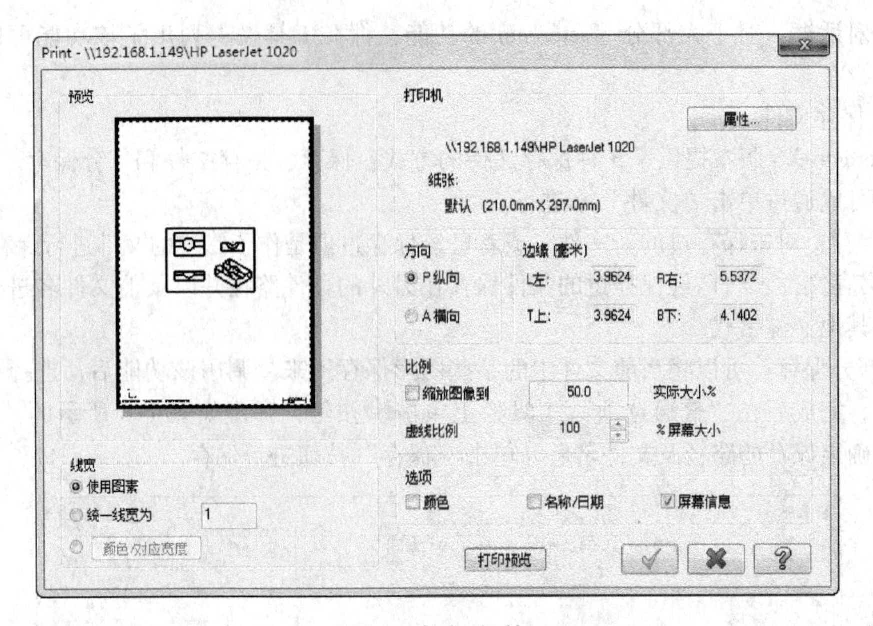

图 1-7 打印对话框

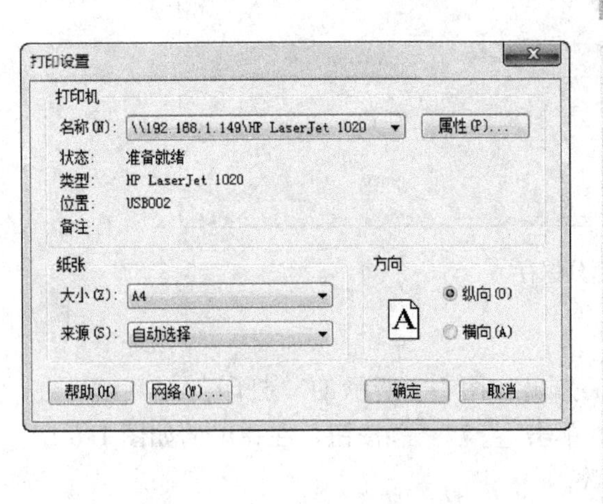

图 1-8 “打印设置”对话框

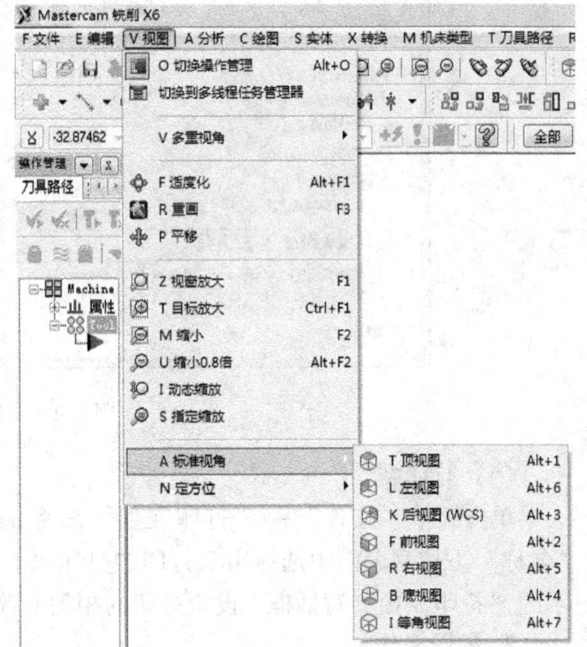

图 1-9 视图操作

通过设定视图平移的快捷键，也可以进行视图平移。设定视图平移快捷键的方法如下：

1）单击菜单“设置”→“定义快捷键”命令，弹出如图 1-10 所示的对话框。

2）在“类别”下拉列表框中选择“视角类型”。

3）在右侧的“命令”选项中列出了所有与“视角类型”相关的功能，在其中单击“平移”按钮。

4）在“设置快捷键”文本框中输入需要设置为平移快捷键的键，如输入 Ctrl + P 作为平移的快捷键。

5）单击 指定 按钮，确定 Ctrl + P 键作为快捷键。此时，该快捷键移动到“当前快捷键”列表框中，完成了快捷键的设定。

6）单击按钮，确认修改，并且关闭对话框。

7）如果设定 Ctrl + P 作为快捷键，那么可以在键盘上按〈Ctrl + P〉键，然后按住鼠标左键移动图形。

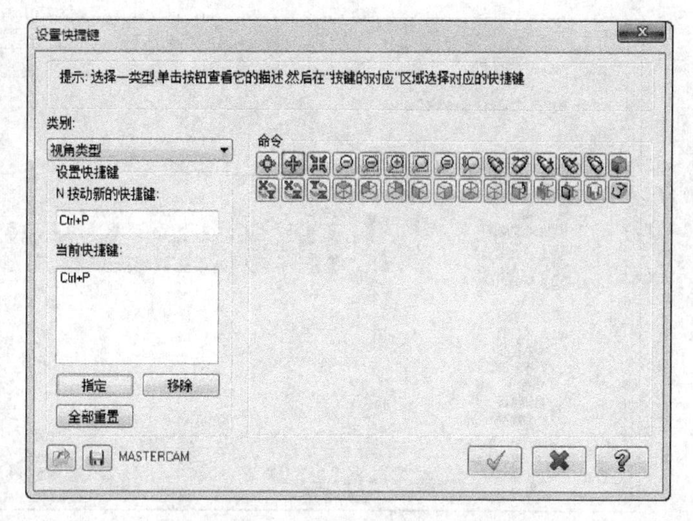

图 1-10 “设置快捷键”对话框

由于平移功能在图形设计过程中的应用相当广泛，并且用户都喜欢用鼠标来完成尽可能多的操作，所以可以将平移功能加入到右键菜单中，其操作方法如下：

1）单击菜单“设置”→“用户自定义”命令，弹出如图 1-11 所示的“自定义”对话框。

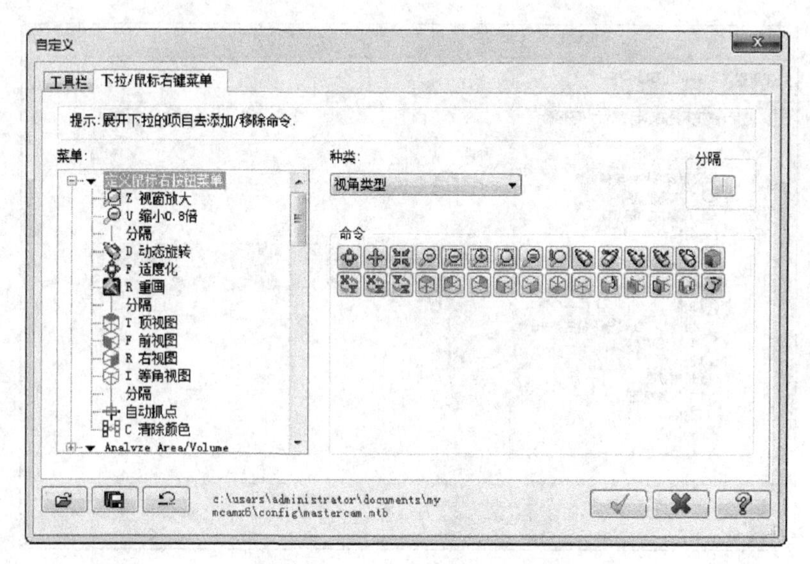

图 1-11 “用户自定义”对话框

2）在该对话框中单击“下拉/鼠标右键菜单”选项卡，并且在“菜单”列表框中双击“⊞▼ 定义鼠标右按钮菜单 ”，将其展开。

3）在右侧的“种类”下拉列表框中选择“视角类型”。

4）在“命令”选项区中单击按钮并按住鼠标左键，将该图标拖动到“定义鼠标右按钮菜单”中，释放鼠标后该栏目中就增加了平移功能，如图 1-12 所示。

5）单击按钮，确认修改，并且关闭对话框。

6）在绘图区单击鼠标右键，弹出的菜单新增了平移功能如图 1-13 所示。

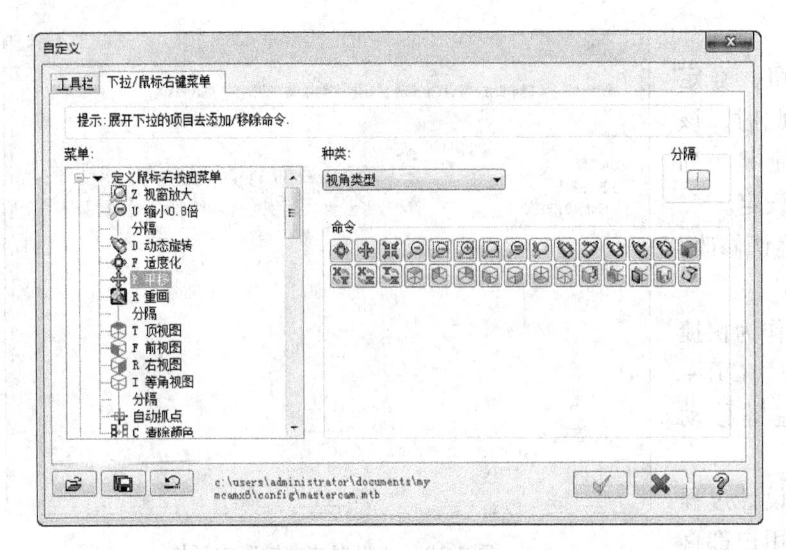

图 1-12　鼠标右键增加平移功能

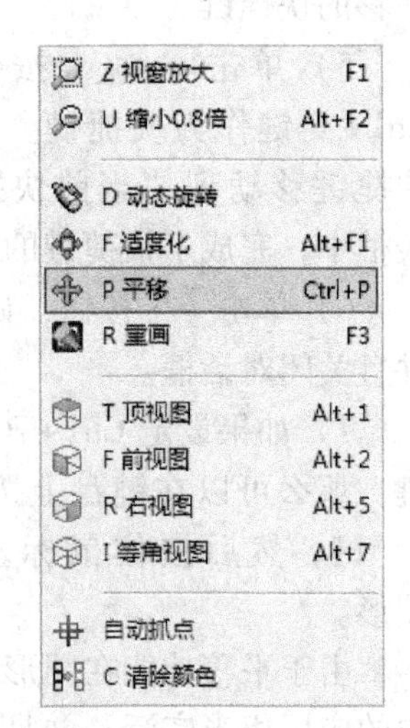

图 1-13　新增平移功能

7）如果需要将下拉菜单的某个选项删除，如要将平移功能从右键菜单中删除，那么可以在图 1-14 中的“定义鼠标右按钮菜单”中选择该选项，单击鼠标右键，在弹出的菜单中选择“删除下拉式菜单”，将其删除即可。

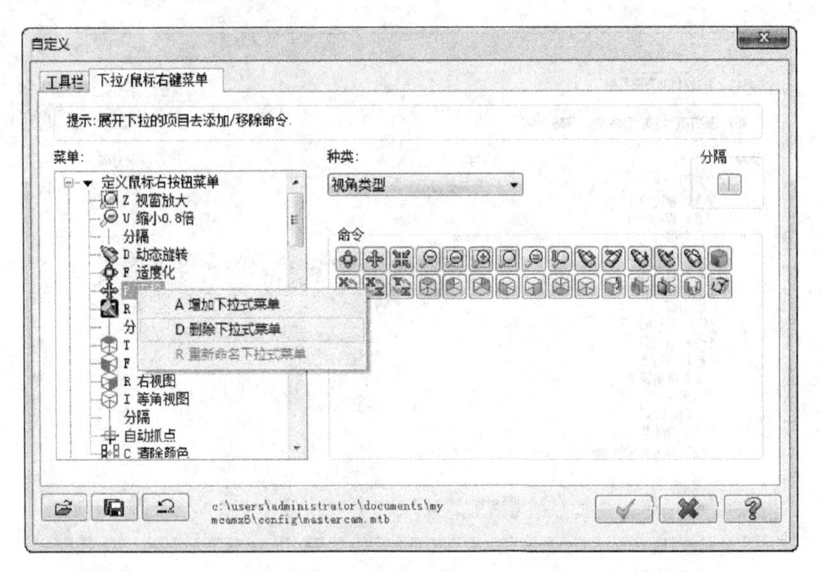

图 1-14　删除右键平移功能

（2）视图缩放

Mastercam X6 版本提供了以下视图缩放功能：

1）适度化。通过单击菜单“视图”→“适度化”命令，可以将图形充满整个绘图窗口。

2）视窗放大。单击菜单“视图”→“视窗放大”命令，绘图区出现 符号，用鼠标确定矩形的两个顶点，绘制一个矩形窗口，所绘制的矩形区域就是局部放大的部位。

3）目标显示放大。单击菜单“视图”→“目标放大”命令，先选择一个点，确定需要放大的部位中心，然后移动鼠标，在合适的位置确定放大区域的一个顶点。

4）缩小。单击菜单“视图”→“缩小”命令，图形缩小为原来的1/2，再次调用 M缩小，图形又变为前面的1/2，依此类推。

5）动态缩放。单击菜单“视图”→“动态缩放”命令，用鼠标左键在绘图区确定一点，作为缩放的中心（鼠标向上移动是放大图形，鼠标向下移动则是缩小图形），完成缩放时需要单击鼠标左键。

6）指定缩放。选择需要缩放的元素，单击菜单“视图”→“指定缩放”命令，前面所选择的元素就充满绘图区。

如果鼠标带有滚轮，那么滑动滚轮也可以对图形进行缩放。

（3）视图旋转

在图形设计过程中，经常需要对图形进行旋转，以便观察。单击菜单“视图”→“定方位”→“动态旋转”命令，用鼠标左键选择一个点作为视图旋转的中心，移动鼠标，图形随之转动，移动到合适的位置，单击鼠标左键，完成视图旋转。

如果鼠标有中键或者滚轮，那么按住鼠标中键或者滚轮移动鼠标，也可以对视图进行旋转。

（4）视图方向

视图旋转可以通过旋转来观看任何一个方向，有时需要指定某个特定的方向。

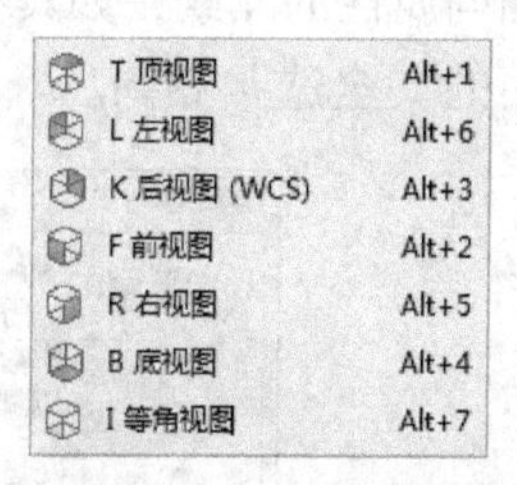

图1-15　标准视角

1）标准视角。单击菜单“视图”→“标准视角”命令，在弹出的子菜单中列出了7种系统设定好的视图，如图1-15所示。

2）法向视角。这个功能可以通过选择一条直线，来定义视图的方向。单击菜单“视图”→“定方位”→“法线面视角”命令，根据系统提示确定所选择的直线作为视图方向的法向，选择一个合适的视角后，单击按钮，视图旋转到相应的视图方向。

3）指定视角。单击菜单“视图”→“定方位”→“指定视角”命令，弹出如图1-16所示的“视角选择”对话框，在其中选择一个需要的视角，单击按钮完成视角选择。

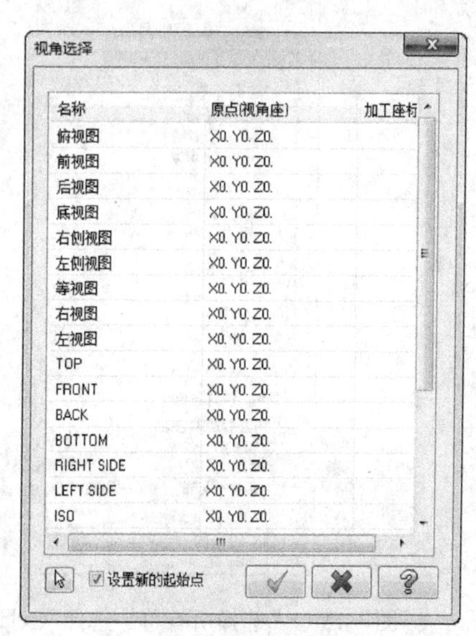

图1-16　“视角选择”对话框

4）由图素定义。单击菜单“视图”→“确定方向”→“由图素定义视角”命令，系统要求选择一个平面物体、两条直线或者3个点来定义视图。

5）X、Y、Z三轴互换。单击菜单“视图”→“确定方向”中的“切换X为Y”“切换X为Z”或“切换Y为Z”命令，可以通过交换两个轴线来达到旋转视图的目的。需要注意的是，交换轴线实际上也只是旋转视图，并没有真正改变坐标系。

3. 物体选择及属性编辑

（1）元素选择

Mastercam X6提供了丰富的元素选择方式，这些功能集中在“标准选择”工具栏中，如图1-17所示。

图 1-17 “标准选择”工具栏

1）全部：选择全部元素或者选择具有某种相同属性的全部元素。在“标准选择”工具栏中单击 全部 按钮，弹出如图 1-18 所示的“选取所有单一选择”对话框。单击 所有图素 按钮，绘图区中当前所显示的所有元素将被选中。选中“图素”复选框，对话框中部的灰色部分激活。单击 按钮，可以在绘图区中选择某一类需要选择的元素，系统自动判别元素的类型，返回到对话框中，该类元素名称就被选中。单击 按钮，则列表框中的所有元素类型都被选中。单击 按钮，则列表框中所选中的类别全部取消。选中“直径/长度”复选框，可以设定选择某种条件下的圆弧以及直线，这在设计过程中比较有用。条件设定完成后，单击 按钮，执行选择功能。

2）单一：在“标准选择”工具栏中单击 单一 按钮，弹出如图 1-19 所示的“选择所有单一选择”对话框。该对话框与图 1-18 所示的对话框类似，只是这里只能选择某一类具有相同属性的元素，如具有相同的颜色、图层、线型、长度/直径等的元素，其操作方法与前面的“全选”相同。

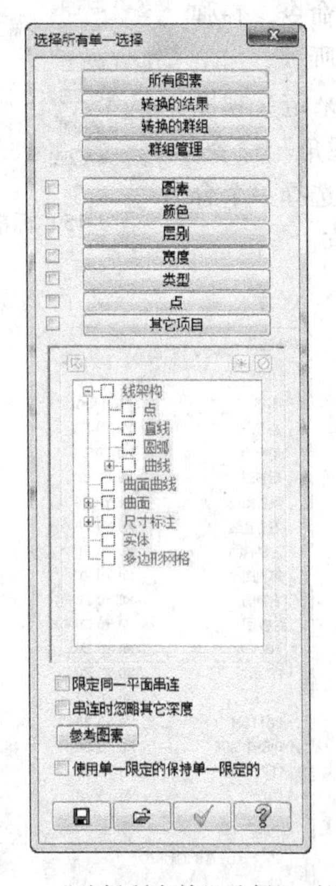

图 1-18 “选择所有单一选择”对话框 1

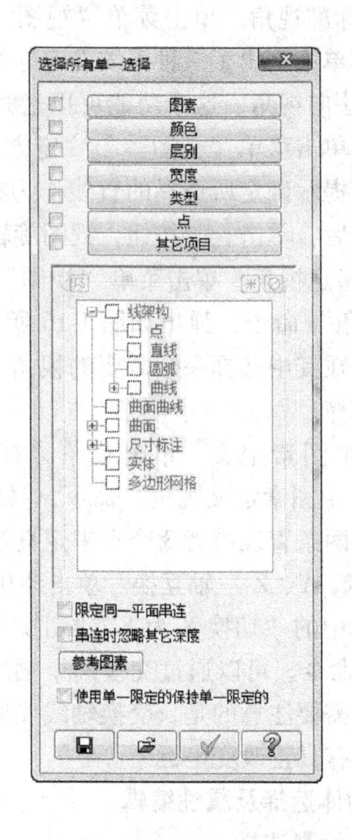

图 1-19 “选择所有单一选择”对话框 2

3）窗口状态。在“标准选择”工具栏的下拉列表框中有 5 种窗口选择类型：“视窗内”“视窗外”“范围内”“范围外”和“相交物”。

①“视窗内”就是在所绘制的矩形视窗中，完全包含在该视窗中的元素被选中，在视窗外以及与视窗相交的元素都没有被选中。

②“视窗外”则表示所有包含在矩形视窗之内以及与视窗相交的元素没有被选中，而视窗之外的元素被选中。

③“范围内”表示所有与矩形视窗相交及在视窗之内的元素被选中。

④“范围外”表示所有在矩形视窗之外的元素以及与视窗相交的元素被选中。

⑤“相交物”表示只有与视窗相交的元素才被选中。

4）选择方式：可以选择不同的视窗类型。

①“串连”方式：可以通过选择相连图形中的一个元素将图形中的所有相连元素选中。

②“窗选”方式：绘制一个矩形窗口来选择元素。

③“多边形”方式：通过绘制一个任意多边形来选择元素。

④“单体”方式：只需依次选择需要的元素即可。

⑤“范围”方式：主要是应用于封闭图形的选择，只需在封闭图形的内部单击一下鼠标，就可以将整个封闭图形选中。

⑥“向量”方式：通过绘制一条连续的折线来选择图形，所有与折线相交的元素将被选中。

若要取消选择已经选中的元素，在工具栏中单击按钮即可。

（2）删除元素

在绘制图形时可能会出现错误，或者有些辅助线使用完后可以删除，这时就需要使用删除功能来完成这些操作。单击菜单“编辑”→“删除”命令，列出了删除以及恢复删除的命令，如图 1-20 所示。

1）删除图素：调用该功能后，按照上述的选择方法，选择需要删除的元素，在“标准选择”工具栏中单击按钮即可。

2）删除重复图素：调用该功能，会弹出如图 1-21 所示的对话框，说明有多少重合的元素将被删除，单击 确定 按钮执行该功能。

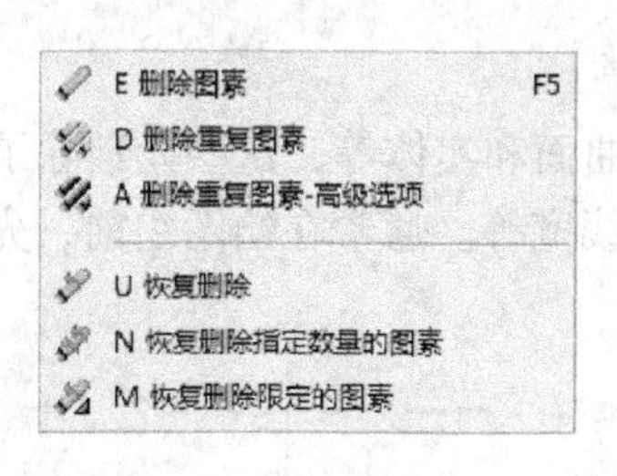

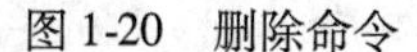
图 1-20　删除命令

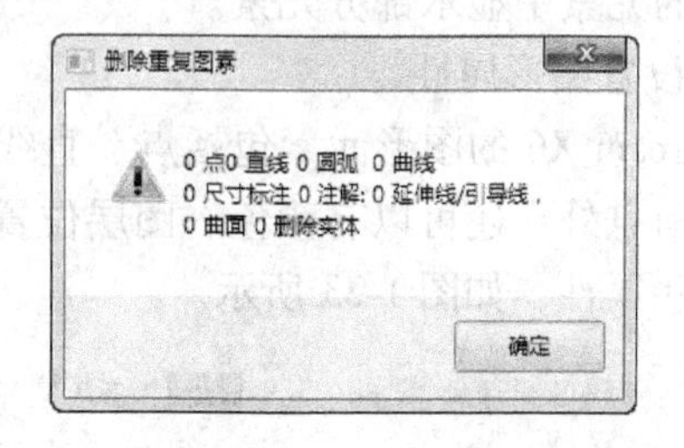

图 1-21　删除重复图素

3）删除重复图素-高级选项：调用该功能后，选择需要删除的重叠元素，单击按钮后弹出“删除重复图素”对话框，在其中可以为坐标重叠的元素额外设定一个附加属性，只有当元素的坐标相同，并且设定的附加属性也相同时，系统才认为这些元素是重叠元素，单击“确定”按钮就可以完成删除操作。

4）恢复删除：调用该功能，系统就会自动恢复最近一次被删除的元素。

5）恢复删除指定数量的图素：调用该功能，可以在对话框中设定恢复的元素个数。

6）恢复删除限定的图素：调用该功能后，在弹出的对话框中设定需要恢复的元素属性，单击“确定”按钮即可将相应属性的元素恢复出来。

（3）隐藏/显示

在设计过程中，常常要隐藏一些暂时不用的图形，以方便设计。Mastercam X6 提供了多种隐藏和恢复显示图形的方法，这些功能集中在【屏幕】菜单中，如图 1-22 所示。

1）B 隐藏图素：该功能可以将选定的元素隐藏起来。单击菜单“屏幕”→“B 隐藏图素”命令，选择需要隐藏的元素，选择完成后在“通用选项”工具栏上单击按钮，被选择的图形就消失了，但是这些图形并没有被删除，可以再次被显示出来。

2）U 恢复隐藏的图素：该功能与“B 隐藏图素”对应，用于恢复用“B 隐藏图素”功能隐藏的图形。单击菜单“屏幕”→“U 恢复隐藏的图素”命令，出现了被隐藏的元素，选择需要恢复显示的元素，选择完成后单击按钮。

3）H 隐藏图素：该功能与“B 隐藏图素”功能类似，都可以用来隐藏某些元素。所不同的是，“H 隐藏图素”是选择某些不要隐藏的元素，执行后那些没有被选中的元素被隐藏；如果采用“B 隐藏图素”隐藏元素，在保存后再次打开，那么隐藏的元素仍然是隐藏的。而如果采用“H 隐藏图素”功能隐藏元素，那么保存后再次打开，隐藏的元素将被显示出来。另外，如果用“B 隐藏图素”功能隐藏元素，是调用“U 恢复隐藏的图素”功能来恢复被隐藏的元素；而以“H 隐藏图素”功能来隐藏元素，需要再次调用“H 隐藏图素”功能来显示被隐藏的元素。

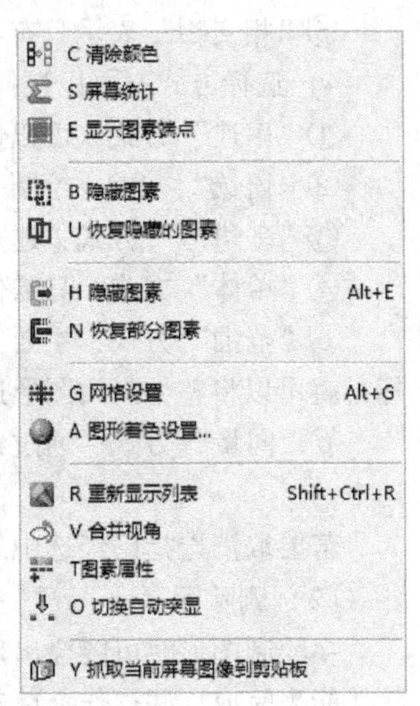

图 1-22　屏幕菜单

4）N 恢复部分图素：该功能与“H 隐藏图素”功能对应，可以在被“H 隐藏图素”功能所隐藏的元素中显示部分元素。

（4）设置图形属性

Mastercam X6 的图形元素包括点、直线、曲线、曲面和实体等，这些元素除了自身所必需的几何信息外，还可以有颜色、图层位置、线型、线宽等。通常在绘图之前，先在状态栏中设定这些属性，如图 1-23 所示。

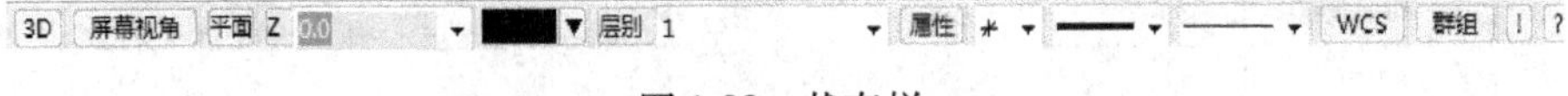

图 1-23　状态栏

1）3D 和 2D 的切换：单击该按钮，可以进行切换。3D 表示当前的设计是在整个三维空间进行设计的；而 2D 则是在某个平面内进行设计，这个平面就是由“构图面”所设定的，平行于构图面并且距离构图面一定的距离 Z。

2）“屏幕视角”：用于指定当前图形的观看视角。在状态栏上单击“屏幕视角”按钮，弹出如图 1-24 所示的菜单。该菜单中列出了设定当前屏幕视角的各种方法。

① 标准视角：菜单上部的 7 个视角，这些视角是系统定义的，在这里调用这些功能与

菜单“视图”→“标准视图”中的标准视角相同。

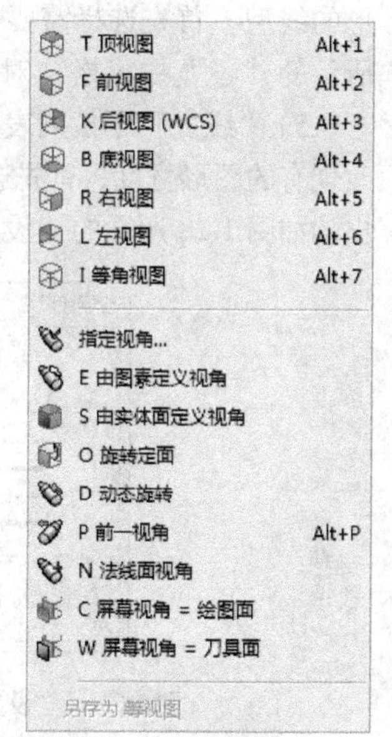

图 1-24　屏幕视角菜单

② 指定视角：通过对话框，指定 7 个标准视角中的一个。

③ 由图素定义视角：通过指定一个平面、两条直线或者 3 个点来确定一个视角方向。

④ 由实体面定义视角：指定一个实体的平面来确定视角方向。

⑤ 旋转定面：调用该功能后，弹出“旋转视角”对话框，在对话框中设定绕 X、Y、Z 3 个轴的旋转角度，单击“确定”按钮设定视角方向。

⑥ 动态旋转：通过设定一个旋转中心，自由旋转。

⑦ 法线面视角：通过选择一条直线来确定视角方向。

⑧ 屏幕视角 = 绘图面：屏幕视角与构图平面的重叠。

⑨ 屏幕视角 = 刀具面：屏幕视角与刀具的重叠。

3）“颜色”栏：可以设置图形元素的颜色。在“颜色”栏中单击鼠标左键，弹出如图 1-25 所示的“颜色”对话框，在其中可以选择一种颜色作为元素的颜色。单击 S 选择 按钮可以选择某个元素的颜色作为设定的颜色。选择“自定义”选项卡，在弹出的对话框中可以通过拖动“红色”“绿色”或者“蓝色”3 个滑块来指定一种颜色，如图 1-26 所示。单击 ✓ 按钮完成颜色设置。

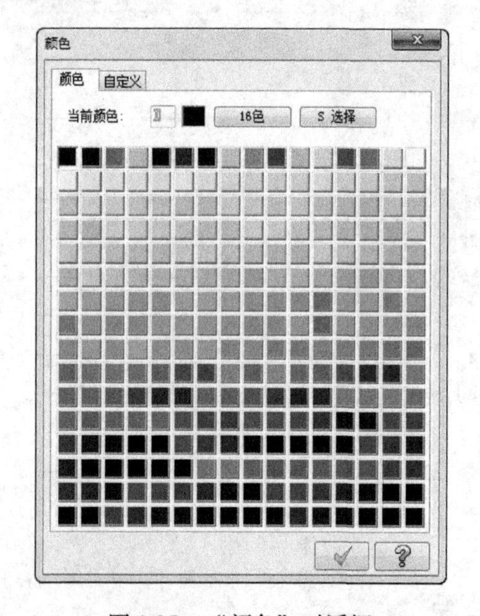

图 1-25　“颜色”对话框

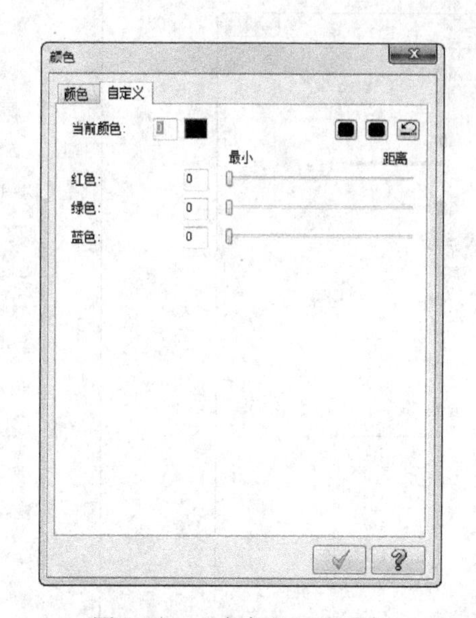

图 1-26　“自定义”选项卡

注意：对于已有的图形，如果需要修改其颜色，可以选择需要修改颜色的元素，在颜色栏中单击鼠标右键，在弹出对话框中选择一种颜色，单击 ✓ 按钮完成颜色修改。

4）“线型”下拉列表框：可以设定某种线型作为直线或者曲线的类型，单击下拉列表框右侧的三角形按钮，在弹出的下拉列表框中选择某种线型。也可以修改已经存在图形的线型，首先选择需要修改的图形，在下拉列表框中单击鼠标右键，弹出如图 1-27 所示的“设置线风格”对话框，在其中选择一种线型，单击按钮完成设置。

5）“线宽”下拉列表框：可以设置线的宽度，其操作方法与“线型”相同。如果需要修改现有的图形宽度，首先选择需要修改的图形，在下拉列表框中单击鼠标右键，在弹出的如图 1-28 所示的“设置线宽度”对话框中选择一种线的宽度，单击按钮完成设置。

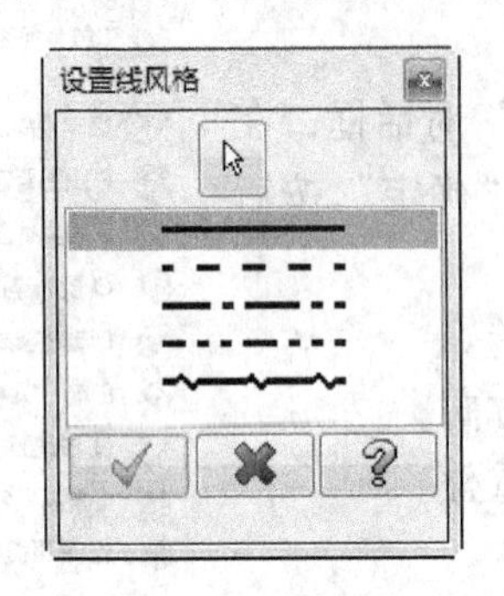

图 1-27 “设置线风格”对话框

图 1-28 “设置线宽度”对话框

6）“属性”：单击“属性”按钮，弹出如图 1-29 所示的“属性”对话框。在该对话框中可以设置颜色、线型、点型、层别、线宽等参数。如果选中属性管理复选框，并且单击属性管理按钮，会弹出如图 1-30 所示的“图素属性管理”对话框，在其中可以为不同类型的元素指定相应的属性。

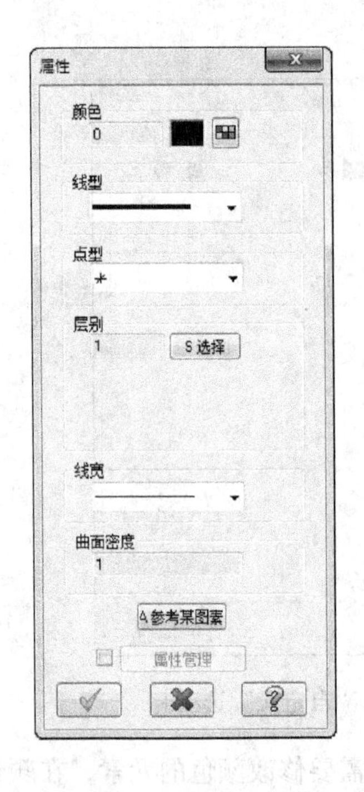

图 1-29 “属性”对话框

图 1-30 “图素属性管理”对话框

4. 图层设置

Mastercam 的图层概念类似于 AutoCAD 的图层概念，可以用来组织图形。在状态栏中单击“层别”，弹出如图 1-31 所示的“层别管理”对话框。图中只有一个图层，也是主图层，用黄色高亮显示，在“突显”列中带有“X”，表示该层是可见的。

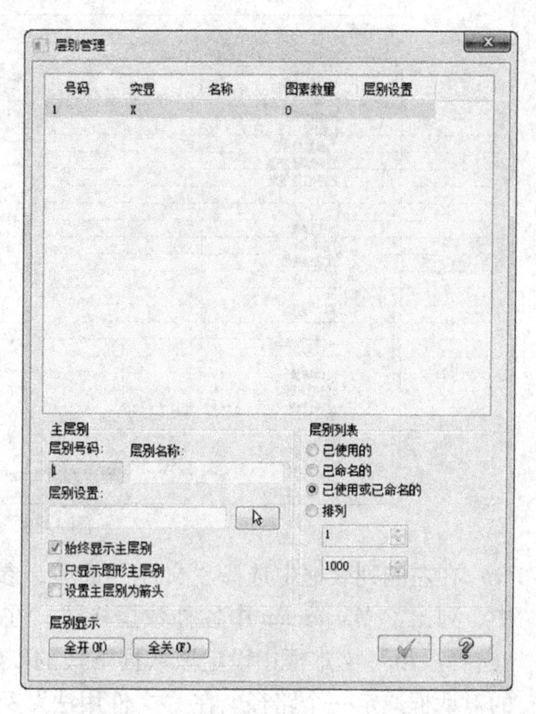

图 1-31　“层别管理”对话框

如果要新增图层，只需要在“层别号码”文本框中输入要新建的图层，并且可以在“名称”文本框中输入该层的名称，这样就新建了一个图层。

如果要使某一层作为当前的工作层，只需用鼠标在“次数”列中单击该层的编号，该层就以黄色高亮显示，即表明该层已经作为当前的工作层。

如果要显示或者隐藏某些层，只需在“突显”列中单击需要显示或者隐藏的层，取消该层的“X”即可。如果该层的“突显”列中带有“X”，表示该层可见，没有“X”表示隐藏。单击 N全部开 按钮，可以设置所有的图层可见；单击 F全部关 按钮，可以将除了当前工作图层之外的所有图层隐藏。

如果要将某个图层中的元素移动到其他图层，可以选择需要移动的元素，在状态栏上用鼠标右键单击“层别”，在弹出的如图 1-32 所示的“改变层别”对话框中选中“移动”或“复制”单选按钮，在“层别编号”文本框中输入需要移动到的图层，单击 ✓ 按钮即可。

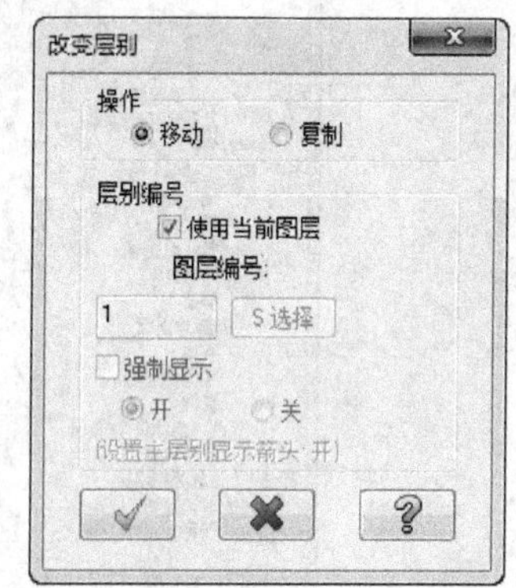

图 1-32　“改变层别”对话框

5. 系统设置

在设计过程中，有时需要调整 Mastercam 系统的某些参数，从而更好地满足设计的需求。单击菜单“设置”→“系统配置”命令，弹出“系统配置”对话框，其左侧列表框中列出了系统配置的主要内容，选择某一项内容，将在右侧显示出具体的设置参数。

（1）公差

在左侧列表框中选择“公差”选项，参数设置如图 1-33 所示。公差主要是设置图形元素的精度。选中“系统公差”复选框，可以在其后的文本框中设置系统公差，该数值决定了系统所能区分的两个位置之间的最大距离，同时也决定了系统所能识别的直线的最短距离。如果直线长度小于该数值，那么系统认为直线的两个端点是重合的，也就是不存在该直线。其他公差都是设置曲线、曲面的光顺程度，设置的数值越小，表示精度越高，即越光滑，但是系统的数据量也就更大，从而加大了系统的负荷，不利于系统的运行。因此，通常是设置一个合理的数值，既满足显示的要求，又控制系统的负荷。

（2）文件

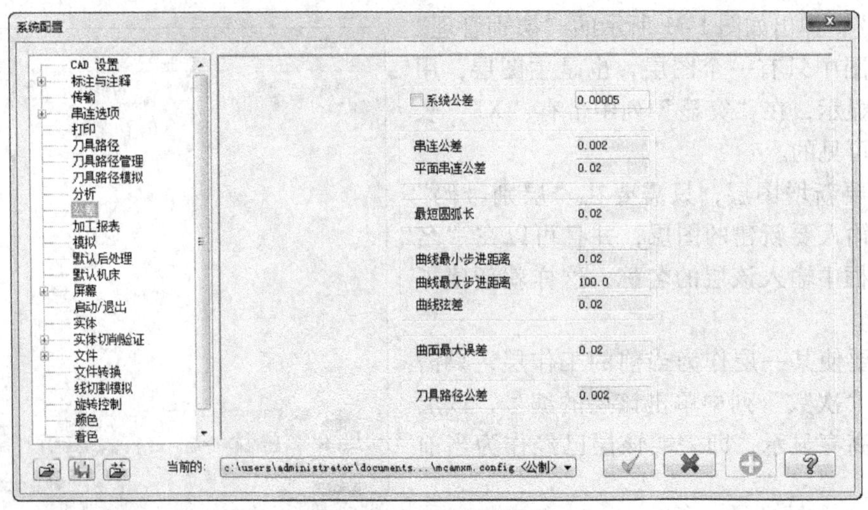

图 1-33　公差参数设置

在左侧列表框中选择“文件”选项，参数内容如图 1-34 所示。在“数据路径”列表框中，列出了 Mastercam 中各种数据格式，在其中选择某种数据格式，可以在列表框下方的“选择项目”文本框中设定该数据格式的默认路径。单击按钮，可以通过如图 1-35 所示的对话框选定一个路径。在“文件用法”列表框中显示了系统用到的各种加工数据库，可

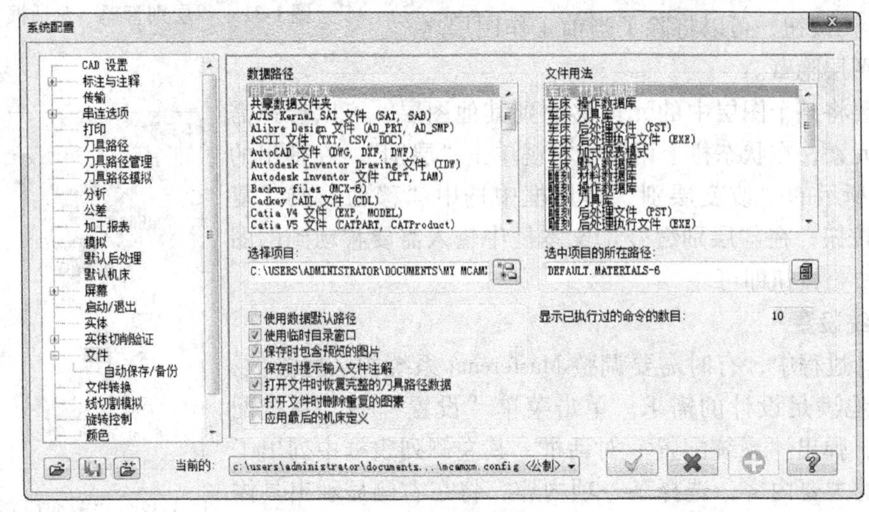

图 1-34　文件参数设置

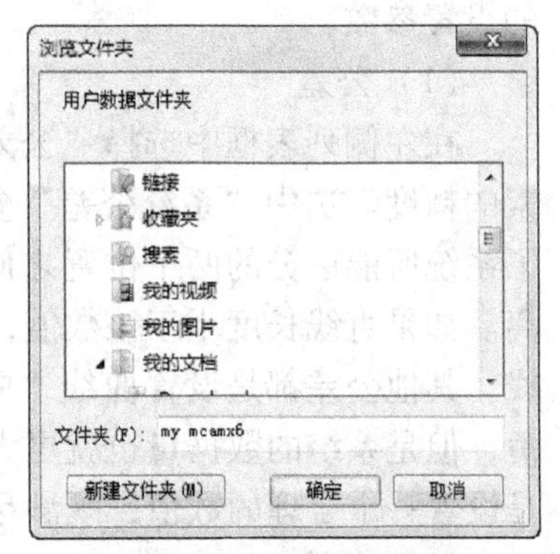

图 1-35　路径选择

以选择一个项目，单击“选中项目的所在路径”文本框后面的按钮，重新选择数据库。在“自动存档”选项区中选中 自动保存 复选框，可以启用系统的自动保存功能。

（3）转换

该选项所对应的参数设置如图 1-36 所示，可以设置在实体输入时的参数，以及实体输出时所采用的文件版本。

（4）屏幕

该选项所对应的参数设置如图 1-37 所示。选择“网格

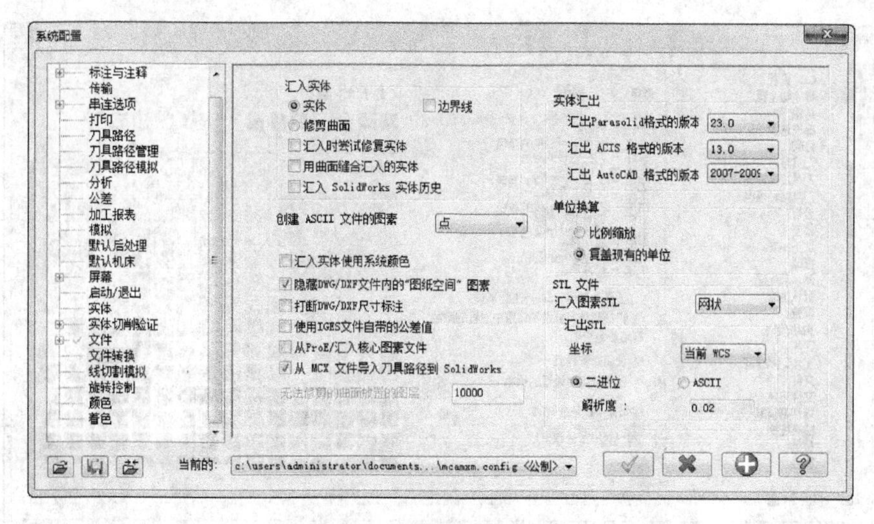

图 1-36　文件转换参数设置

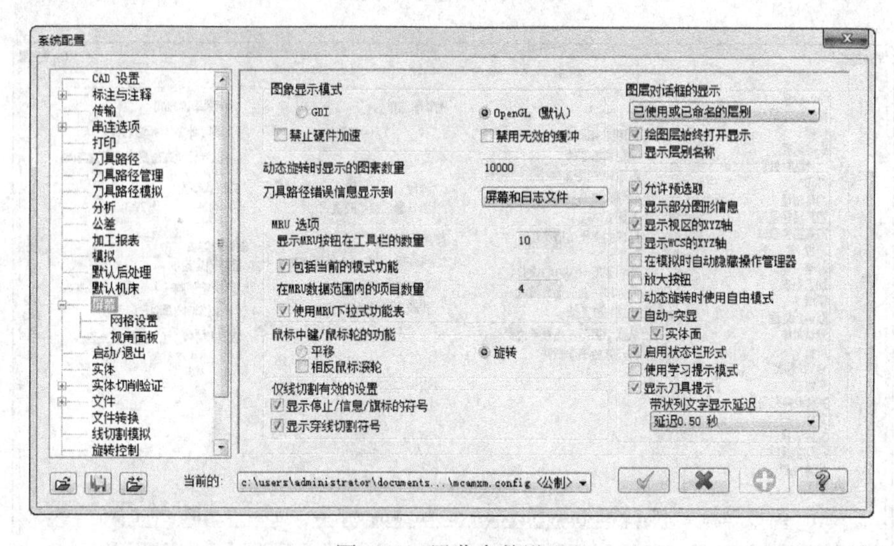

图 1-37　屏幕参数设置

设置”，可以在“间距”文本框中设置栅格的大小，在“原点”文本框中设置栅格原点位置。

选中允许预选取复选框，可以先选取图形元素，再调用命令；也可以先调用命令，再选取元素。如果没有选中该复选框，那么只能先调用命令，再选择图素。在该对话框可以设定鼠标中键的用途，可以是平移或者旋转，默认是旋转。

(5) 颜色

该选项所对应的参数设置如图 1-38 所示。在颜色下方的列表框中列出了可以设置颜色的各种项目，选择需要设置颜色的项目，在右侧的颜色列表框中选择某种颜色（或者直接在颜色文本框中输入该颜色编号）即可。

(6) 串连

该选项所对应的参数设置如图 1-39 所示，包括串连的方向、串连选择是采用封闭式还

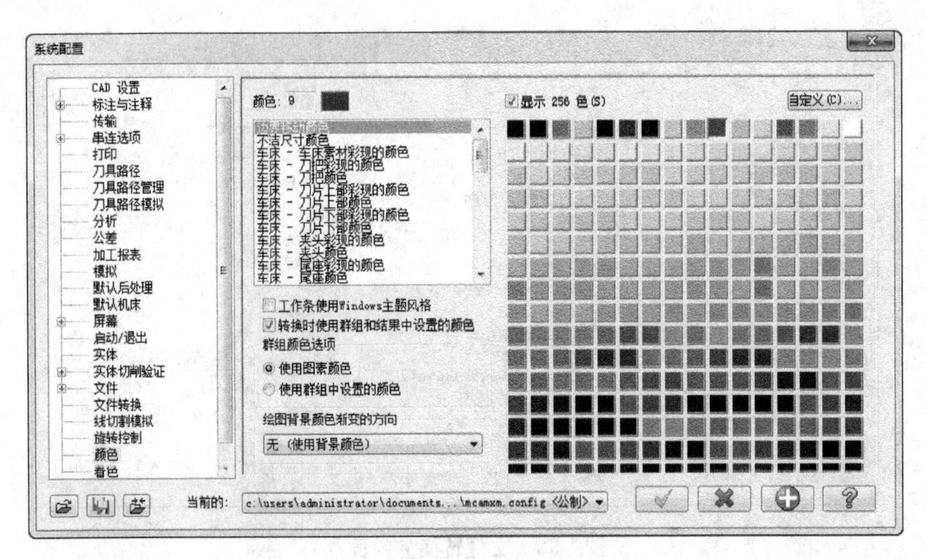

图 1-38　颜色参数设置

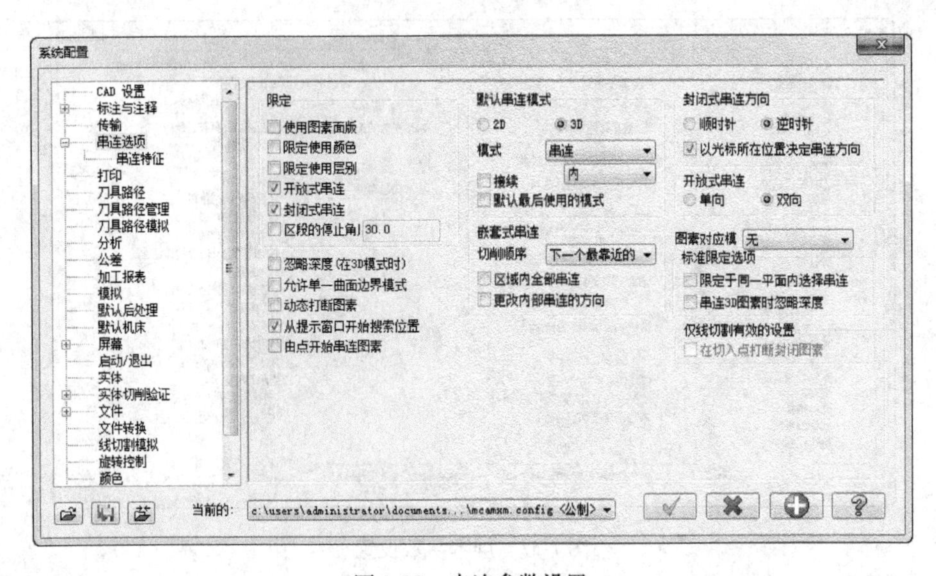

图 1-39　串连参数设置

是开放式等内容。选中区段的停止角 30.0复选框，并在文本框中输入某个角度值，可以设定系统在自动寻找串连元素时所包含的最大角度值。也就是说，系统在寻找到某两个元素的角度大于设定的数值时，就停止串连寻找。

（7）着色

该选项所对应的参数设置如图 1-40 所示，主要用于 Mastercam 的渲染，需要选中启用着色复选框。

在“颜色”选项区域中，“原始图形颜色”表示图素的颜色在渲染中仍然保持设计时所赋予图素的颜色，不作任何改变；“选择颜色”表示可以选择某种颜色作为渲染时图素所采用的颜色，单击按钮，在弹出的“颜色”对话框中选择一种颜色；“材质”表示可以选择某种材料的颜色作为图素的颜色。单击M 材质...按钮，弹出如图 1-41 所示的“材质”对话框，在其中可以选择某种材质、新建某种材质、编辑某种选定的材质属性或者删除材质。

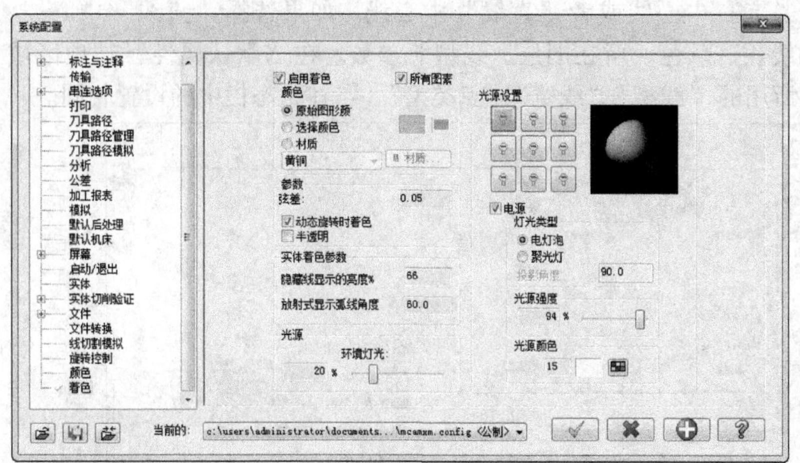

图 1-40 着色参数设置

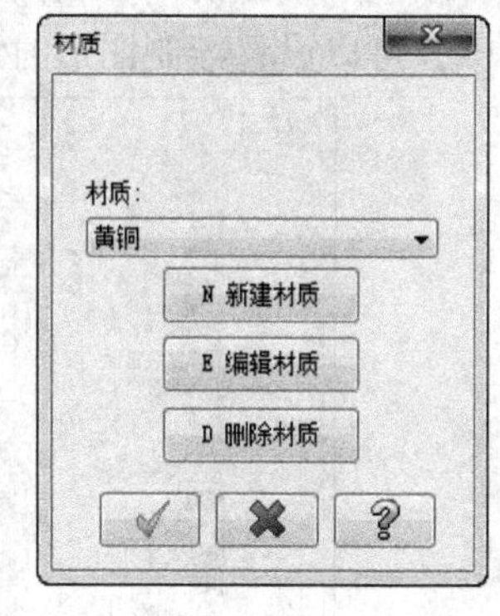

图 1-41 “材质”对话框

在“参数”选项区域中的“弦差”文本框中可以设置曲线曲面显示的光顺程度，数值越小越光顺。在“光源”选项区域中，可以设定灯光照射的位置，单击某个按钮，选中“电源”复选框，设置光源的形式、光源强度、光源颜色等参数。在“光源设置”选项区域中可以设置环境的光源强度。

（8）打印

该选项所对应的参数设置如图 1-42 所示，主要用于设置打印相关的属性。类似于 AutoCAD，Mastercam 也可以根据颜色来设定打印时的线宽。首先选中“颜色与线宽的对应如下”单选按钮，并且在列表框中选择某组颜色，在下面的“颜色”文本框中输入某种颜色编号，或者单击按钮选择某种颜色，然后在“线宽”下拉列表框中选择该颜色所对应的线宽。如果选中“使用图素”单选按钮，表示打印时按照设计时的线宽来打印。如果选中“统一线宽”单选按钮，可以在文本框中输入统一打印的线宽。

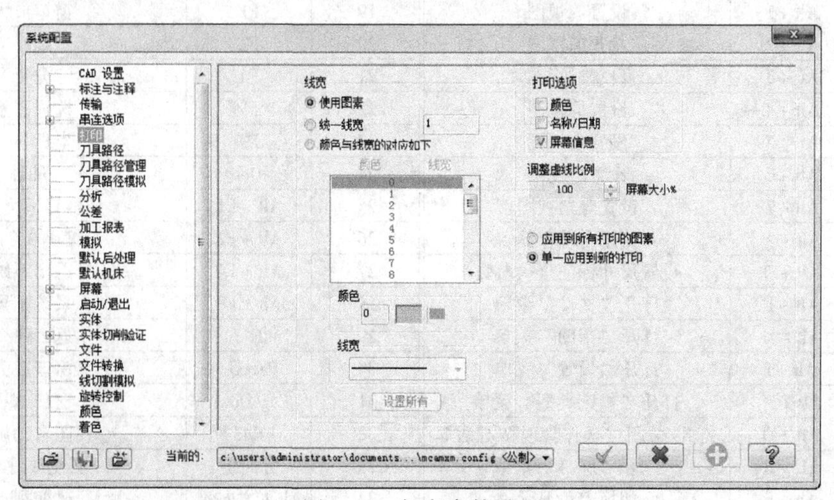

图 1-42 打印参数设置

（9）CAD 设置

该选项所对应的参数设置如图 1-43 所示，在“自动产生圆弧的中心线”选项区域中，可以选择“无”中心线、“点”中心线或者“直线”中心线。如果选择“直线”中心线，可以设定圆弧的中心线的线长、颜色、所在图层、线型等参数。在“默认属性”选项区域中，可以设置绘制图形时所用的“线型”“线宽”“点类型”，与在状态栏中的设置相同。

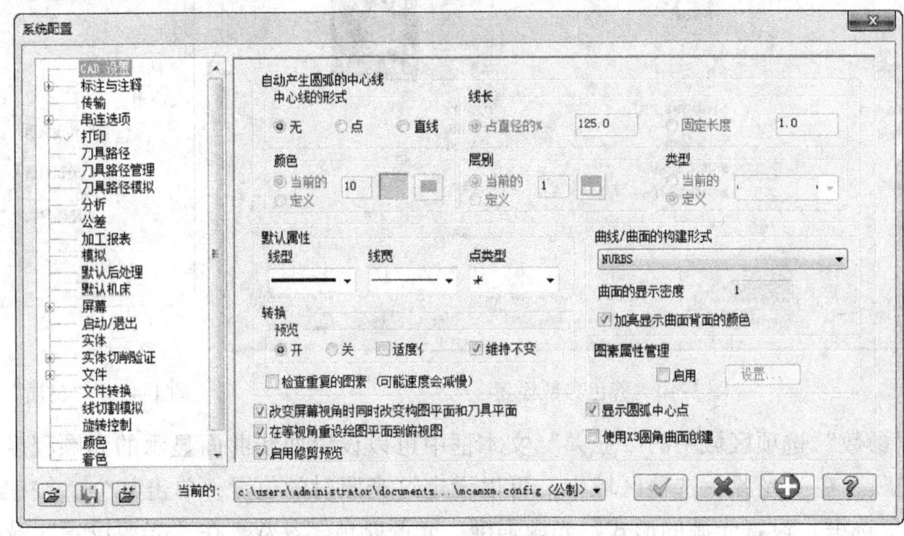

图 1-43　CAD 设置参数

项目拓展　Mastercam 的快捷键与安装

1. Mastercam 常用快捷键

Mastercam X6 常用快捷键见表 1-1。

表 1-1　常用快捷键

序　号	快 捷 键	说　明	序　号	快 捷 键	说　明
1	Alt + 1	设置俯视图	19	F1	窗口放大
2	Alt + 2	设置前视图	20	F2	缩小
3	Alt + 3	设置后视图	21	F4	分析
4	Alt + 4	设置仰视图	22	F5	选择图素
5	Alt + 5	设置右视图	23	F9	坐标显示
6	Alt + 6	设置左视图	24	Del	删除
7	Alt + 7	设置等角视图	25	Alt + F1	屏幕适度化
8	Alt + A	使用自动存储	26	Alt + F2	缩小 0.8 倍
9	Alt + D	设置尺寸标注全局参数	27	Alt + F4	退出系统
10	Alt + F	打开“文件”菜单	28	Alt + F8	系统配置
11	Alt + H	打开“帮助”菜单	29	Esc	返回命令
12	Alt + I	打开“设置”菜单	30	PageUp	窗口放大
13	Alt + M	打开“机床类型”菜单	31	PageDown	窗口缩小
14	Alt + O	打开/关闭“操作管理”对话框	32	End	视图自动旋转
15	Alt + R	打开“屏幕”菜单	33	方向键	四方向平移
16	Alt + S	切换着色显示	34	Alt + 方向键	改变视点
17	Alt + U	取消上次操作	35	Alt + Z	图层管理
18	Alt + V	显示版本号和产品序列号			

2. Mastercam 快速输入

在 Mastercam 绘图窗口中，可以通过键盘快速、精确地输入坐标、长度、角度等，快捷键及功能见表 1-2。

表 1-2　快捷键及功能

快　捷　键	功　　能
“X” 或 “x”	快速输入 X 坐标
“Y” 或 “y”	快速输入 Y 坐标
“Z” 或 “z”	快速输入 Z 坐标
“R” 或 “r”	快速输入半径
“D” 或 “d”	快速输入直径
“L” 或 “l”	快速输入长度
“A” 或 “a”	快速输入角度
“S” 或 “s”	快速输入两点间的距离

3. Mastercam 的安装

如果在工作站上运行 Mastercam 软件，操作系统可以为 UNIX 或 Windows NT；如果在个人计算机上运行 Mastercam，操作系统可以为 Windows 2000、Windows XP、Windows 7。Mastercam 主程序的安装过程见表 1-3。

表 1-3　Mastercam 主程序的安装过程

序　号	步　　骤	图　　示
1	双击 mastercamx6-x86-web.exe 程序，系统弹出 “Mastercam X6-InstallShield Wizard” 对话框，接受默认 “中文（简体）” 选项，单击 确定(O) 按钮	
2	系统弹出 “Mastercam X6-InstallShield Wizard” 对话框，单击 安装 按钮，安装 Microsoft. NET Framework 4.0 Full、Microsoft Visual C++2010 Redistributable Package 说明：若计算机中已安装 Microsoft. NET Framework 4.0 Full，系统将不会弹出该对话框。安装 Microsoft. NET Framework 4.0 Full 完成后，根据提示重启计算机	
3	计算机重启后，系统会继续进行安装工作，弹出 “Mastercam X6-InstallShield Wizard” 对话框。	

（续）

序　号	步　骤	图　示
4	上一步完成后，弹出“Mastercam X6-InstallShield Wizard”对话框，单击 下一步(N) > 按钮	
5	弹出“Mastercam X6-InstallShield Wizard”对话框，选中“我接受该许可证协议中的条款”单选按钮，单击 下一步(N) > 按钮	
6	弹出“Mastercam X6-InstallShield Wizard”对话框，设置用户姓名和单位（可接受系统默认），单击 下一步(N) > 按钮	
7	弹出“Mastercam X6-InstallShield Wizard”对话框，单击 更改(C)... 按钮设置安装路径（可接受系统默认），单击 下一步(N) > 按钮	
8	弹出“Mastercam X6-InstallShield Wizard”对话框，选中“HASP”“Metric”单选按钮，单击 下一步(N) > 按钮	

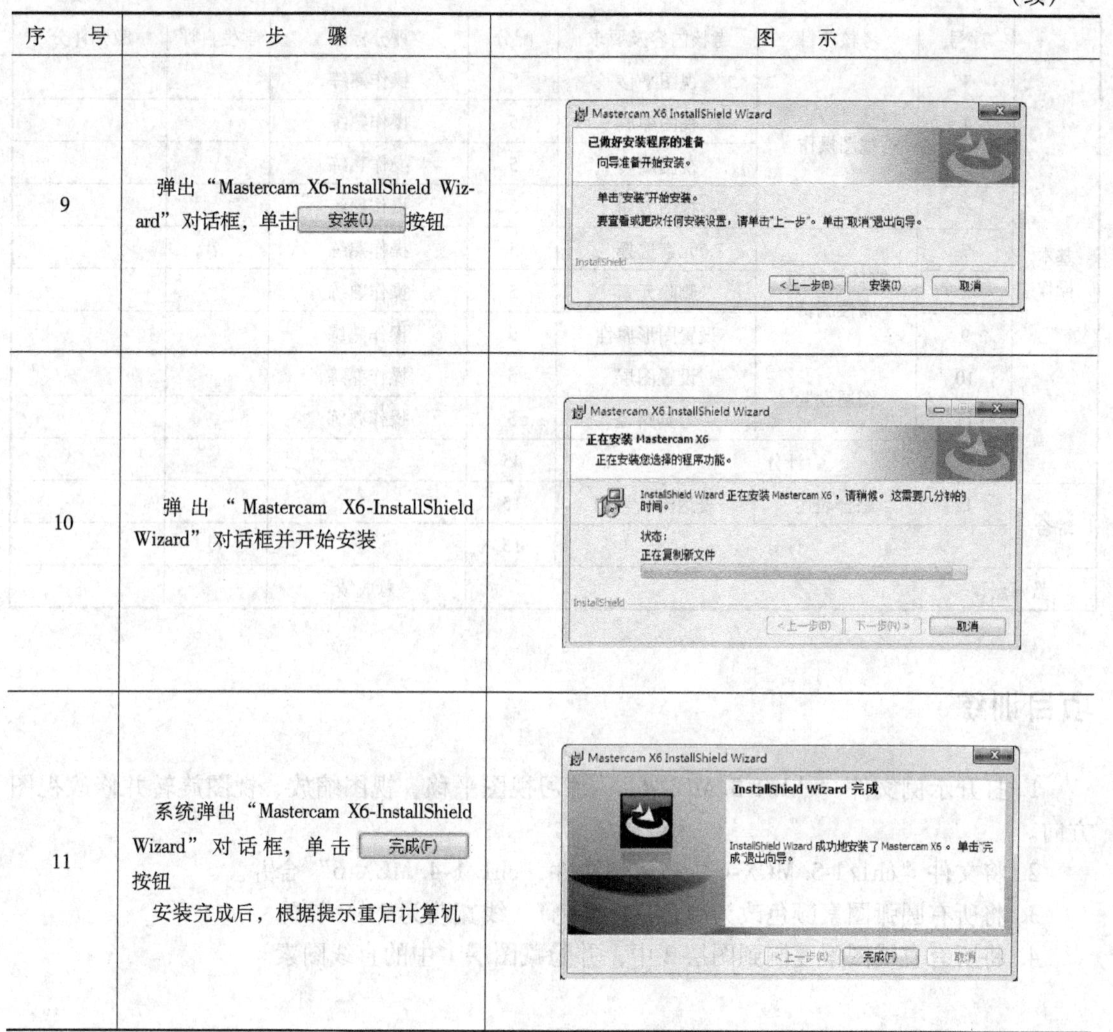

（续）

序　号	步　骤	图　示
9	弹出“Mastercam X6-InstallShield Wizard”对话框，单击 安装(I) 按钮	
10	弹出“Mastercam X6-InstallShield Wizard”对话框并开始安装	
11	系统弹出“Mastercam X6-InstallShield Wizard”对话框，单击 完成(F) 按钮 安装完成后，根据提示重启计算机	

项目评价

学习完 Mastercam 的基本操作后，对学生掌握程度进行评价，评分表见表 1-4。

表 1-4　基本知识掌握评分表

姓名			评价内容			开始时间	
班级						结束时间	
	序号	考核项目	考核内容及要求	配分	评分标准	学生自评	教师评分
系统功能叙述	1	软件特点	AD 软件与 CAM 软件的优势对比	20	理解正确		
	2	系统的工作过程	完整叙述工作过程	20	描述合理		
	计分			40			

（续）

	序号	考核项目	考核内容及要求	配分	评分标准	学生自评	教师评分
基本操作	3	视图操作	视图平移	5	操作熟练		
	4		视图缩放	5	操作熟练		
	5		视图旋转	5	操作熟练		
	6		视图方向	5	操作熟练		
	7	物体选择与属性编辑	元素选择	5	操作熟练		
	8		删除元素	5	操作熟练		
	9		设置图形属性	5	操作熟练		
	10	图层设置	设置图层	5	操作熟练		
	11		刀具路径	5	操作熟练		
	计分			45			
综合	12	综合表述	表达流畅自如	15			
	计分			15			
教师点评					总成绩		

项目训练

1. 打开示例文件“ch1/1-3. MCX-6”，练习视图平移、视图缩放、视图旋转并修改视图方向。

2. 将文件“ch1/1-3. MCX-6”与示例文件“ch1/1-4. MCX-6”合并。

3. 将所有圆弧图素颜色改为绿色（9 号色）、线宽改为 2 号线宽。

4. 将所有直线图素复制到图层 2 中，并隐藏图层 1 中的直线图素。

项目 2　二维图形的构建与加工

项目学习内容

- 二维图形的绘制与编辑。
- Mastercam 加工模块知识。
- 二维图形的加工。

项目引入

本项目将以转接盘零件为例详细讲述二维图形的构建、编辑与二维铣削加工知识。转接盘零件如图 2-1 所示。

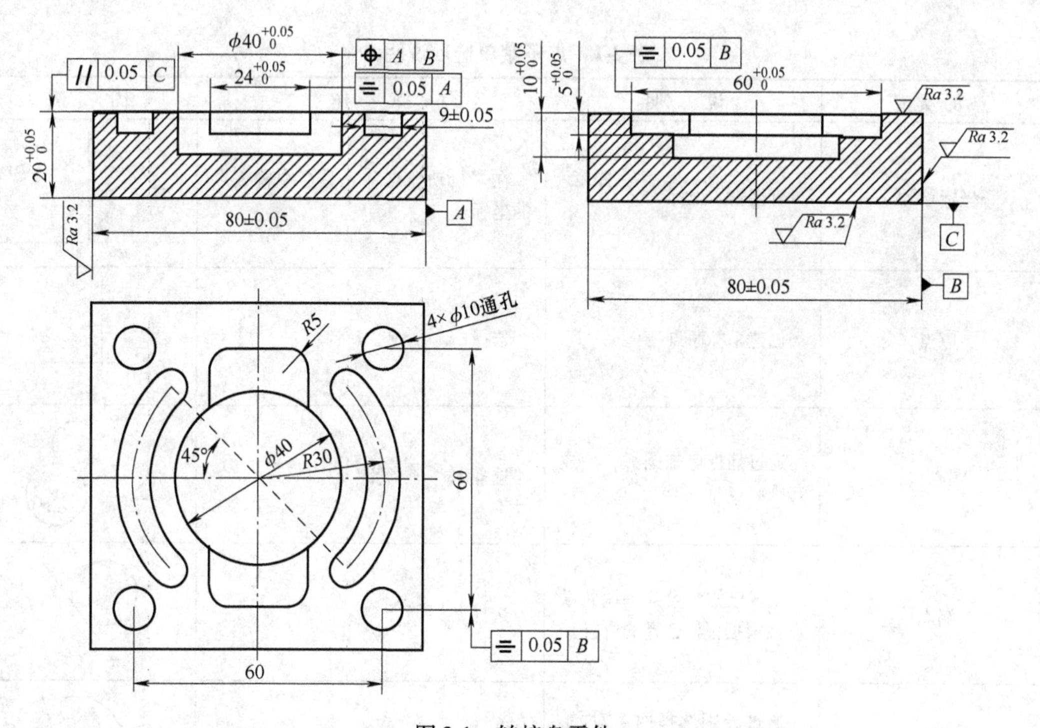

图 2-1　转接盘零件

任务 2.1　二维图形的绘制

1. 点的绘制

（1）一般点绘制

单击“绘图”→“绘点”→“绘点”命令，在“自动抓点”工具栏上可以看到如

图 2-2 所示的 12 种定义点的方式（见表 2-1），可以从中任意选择一种，然后按照定义方法即可在绘图区中创建点图素。在二维视图的图形界面上用十表示点，在三维视图的图形界面上用✳表示点。

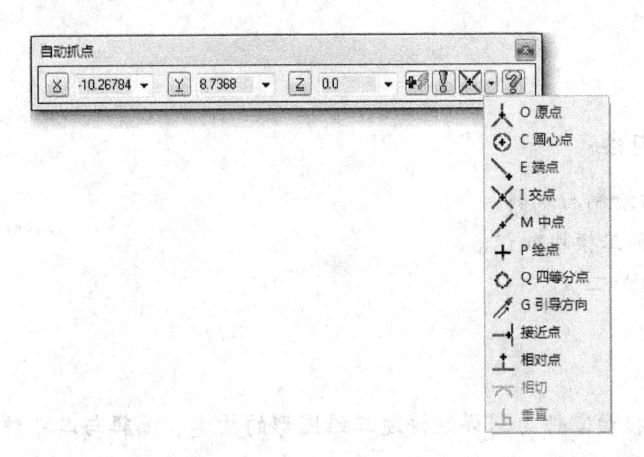

图 2-2　点创建下拉菜单

表 2-1　点子菜单选项说明

点 的 类 型	说　明	操　作	图　例
坐标输入	直接输入坐标	在“自动抓点”工具栏中输入点的坐标	X10,Y25 X-20,Y15
原点	创建坐标原点	选择 O 原点	
圆心点	通过捕捉已知圆弧，生成其圆心点	选择 C 圆心点	
端点	生成已知对象某一端的端点（根据鼠标选择的位置）	选择 E 端点	
交点	通过分别选择两个对象，生成它们的实际交点或假想交点	选择 I 交点	
中点	生成已知对象的中间点	选择 M 中点	

（续）

点的类型	说　明	操　作	图　例
绘点（已存在点）	捕捉已经创建出的点	选择 P 绘点	
相对点	用相对坐标的形式创建点	选择 相对点，选择 P1 点，输入相对值	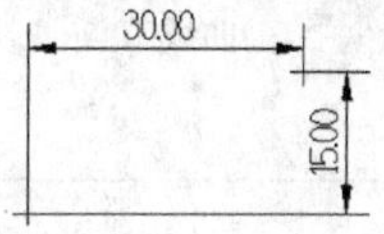 30.00 15.00
		选择 相对点，选择 P1 点，输入 30.0 30	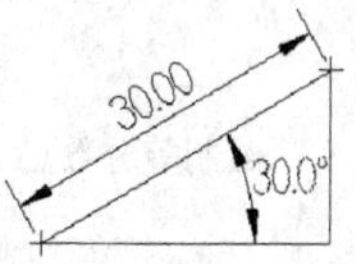 30.00 30.0°
四等分点	创建圆弧与工作坐标轴 *X*、*Y* 的实际交点	选择 Q 四等分点	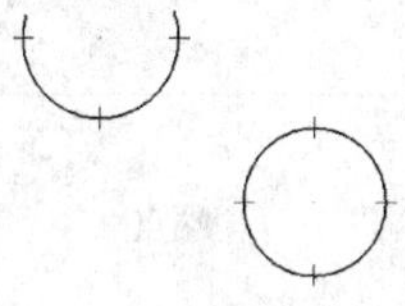
接近点	创建所选对象图素上距光标最近的点	选择 接近点，在绘图中选择直线	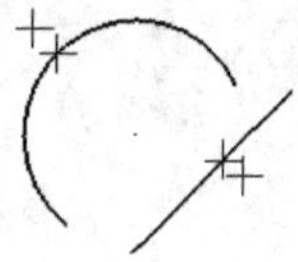
任意点	用鼠标创建任意点	直接在绘图区中任意位置单击生成	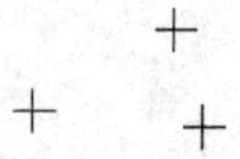
相切	捕捉与圆或圆弧的切点	选择 相切，选择相切圆弧即可	这两种方式仅在绘制相切直线或圆弧及绘制垂直直线的状态下处于激活状态
垂直	捕捉与图素垂直的点	选择 垂直，选择垂直图素对象即可	
引导方向	在已有直线、圆弧图素的引导方向绘点	选择 G 引导方向，在绘图区选择直线、圆弧或曲线，输入 10 注意：生成点的位置与选择已有图素时鼠标单击位置有关	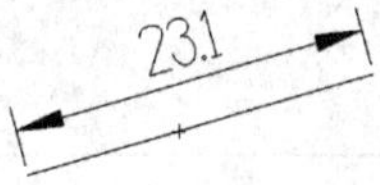 23.1

（2）特殊点绘制

特殊点的绘制方法见表 2-2。

表 2-2　特殊点绘制说明

点的类型	说　明	操　作	图　例
动态绘点	沿着已知对象，使用选点方式来产生一系列的点	单击“构图”→“绘点”→“动态绘点”命令，选取对象后，一个带点标记的箭头显示在上面，移动到合适位置，单击即可	

（续）

点的类型	说　明	操　作	图　例
曲线节点	生成 Spline 曲线的节点	单击“构图”→“绘点”→“曲线节点”命令，选择一条 Spline 曲线	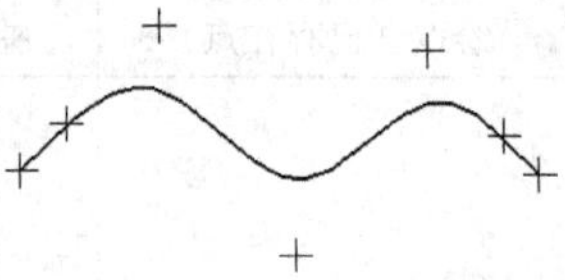
绘制等分数点	沿着一条线、圆弧或样条曲线构建一系列的等距离的点	单击“构图”→“绘点”→“绘制等分点”命令，选取一个对象，在工作条上的（距离）文本框中输入指定的距离进行定距等分，或在工作条上的 5（分段）文本框中输入段数，进行定数等分	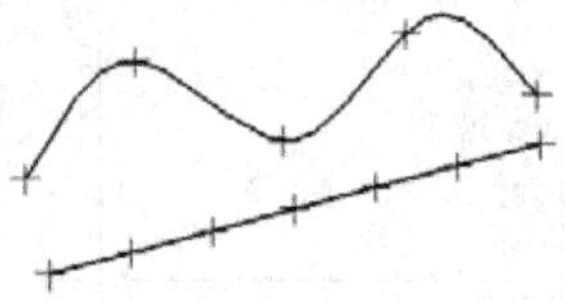
端点	生成已知对象的所有端点	单击“构图”→“绘点”→“端点”命令，选取一个对象	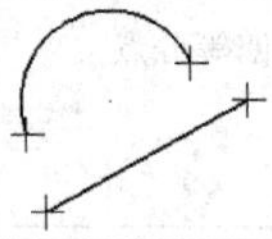
小圆心点	用于绘制小于或等于指定半径值的圆或圆弧的圆心点	单击“构图”→“绘点”→“小圆心点”命令，在 40.0 中输入指定半径，选取需要的圆或圆弧对象，按〈Enter〉键确认	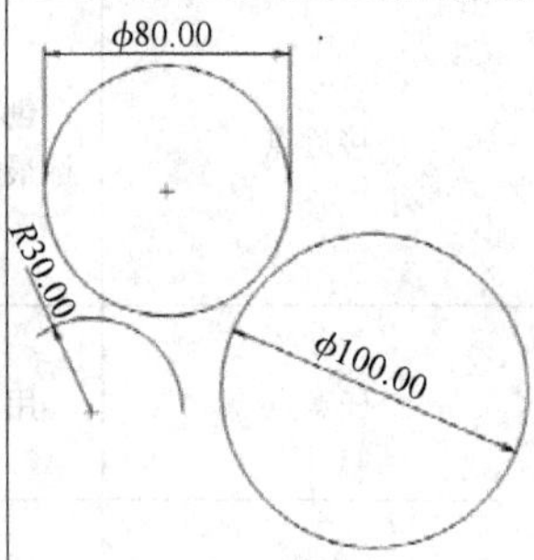 φ80.00 R30.00 φ100.00
穿线点	用于绘制电火花线切割加工时电极丝的穿丝点，系统默认穿丝点坐标为“0，0，0”	单击“构图”→“绘点”→“穿线点”命令，根据系统提示，选择圆心位置	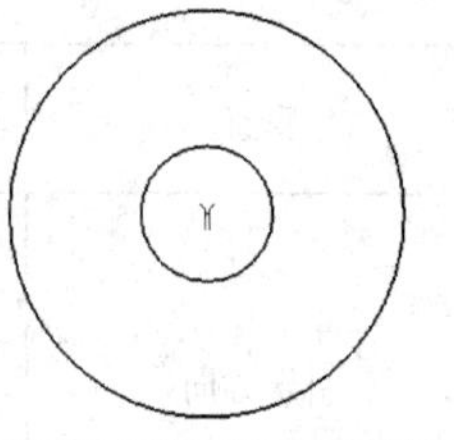
切点	用于绘制电极丝切割轨迹完成后移到下一个穿丝点前的停留点，系统默认电极丝切割轨迹完成后停留在穿线点	单击“构图”→“绘点”→“切点”命令，选择点的位置	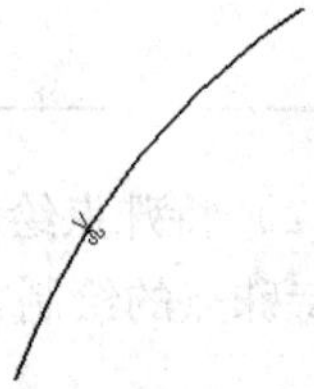

2. 直线

Mastercam X6 提供了 6 种绘线的方式：端点绘线、封闭线、角平分线、垂直线、平行线和相切线。单击“绘图”→“直线”命令，弹出“直线绘制”子菜单，如图 2-3 所示。“直线绘制”子菜单功能说明见表 2-3。

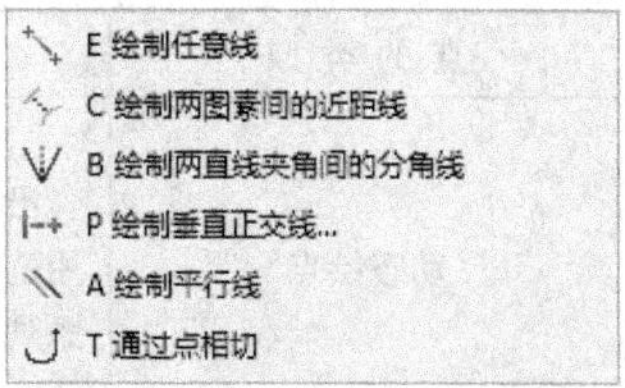

E 绘制任意线
C 绘制两图素间的近距线
B 绘制两直线夹角间的分角线
P 绘制垂直正交线...
A 绘制平行线
T 通过点相切

图 2-3　“直线绘制”子菜单

表 2-3 “直线绘制”子菜单功能说明

线的类型	说明	操作	图例
任意线	水平线：在当前构图面上绘制出和工作坐标系 X 轴平行的线段	单击“构图”→“直线”→“任意线”命令，单击“水平线”按钮创建水平线时，可以用鼠标在绘图区中单击，拉出一条水平线。可以单击“长度”按钮指定水平线长度，创建一条水平线；同时在 20 文本框中输入 20，可以得到与 X 轴间距为 20 的水平线（数值分正负，即正值在 X 轴上方，负值在 X 轴下方）	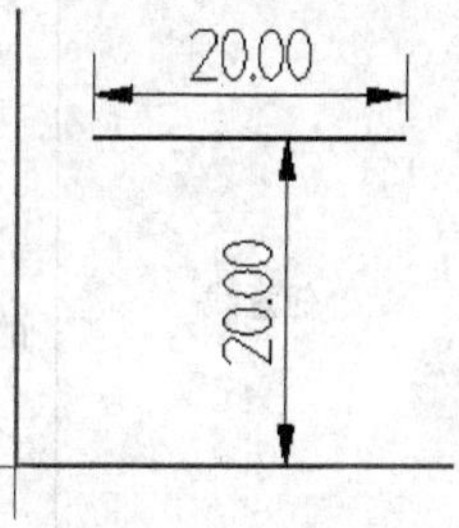 20.00 20.00
	竖直线：在当前构图面上绘制出和工作坐标系 Y 轴平行的线段	单击“构图”→“直线”→“任意线”命令，单击“竖线”按钮，可用鼠标在绘图区中单击，拉出一条竖直线。可以单击“长度”按钮指定竖直线长度，创建一条竖直线；同时在 20 文本框中输入 20，可以得到与 Y 轴间距为 20 的水平线（数值分正负，即正值在 Y 轴右侧，负值在 Y 轴左侧）	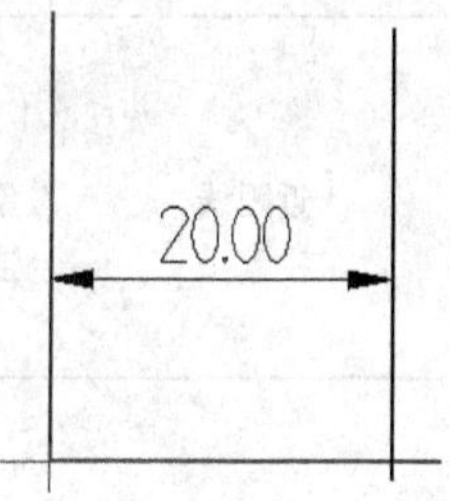 20.00
	通过已知的两个端点绘制线段	单击“构图”→“直线”→“任意线”命令，在 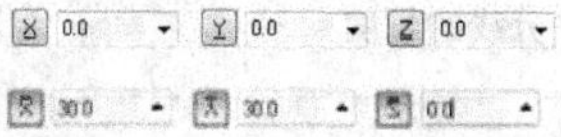 0.0 0.0 0.0 / 30.0 30.0 0.0 中输入两端点，绘制一条直线。单击工具栏（R）上的（编辑端点 1）和（编辑端点 2）按钮，可以修改直线起点和终点的位置	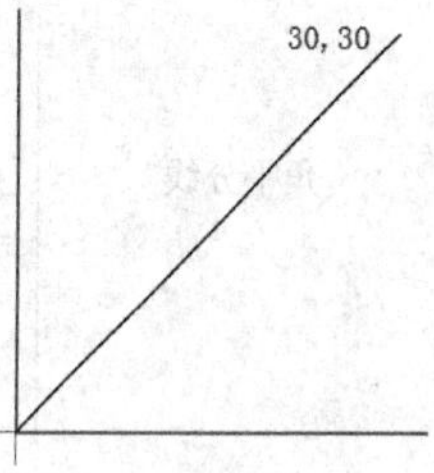 30, 30
	连续线：绘制多段折线段，前一线段的终点是后一线段的起点	单击“构图”→“直线”→“任意线”命令，单击“连续线”按钮，可以绘制连续的折线（每个线段的末端是下一个线段的始端，输入第一点为第一条线的起点，输入第二点为第一条线的终点和第二条线的起点。直到完成，按〈Esc〉键返回）	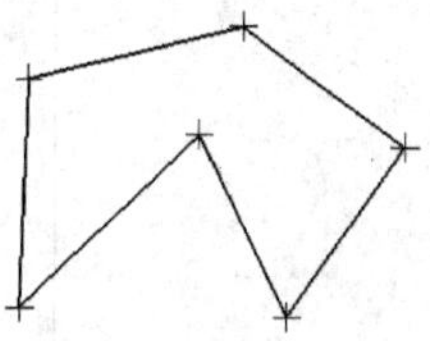
	以极坐标方式绘制线段	单击“构图”→“直线”→“任意线”命令，单击“长度”按钮和“角度”按钮，并在其后的文本中输入相应的数值，可按指定的长度和角度绘制直线	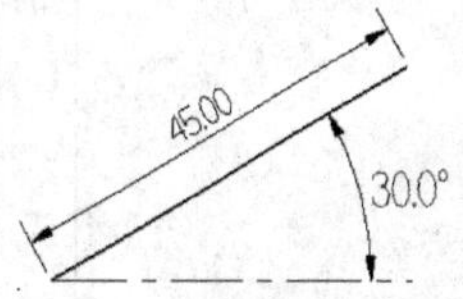 45.00 30.0°

（续）

线的类型	说　明	操　作	图　例
任意线	绘制已知圆的相切线段	单击“构图”→“直线”→“任意线”命令，单击“切线”按钮，绘制与圆弧或样条曲线相切的直线 ● 以极坐标方式输入直线参数，创建一条已知角度和长度，且与某一圆弧或样条线相切的直线 ● 选择两个圆弧，创建一条与两个圆弧相切的直线，根据鼠标在圆上单击位置的不同生成内公切线或外公切线 ● 选择点，再选择圆弧，创建一个过定点，且与已知圆弧或样条曲线相切的直线 提示：在选择对象时要进行光标自动抓点设置	
近距线	绘制两图对象最近距离的连线	单击“构图”→“直线”→“近距线”命令，选取一个图素对象，再选取另一个图素对象，在选取的两对象距离最小的位置创建连线	
角平分线	绘制已知两直线的角平分线	单击“构图”→“直线”→“角平分线”命令，单击“单线解法”按钮，选取要平分的两条相交线，在工具栏上的“长度”文本框中输入平分线的长度	
		单击“构图”→“直线”→“角平分线”命令，单击“四线解法”按钮，选取要平分的两条相交线在工具栏上的“长度”文本框中输入平分线的长度，选取要保留的线段	
法线	通过已知的一点，绘制已知直线或圆弧的法线	单击“构图”→“直线”→“垂直正交线”命令，选取一条直线或圆弧，确定垂线通过的点，在工具栏上的“长度”文本框中查看垂线的长度，或对其长度值进行修改	
		单击“构图”→“直线”→“垂直正交线”命令，选取一条直线或圆弧，单击工具栏上的“切线”按钮，选择相切的圆弧及垂直的直线后，图形区中出现两条垂线，选择需要保留的一条	

（续）

线的类型	说　明	操　作	图　例
平行线	以三种方式绘制已知对象的平行线	单击"构图"→"直线"→"平行线"命令，选取一条已知线作为参考直线，在工具栏上的"长度"文本框中输入偏置距离。用鼠标在已知直线所需一侧单击，创建一条平行线	20.00
		进入绘制平行线的状态后，系统提示选择一条直线，选择参考线后选择一个点即可。单击工具栏上的"编辑端点"按钮，可更改平行线间的通过点	
		单击"构图"→"直线"→"平行线"命令，单击工具栏上的"切线"按钮，选择参考线，选择圆弧，单击工具栏上的"偏置方向"按钮，直至图形区中出现符合要求的平行线（一侧或两侧）	
相切线	用于绘制与已知圆弧或曲线相切的线段	单击"构图"→"直线"→"通过点相切"命令，选取圆弧或曲线，绘制相切线 单击工具栏上的"编辑端点"按钮，可以修改所绘相切线的起点；单击"编辑端点"按钮，可以修改所绘相切线的终点；在按钮后的文本框内输入数值，可以确定相切线的长度	

3. 圆弧

Mastercam X6 提供了两种创建圆和 5 种创建圆弧的方法。单击菜单"绘图"→"圆弧"命令，出现"圆弧"子菜单，如图 2-4 所示。"圆弧"子菜单功能说明见表 2-4。

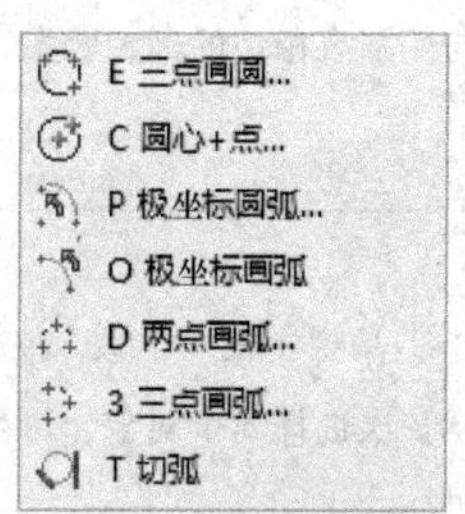

图 2-4　"圆弧"子菜单

表 2-4　“圆弧”子菜单功能说明

圆弧类型	说　明	操　作	图　例
圆心、半径绘图	已知圆心和半径（或直径）画圆	单击“绘图”→“圆弧”→“圆心 + 点”命令，选取圆心 P0，在工具栏上的“半径”或“直径”文本框中输入圆的半径或直径 单击工具栏上的“编辑圆点”按钮可以修改圆心的位置	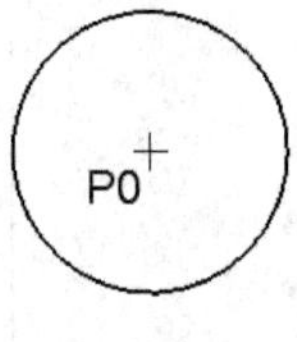
	已知圆心和相切对象画圆	单击工具栏上的“相切”按钮，根据提示确定圆心位置 P0，然后选择相切的对象（圆弧 A1）	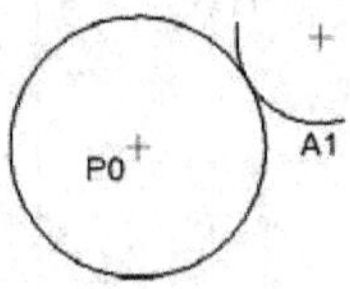
	已知圆心和圆周上一点画圆	选取圆心 P0，单击鼠标左键，确定一个边界点 P1，按〈Esc〉键完成	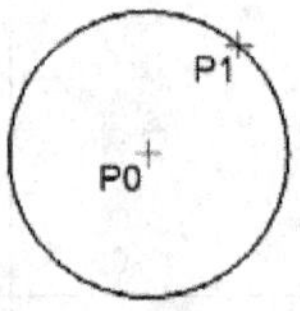
三点绘图	给出圆周上的 3 点（不在一条直线上）	单击“绘图”→“圆弧”→“圆心 + 点”命令，单击工具栏上的按钮，在绘图区确定圆周上的 3 个点	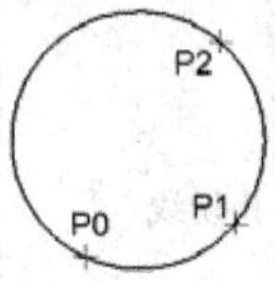
	给出圆周上的两点	单击工具栏上的按钮，在绘图区确定圆周上的两个点	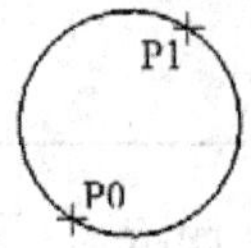
	创建与其他图素对象相切的圆	单击工具栏上的“相切”按钮，选择两个对象，给出（半径）或（直径），可生成与两图素相切的圆的预览，选择需要保留的圆	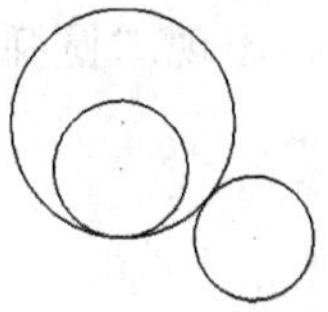
		单击工具栏上的“相切”按钮，根据系统提示依次选择 3 个对象，可生成与 3 图素相切的圆 注意：选择 3 个对象时鼠标单击位置与生成圆的位置有关系	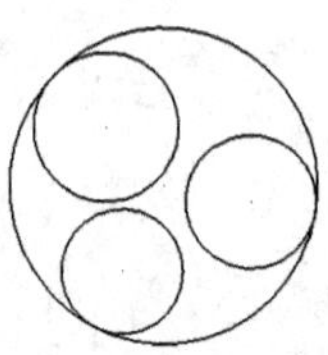

（续）

圆弧类型	说　明	操　作	图　例
P极坐标圆弧	给定圆心点、半径、起始角度、终止角度来产生一个圆弧或者给定中心点、起始点、终止点来产生一个圆弧	单击“绘图”→“圆弧”→“P极坐标画弧”命令，确定圆弧的中心点，在工具栏上输入圆弧半径或直径、输入圆弧的（起始角度）和（终止角度），按〈Esc〉键完成。 单击工具栏上的“编辑端点”按钮，可以修改圆弧的位置	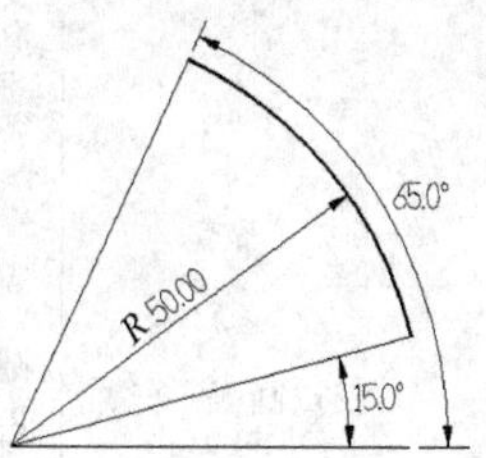
		单击“绘图”→“圆弧”→“P极坐标画弧”命令，输入（选择）圆心点P0，用鼠标选取点P1，则X轴与直线P0P1的夹角为起始角。用鼠标选取点P2，则X轴与直线P0P2的夹角为终止角。单击工具栏上的“编辑端点”按钮，可以修改圆弧的位置	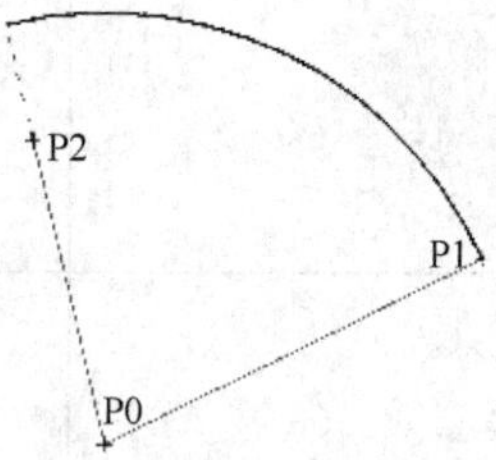
极坐标画弧	给定圆弧起始点、半径、起始角度、终止角度来产生一个圆弧，或者给定终止点、半径、起始角度来产生一个圆弧	单击“绘图”→“圆弧”→“O极坐标画弧”命令，单击工具栏上的“起始点”按钮，输入（选择）起始点P0，输入半径、起始角、终止角	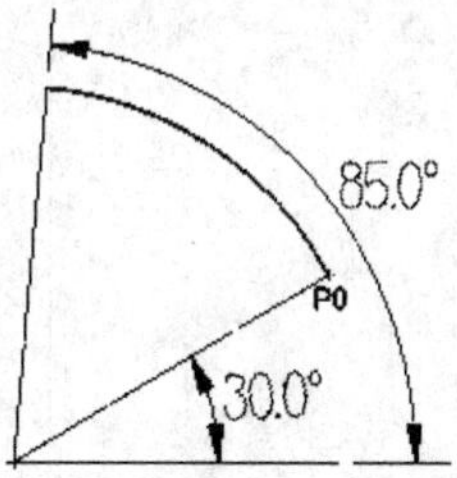
		单击“绘图”→“圆弧”→“O极坐标画弧”命令，单击工具栏上的“终止点”按钮，输入（选择）终止点P0，输入半径、起始角、终止角	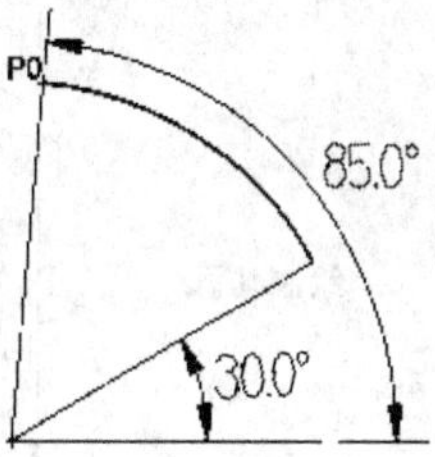
两点画弧	给出圆周上的两个端点和圆弧半径画弧	单击“绘图”→“圆弧”→“两点画弧”命令，输入第一点，输入第二点，输入半径，选择要保留的圆弧	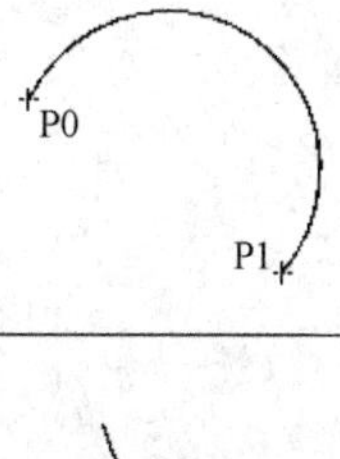
		单击工具栏上的“编辑点1”按钮和“编辑点2”按钮，可以修改圆弧端点的位置。 单击工具栏上“相切”按钮，根据提示依次确定圆弧的两个端点，然后选择相切图素，可生成与所选图素相切的圆弧	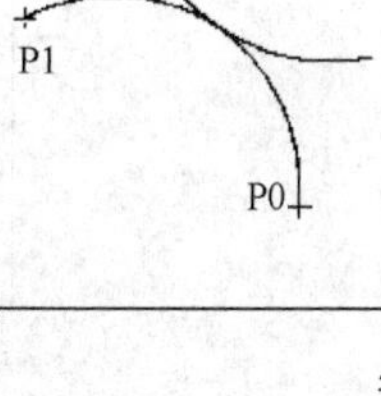

（续）

圆弧类型	说　明	操　作	图　例
三点画弧	已知圆弧圆周上的3点，画出圆弧	单击"绘图"→"圆弧"→"三点画弧"命令，输入第一点、第二点和第三点。单击工具栏上（编辑点1）、（编辑点2）和（编辑点3）按钮，可以修改圆弧上3点的位置	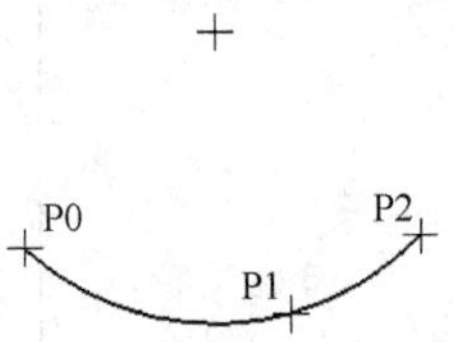 P0 P1 P2
		单击"绘图"→"圆弧"→"三点画弧"命令，根据提示依次选择圆弧的两个端点P0、P1，再单击工具栏上的"相切"按钮，选择相切的对象。创建生成过两个端点且终止于所选对象的切点处P2的圆弧	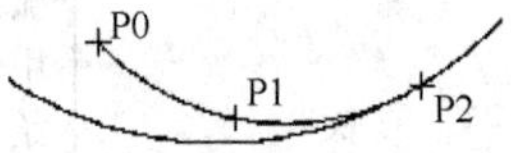 P0 P1 P2
绘制切弧	产生和已知对象相切的圆弧	单击"绘图"→"圆弧"→"创建切弧"命令，在工具栏上单击"与一个图素相切方式"按钮。选取直线L1，选取切点P1，输入半径，选取需要的圆弧A1	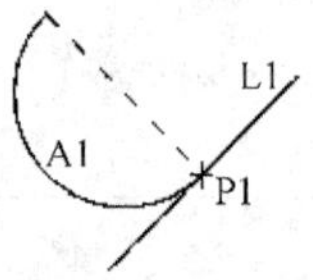 L1 A1 P1
		单击"绘图"→"圆弧"→"创建切弧"命令，在工具栏上单击"切点"按钮。选取直线L1，选取点P0，输入半径，选取需要的圆弧	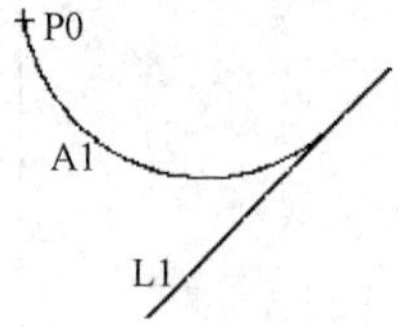 P0 A1 L1
		单击"绘图"→"圆弧"→"创建切弧"命令，在工具栏上单击"切圆圆心线"按钮。选取相切直线L1，选取圆心所在直线L2，输入半径，选取需要的圆弧A1	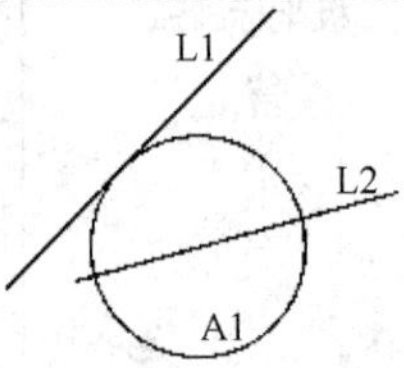 L1 L2 A1
		单击"绘图"→"圆弧"→"创建切弧"命令，在工具栏上单击"动态圆弧"按钮。选取直线L1，用鼠标移动箭头在直线上选取点P0，移动鼠标，选取一点（P1）作为圆弧的终止点，单击鼠标左键	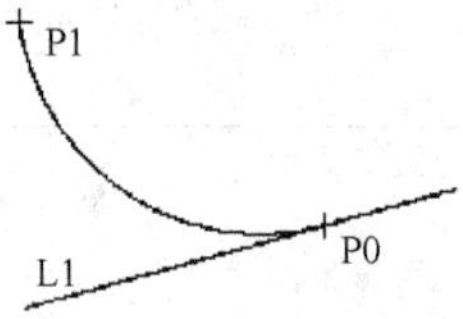 P1 L1 P0
		单击"绘图"→"圆弧"→"创建切弧"命令，在工具栏上单击"切三图素圆弧"按钮，选择相切对象L1、L2、L3，生成圆弧A1	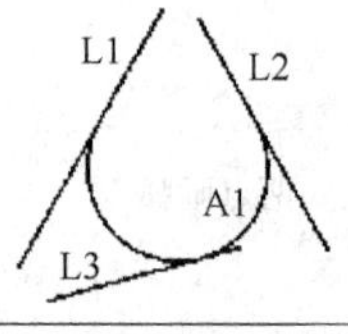 L1 L2 A1 L3
		单击"绘图"→"圆弧"→"创建切弧"命令，在工具栏上单击"切三图素绘圆"按钮，选择相切对象A1、A2、A3，生成圆C0	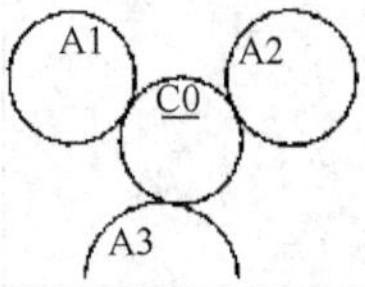 A1 A2 C0 A3

（续）

圆弧类型	说　明	操　作	图　例
绘制切弧	产生和已知对象相切的圆弧	单击“绘图”→“圆弧”→“创建切弧”命令，在工具栏上单击“二图素切弧”按钮 。选择相切对象 L1、L2，输入半径，生成圆弧 A1	A1 L1 L2

4. 矩形

（1）标准矩形绘制

单击菜单“绘图”→“矩形”命令，系统提示依次确定矩形的两个角点，生成矩形的预览。在工具栏内对矩形的相关参数进行设置，见表 2-5。

表 2-5　矩形参数说明

选　项	说　明
（编辑角点 1）	编辑矩形的第一个角点
（编辑角点 2）	编辑矩形的第二个角点
（宽度）	设定矩形的宽度尺寸
（高度）	设置矩形的高度尺寸
（中心定位）	以所选的点作为矩形的中心点创建矩形
（曲面）	设置创建矩形时是否同时创建矩形区域中的曲面

（2）变形矩形绘制

单击菜单“绘图”→“矩形形状设置”命令，系统弹出如图 2-5 所示的对话框。“矩形选项”对话框中各选项的说明见表 2-6。

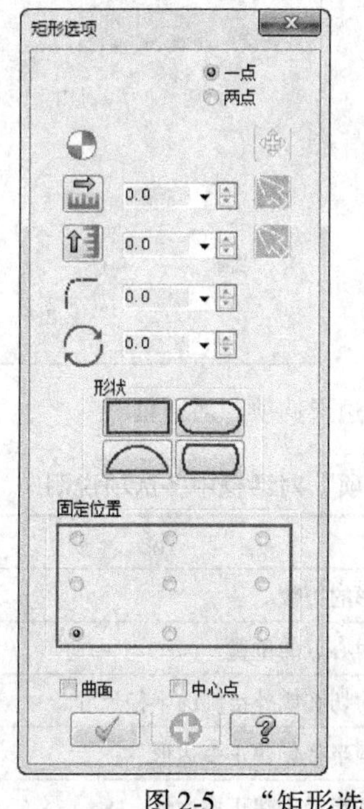

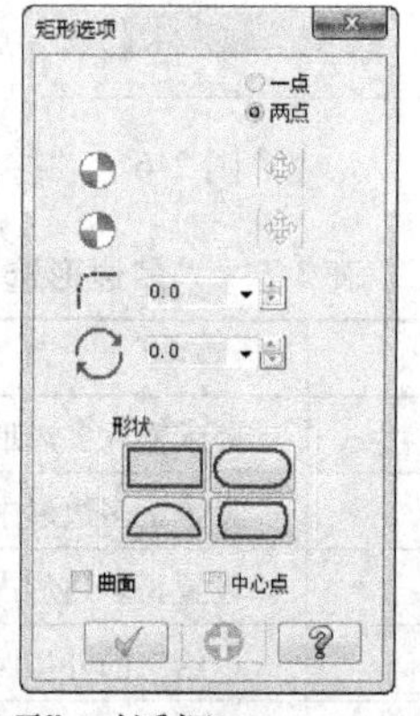

图 2-5　“矩形选项”对话框

表 2-6 “矩形选项”对话框中各选项说明

选　项	说　明
一点	使用一点（矩形的角点或边线的中点）的方式指定矩形位置（指定矩形的一个特定点及长和宽来绘制矩形）
两点	使用两点的方式指定矩形位置（通过指定矩形的两个对角点来绘制矩形）
（基点）	修改矩形的基点位置
（长度）	设定矩形的宽度尺寸
（高度）	设定矩形的高度尺寸
（圆角）	设定矩形倒圆半径的数值
（旋转角度）	设定矩形旋转角度的数值
“形状”选项区	设置矩形和其他 3 种形状，选择需要的形状（包括矩形形状、键槽形状、D 形和双 D 形 4 种样式）
“固定位置”选项区	设置给定的基点位于矩形的具体位置，共有 9 个位置可以选择
曲面	设置创建矩形时是否同时创建矩形区域中的曲面
中心点	选中该复选框，绘制矩形的同时绘制矩形的中心

5. 正多边形的绘制

单击菜单“绘图”→“多边形”命令，弹出“多边形选项”对话框，如图 2-6 所示。“多边形选项”对话框中各选项的说明见表 2-7。

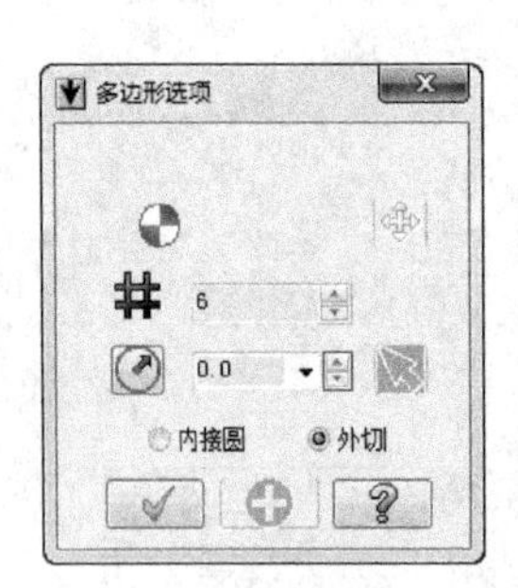

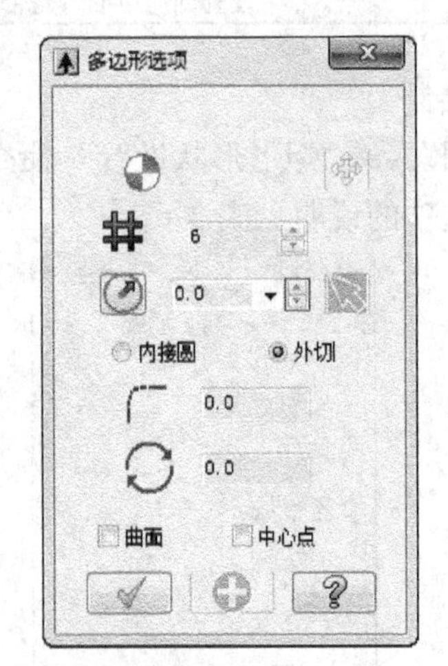

图 2-6 “多边形选项”对话框

表 2-7 “多边形选项”对话框中各选项说明

选　项	说　明
（边数）	要求输入多边形的边数
（中心点）	设置正多边形中心点的位置
（高度）	设置正多边形内切圆或外接圆的半径尺寸
内接圆	以给定的外接圆半径创建正多边形
外切	以给定的内切圆半径创建正多边形

（续）

选　项	说　明
（圆角）	设置多边形倒圆半径的数值
（旋转角度）	要求输入多边形旋转角度
曲面	设置创建多边形时是否创建多边形区域中的曲面
中心点	设置创建多边形时是否在它的中心位置创建一个点

6. 椭圆的绘制

单击菜单“绘图”→“椭圆”命令，弹出“椭圆选项”对话框，如图2-7所示。“椭圆选项”对话框中各选项的说明见表2-8。

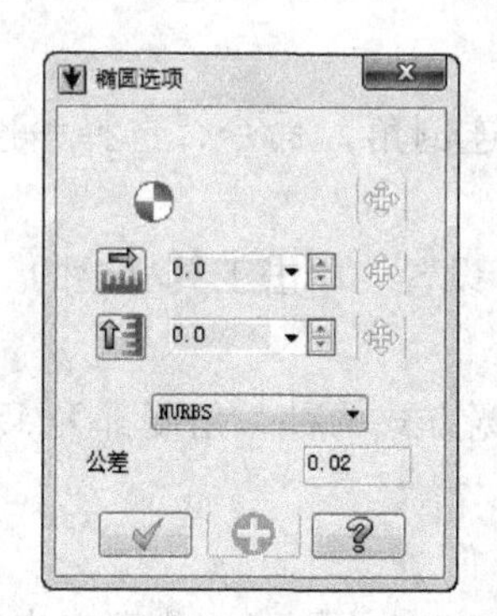

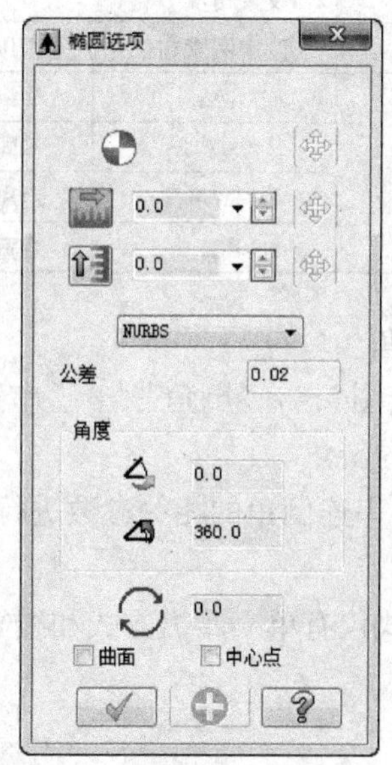

图2-7　“椭圆选项”对话框

表2-8　“椭圆选项”对话框中各选项说明

选　项	说　明
（中心点）	设置椭圆中心点的位置
（宽度）	要求输入 *X* 轴半径
（高度）	要求输入 *Y* 轴半径
（起始角度）	要求输入椭圆弧的开始角度
（终止角度）	要求输入椭圆弧的终止角度
（旋转角度）	要求输入椭圆 *X* 轴和工作坐标系的夹角
曲面	创建椭圆时是否同时创建椭圆区域中的曲面
中心线点	创建椭圆时是否在它的中心位置创建一个点

7. 倒角的绘制

倒角命令可以在不相交或相交的直线间形成斜角，并自动修剪或延伸直线。

（1）绘制单个倒角

1）单击菜单“绘图”→“倒角”→“倒角”命令，依次选择需要倒角的曲线，绘图区中按给定的距离显示预览的斜角。

2）在工具栏中对倒角的相关参数进行设置，单击工具栏上的“应用”按钮，结束两条相交线倒角的操作。倒角时工具栏中各选项说明见表2-9。

表2-9　倒角时工具栏中各选项说明

选　项	说　明	
距离 1	设置倒角的距离值 1	
距离 2	设置倒角的距离值 2	
角度	设置角度	
	设定图素在倒角后是否以倒角为边界进行修剪	
斜角样式	距离 1	单一距离方式：两边的偏移值相同，且角度为 45°
	距离 2	不同距离方式：两边偏移值可以单独给出
	距离/角度	距离/角度方式：偏移值由一个长度和一个角度给出
	宽度	线宽方式：给出倒斜角的线段长度，角度为 45°

（2）绘制串连倒角

1）单击菜单“绘图”→“倒角”→“串连倒角”命令，选择串连曲线，绘图区中按给定的参数显示预览的斜角。

2）在工具栏中对串连倒角的相关参数进行设置，单击工具栏上的“应用”按钮，结束操作。

因为串连倒角方式仅有单一距离方式和线宽方式两种，角度都为45°，所以串连的路径不区分方向。

8. 倒圆角的绘制

倒圆角命令可以在相邻的两条直线或曲线之间插入圆弧，也可以串连选择多个图素一起进行圆角操作。

（1）绘制单个倒圆角

1）单击菜单“绘图”→“倒圆角”→“倒圆角”命令，依次选择需要倒圆角的曲线，绘图区中按给定的半径显示预览的圆角。

2）在工具栏中对圆角的相关参数进行设置，单击工具栏上的“应用”按钮，结束倒圆角操作。单个倒圆角时工具栏中各选项说明见表2-10。

表2-10　单个倒圆角时工具栏中各选项说明

选　项	说　明	
半径	设定将要倒圆角的半径值	
圆角样式		正向方式
		反向方式
		圆形方式
		清除方式
修剪	决定图素在倒圆角后是否以倒圆角为边界进行修剪	

（2）绘制串连圆角

1）单击菜单“绘图”→“倒圆角”→“串连倒圆角”命令，选择串连曲线，绘图区中按给定的半径显示预览的圆角。

2）在工具栏中对圆角的相关参数进行设置，单击工具栏上的“应用”按钮，结束倒圆角操作。串连倒圆角时工具栏中各选项的说明见表2-11。

表2-11　串连倒圆角时工具栏中各选项的说明

选　项	说　明	
半径	设定将要倒圆角的半径值	
（修剪）	决定图素在倒圆角后是否以倒圆角为边界进行修改	
圆角样式	与两图素倒圆角相同	
顺/逆圆角		所有转角（在所有图素相交处创建倒圆角）方式
		正向扫描（在串连路径上创建逆时针方向的倒圆角）方式
		反向扫描（在串连路径上创建顺时针方向的倒圆角）方式
（串连）	设置串连选项	

9. 文字的绘制

单击菜单“绘图”→“绘制文字”命令，出现“绘制文字”对话框，如图2-8所示。“绘制文字”对话框中各选项说明见表2-12。

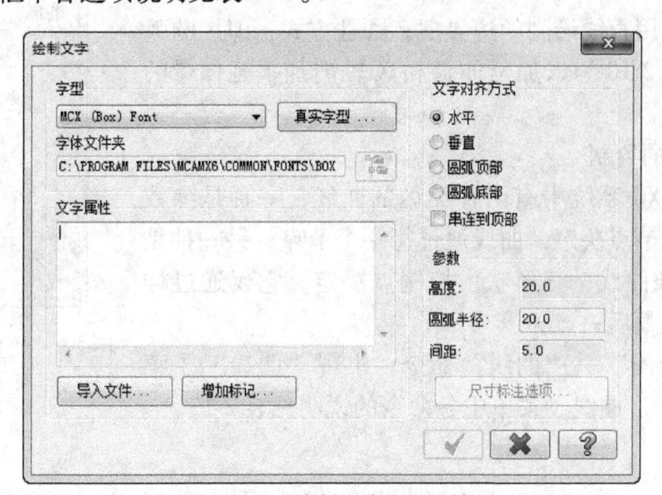

图2-8　“绘制文字”对话框

表2-12　“绘制文字”对话框中各选项说明

选　项		说　明
字型		在下拉列表框中选择需要的字体
真实字型		单击该按钮，可以选择文本的字体、字形
文字属性		输入文字
参数	高度	文字高度
	圆弧半径	放置文字时圆弧的半径
	间距	文字间距

（续）

选 项		说 明
文字对齐方式	水平	水平放置，在绘图区中确定起点后文本处于水平方向
	垂直	垂直放置，在绘图区中确定起点后文本处于垂直方向
	圆弧顶部	弧顶放置，确定圆弧的圆心位置后按照半径的大小将文本放置在圆弧顶上
	圆弧底部	弧底放置，确定圆弧的圆心位置后按照半径的大小将文本放置在圆弧底下

10. 边界框的绘制

在 Mastercam X6 系统中，边界框的绘制常用于加工操作中。用户可以用边界框命令得到工件加工时所需材料的最小尺寸值，以便加工时的工件设定和装夹定位。

单击菜单“构图”→“边界盒”命令，打开如图 2-9 所示的“边界盒选项”对话框。

在“边界盒选项”对话框中单击“选择图素”按钮，然后在绘图区中选择需要包含在边界框中的图素，再按〈Enter〉键；或者在“边界盒选项”对话框中选中“所有图素”复选框，将会使所有图素包含在边界框中。边界框有两种形式：矩形方式，即用直线绘制的边界框；圆柱方式，即用圆弧绘制的边界框。图 2-10 为未加延伸量和 X 轴向加上延伸量的边界框。

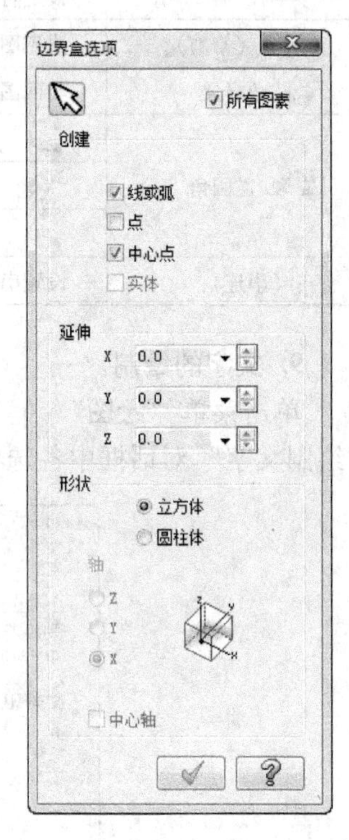

图 2-9 “边界盒选项”对话框

11. 样条曲线的绘制

在 Mastercam X6 系统中有两种类型的曲线：一种是参数式曲线，其形状由节点决定，曲线通过每一个节点；另一种是非均匀有理 B 样条曲线，其形状由控制点决定，它仅通过样条节点的第一点和最后一点。

单击菜单“绘图”→“曲线”命令，出现“曲线”子菜单，如图 2-11 所示。曲线子菜单中各命令的说明见表 2-13。

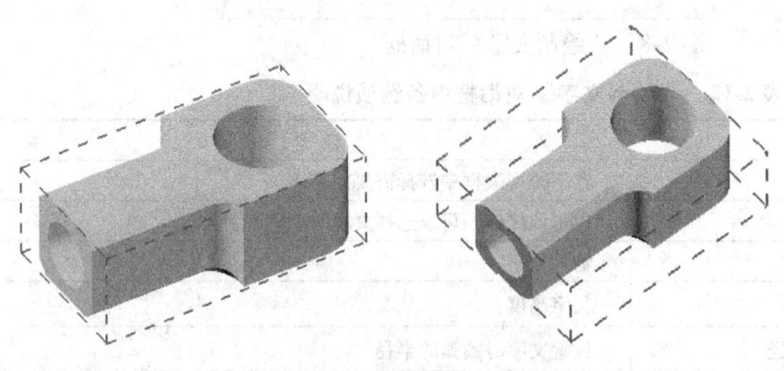
图 2-10 延伸前后的边界框

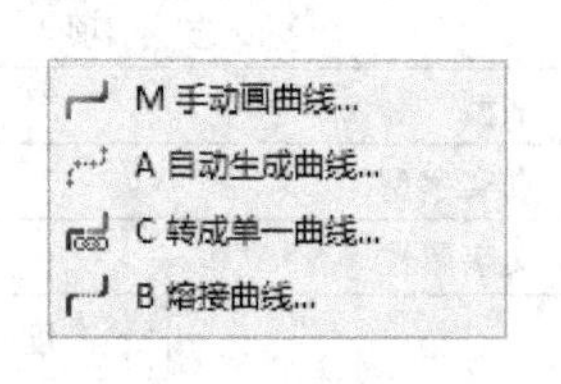

图 2-11 曲线子菜单

表 2-13　曲线子菜单中各命令的说明

命　令	说　明
M 手动画曲线...	人工选择曲线的节点或者控制点
A 自动生成曲线...	由系统自动选择曲线的节点或者控制点
C 转成单一曲线...	将多个圆弧或者 NURBS 曲线转换为样条曲线
B 熔接曲线...	将两条曲线熔接为一条曲线

任务 2.2　二维图形的编辑

1. 几何对象修整

（1）修剪（延伸）/打断

单击菜单“编辑”→“修剪/打断”命令，进入修剪（延伸）/打断子菜单。Mastercam X6 系统的编辑菜单如图 2-12 所示。

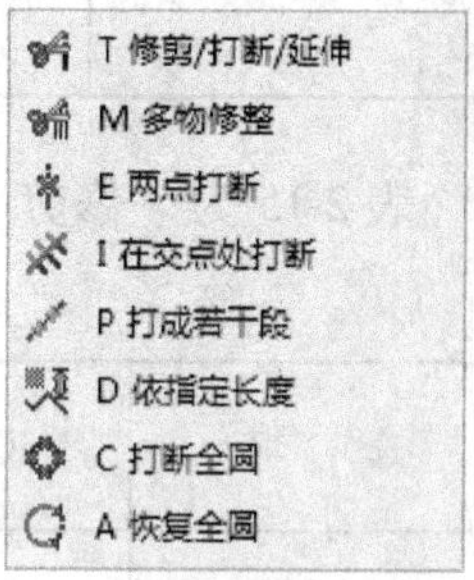

单击“修剪/打断/延伸”命令，进入修剪/打断/延伸状态。此时工具栏状态如图 2-13 所示，用户可以对相关参数进行设置。该命令可以将图形修剪或延伸到另一个图形的位置，是修剪还是延伸取决于两个图形的相对位置。表 2-14 为修剪/打断/延伸状态工具栏选项说明。

T 修剪/打断/延伸
M 多物修整
E 两点打断
I 在交点处打断
P 打成若干段
D 依指定长度
C 打断全圆
A 恢复全圆

图 2-12　“修剪/打断”菜单

1.0

图 2-13　单击“修剪（延伸）/打断”命令时的工具栏

表 2-14　修剪/打断/延伸状态工具栏各选项说明

选　项	操　作	示例	
		修剪前	修剪后
（修剪）	该选项对图素进行剪裁		
（打断）	该选项对图素进行打断		
	选择“一物体修剪”选项修剪一个对象，根据系统提示，选取要修剪的直线 L1，选取要修剪的边界 L2，完成修剪（默认选择，下同） 注意：若此时选择，则直线 L1 被 L2 打断为两段	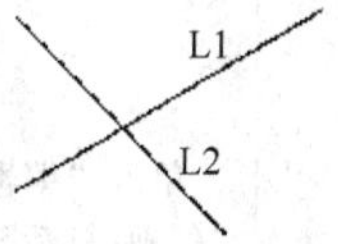 L1 L2	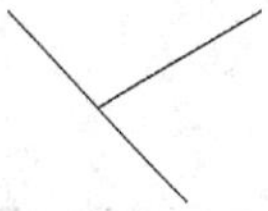
	选择“两物体修剪”选项，同时修剪两个对象到它们的交点，根据系统提示，选取要修剪的直线 L1 和 L2，完成修剪	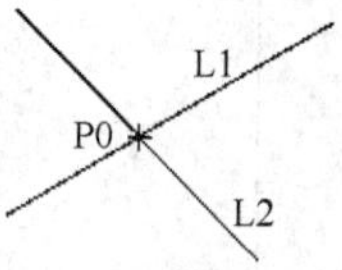 L1 P0 L2	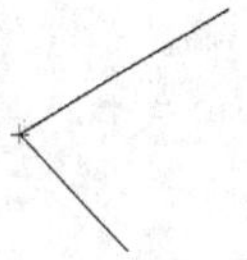
	选择“三物体修剪”选项同时修剪 3 个对象到交点，根据系统提示，选取要修剪的直线 L1、L2，接着选择修剪到的图素 L3，完成修剪	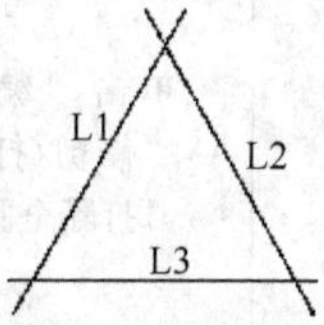 L1 L2 L3	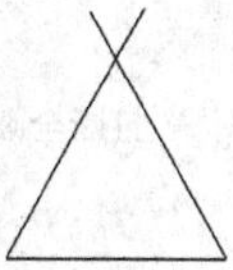

（续）

选　项	操　作	示　例	
		修剪前	修剪后
	选择“分割”选项将一条线或曲线在另外两条线或者曲线中间部分剪掉，根据系统提示，选取要修剪的对象圆弧 A1，选取第一条边界 L1，选取第二条边界 L2，完成修剪 注意：修剪部分和选取 A1 时鼠标点击位置有关	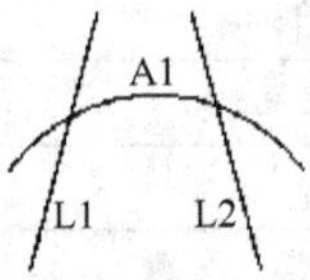	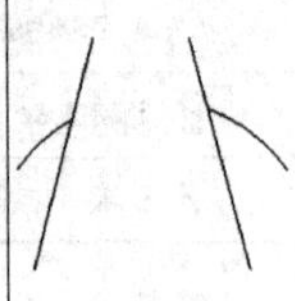
	选择“修剪至点”选项修剪或延伸对象到某一点，选取圆弧，根据系统提示，输入要修剪的点 P1 或 P2，完成修剪	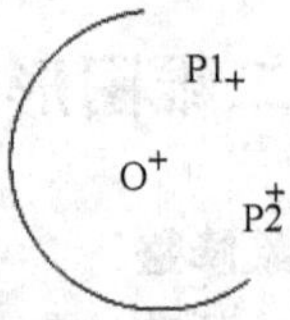	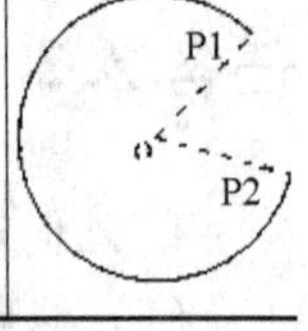

表 2-15 为“修剪/打断”子菜单中其他命令的说明。

表 2-15　修剪/打断子菜单中其他命令的说明

选　项	说　明	操　作	示　例	
			修剪前	修剪后
修剪多个	单击“编辑”→“修剪/打断”→“多物修整”	选择所有修剪对象，单击工具栏上的“终止选择”按钮结束选择，选择修剪边界，系统提示选择要保留的部分，单击要保留侧，完成修剪	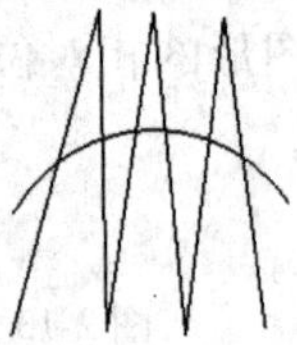	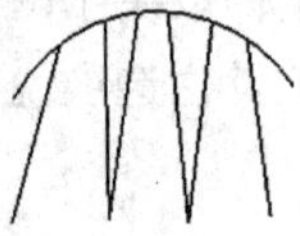
在交点处打断	单击“编辑”→“修剪/打断”→“在交点处打断”	选择需要被打断的图素 A1、L1（可以框选或按选择条件进行筛选），单击工具栏上的按钮，以交点 P0 为界限，图素被打断为 L1、L2、A1、A2	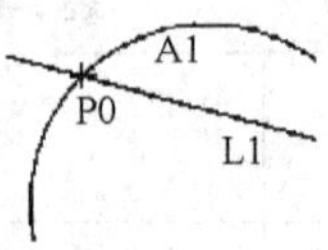	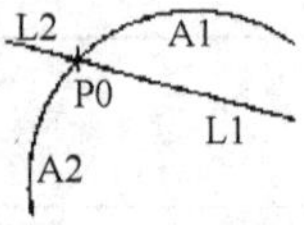
打断为多段	单击“编辑”→“修剪/打断”→“打断为多段”	在工具栏上单击按钮，输入需要打断的段数；或者单击按钮，输入需要打断的长度；单击“圆弧选择”按钮，输入公差，然后选择需要打断的图素对象，将二维曲线打断成为多段圆弧或直线。单击按钮，打断图素为曲线连接；单击按钮，打断图素为直线连接	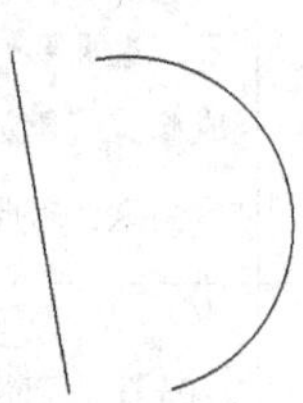	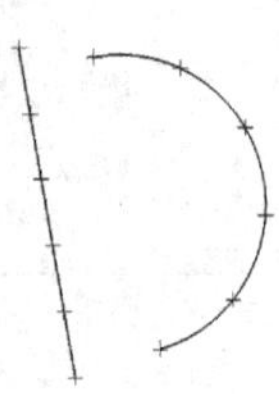
打断全圆	单击“编辑”→“修剪/打断”→“打断全圆”	选择编辑圆，在系统弹出的对话框中输入分割的段数，按〈Enter〉键完成		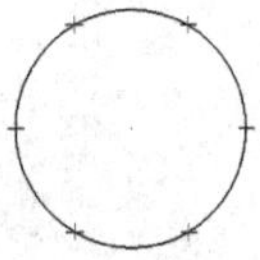

（续）

选项	说明	操作	示例	
			修剪前	修剪后
封闭全圆	单击“编辑”→“修剪/打断”→“恢复全圆”	选择编辑的圆弧，单击工具栏上的按钮，系统将其修复成全圆		
分解标注	单击“编辑”→“修剪/打断”→“依指定长度”	选择要分解的标注、剖面线等，按〈Enter〉键，注解文字或剖面线被打断为独立的几何对象，可以根据需要进行修改	20.00	25

（2）连接

连接用于将选择的图素连接成一个图素。要连接的两个图素必须是同一类型的图素，即都为直线、圆弧或样条曲线才可以进行连接。

连接操作步骤如下：

1）单击菜单“编辑”→“连接”命令。

2）根据系统提示选择需要进行连接的图素。

3）单击工具栏上的“终止选择”按钮，完成连接操作，如图 2-14 所示。

对于要连接的图素，要求必须满足相容的条件，即对于直线来说，它们必须共线；对于圆弧来说，它们必须具有相同的圆心和半径；对于样条曲线来说，它们必须来源于同一条样条曲线。否则系统弹出警示框，提示无法进行连接操作。连接后的图素具有第 1 个选择图素的属性。

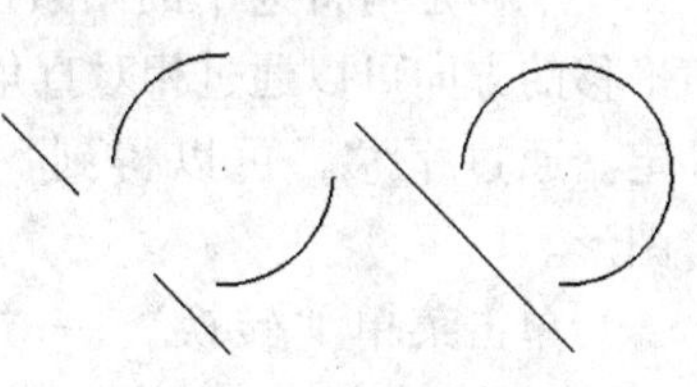

图 2-14　连接示例

（3）编辑 NURBS 曲线控制点

“编辑 NURBS 曲线控制点”命令改变 NURBS 曲线的控制点，从而改变 NURBS 曲线的形状。

该命令的操作步骤如下：

1）单击菜单“编辑”→“更改曲线”命令。

2）在绘图区中选择 NURBS 曲线，并单击 NURBS 曲线上的控制点，将它们移动到合适的位置，如图 2-15 所示。

（4）参数曲线转变为 NURBS 曲线

“参数曲线转变为 NURBS 曲线”命令将指定的直线、圆弧或参数化曲线转换为 NURBS 曲线，从而通过调整 NURBS 曲线的控制点，变更它的形状。

该命令的操作步骤如下：

1）单击菜单“编辑”→“转成 NURBS”命令。

2）在绘图区中选择直线、圆弧或样条曲线，单击工具栏上的“终止选择”按钮，所选对象即被转换成 NURBS 曲线，如图 2-16 所示。

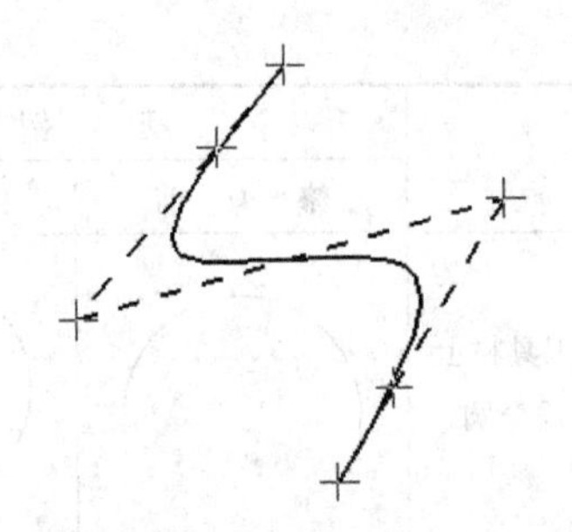

图 2-15　编辑 NURBS 曲线控制点示例

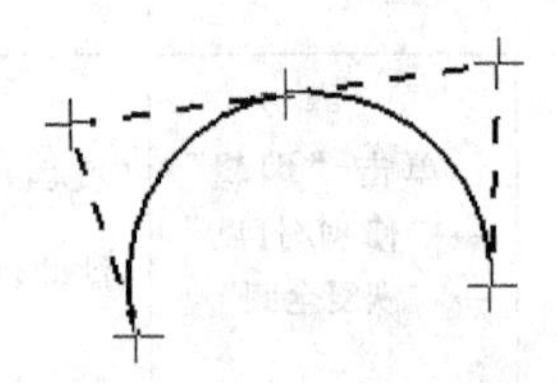

图 2-16　参数曲线转变为 NURBS 曲线示例

（5）曲线变弧

“曲线变弧”命令可以把外形类似于圆弧的曲线转变为圆弧。

该命令的操作步骤如下：

1）单击菜单“编辑”→“曲线变弧”命令。

2）在绘图区中选择使用参数曲线转变为 NURBS 曲线命令转换过的曲线。

3）单击工具栏上的“确定”按钮，完成操作。

2. 几何对象转换

（1）平移

平移是指将选中的图素沿某一方向进行平行移动的操作。平移的方向可以通过相对直角坐标、极坐标或者通过两点来指定。通过平移，可以得到一个或多个与所选中图素相同的图形。

单击菜单“转换”→“平移”命令，或者单击“转换”工具栏中的“平移”按钮，根据系统提示，选择需要平移操作的图素，按〈Enter〉键后弹出如图 2-17 所示的“平移选项”对话框。表 2-16 为“平移选项”对话框中各选项说明。

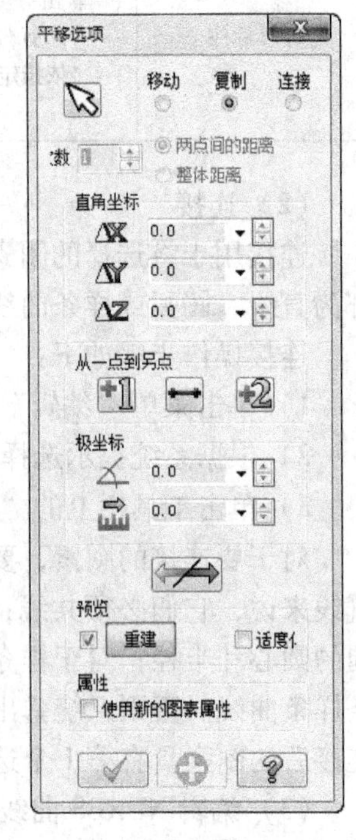

图 2-17　“平移选项”对话框

表 2-16　“平移选项”对话框中各选项说明

选　项		说　明
图素生成方式	移动	执行“转换”命令后删除原来位置的对象
	复制	执行“转换”命令后保留原来位置的对象
	连接	执行“转换”命令后将新旧对象的端点用直线连接
次数		复制个数
直角坐标		输入 X、Y、Z 方向上的平移距离
极坐标		输入平移的角度和距离
从一点到另点		选择任意两点（或直线），以前一点（直线的端点）为起点、后一点（直线另一端点）为终点进行平移
（方向）		将平移方向反向或改为双向

（2）3D 平移

3D 平移是指将所选中的图素在不同构图面（或视图）之间进行平移操作。

单击菜单“转换”→“3D 平移”命令，或者单击“转换”工具栏中的“3D 平移”按钮；根据系统提示，选择需要平移操作的图素，按〈Enter〉键后弹出如图 2-18 所示的“3D 平移选项”对话框。“3D 平移选项”对话框中各选项说明见表 2-17。

表 2-17 “3D 平移选项”对话框中各选项说明

选 项		说 明
图素生成方式	移动	选中该单选按钮，几何图形移动后，原图形删除
	复制	选中该单选按钮，将以复制的方式移动几何图形
原始视角		选择几何图形原构图面
目标视角		选择几何图形移动后所处的构图面
		选择 3D 平移的起点/终点
		如果没有定义视图，单击该按钮连续定义原视图和目标视图

（3）镜像

“镜像”命令用来将选中的图素沿指定的镜像轴进行对称的复制或移动。

单击菜单“转换”→“镜像”命令，或者单击“转换”工具栏中的“镜像”按钮，根据系统提示，选择需要镜像操作的图素，按〈Enter〉键后弹出如图 2-19 所示的“镜像选项”对话框。表 2-18 为“镜像选项”对话框中各选项说明。

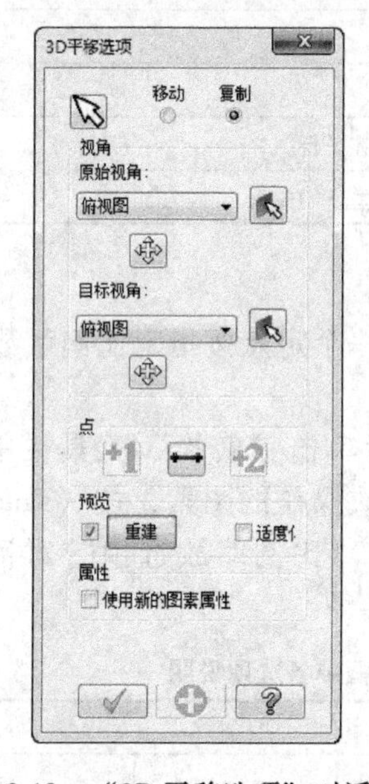

图 2-18 “3D 平移选项”对话框

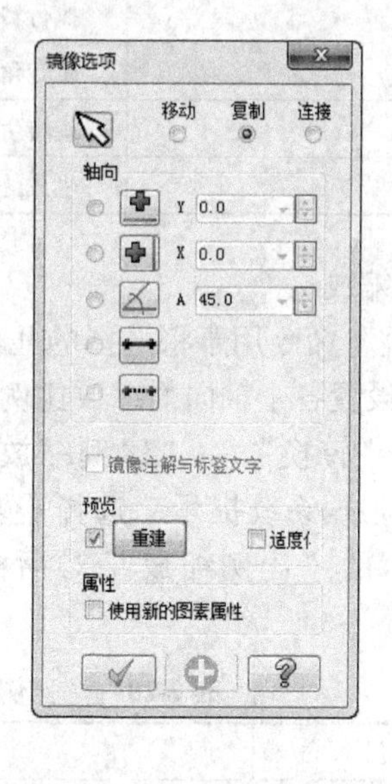

图 2-19 “镜像选项”对话框

表 2-18 “镜像选项”对话框中各选项说明

选 项		说 明
图素生成方式	移动	执行“转换”命令后删除原来位置的对象
	复制	执行“转换”命令后保留原来位置的对象
	连接	执行“转换”命令后将新旧对象的端点用直线连接

（续）

选　　项	说　　明	
使用新的图素属性	该项设置镜像结果的属性，有效时，转换后的对象使用当前颜色、线型、线宽和图层；无效时，转换后的对象保持转换前对象的构图属性	
轴向：镜像中心线的方式		选择工作坐标轴 *X* 轴为镜像轴，可以指定 Y 坐标
		选择工作坐标轴 *Y* 轴为镜像轴，可以指定 X 坐标
		指定倾斜角度（镜像中心线经过坐标原点）
		选择现有的直线作为镜像轴
		选择两点确定一直线作为镜像中心线

（4）旋转

“旋转”命令用于将选择的几何图形绕某个定点进行旋转。角度设置以 *X* 轴方向为 0°，逆时针旋转为正方向；旋转时输入几何图形的旋转个数，以达到旋转阵列的目的。

单击菜单“转换”→“旋转”命令，或者单击“转换”工具栏中的“旋转”按钮，根据系统提示，选择需要旋转操作的图素，按〈Enter〉键后弹出如图 2-20 所示的“旋转选项”对话框。表 2-19 为“旋转选项”对话框中各选项说明。

表 2-19　“旋转选项”对话框中各选项说明

选　　项	说　　明
（中心点）	手动选择旋转中心点的位置
次数	执行转换功能的次数
（旋转角度）	旋转角度
旋转	旋转生成的图素与旋转轨迹平行
平移	生成的图素与旋转轨迹是垂直的关系

（5）比例缩放

“比例缩放”命令用于将选择的几何图形相对于一个定点按指定比例系数缩小或放大。用户可以分别设置各个轴向的缩放比例。

单击菜单“转换”→“比例缩放”命令，或者单击“转换”工具栏中的“比例缩放”按钮，根据系统提示，选择需要进行比例缩放操作的图素，按〈Enter〉键后弹出如图 2-21 所示的“比例缩放”对话框。表 2-20 为“比例缩放选项”对话框中各选项说明。

表 2-20　“比例缩放选项”对话框中各选项说明

选　　项	说　　明		
等比例	等比例缩放	1.0	缩放比例
不等比例	不等比缩放	X 1.0	X 方向缩放比例
		Y 1.0	Y 方向缩放比例
		Z 1.0	Z 方向缩放比例

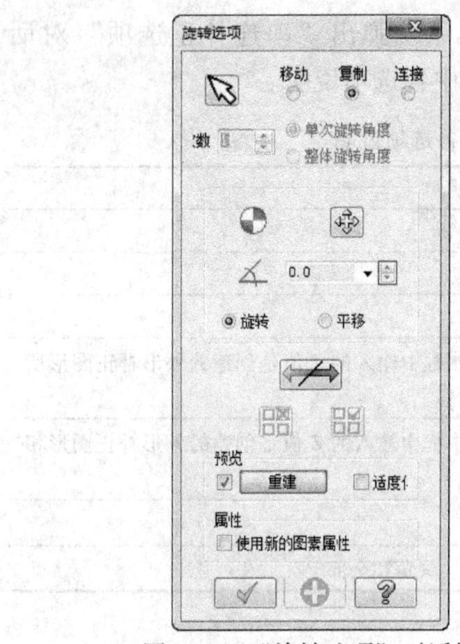

图 2-20 “旋转选项”对话框

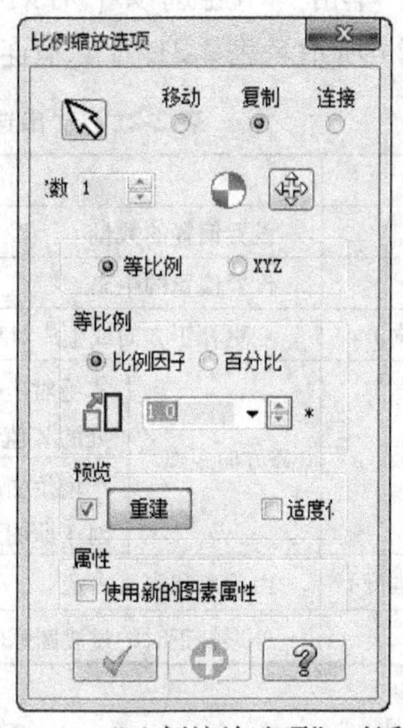

图 2-21 “比例缩放选项”对话框

（6）偏置（单体补正）

偏置是指以一定的距离来等距偏移所选择的图素。“偏置”命令只适用于直线、圆弧、SP 样条线和曲线等图素。

单击菜单“转换”→“单体补正”命令，或者单击“转换”工具栏中的“偏置”按钮，根据系统提示，选择需要进行偏置操作的图素，按〈Enter〉键后弹出如图 2-22 所示的“补正选项”对话框。

（7）外形偏置（串连补正）

外形偏置是指对一个由多个图素首尾相连而成的外形轮廓进行偏置。

单击菜单“转换”→“串连补正”命令，或者单击“转换”工具栏中的“外形偏置”按钮，弹出如图 2-23 所示的“串连选项”对话框，根据系统提示选择需要进行外形偏置

图 2-22 “补正选项”对话框

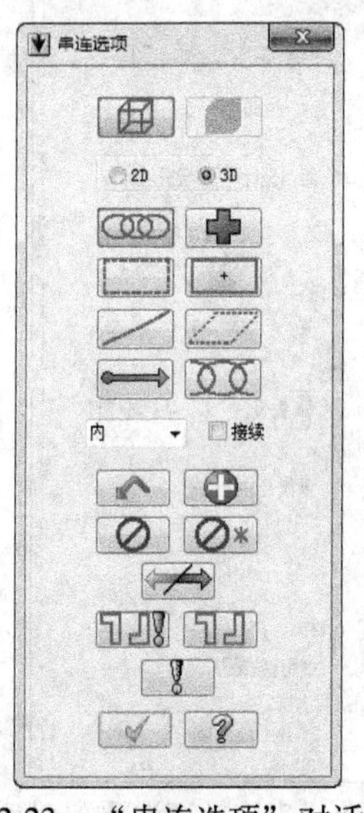

图 2-23 “串连选项”对话框

操作的图素。单击“串连选项”对话框中的 按钮，系统弹出“串连补正选项”对话框，如图 2-24 所示。表 2-21 为“串连补正选项”对话框中各选项说明。

表 2-21 “串连补正选项”对话框中各选项说明

选　项	说　明	
次数	设置偏置的数量	
（距离）	设置偏置的距离	
（反向）	变更补正方向或生成对称的补正	
（深度）	Z 方向距离	绝对坐标方式：（深度）文本框中输入的 Z 值是创建的外形补正图形所处的 Z 值
		增量坐标方式：（深度）文本框中输入的 Z 值是创建的外形补正图形相对于原图形沿 *Z* 轴方向移动的距离
（偏置锥度）	由距离和深度决定	
转角	外形补正时的过渡圆弧的形状。有 3 种形式：无、尖角和全部	

（8）投影

投影是指将选中的图素投影到一个指定的平面上，从而产生新图形。该指定平面被称为投影面，它可以是构图面、曲面或用户自定义的平面。

单击菜单“转换”→“投影”命令，或者单击“转换”工具栏中的“偏置”按钮，根据系统提示，选择投影操作的图素，按〈Enter〉键后弹出如图 2-25 所示的“投影选项”对话框。表 2-22 为“投影选项”对话框中各选项说明。

图 2-24 “串连补正选项”对话框

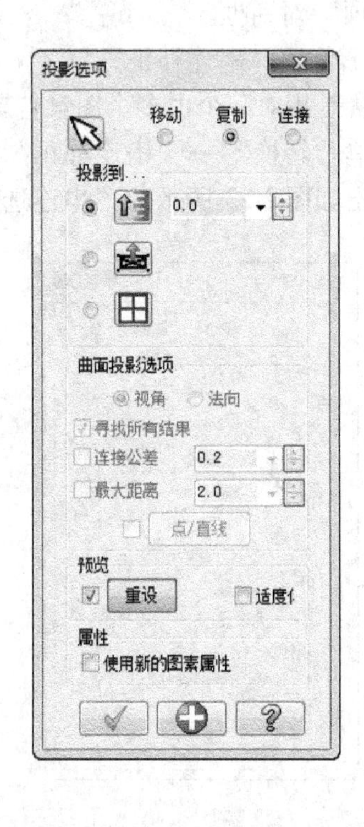

图 2-25 “投影选项”对话框

表 2-22　“投影选项”对话框中各选项说明

选　项	说　明	
投影到		投影到与选择图素平行且相距指定距离的平面
		投影至选定的平面
		投影至所选的曲面
曲面投影选项	投影的方向有两种：视角和法向	
寻找所有结果	生成的投影结果是所有可能的投影结果	
连接公差	投影的结果被连接成一个图素	

(9) 阵列

阵列是指将选中的图素沿两个方向进行平移并复制的操作。

单击“转换”→“阵列”命令，或者单击“转换”工具栏中的“偏置”按钮，根据系统提示，选择阵列操作的图素后弹出如图 2-26 所示的“矩形阵列选项”对话框。表 2-23 为“矩形阵列选项”对话框中各选项说明。

表 2-23　“矩形阵列选项”对话框中各选项说明

选　项		说　明
方向 1	次数	方向 1 上包括原图在内的总的图形数量
		方向 1 上相邻图形之间平移的距离
		方向 1 的偏转角度（可正可负）
		更改方向 1 上的平移方向
方向 2	次数	方向 2 上包括原图在内的总的图形数量
		方向 2 上相邻图形之间平移的距离
		指相对方向 1 的方向 2 的角度
		更改方向 2 上的平移方向

(10) 缠绕（展开）

缠绕是指将选中的串连像绕制弹簧一样沿着指定的“圆柱”卷成圈的操作。使用该命令也可以将卷好的圈展开成线，但是将圈展开成线时通常不能恢复为原状。

单击菜单“转换”→“缠绕”命令，或者单击“转换”工具栏中的“缠绕”按钮，弹出“串连选项”对话框，根据系统提示选择需要进行缠绕操作的图素。单击“串连选项”对话框中的按钮，系统弹出“缠绕选项”对话框，如图 2-27 所示。表 2-24 为“缠绕选项”对话框中各选项说明。

表 2-24　“缠绕选项”对话框中各选项说明

选　项	说　明
移动	几何图形卷成圆筒或展开后，原图形被删除
复制	将以复制的方式卷成圆筒或展开
	进行卷筒操作
	进行展开操作

（续）

选　项		说　明
旋转轴	X 轴	几何图形绕 X 轴卷成圆筒或展开
	Y 轴	几何图形绕 Y 轴卷成圆筒或展开
方向	顺时针	顺时针方向卷成圆筒或展开
	逆时针	逆时针方向卷成圆筒或展开
		输入卷筒的直径
		输入角度的误差
位置		输入卷成圆筒或展开的起始角度位置
		选择两点来决定卷成圆筒或展开的位置
类型	直线/圆弧 点 曲线	设置卷成圆筒后的结果类型
图素属性	使用新的图素属性	设置卷成圆筒或展开的几何图形属性

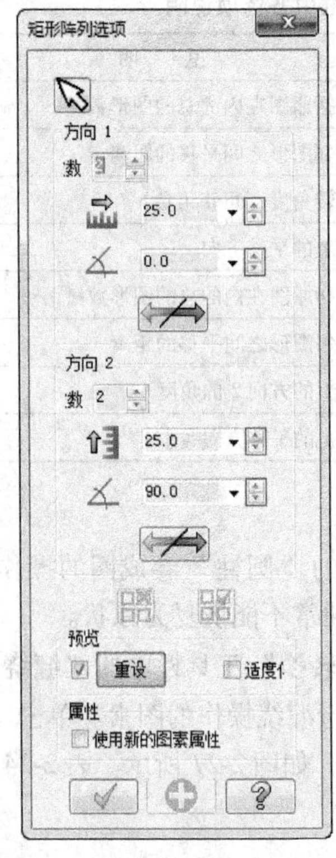

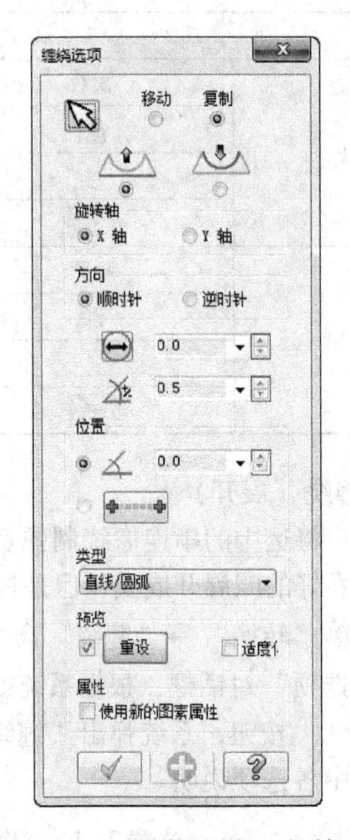

图 2-26　“矩形阵列选项”对话框　　　　图 2-27　“缠绕选项”对话框

（11）拖曳

拖曳是指对选中图素进行平移、旋转的操作。在操作中可以移动所选的图素，也可以复制产生新的图素。

单击菜单“转换”→“拖曳”命令，或者单击“转换”工具栏中的“缠绕”按钮，根据系统提示，选择需要进行拖曳操作的图素，按〈Enter〉键，工具栏提示如图 2-28 所示。表 2-25 为工具栏上各选项说明。

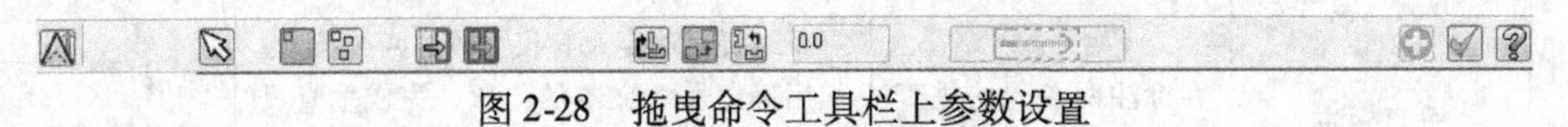

图 2-28　拖曳命令工具栏上参数设置

表 2-25　工具栏上各选项说明

选　项	说　明
（选择）	重新选择几何图形
（移动）	选择移动的基点，然后选择目标点，图素即被拖动到指定的位置。动态移动后，原图形删除
（复制）	图素在指定的目标点被复制。动态移动后，原图形保留
（排列）	按排列的方式拖动生成的图素
（平移）	按平移的方式拖动生成的图素
（旋转）	按旋转的方式拖动生成的图素
	采用拉伸方式，该方式必须是视窗选择几何图形时才能使用

3. 尺寸标注与图案填充

在 Mastercam X6 中，图形标注主要包括 3 个方面的内容：尺寸标注、注释和图案填充。它们通过单击菜单“绘图”→“尺寸标注”命令和标注工具栏按钮来完成，如图 2-29 所示。

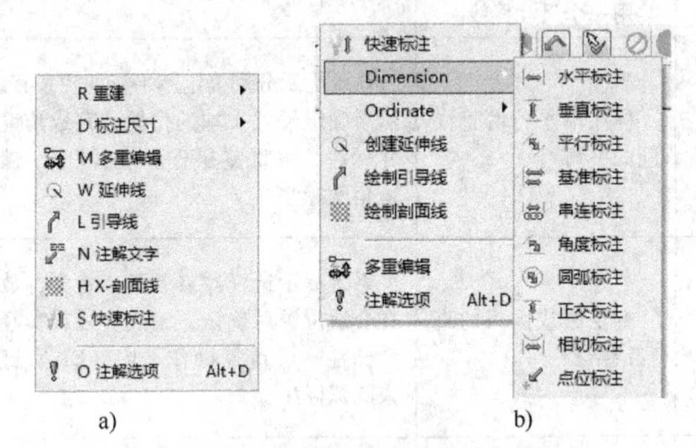

a)　　　　b)

图 2-29　图形标注菜单和工具栏

a）图形标注菜单　b）图形标注工具栏

(1) 尺寸标注

在绘制的图样中，图形只能反映实物的形状，而物体各部分的真实大小和它们之间的确切位置只有通过尺寸来确定。在图形标注菜单中，各选项的功能及操作方法见表 2-26。在坐标标注菜单中各选项的功能及操作方法见表 2-27。

表 2-26　图形标注菜单中各选项的功能及操作方法

序 号	选　项	功　能	操 作 方 法	示　例
1	水平标注	标注两点间的水平尺寸	系统提示确定水平尺寸线的两个端点，然后确定尺寸文本的位置，完成水平尺寸标注，可重复操作。按〈Esc〉键结束水平标注	15

（续）

序号	选项	功能	操作方法	示例
2	垂直标注	标注两点间的垂直尺寸	系统提示确定垂直尺寸线的两个端点，然后确定尺寸文本的位置，完成垂直尺寸标注，可重复操作。按〈Esc〉键结束垂直标注	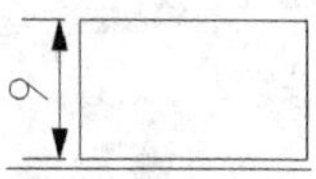 9
3	平行标注	标注与尺寸线起止点连线平行或与所选实体平行的尺寸	系统提示确定平行尺寸线的两个端点，然后确定尺寸文本的位置，完成平行尺寸标注，可重复操作。按〈Esc〉键结束平行标注	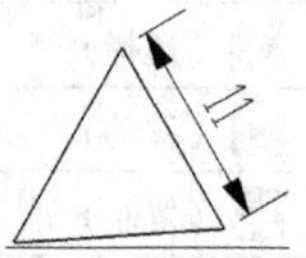 11
4	基准标注	以已存在的线性尺寸标注尺寸线为基准，对一系列点进行线性标注，各尺寸线从一条尺寸界线开始标注	系统提示选择一个已存在的线性尺寸，然后确定尺寸线的另一端点，完成基准尺寸标注，可重复操作。按〈Esc〉键结束基准标注	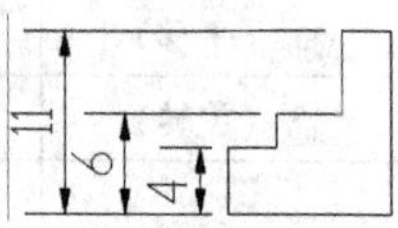 11 9 4
5	串连标注	以已存在的线性尺寸标注尺寸线为基准，对一系列点进行线性标注，相邻尺寸共用一个尺寸界线	系统提示选择一个已存在的线性尺寸，然后确定另一个尺寸界线，完成串连尺寸标注，可重复标注。按〈Esc〉键结束串连标注	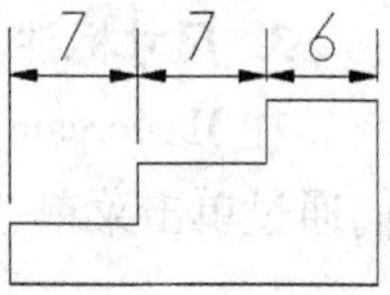 7 7 6
6	角度标注	标注不平行两直线间的夹角	系统提示分别确定不平行的两条直线，然后确定尺寸文本的位置，完成角度尺寸标注，可重复操作。按〈Esc〉键结束角度标注	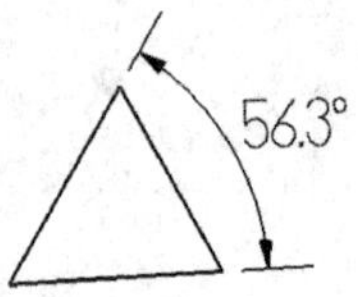 56.3°
7	圆弧标注	标注圆或圆弧的直径或半径	系统提示选择圆或圆弧，将光标放置在合适位置后确认，完成直径或半径尺寸标注，可重复操作。按〈Esc〉键结束圆弧标注	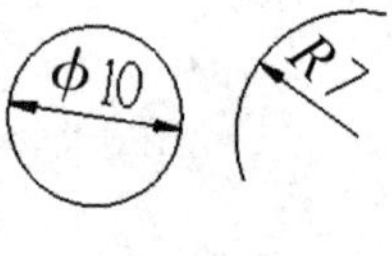 ϕ10 R7
8	正交标注	用于标注两平行线或某个点到线段的法线距离	系统提示选择线段，然后选择一个点或一条平行线，再确定尺寸文本的位置，完成法线尺寸标注，可重复操作。按〈Esc〉键结束法线标注	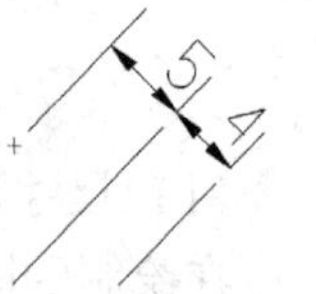 5 4
9	相切标注	用来标注点、直线、圆、圆弧到圆或圆弧边线（圆周）的距离	系统提示分别确定圆、圆弧、点、直线，然后确定尺寸文本的位置，完成相切尺寸标注，可重复操作。按〈Esc〉键结束相切标注	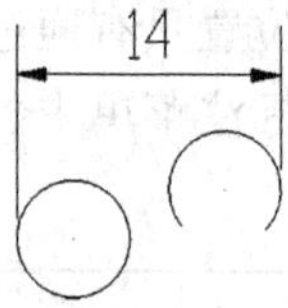 14
10	点位标注	用来标注选取点的坐标	系统提示确定点，然后确定尺寸文本的位置，完成点的坐标尺寸标注，可重复操作。按〈Esc〉键结束点坐标标注	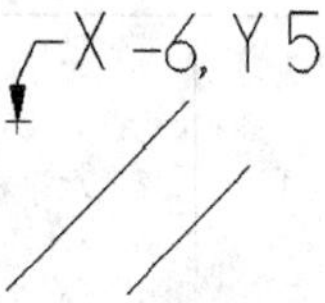 X -6, Y 5

（续）

序 号	选 项	功 能	操作方法	示 例
11	坐标标注	以选取的一个点为基准，标注一系列点与基准点的相对距离。常用于标注形状特别没有规律的曲线和曲面	见表2-27	

表2-27 坐标标注菜单中各选项的功能及操作方法

序 号	选 项	功 能	操作方法	示 例
1	水平坐标标注	该命令用于标注各点相对某一基准点的水平相对距离	系统提示选择水平坐标标注基准点，选择后移动基准点到适当位置，单击左键。系统提示选择水平坐标标注点，选择后产生水平坐标，到适当位置，单击左键，按〈Esc〉键结束操作	15 0 8 15
2	垂直坐标标注	该命令用于标注各点相对某一基准点的垂直相对距离	系统提示选择垂直坐标标注基准点，选择后移动基准点到适当位置，单击左键。系统提示选择垂直坐标标注点，选择后产生垂直坐标，到适当位置，单击左键，按〈Esc〉键结束操作	15 10 5 0 5
3	平行坐标标注	该命令用于标注各点相对某一基准点的平行相对距离	系统提示选择平行坐标标注基准点，选择后移动基准点到适当位置，单击左键。系统提示选择平行坐标标注点，选择后产生平行坐标，到适当位置，单击左键，按〈Esc〉键结束操作	15 10 6 4 0
4	现有坐标标注	该命令用于标注各点相对某一已存在的坐标标注基准点的相对距离	系统提示选择已存在的坐标标注，选择后系统提示选择相对坐标标注点，选择后产生相对坐标，移动坐标到适当位置，单击左键，按〈Esc〉键结束操作	15 10 0 15
5	自动标注	该命令采用视窗选择的方式一次性标注所有点相对所选基准点的相对坐标	选择该命令，直接在弹出框中设置基准点坐标，或用“选择”按钮（Select）在几何图形中选择一点为基准点，单击“确认”按钮，系统提示选择要标注坐标的几何图形，视窗选择后确认，完成标注，按〈Esc〉键结束操作	0 15 0 -10
6	对齐坐标标注	该命令用于产生对齐坐标标注文本的放置位置	系统提示选择已存在的坐标标注，选择后调整坐标标注到新的位置，单击左键，按〈Esc〉键结束操作	15 10 5 0 5

（2）图形注释

注释是指图形中的文本信息。单击菜单“绘图”→“尺寸标注”→“注解文字”命令，或者在“标注”工具栏上单击“注释”按钮，弹出如图2-30所示的“注解文字”对话框。图形注释的方式，见表2-28。

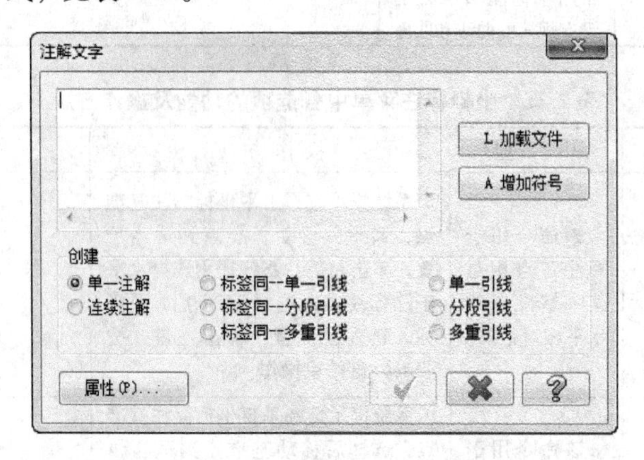

图2-30 “注解文字”对话框

表2-28 图形注释的方式

方　式	说　明
直接输入	在注释内容文本框中直接输入需要的文字
载入文字	单击 L 加载文件 按钮，选择一个文本文件，即可将文件中的文字载入到注释内容文本框中
添加符号	单击 A 增加符号 按钮，在弹出的对话框中选择需要的符号，即可添加符号到注释内容文本框中

（3）快速标注

采用快速标注时，系统能自动判断该图素的类型，从而自动选择合适的标注方式完成标注。这样最大限度地减少了鼠标单击次数、提高了设计效率。

单击菜单“绘图”→“尺寸标注”→“快速标注”命令，或者在“标注”工具栏上单击“快速标注”按钮，系统显示如图2-31所示的提示。

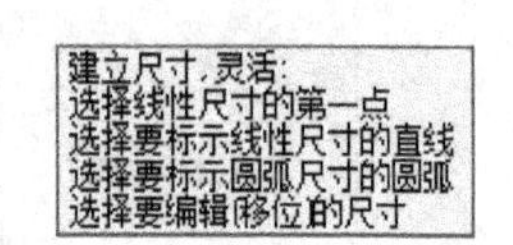

图2-31 快速标注的初步提示

用户选择图素后，工具栏如图2-32所示。在利用快速标注命令进行标注的过程中，用户可以借助工具栏对标注做进一步的设置。

图2-32 快速标注工具栏

（4）图案填充（剖面线）

在机械工程图中，图案填充用于一个剖切的区域，而且不同的图案填充表达不同的零部件或者材料。

单击菜单“绘图”→“尺寸标注”→“绘制剖面线”命令，或者在“标注”工具栏上单击“快速标注”按钮旁的展开按钮，选择“绘制剖面线”命令，进入“剖面线”对话框，如图 2-33 所示。图 2-34 所示为“自定义剖面线图样”对话框。

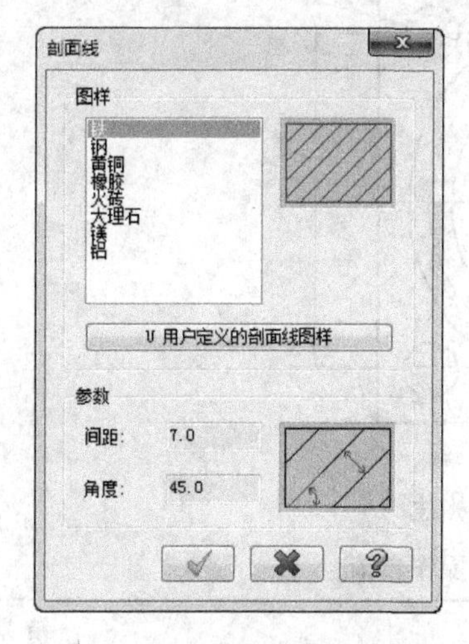

图 2-33　“剖面线”对话框

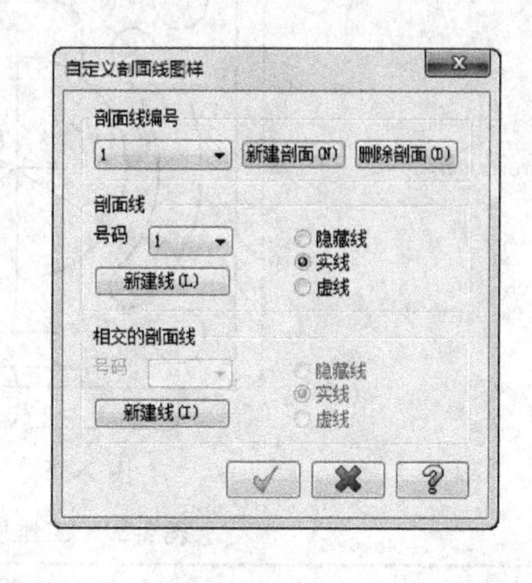

图 2-34　“自定义剖面线图样”对话框

（5）编辑图形标注

单击菜单“绘图”→“尺寸标注”→“多重编辑”命令，或者在“标注”工具栏上单击“快速标注”按钮 旁的展开按钮，选择“多重编辑”命令，选择需要修改的标注，然后按〈Enter〉键，弹出如图 2-35 所示的“自定义选项”对话框。在该对话框中有许多参数可以设置，用户对这些参数的修改都将反映到所选择的标注中。这些参数的修改不会影响其他的标注，以后新标注尺寸的参数仍按原来设置的结果显示。

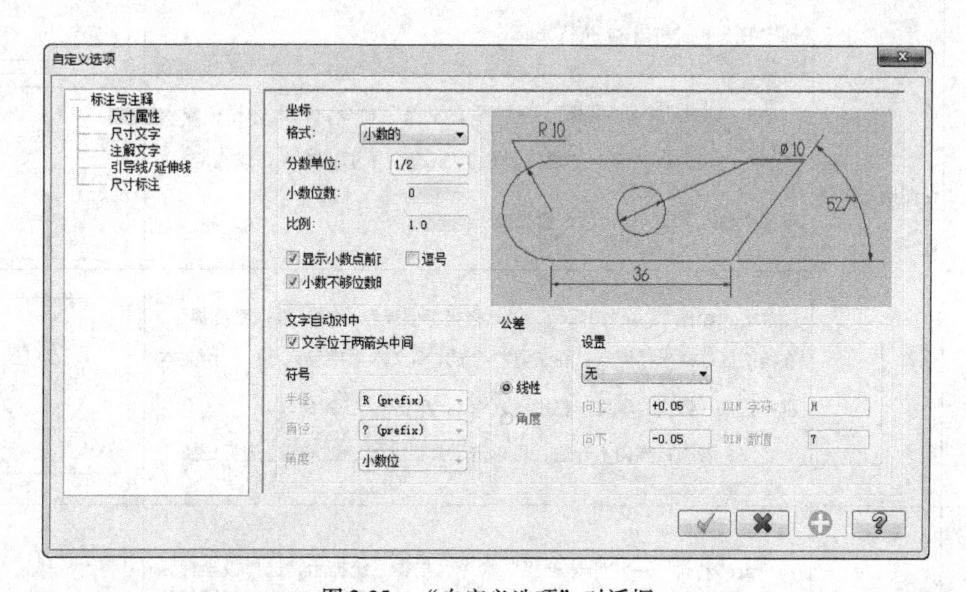

图 2-35　“自定义选项”对话框

4. 二维图形的构建

根据引入任务要求，绘制如图 2-36 所示的图形。二维图形构建操作步骤见表 2-29。

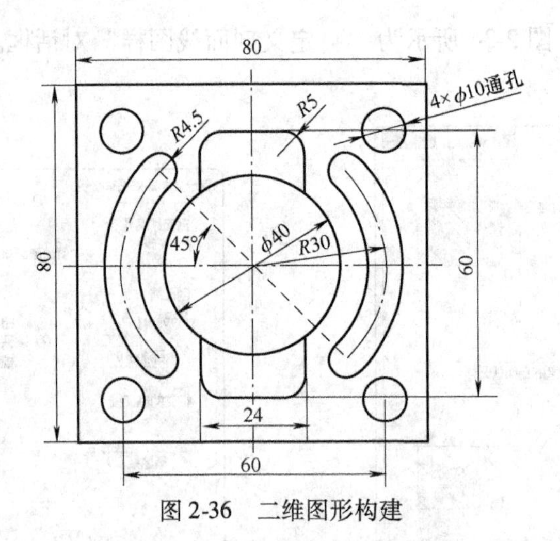

图 2-36　二维图形构建

表 2-29　二维图形构建操作步骤

序　号	绘制内容	操作过程	结果图示
1	绘制矩形	单击“绘图”→“矩形”命令，在工具栏上的文本框中输入80、文本框中输入80，选择中心点定位方式；在绘图区选择坐标原点，单击按钮完成	
2	绘制圆与圆弧	单击“绘图”→“圆弧”→“圆心+点”命令，根据系统提示，在绘图区选择坐标原点；在工具栏上的文本框中输入20或在文本框中输入40，单击按钮完成	
		单击“绘图”→“圆弧”→“圆心+点”命令，在坐标栏中输入，在工具栏上的文本框中输入5或在文本框中输入10，单击按钮完成	
		单击“绘图”→“圆弧”→“P极坐标圆弧”命令，根据系统提示，在绘图区选择坐标原点；在工具栏上的文本框中输入30、文本框中输入-45°、文本框中输入45°，单击按钮完成 备注：若圆弧方向不合适，可单击工具栏上的进行更换	
3	单体补正	单击“转换”→“单体补正”命令，根据系统提示，选择极坐标弧以及补正方向，按〈Enter〉键确定，在弹出的“补正选项”对话框的中输入4.5，单击双向补正，单击按钮完成	

（续）

序　号	绘制内容	操作过程	结果图示
4	绘制圆弧	单击“绘图”→“圆弧”→“两点画弧”命令，在绘图区指定圆弧端点，在工具栏上的文本框中输入4.5，根据系统提示选择要保留的圆弧，单击按钮完成	
5	镜像	单击“转换”→“镜像”命令，根据系统提示，选择小圆和小圆弧，按〈Enter〉键确定，在弹出的“镜像选项”对话框中单击，单击按钮完成	
		单击“转换”→“镜像”命令，根据系统提示，选择 *X* 轴正方向的圆与圆弧，按〈Enter〉键确定，在弹出的“镜像选项”对话框中单击，单击按钮完成	
6	矩形形状	单击“绘图”→“矩形形状”命令，根据系统提示，选择坐标原点作为基准点，在弹出的“矩形选项”对话框中的文本框中输入24、文本框中输入60、文本框中输入5，固定位置选择中心点，单击按钮完成	
7	修剪	单击“编辑”→“修剪/打断”→“修剪/打断/延伸”命令，单工具栏上的，选择绘图区需要被分割部分（ϕ40 圆内的线段），单击按钮完成	

任务 2.3　了解加工模块基础知识

1. Mastercam 系统数控加工流程

数控加工具有两大特点：一是可以极大地提高加工精度；二是可以稳定加工质量，保持加工零件的一致性，即加工零件的质量和时间由数控程序决定而不是由人为因素决定。

Mastercam 操作便捷且比较容易掌握，Mastercam X6 能够模拟数控加工的全过程，其一般流程如图 2-37 所示。

在进行数控加工操作之前，首先需要进入 Mastercam X6 数控加工环境，其操作过程如下：

1）打开已有模型或者新建模型。

2）单击菜单“机床类型”→“铣削”→“默认”命令，系统进入加工环境。

2. 工件设置

工件也称毛坯，它是加工零件的坯料。工件设置包括工件类型的选择、工件尺寸的设置和工件原点的设置。单击“操作管理器”中⊞山 属性 - Mill Default MM 前的“+”号，单击“材料设置”节点，弹出如图2-38所示的“机器群组属性”对话框。“机器群组属性”对话框选项说明见表2-30。

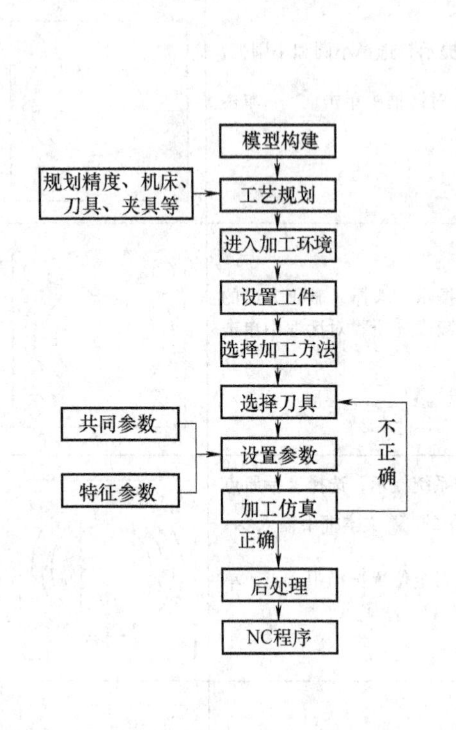

图2-37 Mastercam X6数控加工流程

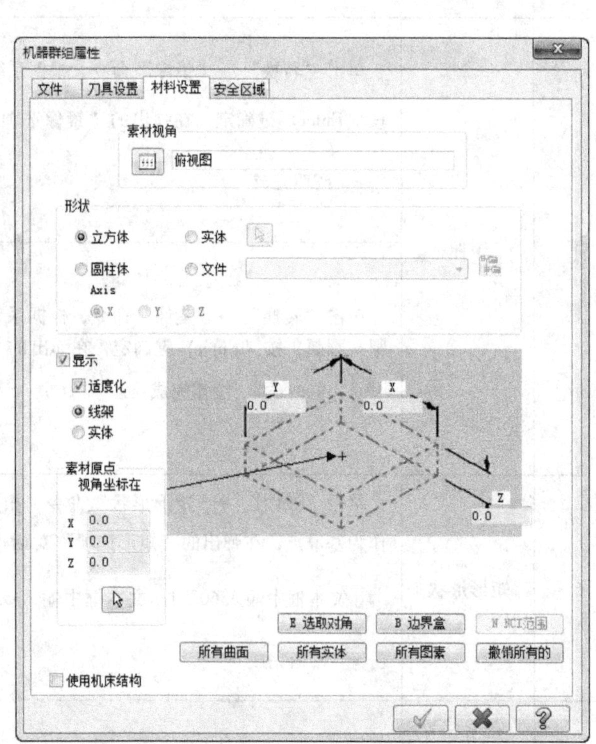

图2-38 “机器群组属性”对话框

表2-30 “机器群组属性”对话框选项说明

类　型	说　明	
素材视角	单击该按钮可以选择被排列的素材样式的视角。如果加工一个系统坐标（WCS）不同于Top视角的机件，则可以通过单击该按钮来选择一个适当的视角	
形状	立方体	用于创建一个立方体的工件
	实体	用于选取一个实体工件。当选中该单选按钮时，其后的按钮被激活，单击该按钮可以在绘图区选取一个实体为工件
	圆柱体	用于创建一个圆柱体工件。当选中该单选按钮时，其下的X、Y、Z单选按钮被激活，选中这3个单选按钮可以定义圆柱体的轴线在对应的坐标轴上
	文件	用于设置选取一个来自文件的实体模型（文件类型为STL）为工件。当选中单选按钮时，其后的按钮被激活，单击该按钮可以在任意的目录下选取工件
显示	适度化	用于创建一个恰好包含模型的工件
	线架	用于设置以线框的形式显示工件
	实体	用于设置以实体的形式显示工件

（续）

类　型	说　明	
素材原点	（选择按钮）	用于选择模型原点，同时也可以在素材原点区域的 X 文本框、Y 文本框和 Z 文本框中输入数值来定义工件的原点
	X 文本框	用于设置在 *X* 轴方向的工件长度。该文本框将根据定义的工件类型进行相应的调整
	Y 文本框	用于设置在 *Y* 轴方向的工件长度。该文本框将根据定义的工件类型进行相应的调整
	Z 文本框	用于设置在 *Z* 轴方向的工件长度。该文本框将根据定义的工件类型进行相应的调整
E 选取对角	用于以选取模型对角点的方式定义工件的尺寸。当通过该种方式定义工件的尺寸后，模型的原点也会根据选取的对角点进行相应的调整	
B 边界盒	用于根据用户所选取的几何体来创建一个最小的工件	
N NCI范围	用于对限定刀路的模型边界进行计算，创建工件尺寸。该功能仅基于进给速率进行计算，不根据快速移动进行计算	
所有曲面	用于以所有可见的表面来创建工件尺寸	
所有实体	用于以所有可见的实体来创建工件尺寸	
所有图素	用于以所有可见的图素来创建工件尺寸	
撤销所有的	用于移除创建的工件尺寸	

在“机器群组属性”对话框中单击 B 边界盒 按钮，系统弹出图 2-39 所示的“边界盒选项”对话框，接受系统默认的设置，单击 ✓ 按钮，返回到“机器群组属性”对话框，此时该对话框如图 2-40 所示。“边界盒选项”对话框中各选项说明见表 2-31。

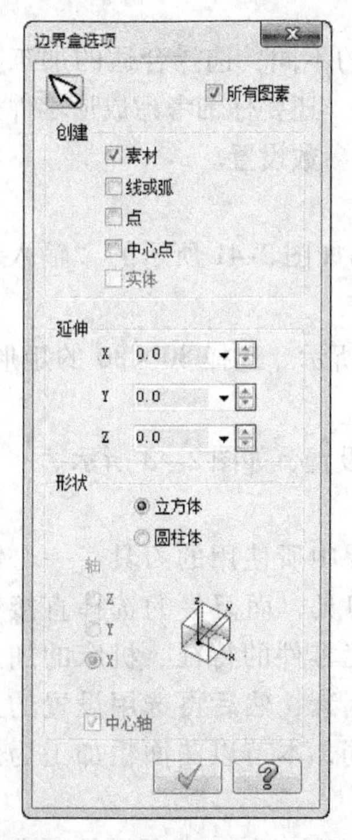

图 2-39 “边界盒选项”对话框

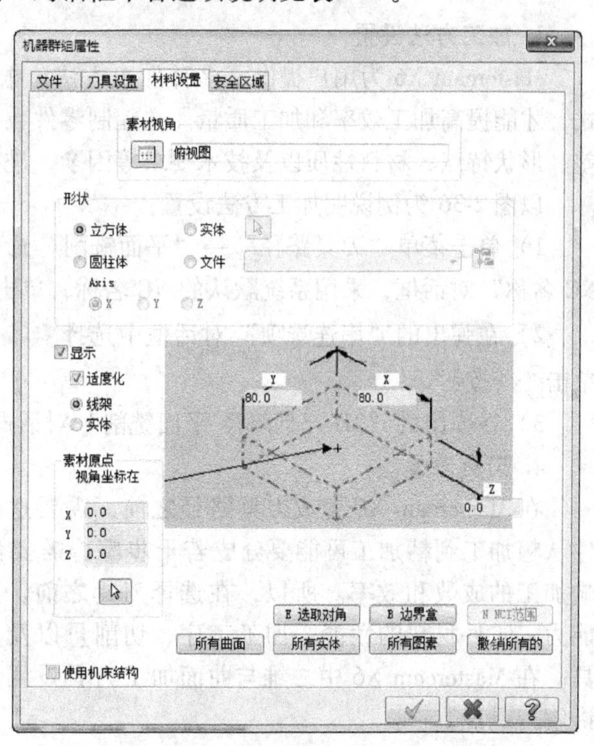

图 2-40 “机器群组属性”对话框

表 2-31 “边界盒选项”对话框中各选项说明

<table>
<tr><th>类　型</th><th colspan="4">说　明</th></tr>
<tr><td></td><td colspan="4">用于选取创建工件尺寸所需的图素</td></tr>
<tr><td>☑所有图素</td><td colspan="4">用于选取创建工件尺寸所需的所有图素</td></tr>
<tr><td rowspan="5">创建</td><td>☑素材</td><td colspan="3">用于创建一个与模型相近的工件毛坯</td></tr>
<tr><td>☑线或弧</td><td colspan="3">用于创建线或圆弧。当定义的图形为矩形时，则会创建接近边界的直线；当定义的图形为圆柱形时，则会创建圆弧和线</td></tr>
<tr><td>☑点</td><td colspan="3">用于在边界盒的角或者长宽处创建点</td></tr>
<tr><td>☑中心点</td><td colspan="3">用于创建一个中心点</td></tr>
<tr><td>□实体</td><td colspan="3">用于创建一个与模型相近的实体</td></tr>
<tr><td rowspan="3">延伸</td><td>X 文本框</td><td colspan="3">用于设置在 X 轴方向的工件延长量</td></tr>
<tr><td>Y 文本框</td><td colspan="3">用于设置在 Y 轴方向的工件延长量</td></tr>
<tr><td>Z 文本框</td><td colspan="3">用于设置在 Z 轴方向的工件延长量</td></tr>
<tr><td rowspan="5">形状</td><td>◉立方体</td><td colspan="3">用于设置工件形状为立方体</td></tr>
<tr><td rowspan="3">◉圆柱体</td><td>◉Z</td><td>用于设置圆柱体的轴线在 Z 轴上</td><td rowspan="3">此单选项只有在工件形状为圆柱体时方可使用</td></tr>
<tr><td>◉Y</td><td>用于设置圆柱体的轴线在 Y 轴上</td></tr>
<tr><td>◉X</td><td>用于设置圆柱体的轴线在 X 轴上</td></tr>
<tr><td>☑中心轴</td><td colspan="3">用于设置圆柱体工件的轴线，当选中该复选框时，圆柱体工件的轴心在构图原点上；反之，圆柱体工件的轴心在模型的中心点上</td></tr>
</table>

3. 加工方法设置

Mastercam X6 为用户提供了多种加工方法，根据加工零件的不同，选择合适的加工方式，才能提高加工效率和加工质量。在编制零件数控加工程序时，还要仔细考虑成形零件公差、形状特点、材料性质以及技术要求等因素，进行合理的加工参数设置。

以图 2-36 为例说明加工方法设置：

1）单击菜单“刀具路径”→“平面铣削”命令，系统弹出如图 2-41 所示的“输入新 NC 名称”对话框，采用系统默认的 NC 名称，单击 按钮。

2）在弹出的“串连选项”对话框中选择 ，如图 2-42 所示。选择 80×80 的矩形，单击 按钮。

3）在弹出的“2D 刀具路径-平面铣削”对话框中进行参数设置，如图 2-43 所示。

4. 刀具设置

在 Mastercam X6 生成刀具路径之前，需要选择在加工过程中所使用的刀具。一个零件从粗加工到精加工可能要分成若干步骤，需要使用若干把刀具，而刀具的选择直接影响加工的成败和效率。所以，在选择刀具之前，要先了解加工零件的特征、机床的加工能力、工件材料的性能、加工工序、切削量以及其他相关的因素，然后再选用设置的刀具。在 Mastercam X6 中二维与曲面加工刀具设置界面略有不同，本节以曲面粗加工为例讲解刀具设置。

1）在刀具路径的曲面选取对话框中单击 按钮，系统弹出如图 2-44 所示的“曲面粗加工挖槽”对话框。

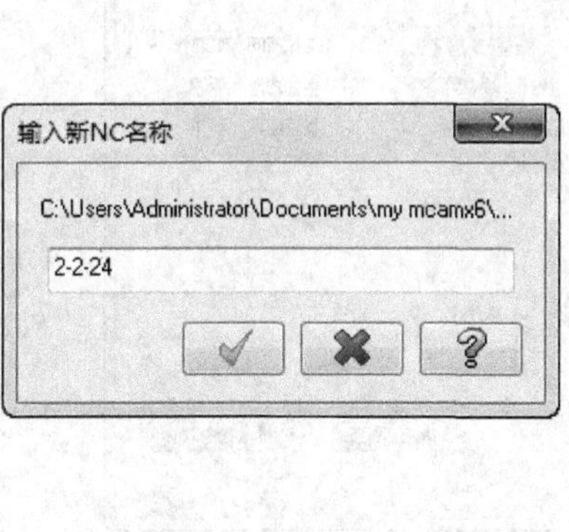

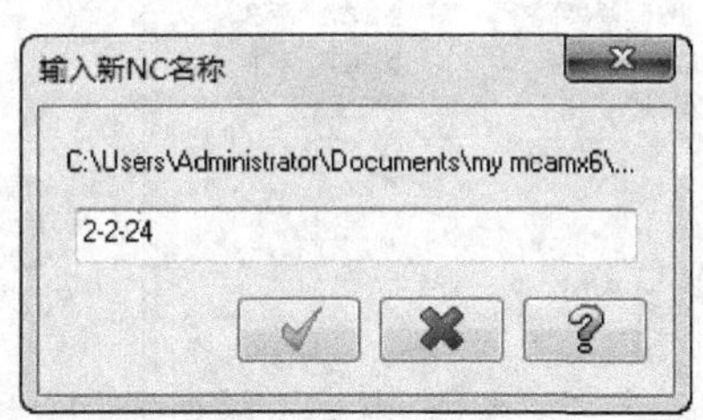

图 2-41 “输入新 NC 名称”对话框

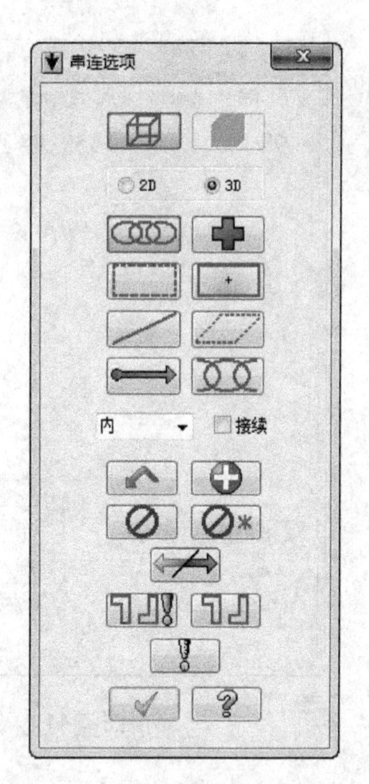

图 2-42 “串连选项”对话框

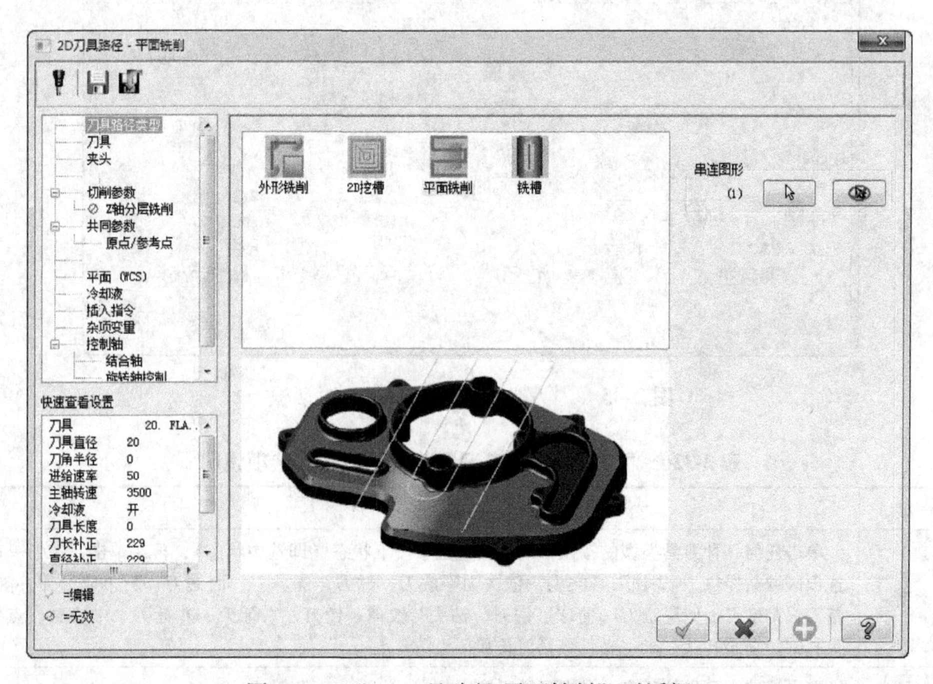

图 2-43 “2D 刀具路径-平面铣削”对话框

2）确定刀具类型。单击 刀具过滤 按钮，系统弹出如图 2-45 所示的“刀具过滤列表设置”对话框。单击该对话框中的 全关(N) 按钮后，在“刀具类型”选项区域中单击 （圆鼻刀）按钮，单击 按钮，关闭“刀具过滤列表设置”对话框，系统返回“曲面粗加工挖槽”对话框。“刀具过滤列表设置”对话框中各选项说明见表 2-32。

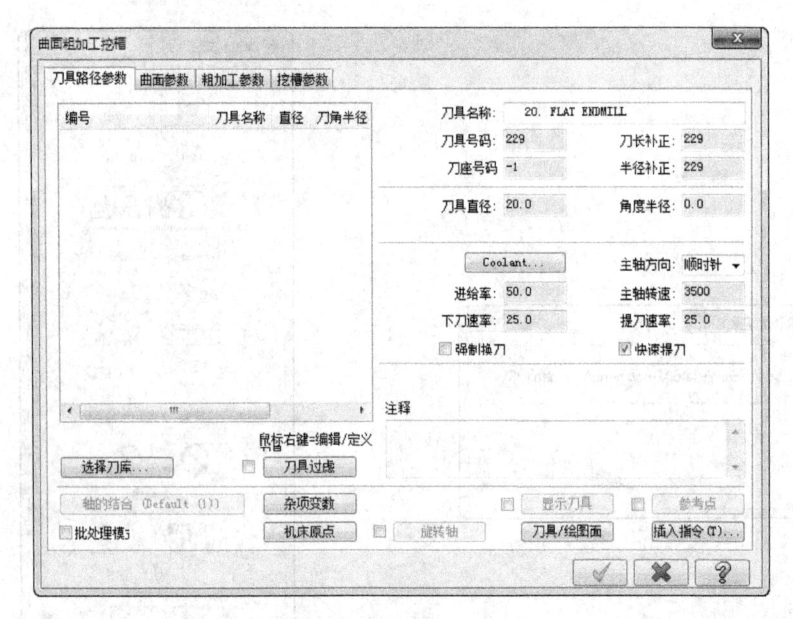

图 2-44 “曲面粗加工挖槽”对话框

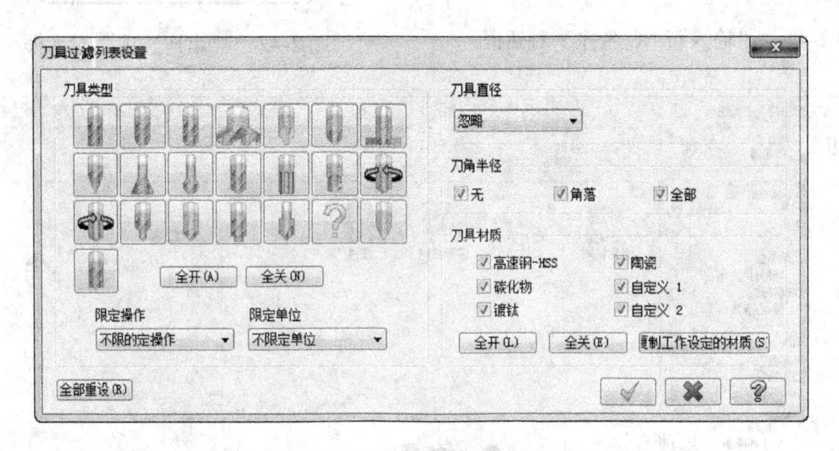

图 2-45 “刀具过滤列表设置”对话框

表 2-32 “刀具过滤列表设置”对话框中各选项说明

类　型	说　明
刀具类型	单击任何一种刀具类型的按钮，则该按钮处于按下状态（即选中状态），再次单击，按钮弹起。该选项区域共提供了 22 种刀具类型，依次为平底刀、球刀、圆鼻刀、面铣刀、圆角成形刀、倒角刀、槽刀、锥度刀、鸠尾铣刀、糖球形铣刀、钻头、铰刀、镗刀、右牙刀、左牙刀、中心钻、点钻、沉头孔钻、鱼眼孔钻、未定义、雕刻刀具和平头钻
全开(A)	单击该按钮可以使所有刀具类型处于选中状态
全关(N)	单击该按钮可以使所有刀具类型处于非选中状态
限定操作	提供依照使用操作、依照未使用的操作和不限定的操作 3 种方式
限定单位	提供英制、公制和不限定单位 3 种方式
刀具直径	该选项区域中包含一个下拉列表，通过该下拉列表中的选项可以快速地检索到满足用户所需要的刀具直径

（续）

类　型	说　明
刀角半径	可以通过该选项区域提供的☑无、☑角落（圆角）、☑全部（全圆角）3 个复选框，进行刀具圆角类型的检索
刀具材质	可以通过该选项区域所提供的 6 种刀具材料对刀具进行检索

3）选择刀具。在“曲面粗加工挖槽”对话框中，单击 选择刀库... 按钮，弹出如图 2-46 所示的“选择刀具”对话框，选择编号为 123 的圆鼻刀，单击 ✓ 按钮。

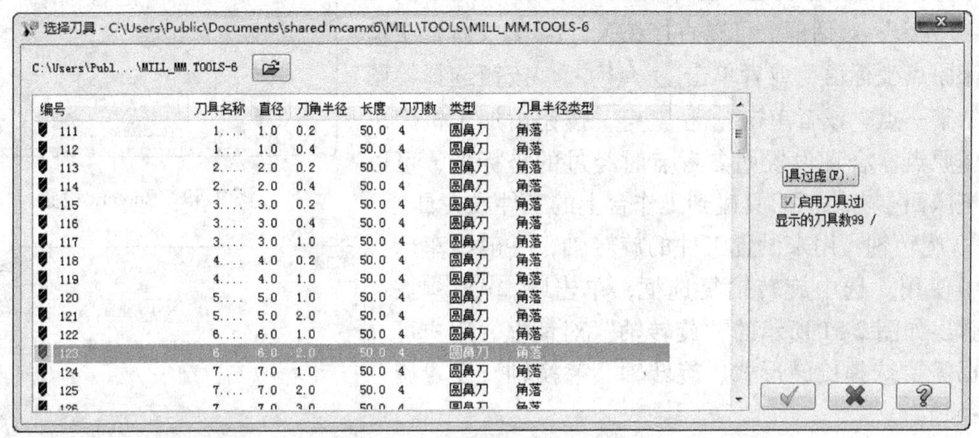

图 2-46　“选择刀具”对话框

4）设置刀具参数。

① 在“曲面粗加工挖槽”对话框中的“刀具路径参数”选项卡中，双击需要进行参数设置的刀具，弹出如图 2-47 所示的“定义刀具”对话框。

② 设置刀具号。在“定义刀具”对话框中的“刀具号码”文本框中，将原有的数值改为 1。

③ 设置刀具的加工参数。单击“定义刀具”对话框中的“参数”选项卡，设置进给速率为 200、下刀速率为 1200、提刀速率为 1200、主轴转速为 1000，如图 2-48 所示。

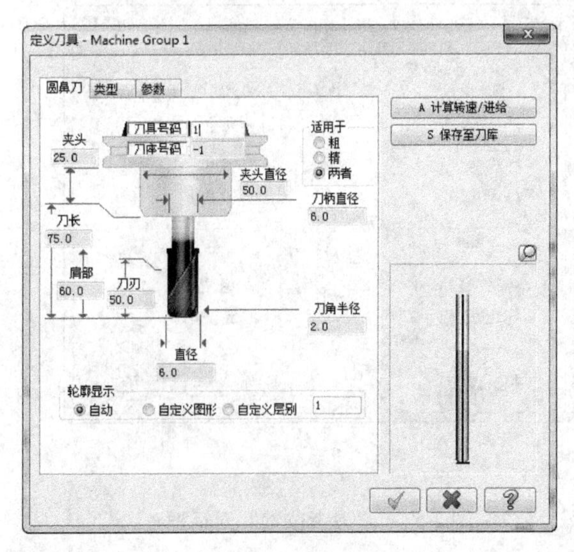

图 2-47　“定义刀具”对话框

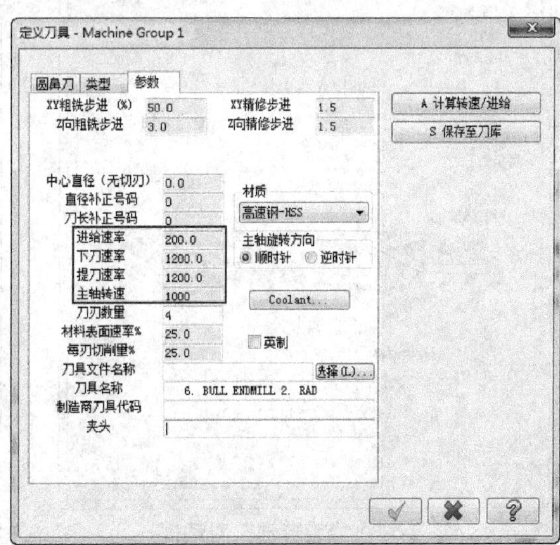

图 2-48　设置刀具的加工参数

④ 设置冷却方式。在“参数”选项卡中单击 Coolant... 按钮，弹出如图 2-49 所示的 Coolant 对话框，在 Flood（切削液）下拉列表中选择 On，单击 ✓ 按钮。

5）Mastercam X6 产生刀具路径时需要输入各种刀具工艺参数。参数分为共同参数和模组专用参数两大类。刀具路径参数是每把刀具路径都要输入的参数，属于共同参数。

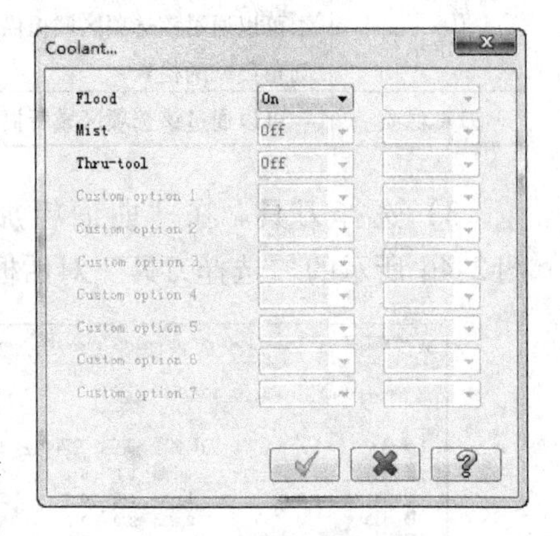

图 2-49 Coolant 设置

① 机床原点：用来指定机床回参考点经过的中间位置。单击 机床原点 按钮，弹出如图 2-50 所示的“换刀点-参考机床”对话框。可以直接在 X、Y、Z 文本框中输入机床原点坐标值，或者单击 S 选择... 按钮选择绘图区内的某一点，或者单击 M 从机床 按钮由加工机床决定机械原点。合理设置回参考点时经过的坐标值，可以避免机床回参考点时刀具碰到工作台上的工件或夹具等。

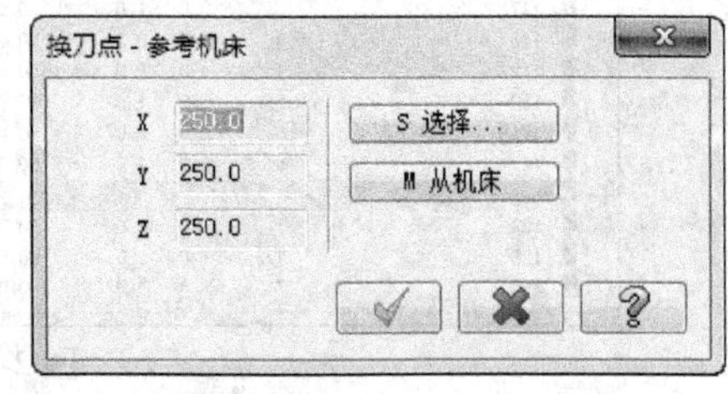

图 2-50 “换刀点-参考机床”对话框

② 旋转轴：用来设置工件的旋转轴，一般在车床路径中使用。选中旋转轴复选框，单击 旋转轴 按钮，弹出如图 2-51 所示的“旋转轴”对话框。用户可以根据需要选择旋转形式、旋转轴、替换轴，设置旋转直径等。

③ 刀具参考点：用于设置进刀点与退刀点的位置。选中“参考点”复选框，单击 参考点 按钮，弹出如图 2-52 所示的“参考位置”对话框。“进入点”用于设置刀具的进刀点，“退出点”用于设置刀具的退刀点，可以直接在文本框中输入，也可以单击 选择... 按钮，在绘图区选择。

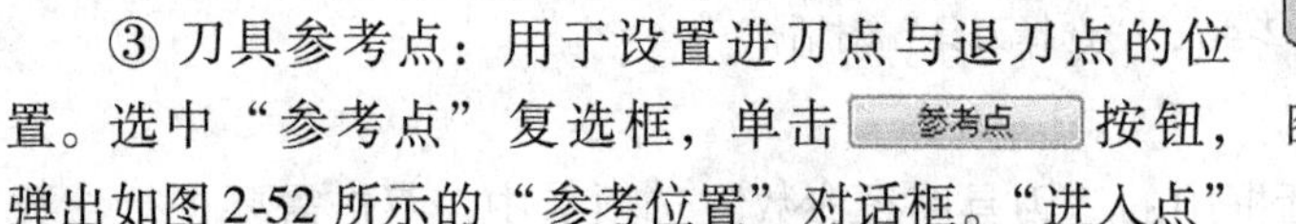

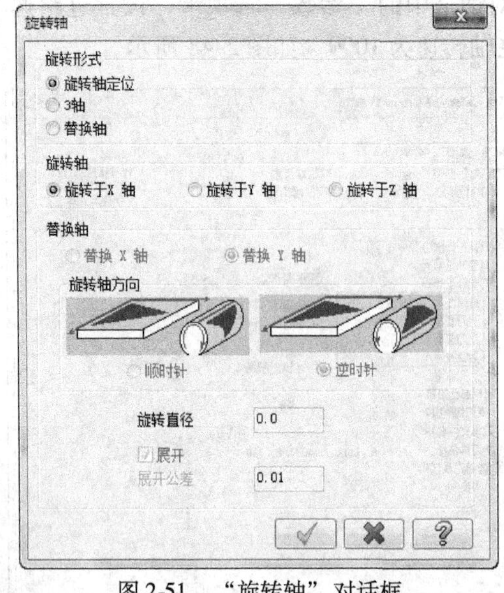

图 2-51 “旋转轴”对话框

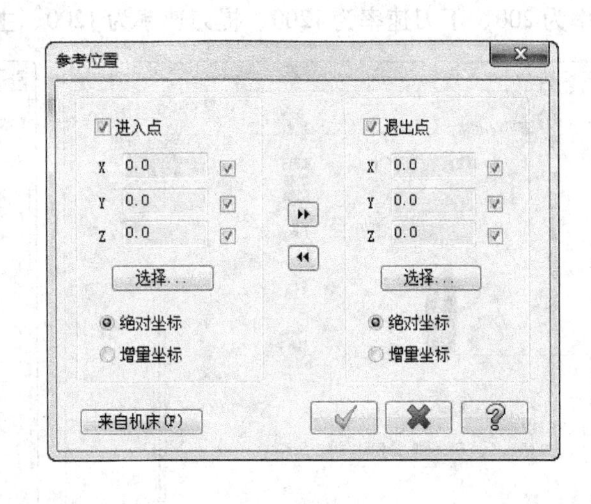

图 2-52 “参考位置”对话框

④ 平面（WCS）：用于设置刀具面、构图面或工作坐标系的原点及视图方向。选中“刀具显示”复选框，单击 显示刀具 按钮，弹出如图 2-53 所示的“刀具面/绘图面的设置”对话框。

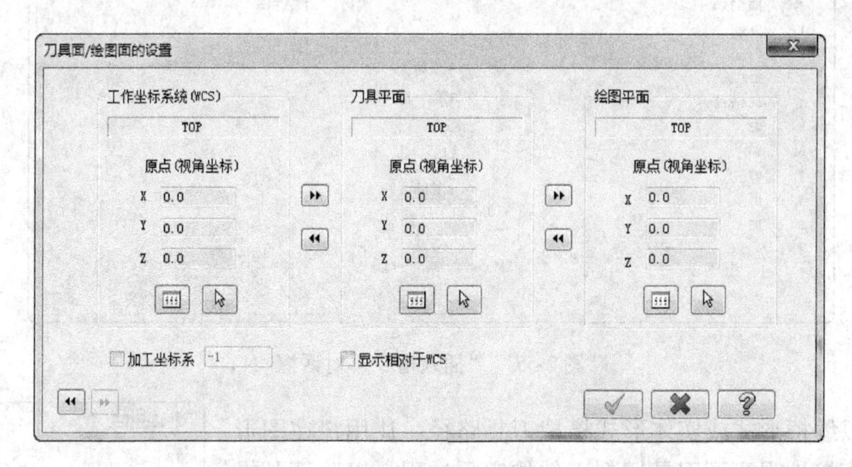

图 2-53 “刀具面/绘图面的设置”对话框

⑤ 杂项变量：用于设置后处理器的 10 个整数和 10 个实数杂项值。单击 杂项变数 按钮，弹出如图 2-54 所示的“杂项变数”对话框。

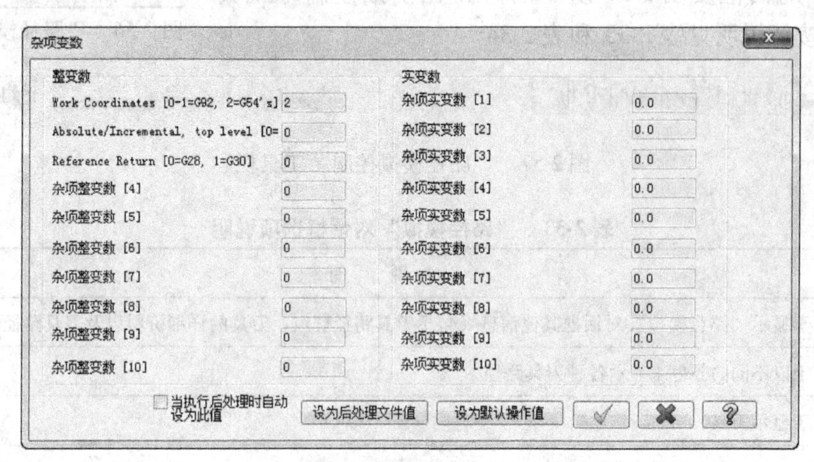

图 2-54 “杂项变数”对话框

⑥ 插入指令：用于设置在生成的数控加工程序中插入所选定的句柄。单击 插入指令(T)... 按钮，弹出如图 2-55 所示的“插入指令”对话框。该对话框左侧列出了后处理器用来控制机床的命令变量，可以选择要插入的变量，单击 A 增加 按钮，即可加入到右侧区域。

5. 加工参数设置

在 Mastercam X6 中需要设置的加工参数包括共性参数及在不同的加工方式中所采用的特性参数。这些参数的设置直接影响数控程序编写的好坏。程序加工效率的高低取决于加工参数设置是否合理。

6. 加工仿真

加工仿真是用实体切削的方式来模拟刀具路径。对于已生成刀具路径的操作，可以在图

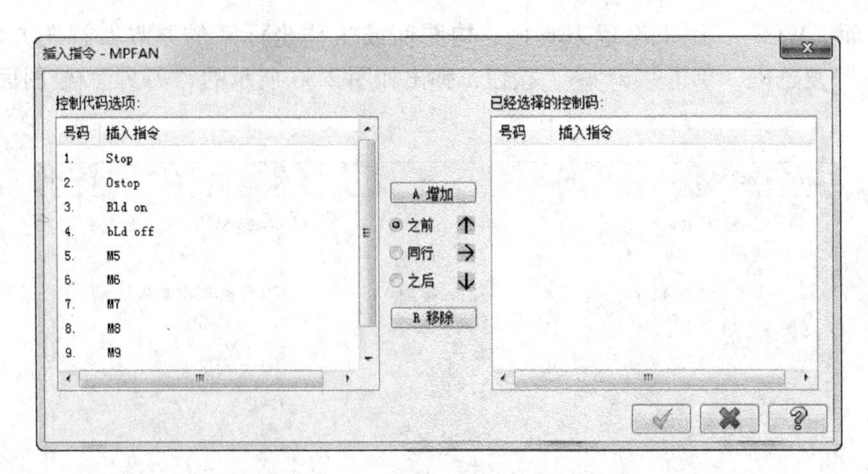

图 2-55 “插入指令”对话框

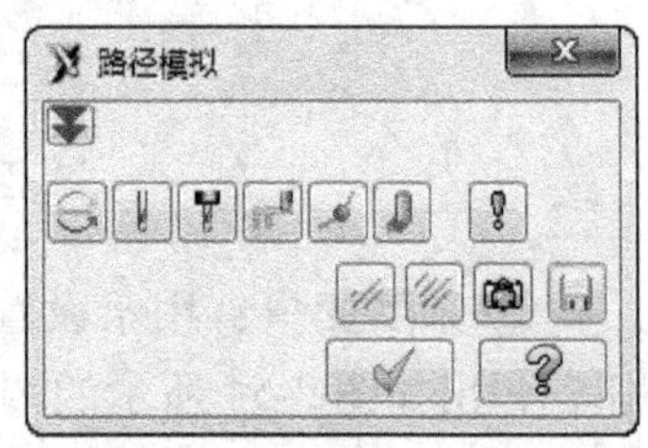

图 2-56 “路径模拟”对话框

形窗口中以线框形式或实体形式模拟刀具路径，让用户在图形方式下很直接地观察到刀具切削工件的实际过程，以验证各操作定义的合理性。加工仿真的操作步骤如下：

1）在操作管理中单击刀具路径，弹出如图 2-56 所示的“路径模拟”对话框及图 2-57 所示的“路径模拟控制”工具栏，其部分按钮说明见表 2-33 和表 2-34。

图 2-57 “路径模拟控制”工具栏

表 2-33 “路径模拟”对话框选项说明

类 型	说 明
	用于显示“路径模拟”对话框其他信息（包括刀具路径群组、刀具的详细资料以及刀具路径的具体信息）
	用于以不同的颜色来显示各种刀具路径
	用于显示刀具
	用于显示刀具和刀具夹头
	用于显示快速移动。如果取消选中该按钮，将不显示刀路的快速移动和刀具运动
	用于显示刀路中的实体端点
	用于显示刀具的阴影
	用于设置刀具路径模拟选项的参数
	用于移除屏幕上所有刀路
	用于显示刀路。当按钮处于选中状态时，单击该按钮才有效
	用于将当前状态的刀具和刀具夹头拍摄成静态图像
	用于将可见的刀路存入指定的层

表 2-34 “路径模拟控制”工具栏选项说明

类型	说明
▶	用于播放刀具路径
■	用于暂停播放的刀具路径
⏮	用于将刀路模拟返回起始点
◀◀	用于将刀路模拟返回一段
▶▶	用于将刀路模拟前进一段
⏭	用于将刀路模拟移动到终点
	用于显示刀具的所有轨迹
	用于设置逐渐显示刀具的轨迹
	用于设置刀路模拟速度
	用于设置暂停设定的相关参数

2）在路径模拟控制的操控板中单击▶按钮，系统将开始对刀具路径进行模拟，结果与上节的刀具路径相同。在“路径模拟”对话框中单击✓按钮，关闭对话框。

3）在操作管理中确认 1 - 平面铣削 节点被选中，单击按钮，弹出如图 2-58 所示的“验证”对话框。该对话框中各选项说明见表 2-35。

表 2-35 “验证”对话框各选项说明

类型	说明	
⏮	用于将实体切削验证返回起始点	
▶	用于播放实体切削验证	
■	用于暂停播放的实体切削验证	
▶	用于手动播放的实体切削验证	
▶▶	用于将实体切削验证前进一段	
	用于设置不显示刀具	
	用于设置显示实体刀具	
	用于设置显示实体刀具和刀具卡头	
“显示控制”选项区域	每次手动时的位移	用于设置每次手动播放的位移
	每次重绘时的位移	用于设置刀具在屏幕更新前的移动位移
	速度 质量	用于设置速度和质量的关系
	☑在每个刀具路径之后更新	用于设置在每个刀路后更新图形区
“停止选项”选项区域	☑碰撞停止	用于设置当发生撞刀时实体切削验证停止
	☑换刀停止	用于设置当换刀时实体切削验证停止
	☑完成每个操作后停止	用于设置当完成每个操作后的实体切削验证停止
“显示模拟”选项区域	用于调出校验工具栏。该工具栏显示额外的暂停或停止的详细信息，如代码、坐标、进给率、圆弧速度、当前补偿和冷却液等	
	用于设置验证选项的参数	
	用于显示截面部分	

（续）

类　型	说　明
	用于测量验证过程中定义点间的距离
	用于使模型表面平滑
	用于以 STL 类型保存文件
	用于设置降低实体切削验证速度
	用于设置提高实体切削验证速度
	验证速度滑块：用于调节实体切削验证速度

7. 后置处理

刀具路径生成并确定其检验无误后，就可以进行后处理操作。后处理是由 NCI 刀具路径文件转换成 NC 文件，而 NC 文件是可以在机床上实现自动加工的一种途径。后处理生成 NC 程序的一般步骤如下：

在操作管理中单击 G1 按钮，弹出如图 2-59 所示的“后处理程序”对话框，在该对话框中设置相关参数，单击按钮，系统弹出“另存为”对话框，选择合适的存放位置，单击按钮。

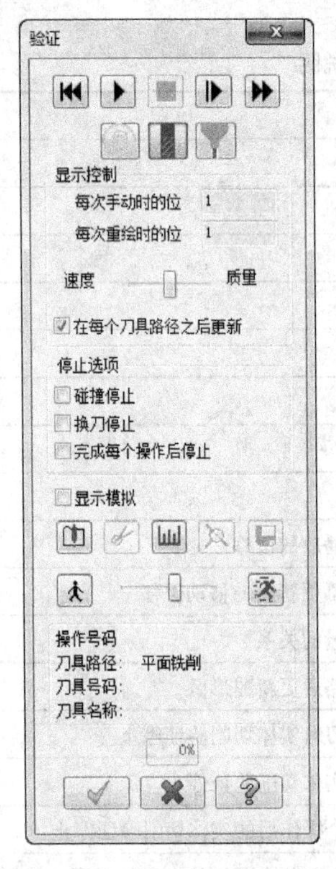

图 2-58　“验证”对话框

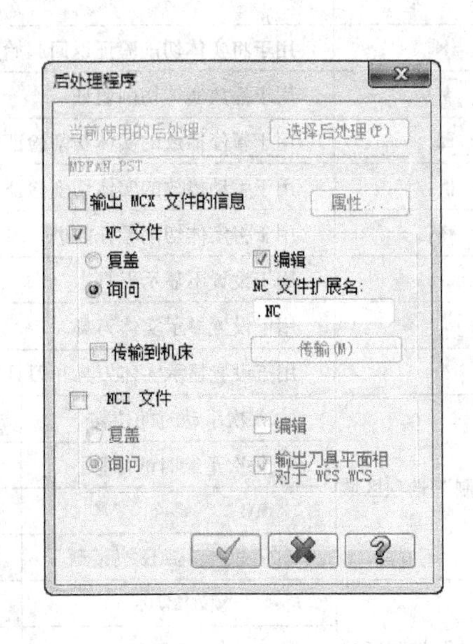

图 2-59　“后处理程序”对话框

NC 文件保存完成后，系统弹出如图 2-60 所示的“Mastercam X 编辑器”窗口，此时系统已经生成 NC 程序。

任务 2.4　二维图形的铣削加工

在 Mastercam 中，只需零件二维图就可以完成的加工称为二维铣削加工。二维刀路是利用二维平面轮廓，通过二维刀路模组功能产生零件加工路径程序。二维刀具的加工路径包括轮廓铣削、挖槽加工、面铣削、雕刻加工和钻孔。本节以图 2-1 转接盘零件的加工为例进行二维图形加工的讲解。

图 2-60　“Mastercam 编辑器”窗口

1. 数控加工工艺制定

转接盘零件毛坯尺寸为 90mm × 90mm × 25mm 的方料，下表面已加工。选用立式加工中心加工，以工件毛坯下表面为工件坐标系原点。加工顺序及选用刀具如下：

1）用 ϕ50 面铣刀，采用平面铣削加工方法进行上平面粗、精加工。

2）用 ϕ16 立铣刀，采用轮廓铣削加工方法粗、精铣矩形侧面。

3）用 ϕ16 立铣刀，采用挖槽加工方法粗、精圆形槽加工。

4）用 ϕ10 键槽铣刀，采用挖槽加工方法粗、精矩形槽。

5）用 ϕ6 键槽铣刀，采用挖槽加工方法粗、精铣两个对称圆弧槽。

6）用 ϕ5 中心钻，采用孔加工方法钻孔加工。

7）用 ϕ10 钻头，采用孔加工方法钻孔加工，主要切削用量见表 2-36。

表 2-36　数控加工工序卡片

××	数控加工工序卡片			产品名称或代号	零件名称		材料	零件图号
					转接盘		45	
工序号	程序编号	夹具名称		夹具编号	使用设备		车间	
					MVC6040			
工步号	工步内容		刀具号	刀具规格/mm	主轴转速/(r/min)	进给量/(mm/r)	切削深度/mm	备注
1	上平面粗、精加工		T1	ϕ50 面铣刀	400	180	4	
2	粗、精铣矩形侧面		T2	ϕ16 立铣刀	800	240	3	
3	粗、精圆形槽加工		T3	ϕ16 立铣刀	800	240	3	
4	粗、精矩形槽加工		T4	ϕ10 键槽刀	1000	300	3	
5	粗、精铣两个对称的圆弧槽		T5	ϕ6 键槽刀	1000	240	3	
6	孔定位		T6	ϕ5 中心钻	2500	200		
7	钻孔加工		T7	ϕ10 钻	600	120		

2. 工件设置

1）单击菜单“机床类型”→“铣削”→“默认”命令，单击操作管理中的

属性 - Mill Default MM前的“+”号，单击“材料设置”。

2）在弹出的“机器群组属性”对话框中的“素材原点”选项区域的 X、Y、Z 文本框输入工件尺寸 90、90、25。在工件原点的 Z 文本框中输入 25，单击 ✓ 按钮完成，参数设置如图 2-61 所示。

3）工件设置结果如图 2-62 所示。

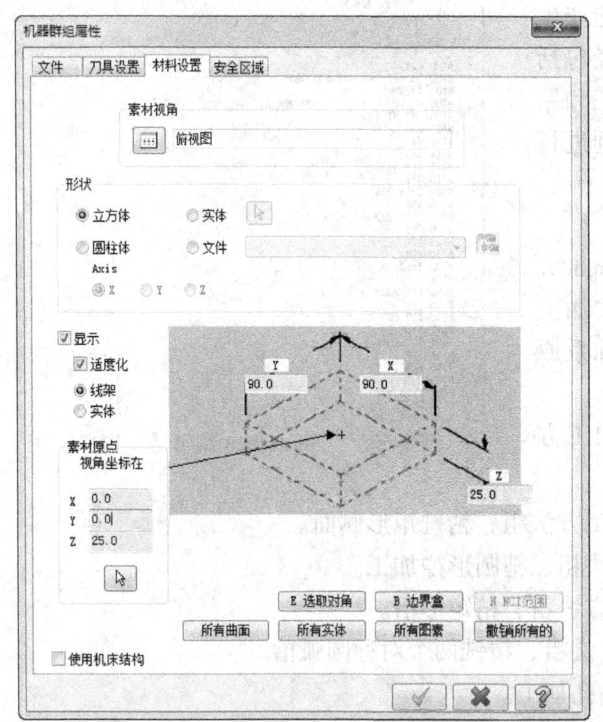

图 2-61　机器群组属性参数设置

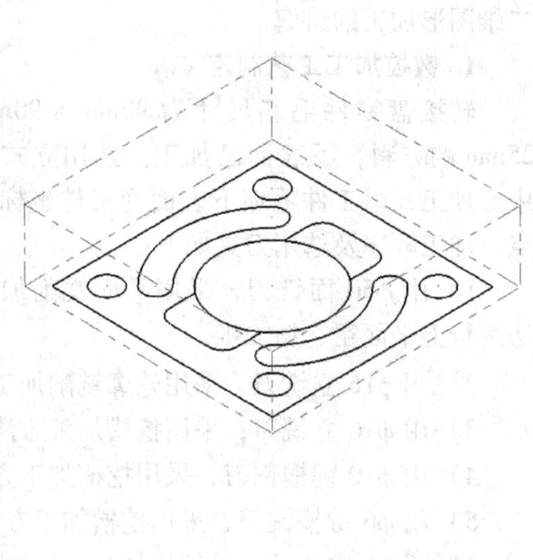

图 2-62　二维图形与毛坯

3. 平面铣削

平面铣削加工是将工件表面铣削至一定深度，为下一次加工做准备，可以铣削整个工件的表面，也可以铣削某串连外形包围的区域。零件材料一般是毛坯，故顶面不一定很平整，加工的第一步是要将顶面铣平。面铣削加工模组的加工方式主要是平面加工，其作用是提高工件的平面度、平行度及降低工件表面的粗糙度。

（1）加工方法设置

操作步骤参考“任务 2. 3”中的“3. 加工方法设置”，系统弹出“平面铣削参数设置”对话框。

（2）刀具设置

单击对话框左侧列表中的刀具节点，右侧跳转到刀具参数设置界面，从刀库选择 ϕ50 面铣刀作为当前使用刀具。设置刀具号码为 1、进给速率为 180、下刀速率为 180、提刀速率为 3000、主轴转速为 400。

（3）加工参数

1）单击对话框左侧列表中的“切削参数”节点，将“类型”设置为双向，如图 2-63 所示。切削参数界面选项说明见表 2-37。

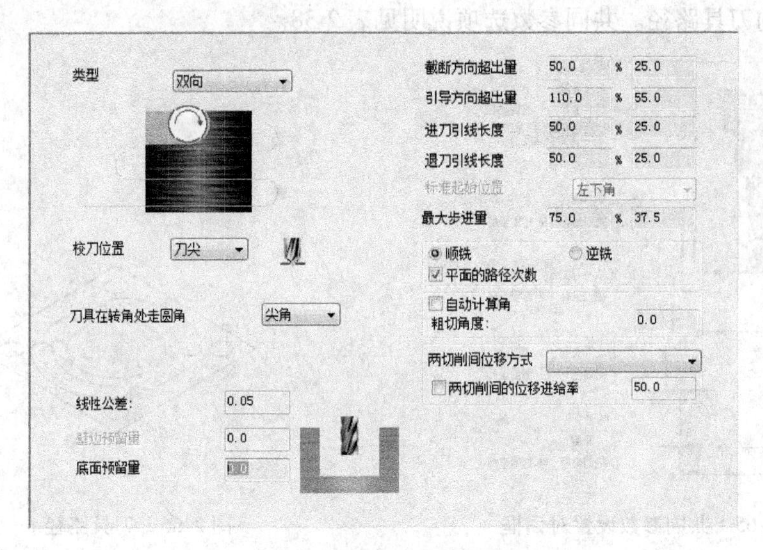

图 2-63　切削参数界面

表 2-37　切削参数界面选项说明

选　项	说　明		
类型	单向	切削方向固定是某个方向的铣削方式	
	双向	切削方向往复变换的铣削方式	
	一刀式	在工件中心进行单向一次性的铣削加工	
	动态	切削方向动态调整的铣削方式	
截断方向超出量	用于设置平面加工时垂直于切削方向的刀具重叠量。在一刀切切削类型下，该文本框不可用		可以在第一个文本框中输入刀具直径的百分比，或在第二个文本框中直接输入距离值来定义重叠量
引导方向超出量	用于设置平面加工时平行于切削方向的刀具重叠量		
进刀引线长度	用于在第一次切削前添加额外的距离		
退刀引线长度	用于在最后一次切削后添加额外的距离		
两切削间位移方式	高速回圈	在两切削间自动创建180°圆弧的运动方式	
	线性	两切削间自动创建一条直线的运动方式	
	快速进给	两切削间采用快速移动的运动方式	

2）单击对话框左侧列表中的“Z 轴分层铣削”节点，设置最大粗切步进量为2，精修次数为 1，精修量为 1，不提刀，如图 2-64 所示。

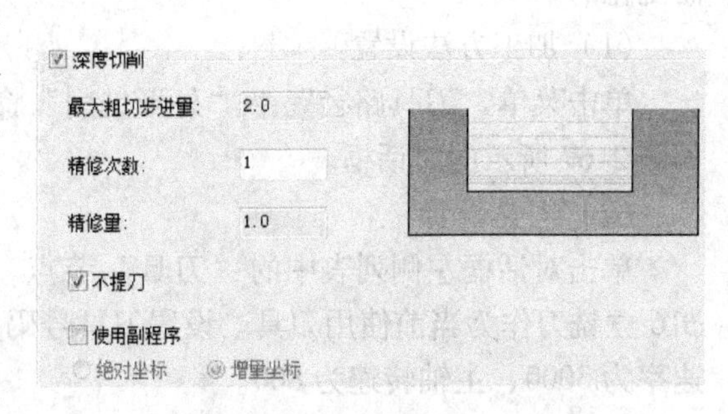

图 2-64　Z 轴分层铣削参数设置

（4）共同参数

单击对话框左侧列表中的“共同参数”节点，设置安全高度为 100，参考高度为 50，进给下刀位置为 3，工件表面为 25，深度为 20，如图 2-65 所示。单击 ✓ 按钮，生成如

图 2-66 所示的刀具路径。共同参数选项说明见表 2-38。

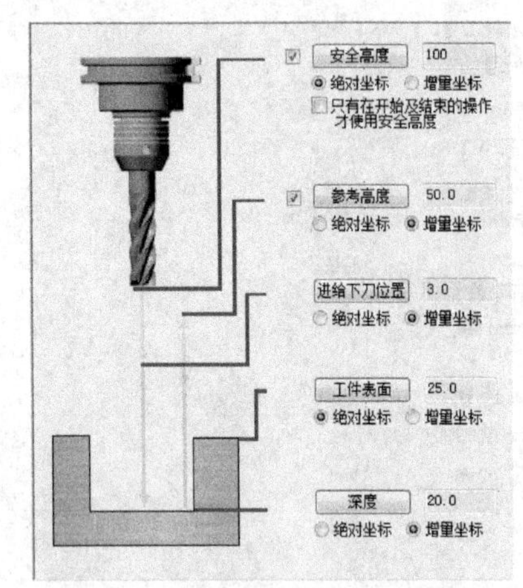

图 2-65　共同参数设置对话框

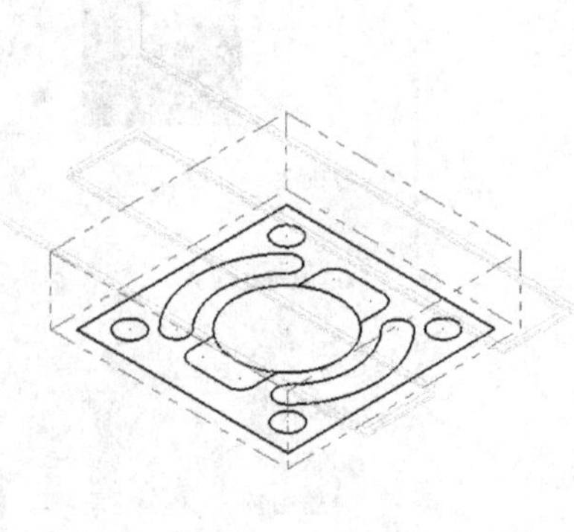

图 2-66　刀具路径

表 2-38　共同参数选项说明

选　项	说　明		
安全高度	绝对坐标	输入的 Z 值相对目前所设刀具屏幕 Z0 位置	用于设定刀具切削移动的起始位置高度
	增量坐标	输入的 Z 值相对当前加工毛坯顶面的 Z 轴深度	
参考高度	用于设定刀具在切削点之间提刀返回的高度。其绝对坐标和增量坐标的含义与安全高度相同		
进给下刀位置	刀具从快速移动变为切削运动的平面高度		
工作表面	用于设定毛坯顶面在 Z 轴方向上的高度。选用增量坐标，是相对于所定义的毛坯外形的高度		
深度	平面铣削的最后深度。选用增量坐标时，是相对于所定义的毛坯外形高度		

为方便设置其他刀具路径，可以隐藏选定刀具路径。单击操作管理中的 Toolpath Group-1 1 - 平面铣削，然后单击按钮，即可隐藏平面铣削刀具路径。

4. 轮廓铣削

轮廓铣削也称外形铣削，是指沿工件的串连外形生成切削加工路径，常用于二维或三维外形轮廓，有时也可以用于加工固定斜角的轮廓。2D 工件的轮廓铣削所采用的刀具路径切削深度是固定不变的，而 3D 工件的轮廓铣削加工的刀具路径切削深度是随工件轮廓的变化而变化的。

（1）加工方法设置

单击菜单“刀具路径”→“外形铣削”命令，选择 80 × 80 矩形，单击按钮，弹出如图 2-67 所示的对话框。

（2）刀具设置

单击对话框左侧列表中的“刀具”节点，右侧跳转到刀具参数设置界面，从刀库选择 ϕ16 立铣刀作为当前使用刀具。设置刀具号码为 2、进给速率为 240、下刀速率为 240、提刀速率为 3000、主轴转速为 800。

（3）加工参数

1）单击对话框左侧列表中的“切削参数”节点，参数设置如图 2-68 所示。轮廓铣削

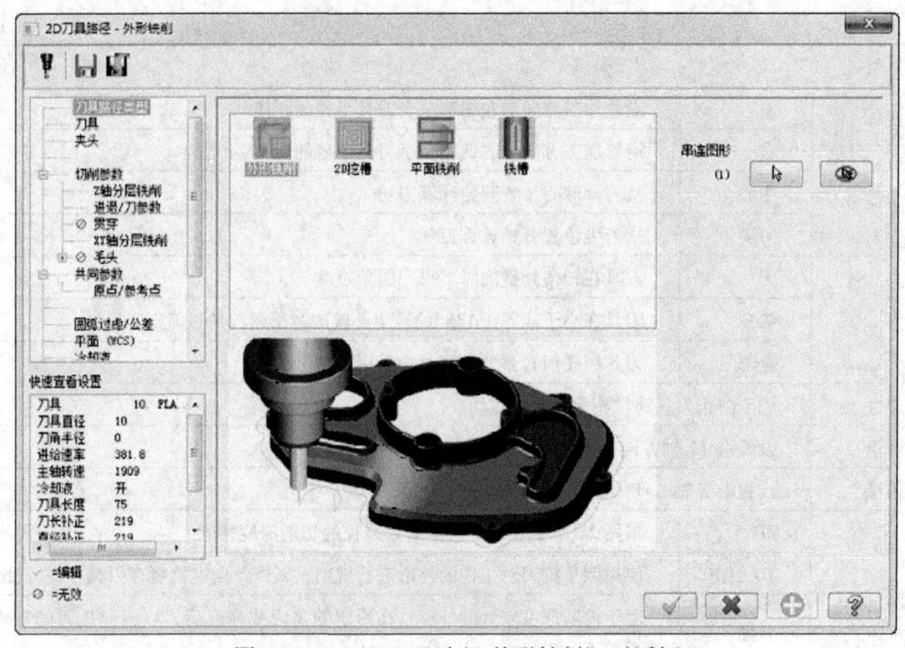

图 2-67 “2D 刀具路径-外形铣削”对话框

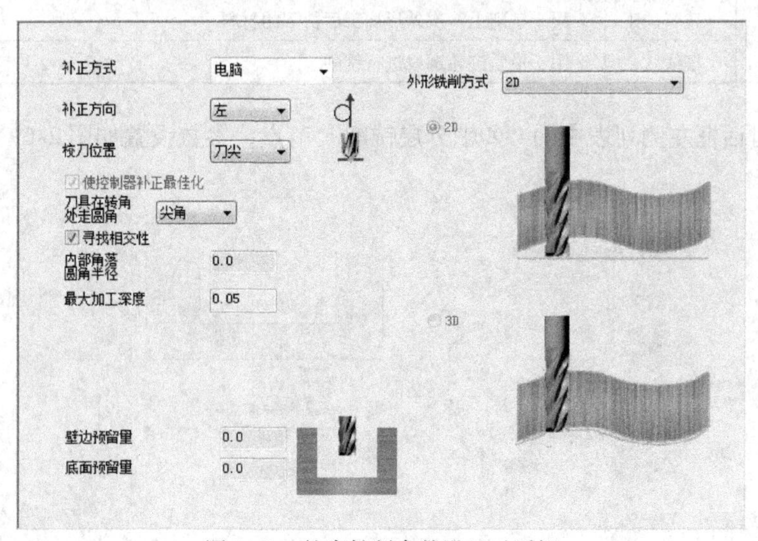

图 2-68 轮廓铣削参数设置对话框

参数设置对话框选项说明见表 2-39。

表 2-39 轮廓铣削参数设置对话框选项说明

选　项	说　明	
补正方式	电脑	自动进行刀具补偿，但不进行输出控制的代码补偿
	控制器	自动进行输出控制的代码补偿，但不进行刀具补偿
	磨损	自动对刀具和输出控制代码进行相同的补偿
	反向磨损	自动对刀具和输出控制代码进行相对立的补偿
	关	不对刀具和输出控制代码进行补偿

（续）

选　项		说　明
补正方向	左	沿着加工方向向左偏移一个刀具半径的距离
	右	沿着加工方向向右偏移一个刀具半径的距离
校刀位置	中心	从刀具球心位置开始计算刀长
	刀尖	从刀尖位置开始计算刀长
内部角落	无	刀具在转角处铣削时不采用圆角过渡
	尖角	刀具在小于或等于 135°的转角处铣削时采用圆角过渡
	全部	刀具在任何转角处铣削时均采用圆角过渡
寻找相交性	用于防止刀具路径相交而产生过切	
壁边预留量	设置沿 *XY* 轴方向的侧壁加工预留量	
底面预留量	设置沿 *Z* 轴方向的底面加工预留量	
外形铣削方式	2D	采用 2D 加工轮廓。整个刀具路径的切削深度相同
	2D 倒角	使用倒角铣刀对工件的外形进行铣削，其倒角角度需要在刀具中进行设置
	斜插	用于铣削深度较大的外形，在给定的角度或高度后，以斜向进刀的方式对外形进行加工
	残料加工	用于铣削上一次外形加工后留下的材料
	摆线式	用于沿轨迹轮廓线进行铣削

2）单击对话框左侧列表中的“Z 轴分层铣削”节点，参数设置如图 2-69 所示。

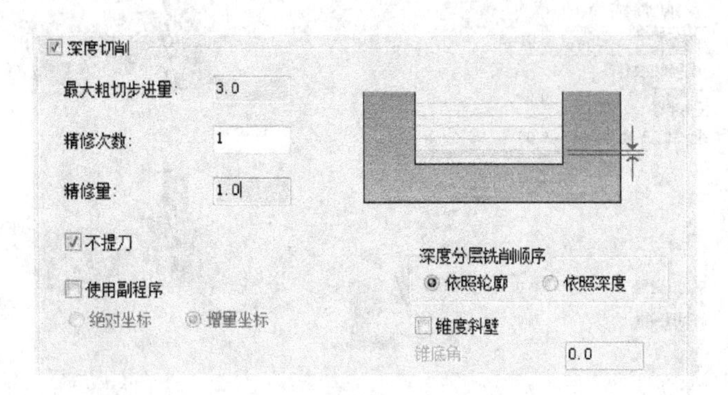

图 2-69　深度参数设置界面

3）单击对话框左侧列表的“进/退刀参数”节点，参数设置如图 2-70 所示。该对话框中部分选项说明见表 2-40。

表 2-40　进/退刀参数设置对话框中部分选项说明

选　项	说　明
在封闭轮廓的中点位置执行进/退刀	自动从第一个串连的实体的中点处执行进/退刀
过切检查	过切的检查。若在进/退刀过程中产生了过切，系统将自动移除刀具路径
重叠量	设置与上一把刀具的重叠量，以消除接刀痕。重叠量为相邻刀具路径的刀具重合值

（续）

选　项	说　明		
“进刀”选项区域	直线	垂直	用于设置进刀路径垂直于切削方向
		相切	用于设置进刀路径相切于切削方向
		长度	用于设置进刀路径的长度
		斜插高度	用于添加一个斜向高度进刀路径
	圆弧	半径	用于设置进刀圆弧的半径，进刀圆弧总是正切于刀具路径
		扫描角度	用于设置进刀圆弧的扫描角度
		螺旋高度	用于添加一个螺旋进刀的高度
指定进刀点	设置最后串连的点为进刀点		
使用指定点的深度	设置在指定点的深度处开始进刀		
只在第一层深度加上进刀向量	设置仅第一次切削深度添加进刀移动		
第一个位移后才下刀	设置在第一个位移后开启刀具补偿		
覆盖进给率	定义一个指定的进刀进给率		
调整轮廓的起始位置	“长度”文本框		设置调整轮廓起始位置的刀具路径长度
	延伸		刀具路径轮廓的起始处添加一个指定的长度
	缩短		刀具路径轮廓的起始处去除一个指定的长度

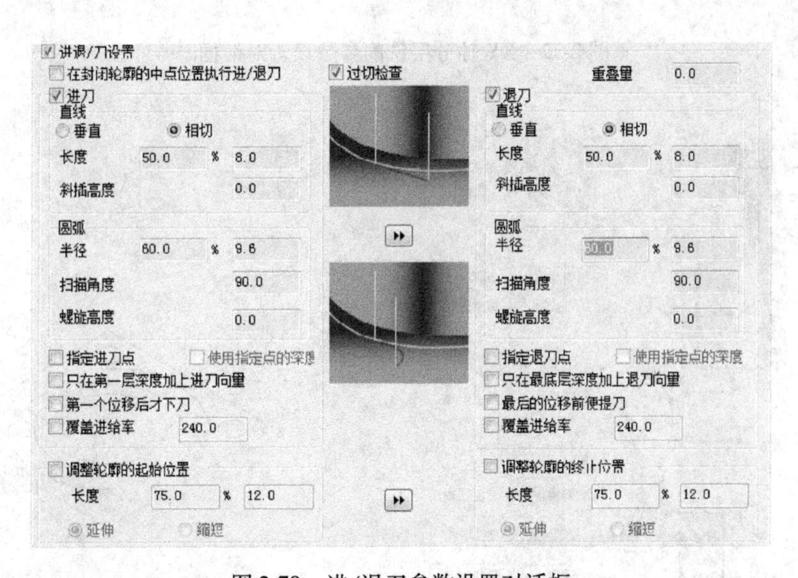

图 2-70　进/退刀参数设置对话框

4）单击对话框左侧列表的“贯穿参数”节点，参数设置如图 2-71 所示。

5）单击对话框左侧列表的“XY 轴分层铣削”节点，参数设置如图 2-72 所示。

（4）共同参数

单击对话框左侧列表中的“共同参数”节点，参数设置如图 2-73 所示。单击 ✓ 按钮，生成如图 2-74 所示的刀具路径。

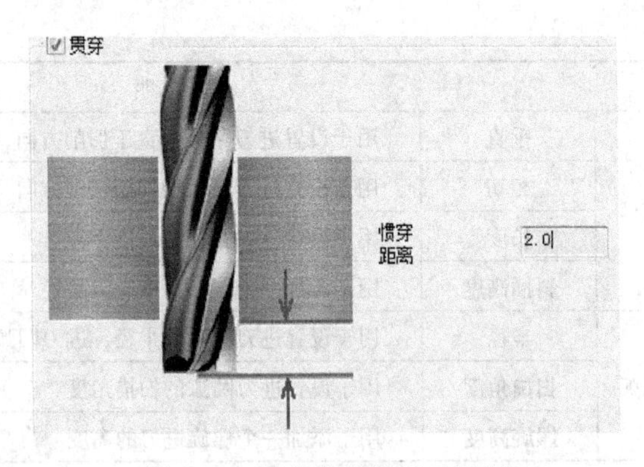

图 2-71　贯穿参数设置对话框

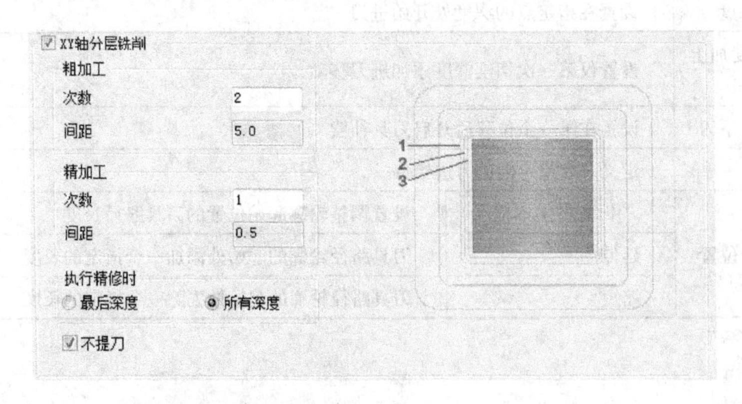

图 2-72　XY 轴分层铣削参数设置对话框

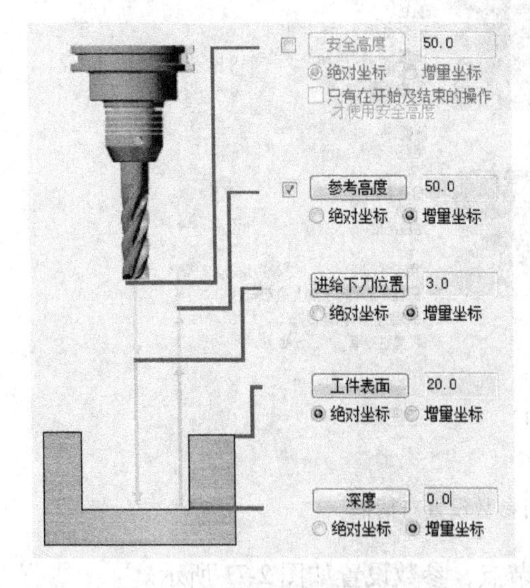

图 2-73　共同参数设置对话框

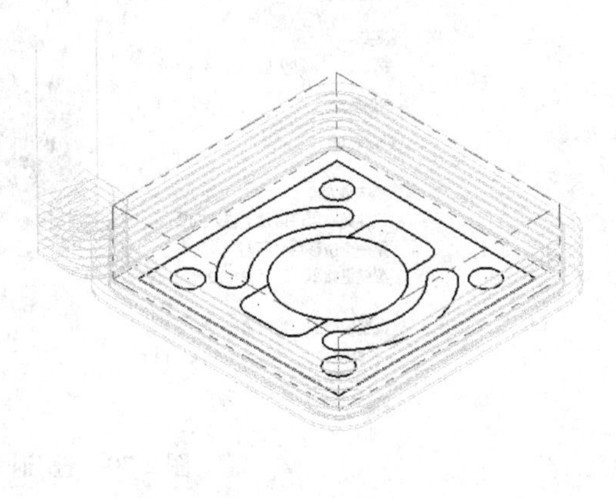

图 2-74　刀具路径

在操作管理器对话框中选中该刀具路径，通过快捷菜单隐藏刀具路径。

5. 挖槽加工

挖槽切削加工模块主要用来切削沟槽形状或切除封闭外形所包围的材料。在操作过程中，用户定义外形的串连可以是封闭串连也可以是不封闭串连，但是每个串连必须为共面串连且平行于构图面。

（1）粗、精加工圆形槽

1）加工方法设置。单击菜单“刀具路径”→“标准挖槽”命令，选择直径为 40 的圆，单击 ✓ 按钮，弹出如图 2-75 所示的对话框。

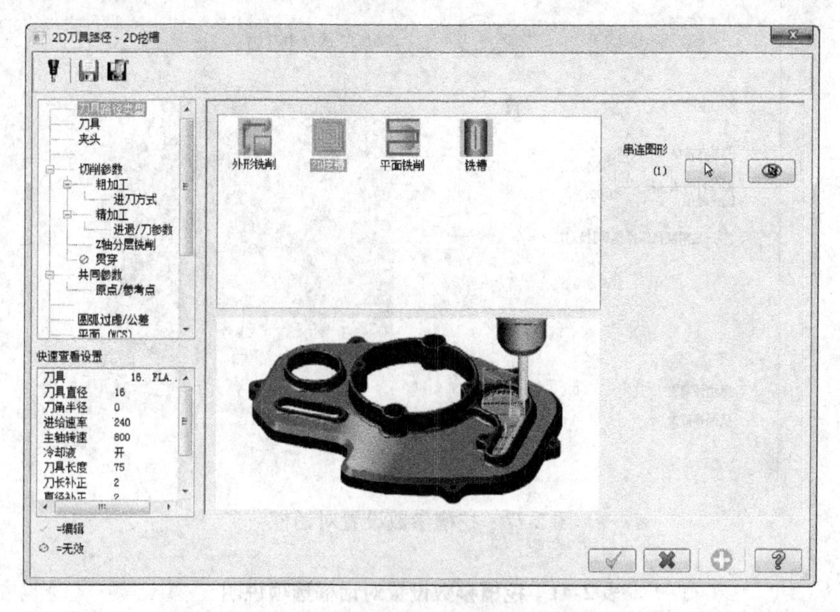

图 2-75　标准挖槽参数设置对话框

2）刀具设置。单击对话框左侧列表中的“刀具”节点，右侧跳转到刀具参数设置对话框，从刀库列表选择 ϕ16 立铣刀作为当前使用刀具，设置刀具号码为 2、进给速率为 240、下刀速率为 240、提刀速率为 3000、主轴转速为 800，如图 2-76 所示。

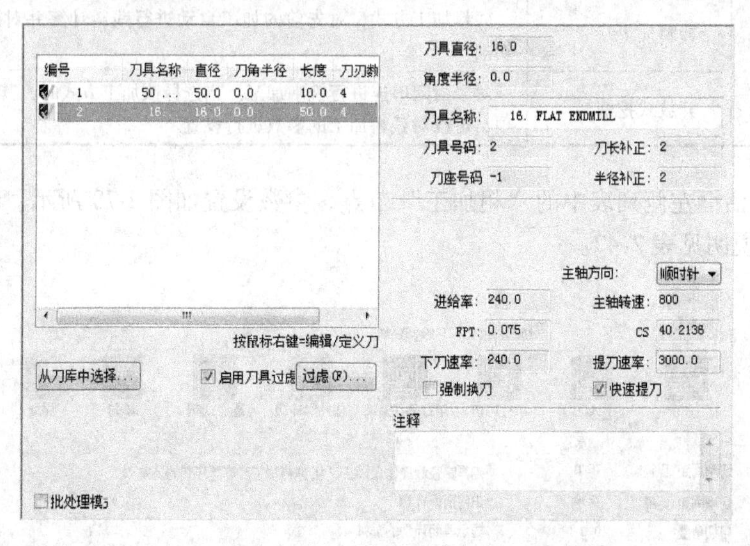

图 2-76　刀具参数设置对话框

3）加工参数。

① 单击对话框左侧列表中的“切削参数”节点，参数设置如图 2-77 所示。挖槽参数设置对话框选项说明见表 2-41。

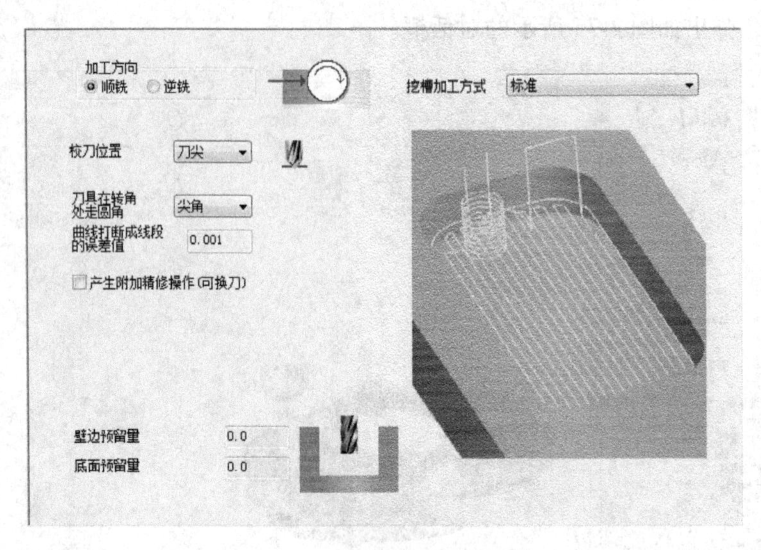

图 2-77　挖槽参数设置对话框

表 2-41　挖槽参数设置对话框选项说明

选　项	说　明	
挖槽加工方式	标准	对定义的编辑内部的材料进行铣削
	平面铣	平面挖槽加工方式，对定义的边界所围成的平面材料进行铣削
	使用岛屿深度	对岛屿进行加工，能自动调整铣削深度
	残料加工	残料加工方式，对先前的加工自动进行残料计算并对剩余的材料进行切削
	开放式挖槽	对未封闭串连进行铣削加工。当选择该加工方式时，其下会激活相关选项，可以对残料加工的参数进行设置

② 单击对话框左侧列表中的“粗加工”节点，参数设置如图 2-78 所示。粗加工参数设置对话框选项说明见表 2-42。

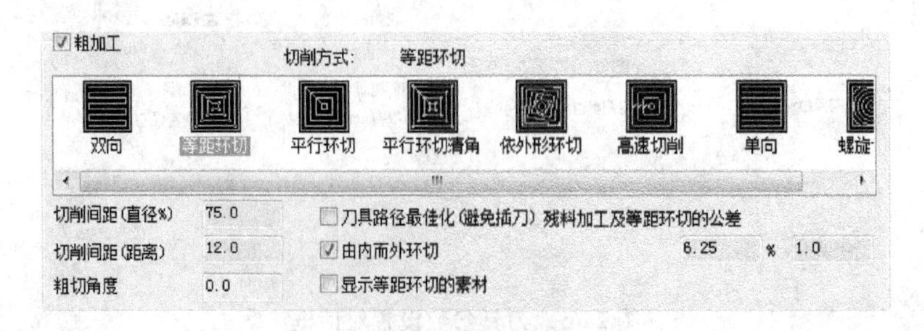

图 2-78　粗加工参数设置对话框

表 2-42　粗加工参数设置对话框选项说明

选　项	说　明	
"粗加工"复选框	用于创建粗加工	
切削方式	双向	根据粗加工的角采用 Z 形走刀，其加工速度快，但刀具容易磨损
	等距环切	根据剩余的部分重新计算出新的剩余部分，直到加工完成。该加工方法的切削范围比"平行环切"方法的切削范围大，比较适合加工规则的单型腔，加工后型腔的底部和侧壁的质量较好
	平行环切	根据每次切削边界产生一定偏移量，直到加工完成。由于刀具进刀方向一致，使刀具切削稳定，但不能保证清除切削残料
	平行环切清角	与"平行环切"类似，但添加了清除角处的残量刀路
	依外形环切	根据凸台或凹槽间的形状，从某一个点逐渐地递进进行切削。该加工方法适合于加工型腔内部存在的一个或多个岛屿
	高速切削	在圆弧处生成平稳的切削，且不易使刀具受损的一种加工方式，但加工时间较长
	单向	始终沿一个方向切削，适合切削深度较大的选用，但加工时间较长
	螺旋切削	从某一点开始，沿螺旋线切削。该加工方法在切削时比较平稳

③ 单击对话框左侧列表中的"进刀方式"节点，选择螺旋式进刀，参数设置如图 2-79 所示。螺旋式进刀部分选项说明见表 2-43。

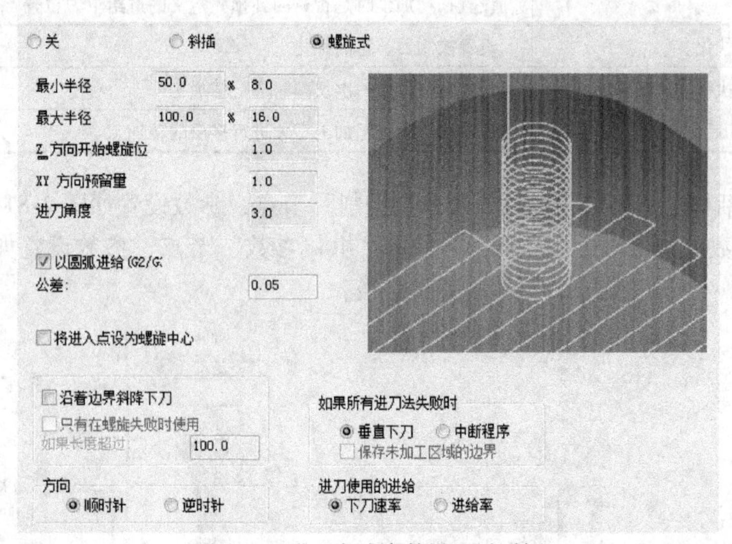

图 2-79　进刀方式参数设置对话框

表 2-43　螺旋式进刀部分选项说明

选　项	说　明
最小半径	设置螺旋的最小半径
最大半径	设置螺旋的最大半径
Z 方向开始螺旋位	设置刀具在工件表面的某个高度开始螺旋下刀
XY 方向预留量	设置刀具螺旋下刀时距离边界的距离
进刀角度	设置刀具螺旋下刀时螺旋角度

④ 单击对话框左侧列表中的“精加工”节点，参数设置如图 2-80 所示。精加工参数设置对话框选项说明见表 2-44。

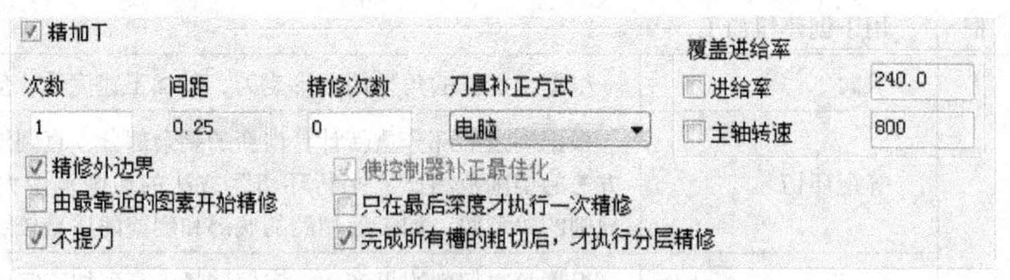

图 2-80　精加工参数设置对话框

表 2-44　精加工参数设置对话框选项说明

选　项	说　明	
次数	设置精加工的次数	
间距	设置每次精加工的切削间距	
精修次数	设置在同一路径精加工的精修次数	
刀具补正方式	设置刀具的补正方式	
覆盖进给率	进给率	设置精加工时的进给率
	主轴转速	设置加工时的主轴转速
由最靠近的图素开始精修	设置粗加工后精加工的起始位置为最近的端点	
不提刀	设置在精加工时是否返回到预先定义的进给下刀位置	
使控制器补正最佳化	设置控制器补正的优化	
只在最后深度才执行一次精修	设置只在最后一次切削时进行精加工	
完成所有槽的粗切后，才执行分层精修	设置完成所有粗加工后才进行多层的精加工	

⑤ 单击对话框左侧列表中的“Z 轴分层铣削”节点，参数设置如图 2-81 所示。

4）共同参数。单击对话框左侧列表中的“共同参数”节点，参数设置如图 2-82 所示。单击 按钮，生成如图 2-83 所示的刀具路径。

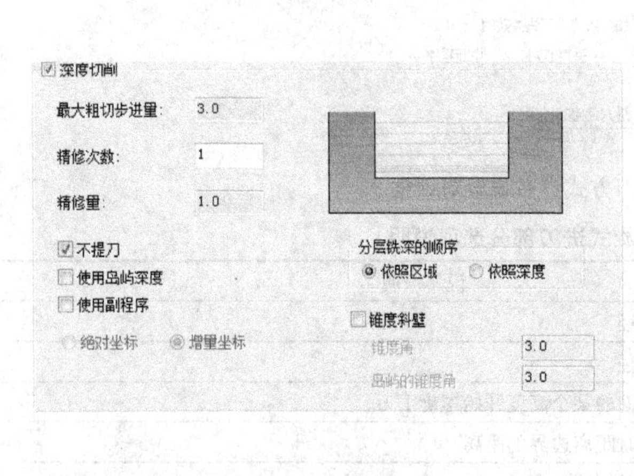

图 2-81　Z 轴分层铣削参数设置对话框

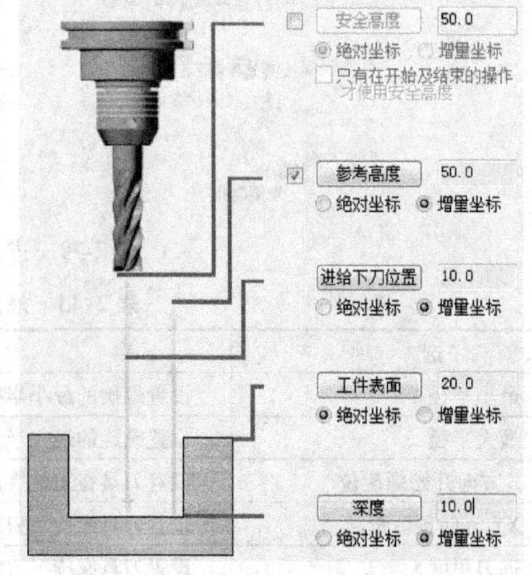

图 2-82　共同参数设置对话框

在操作管理器对话框中选中该刀具路径，通过快捷菜单隐藏刀具路径。

（2）粗、精铣矩形

1）作辅助加工矩形。

新建图层 2：辅助线层，选择构图平面为俯视构图面，设置工作深度 Z 为 20mm。

单击菜单“绘图”→“矩形”命令，设置矩形宽度为 24、高度为 60、定位点为中心定位，选择坐标原点，单击按钮，如图 2-84 所示。

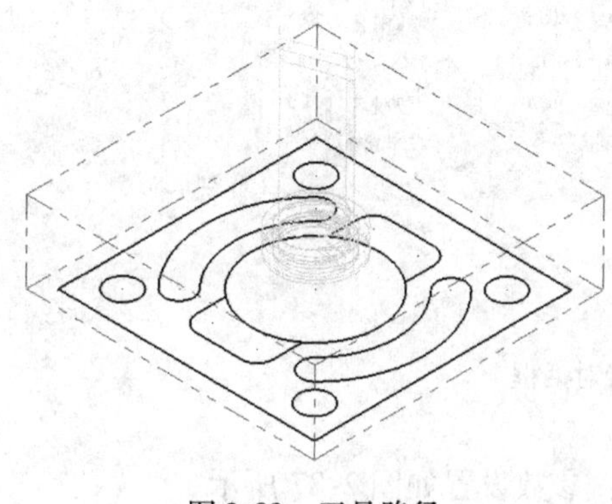

图 2-83　刀具路径

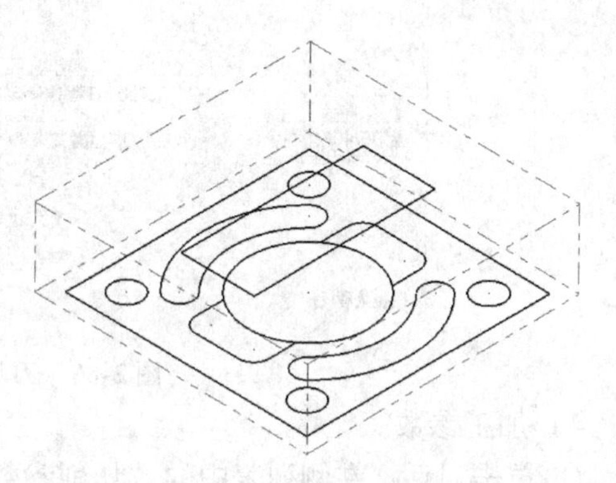

图 2-84　辅助加工矩形

2）加工方法设置。单击菜单“刀具路径”→“标准挖槽”命令，串连选择辅助加工矩形，单击按钮，弹出如图 2-85 所示的对话框。

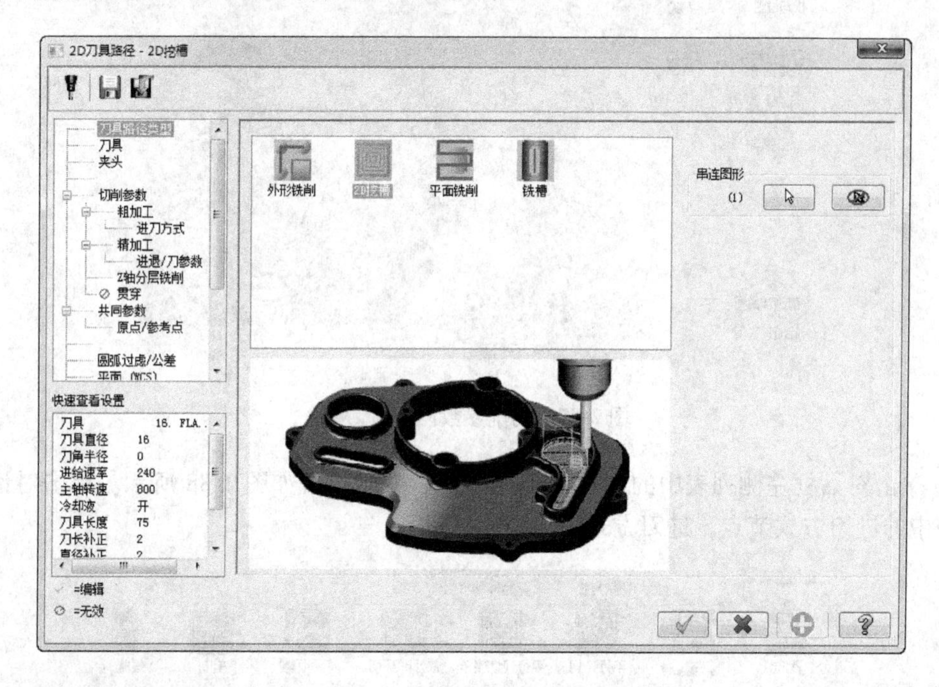

图 2-85　“2D 刀具路径-2D 挖槽”对话框

3）刀具设置。单击对话框左侧列表中的“刀具”节点，右侧跳转到刀具参数设置界面，从刀库列表选择 $\phi 10$ 立铣刀作为当前使用刀具，并修改相关参数，如图 2-86 所示。

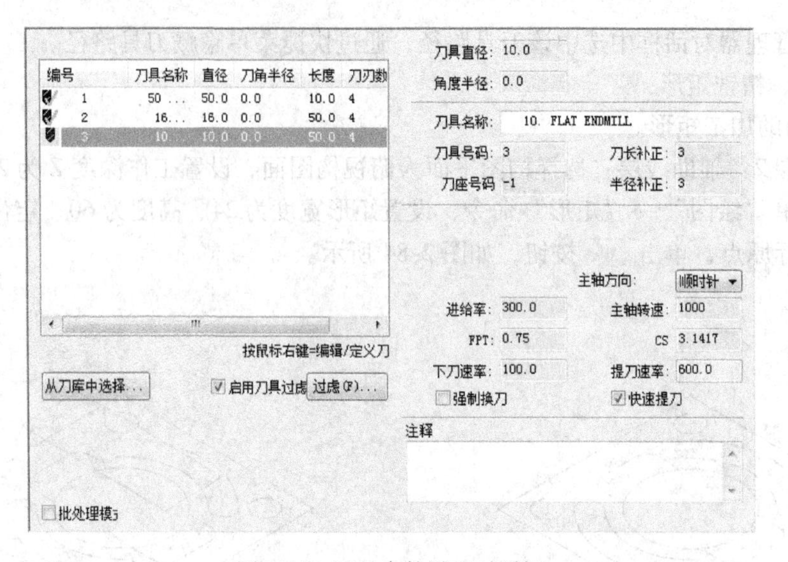

图 2-86　刀具参数设置对话框

4）加工参数。

① 单击对话框左侧列表中的“切削参数”节点，参数设置如图 2-87 所示。

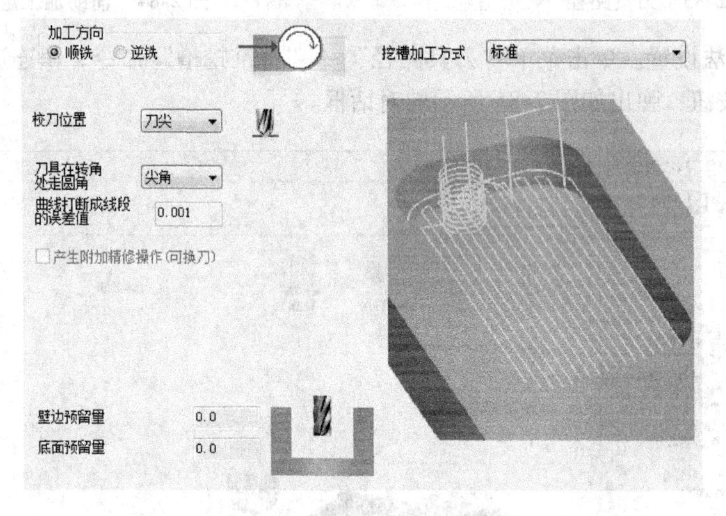

图 2-87　切削参数设置对话框

② 单击对话框左侧列表中的“粗加工”节点，参数设置如图 2-88 所示。单击对话框左侧列表中的进刀方式节点，进刀方式选为螺旋式进刀。

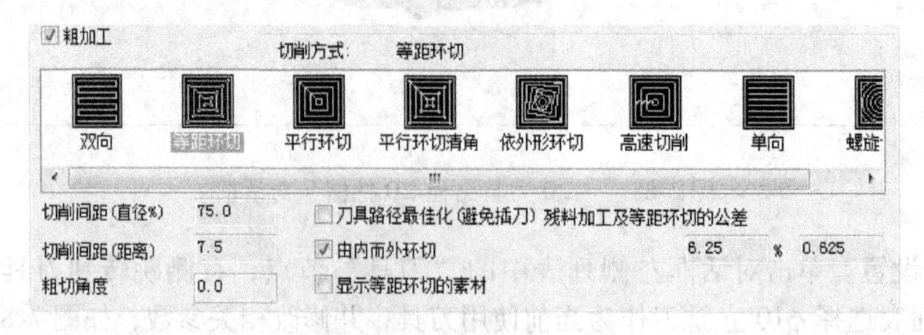

图 2-88　粗加工参数设置对话框

③ 单击对话框左侧列表中的“精加工”节点，参数设置如图 2-89 所示。

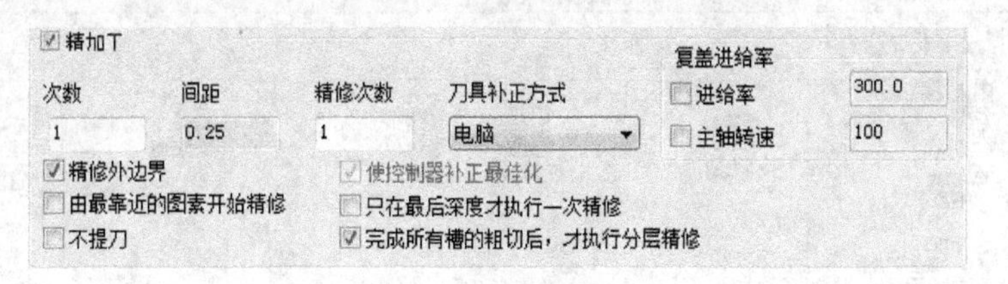

图 2-89　精加工参数设置对话框

④ 单击对话框左侧列表中的“Z 轴分层铣削”节点，参数设置如图 2-90 所示。

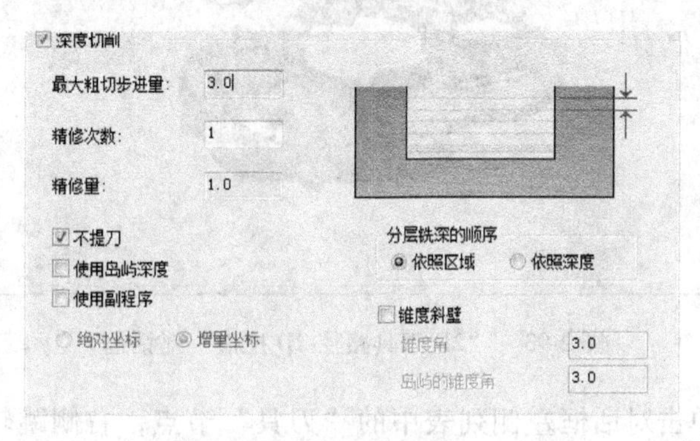

图 2-90　Z 轴分层铣削参数设置对话框

5）共同参数。单击对话框左侧列表中的“共同参数”节点，参数设置如图 2-91 所示。单击 按钮，生成如图 2-92 所示的刀具路径。

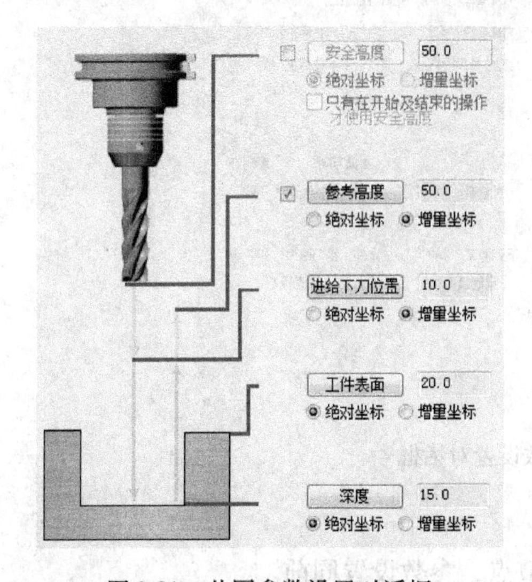

图 2-91　共同参数设置对话框

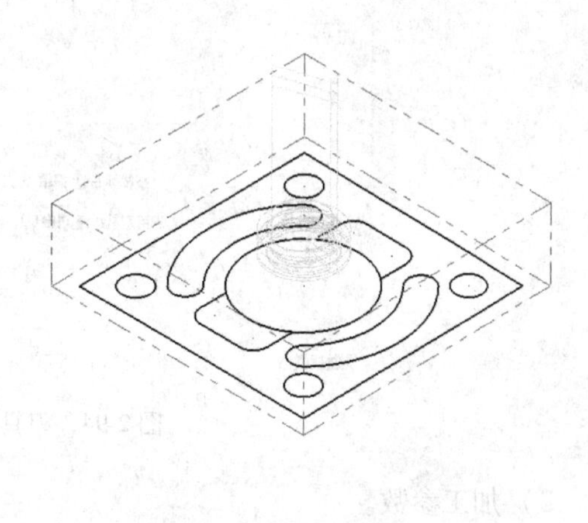

图 2-92　刀具路径

在操作管理器对话框中选中该刀具路径，通过快捷菜单隐藏刀具路径。

(3）粗、精铣两个对称的圆弧槽

1）加工方法设置。单击菜单“刀具路径”→“标准挖槽”命令，串连选择圆弧槽圆，单击 按钮，弹出如图 2-93 所示的对话框。

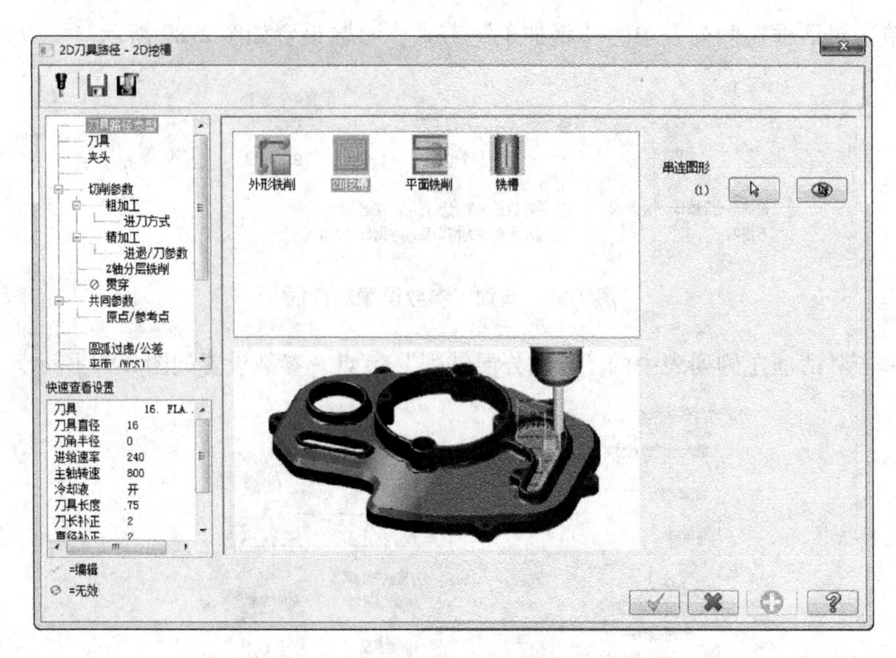

图 2-93 “2D 刀具路径-2D 挖槽”对话框

2）刀具设置。单击对话框左侧列表中的“刀具”节点，右侧跳转到刀具参数设置界面，从刀库列表选择 $\phi6$ 键槽铣刀作为当前使用刀具，并修改相关参数，如图 2-94 所示。

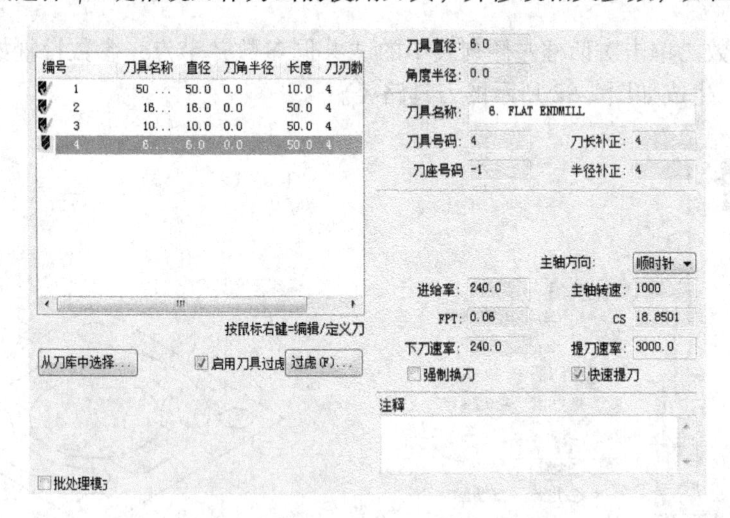

图 2-94 刀具参数设置对话框

3）加工参数。

① 单击对话框左侧列表中的“切削参数”节点，参数设置同前。

② 单击对话框左侧列表中的“粗加工”节点，参数设置如图 2-95 所示。

③ 单击对话框左侧列表中的“进刀方式”节点，选择螺旋式进刀，参数设置如图 2-96 所示。

④ 单击对话框左侧列表中的“精加工”节点，参数设置如图 2-97 所示。

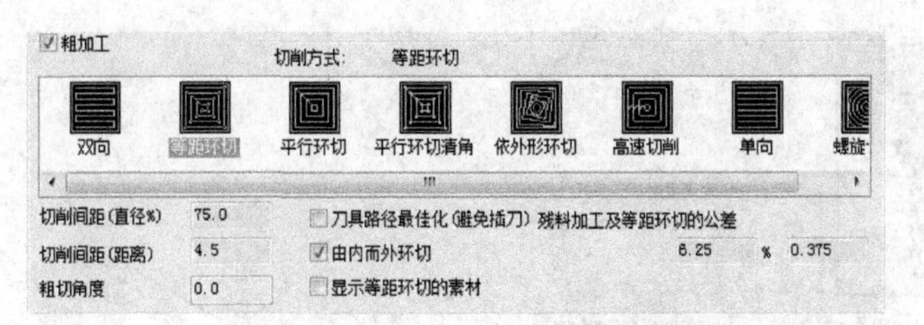

图 2-95　粗加工参数设置对话框

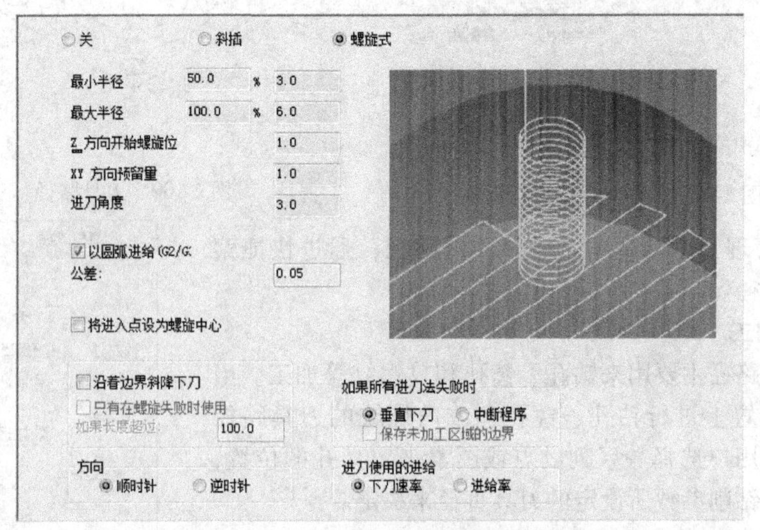

图 2-96　进刀方式参数设置对话框

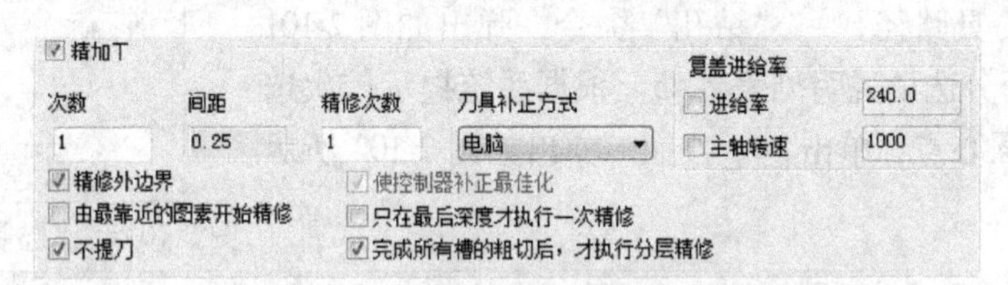

图 2-97　精加工参数设置对话框

⑤ 单击对话框左侧列表中的“Z 轴分层铣削”节点，参数设置如图 2-98 所示。

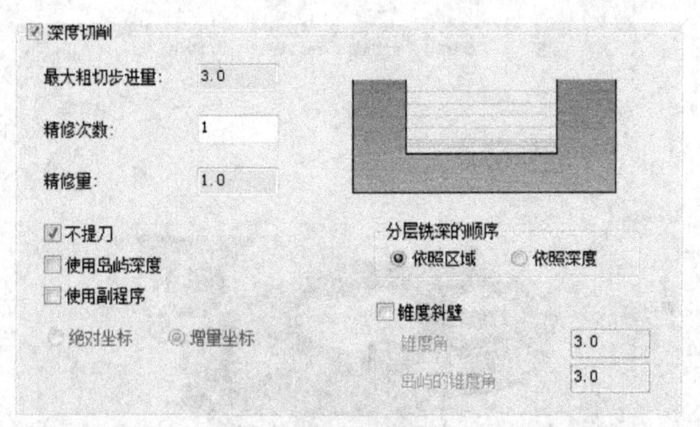

图 2-98　Z 轴分层铣削参数设置对话框

4）共同参数。单击对话框左侧列表中的“共同参数”节点，参数设置如图 2-99 所示。单击 按钮，生成如图 2-100 所示的刀具路径。

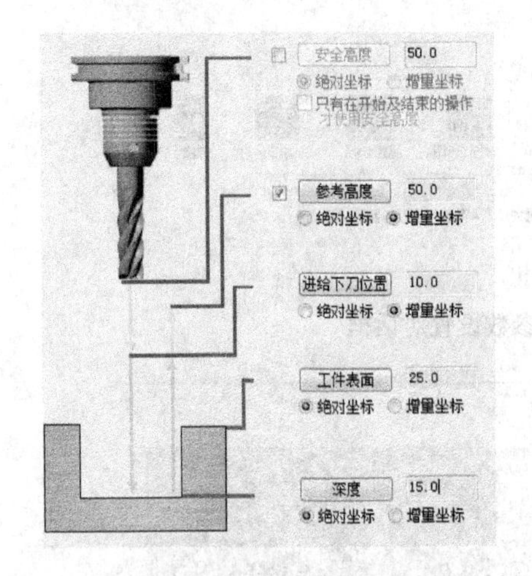

图 2-99　共同参数设置对话框

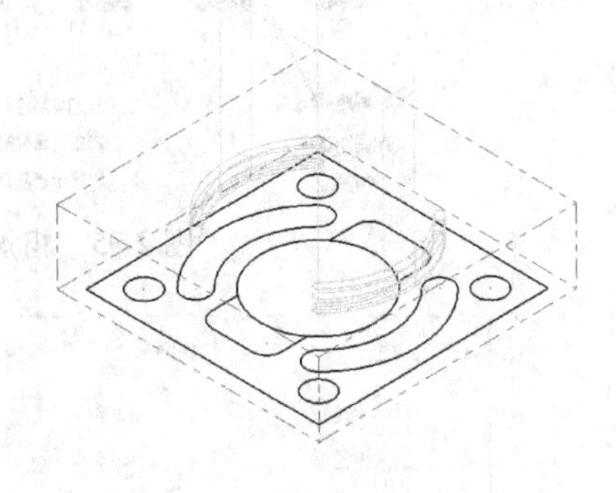

图 2-100　刀具路径

在操作管理器对话框中选中该刀具路径，通过快捷菜单隐藏刀具路径。

6. 孔位加工

钻孔刀具路径主要用来钻孔、镗孔和攻螺纹等加工。当用户在指定位置上进行钻孔、镗孔和攻内螺纹的刀具路径时，系统允许用户选择一系列的点或图素来定义孔的位置，而孔的大小由钻削参数所设定的刀具直径来决定。

（1）加工方法设置

单击菜单“刀具路径”→“钻孔”命令，弹出如图 2-101 所示的对话框，部分选项说明见表 2-45。根据系统提示依次选择 4 个 ϕ10 孔的圆心点，单击 ✓ 按钮，弹出如图 2-102 所示的对话框。

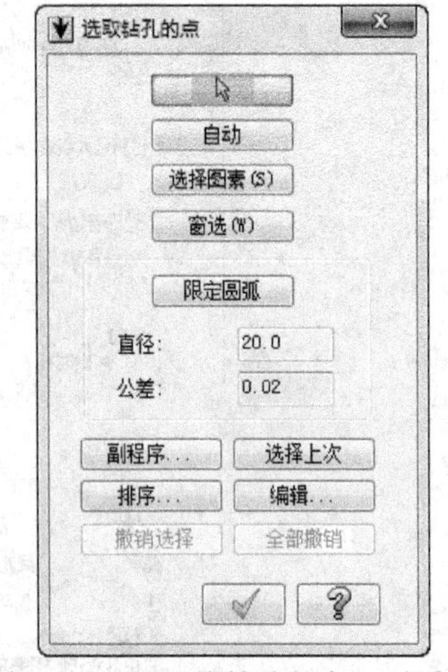

图 2-101　“选取钻孔的点”对话框

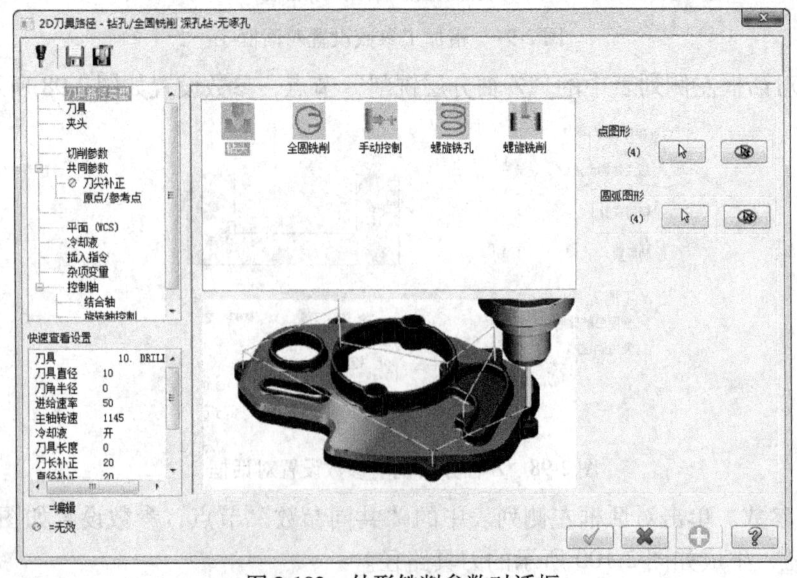

图 2-102　外形铣削参数对话框

表 2-45　“选取钻孔的点”对话框选项说明

选　项	说　明
	采用手动输入的方法依次定义钻孔的中心点
自动	通过选取第一、第二和第三个点，由系统自动选择一系列已存在的点作为钻孔点
选择图素(S)	通过选取几何图素，以几何图素的端点去定位钻削点
窗选(W)	定义一个矩形窗口，选取窗口内的所有点作为钻孔中心点
限定圆弧	在图形上用一个指定的半径选择圆弧的中心点执行钻削，可以选择开放或封闭的圆弧。这种方式常用于大量半径相同的圆或圆弧的圆心位置钻孔
副程序...	使用钻、扩、铰加工的数控子程序，在同一个孔位置进行重复钻削，以简化数控。这种方式适用于对一个孔或一组孔进行多次钻削加工，如加工螺纹孔
选择上次	选择上次钻孔操作的点及排列方式，作为当前钻孔的中心点及刀具路径的排列方式
排序...	用于设置所选钻孔点的排列方式。系统共提供 17 中 2D 排列方式、12 种旋转排列方式和 16 中交叉排列方式，如图 2-103 所示
编辑...	可对钻削点进行删除、编辑深度、编辑跳跃点、插入辅助操作指令和反向等操作
撤销选择	用于撤销上一步中所选择的加工点
全部撤销	用于撤销所有已经选择的加工点

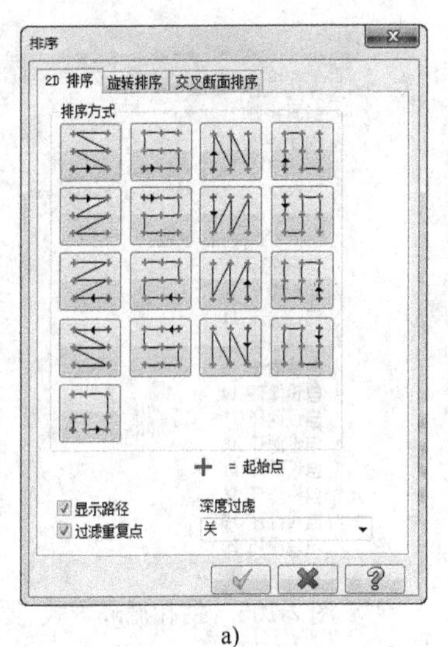

a)

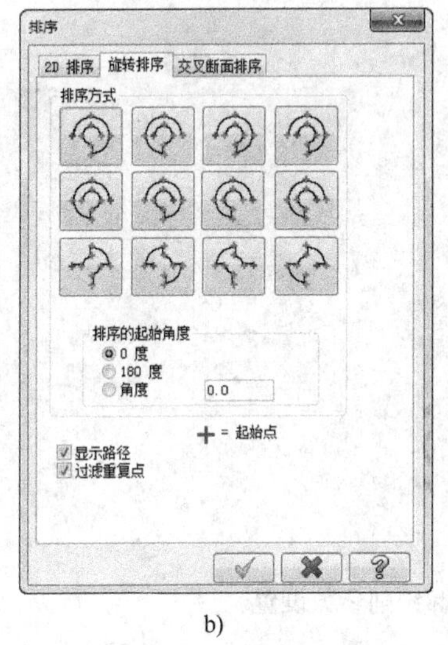

b)

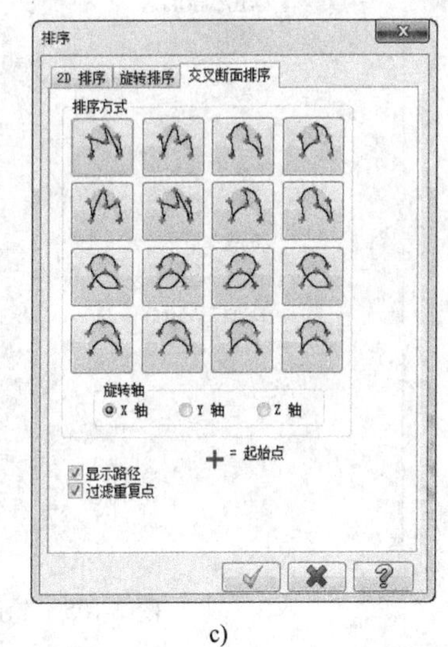

c)

图 2-103　“排序”对话框

a）“2D 排序”选项卡　b）“旋转排序”选项卡　c）“交叉断面排序”选项卡

（2）刀具设置

单击对话框左侧列表中的“刀具”节点，右侧跳转到刀具参数设置界面，从刀库选择 $\phi10$ 的钻头作为当前使用刀具。设置刀具号码为 5、进给速率为 120、下刀速率为 100、提刀速率为 600、主轴转速为 600，如图 2-104 所示。

（3）加工参数

单击对话框左侧列表中的“切削参数”节点，参数设置如图 2-105 所示。Mastercam 系统提供了 20 种钻孔循环方式，包括 8 种固定循环方式和 12 种自定义循环方式，如图 2-106

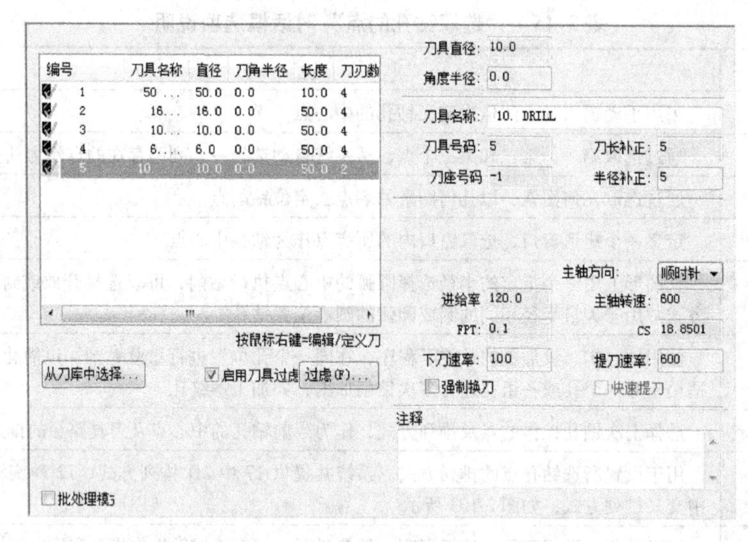

图 2-104　“刀具参数设置”对话框

所示。固定循环方式说明见表 2-46。

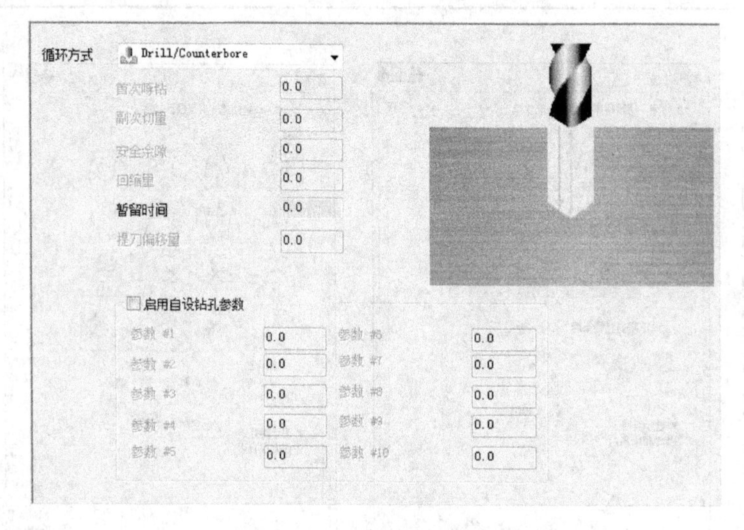

图 2-105　轮廓铣削参数设置

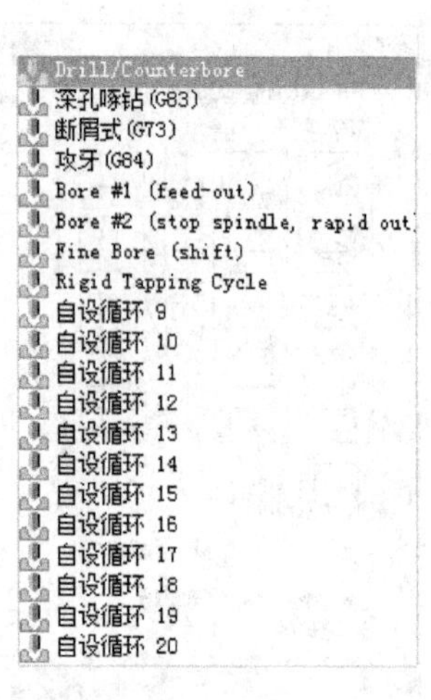

图 2-106　钻孔循环方式

表 2-46　固定循环方式说明

选　项	说　明
深钻孔	一般用于钻削和镗削孔深 H 小于 3 倍刀具直径 D（$H<3D$）的孔，孔底要求平整，可在孔底暂停，对应 NC 指令的 G81/G82
深孔啄钻	也称步进式钻孔，常用于钻削孔深 H 大于 3 倍刀具直径 D（$H>3D$）的深孔，钻削时刀具会间断性地提刀至安全高度，以排除切屑。其常用于切屑难以排除的场合，对应 NC 指令为 G83
断屑式钻孔	一般用于钻削孔深 H 大于 $3D$ 时的深孔，钻削时刀具会间断性地以退刀量提刀返回一定的高度，以打断切屑（对应 NC 指令为 G73）。该钻孔循环可节省时间，但排屑能力不及深孔啄钻方式

（续）

选　项	说　明
攻牙（攻右旋内螺纹）	用于攻右旋的内螺纹孔，对应 NC 指令为 G84
Bore #1（镗孔 1）	采用该方式镗孔时，系统以进给速度进刀和退刀，加工一个平滑表面的直孔，对应 NC 指令为 G85/G89
Bore #2（镗孔 2）	采用该方式镗孔时，系统以进给速度进刀，至孔底主轴停止，刀具快速退回，对应 NC 指令为 G86。其中，主轴停止可防止刀具划伤孔壁
Fine bore（精镗孔）	采用该方式镗孔，刀具在孔深处停转，允许将刀具旋转角度后退刀，对应 NC 指令为 G76
Rigid Tapping Cycle（攻左旋内螺纹）	用于攻左旋的内螺纹孔，对应 NC 指令为 G74

（4）共同参数

1）单击对话框左侧列表中的“共同参数”节点，参数设置如图 2-107 所示。

2）单击对话框左侧节点列表中的“刀尖补正”节点，参数设置如图 2-108 所示。单击 按钮，生成如图 2-109 所示的刀具路径。

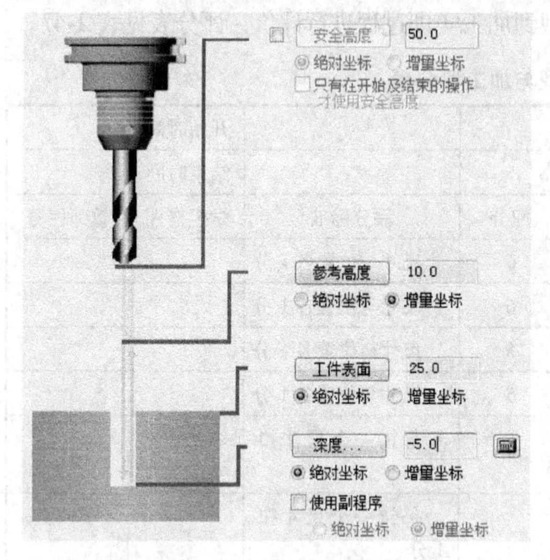

图 2-107　共同参数设置对话框

图 2-108　刀尖补正设置对话框

7. 加工仿真

在操作管理中，选择 Toolpath Group-1 或者单击刀具路径管理器中的 按钮。单击 刀具路径，弹出路径模拟控制工具栏，单击 按钮，进行刀具路径模拟，生成如图 2-110 所示的刀具路径。

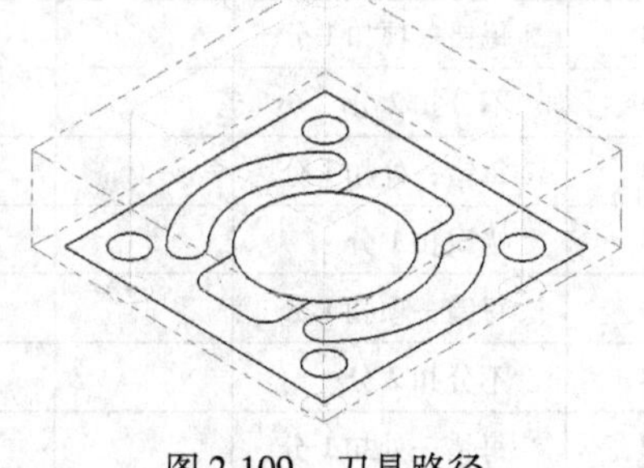

图 2-109　刀具路径

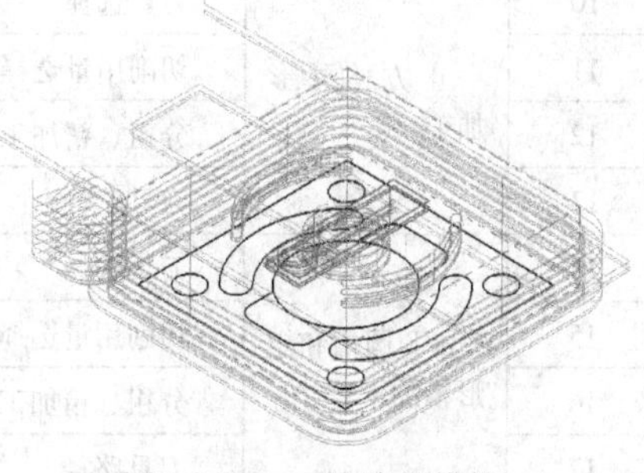

图 2-110　刀具路径模拟

8. 实体切削验证

在操作管理中选中 Toolpath Group-1 节点，单击按钮，弹出实体切削验证对话框。单击按钮，进行仿真切削加工，如图2-111所示。

9. 后置处理

在操作管理中单击**G1**按钮，弹出“后处理程序”对话框并设置相关参数，单击按钮。

将NC文件保存在合适位置，单击按钮。

NC文件保存完成后，系统弹出Mastercam X编辑器窗口。

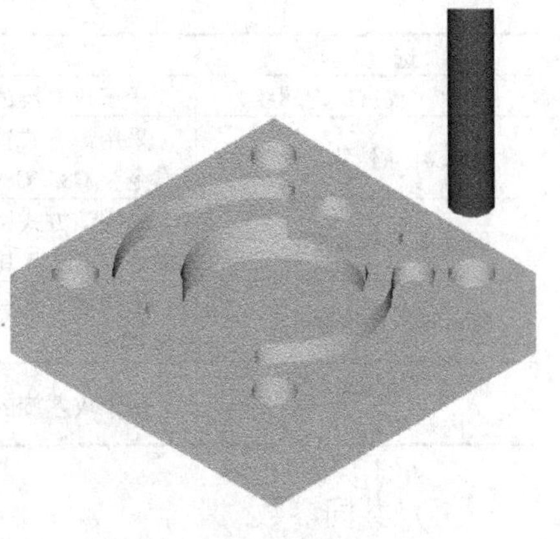

图2-111 仿真切削加工

项目评价

转接盘零件整个加工过程完成后，对学生从造型到加工实训过程进行评价，评分表见表2-47。

表2-47 转接盘造型与加工评分表

姓名			零件名称			开始时间	
班级						结束时间	
	序号	考核项目	考核内容及要求	配分	评分标准	学生自评	教师评分
零件造型	1	正方形	80×80×20	6	尺寸与位置各1分		
	2	两个对称圆弧槽	*R*4.5圆	6	尺寸与位置各1分		
	3		圆弧槽形状	3	尺寸与位置各1分		
	4		圆弧槽位置尺寸	5	尺寸与位置各1分		
	5	ϕ40圆凹槽和长方形凹槽	ϕ40	4	每错一个尺寸扣1分		
	6		24×60	4	每错一个尺寸扣1分		
	7		倒圆角	3	每错一个处扣1分		
	8	4×ϕ10孔	单个孔径与位置	5	孔径与位置各1分		
	9		孔的数量	4	每少一处扣0.5分		
	计分			40			
粗、精加工刀具路径	10	正方体外形加工	刀具选择	3	错误扣1分		
	11		切削用量选择	3	每错一项扣1分		
	12		分粗、精加工	5	不分扣2分		
	13		刀具路径	3	每错一处扣1分		
	14	ϕ40圆槽和矩形槽加工	刀具选择	3	错误扣1分		
	15		切削用量选择	3	每错一项扣1分		
	16		分粗、精加工	4	不分扣2分		
	17		刀具路径	3	每错一处扣1分		

（续）

	序号	考核项目	考核内容及要求	配分	评分标准	学生自评	教师评分
粗、精加工刀具路径	18	对称圆弧槽加工	刀具选择	3	错误扣 1 分		
	19		切削用量选择	3	每错一项扣 1 分		
	20		分粗、精加工	5	不分扣 2 分		
	21		刀具路径	3	每错一处扣 1 分		
	22	4 × ϕ10 孔加工	刀具选择	3	错误扣 1 分		
	23		切削用量选择	3	每错一项扣 1 分		
	24		刀具路径	3	每错一处扣 1 分		
	计分			50			
模拟与后处理	25	加工模拟与后置处理	毛坯尺寸	4	每错一项扣 1 分		
	26		模拟加工	4	每错一处扣 1 分		
	27		生成 NC 程序	2	未生成扣 1 分		
	计分			10			
教师点评					总成绩		

项目训练

绘制如图 2-112 ~ 图 2-116 所示的零件，并生成刀具路径。

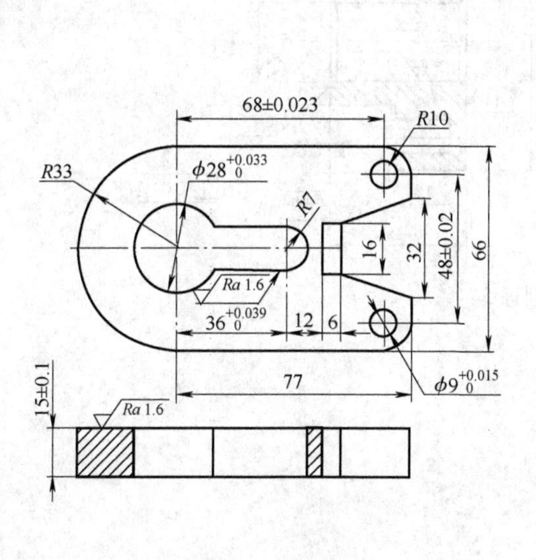

图 2-112　项目训练 1

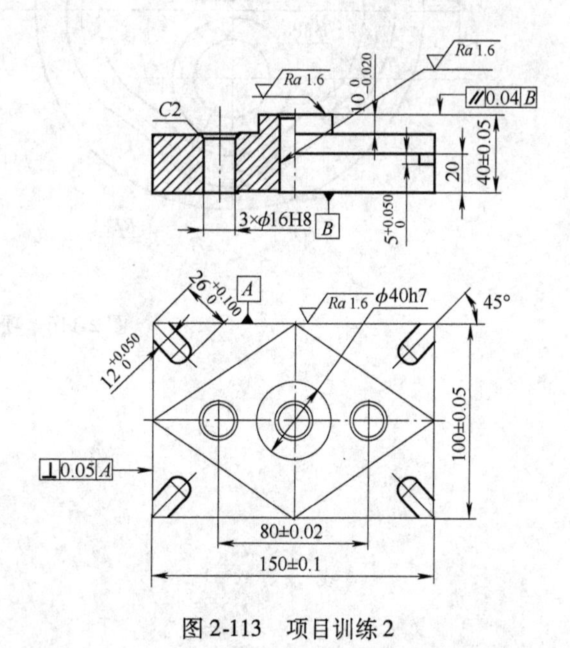

图 2-113　项目训练 2

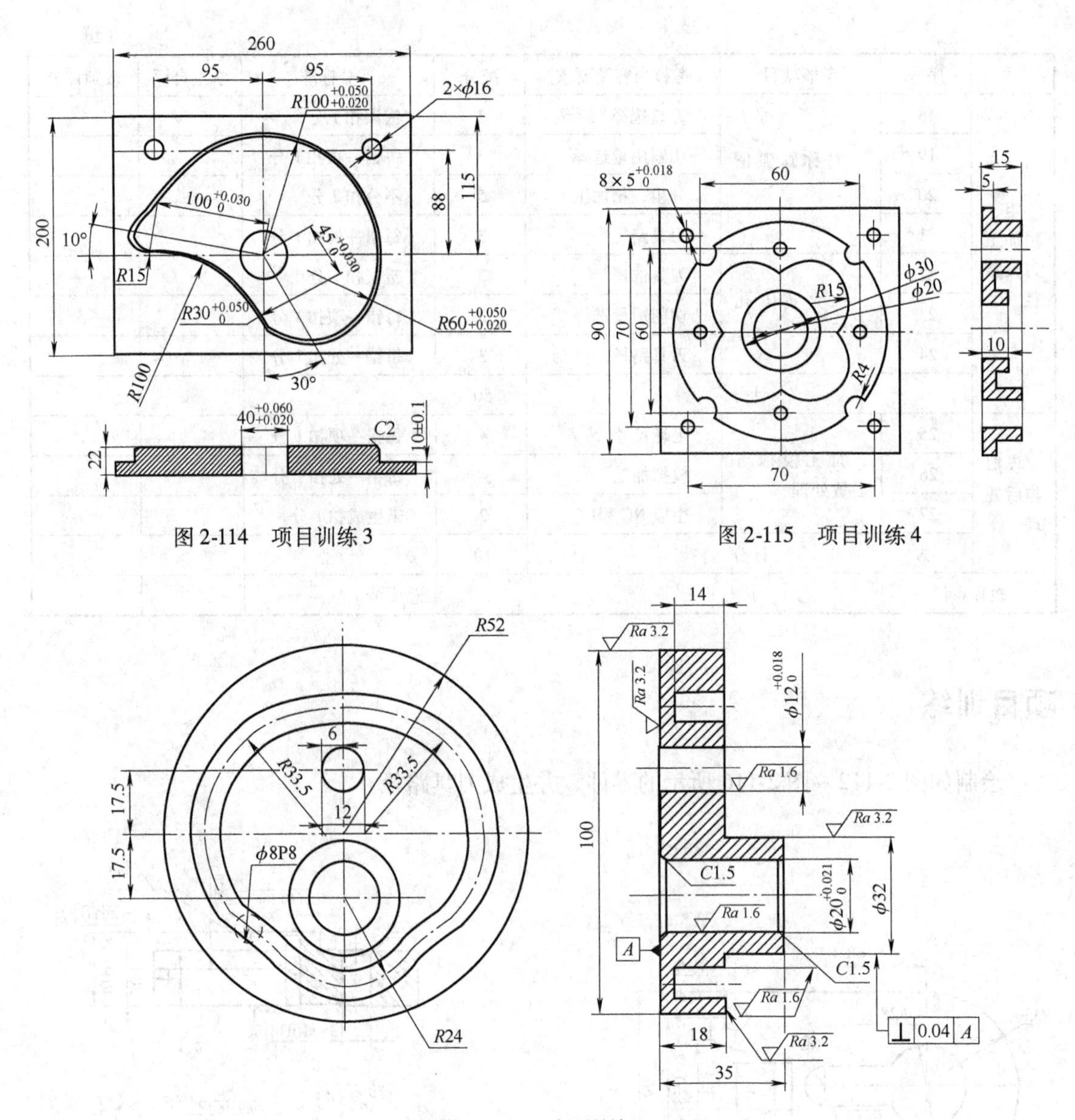

图 2-114　项目训练 3

图 2-115　项目训练 4

图 2-116　项目训练 5

项目3　三维曲面的造型与加工

项目学习内容

- 三维曲面的造型与编辑。
- 三维曲面的加工。
- 刀具路径管理器。

项目引入

本项目将以旋钮零件为例详细讲述三维曲面的造型、编辑及三维曲面的铣削加工，并详细讲解旋钮的曲面造型与加工。图3-1所示为旋钮零件图。

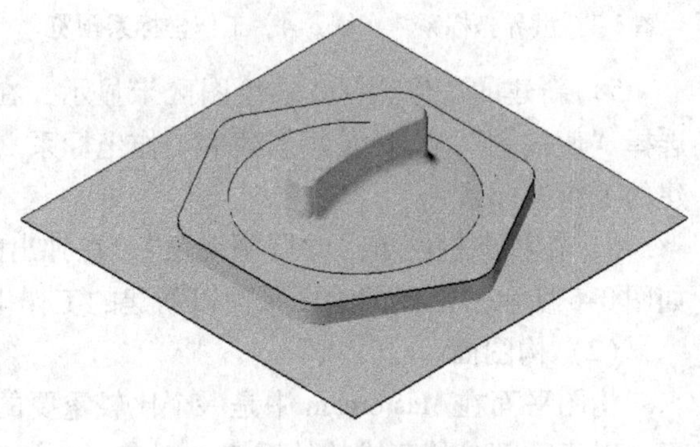

图3-1　旋钮零件图

任务3.1　3D线架的构建

1. 坐标系、构图面与工作深度

（1）坐标系

Mastercam中的坐标系包括世界坐标系和工作坐标系。系统中默认的坐标系称为世界坐标系，按〈F9〉键所切换显示的3条轴线就是世界坐标系的坐标轴。在设定构图平面后，系统所采用的坐标系由世界坐标系转换为工作坐标系。工作坐标系由世界坐标系绕原点旋转，坐标轴变换，但工作坐标系原点默认与世界坐标系原点重合。

设置工作坐标系的方法是在状态栏中单击WCS，在弹出的如图3-2所示的菜单中选择需要设置的视图进行操作。设置完工作坐标系后所设置的构图面就是在设置的工作坐标系中的角度和位置了。下面以一个简单的例子来介绍“工作坐标系WCS”“构图面”和“屏幕视角”之间的关系。

1）打开示例文件“Ch3/3-2. MCX”文件。

2）按〈F9〉键，显示世界坐标系，如图3-3所示。

3）在状态栏中单击WCS，在弹出的菜单中选择“图素定面”，选择正方体的两条对角线，预览显示了工作坐标系的情况，如图3-4所示。单击“选择视角”对话框中的▸或◂按钮可以进行工作坐标系的选择，单击✓按钮完成设置。

T 俯视图 WCS
F 前视图 WCS
K 后视图 WCS
B 底视图 WCS
R 右视图 WCS
L 左视图 WCS
I 等角视图 WCS
指定视角...
C 动态 WCS
M 图素定面
E WCS按实体面
O 旋转定面
S 最后使用过的 WCS
N WCS 在法向面
C WCS=绘图面
P WCS=刀具面
G WCS=绘图面
V 打开视角管理
设置WCS原点 X 19.52172024
另存为 新建视角 [16]

图3-2　WCS

4）弹出如图 3-5 所示的“新建视角”对话框，单击按钮完成设置，新建工作坐标系。

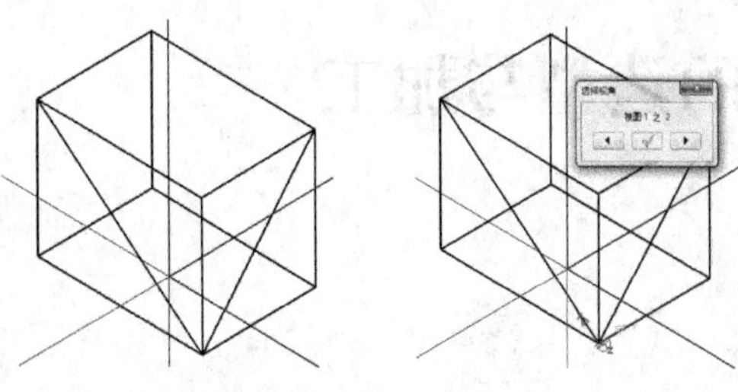

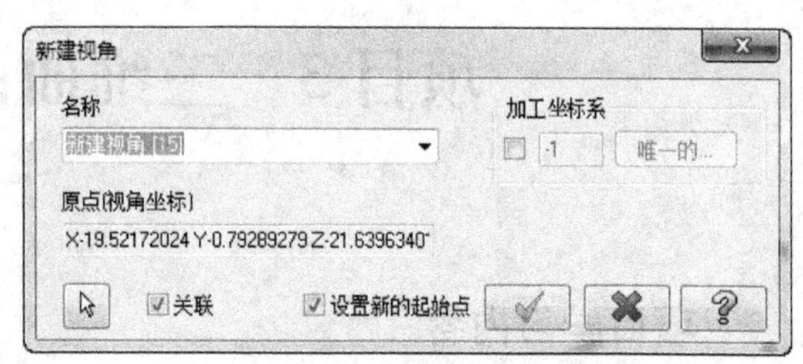

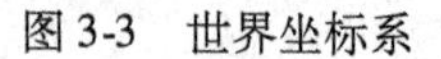

图 3-3　世界坐标系　　图 3-4　工作坐标系预览　　图 3-5　“新建视角”对话框

5）新建的工作坐标系在绘图区未显示，在状态栏中单击“构图面”，在弹出的菜单中选择“俯视图”，即可显示新建的工作坐标系（只要设置任何一个构图平面，都可以显示新建的工作坐标系）。

6）在状态栏中单击“屏幕视角”，在弹出的菜单中选择“屏幕视角＝绘图平面”，结果如图 3-6 所示。新建的绘图平面以新建的工作坐标系为参照。

（2）构图面

构图平面在 Mastercam 中是一个比较重要的概念。构图平面就是一个绘制二维图形的平面。对于大部分的三维软件系统，都有一个类似于构图平面的概念，CATIA V5 和 UG NX 称之为草图平面。通常，三维造型大部分图形都可以分解为若干个平面图形，进行拉伸、旋转等操作，因此经常需要在不同角度、位置的二维平面上绘制二维图形，这个二维平面就是“构图平面”。

在状态栏单击“构图平面”，弹出如图 3-7 所示的菜单，其中列出了很多设定构图平面的方法。构图平面设置说明见表 3-1。

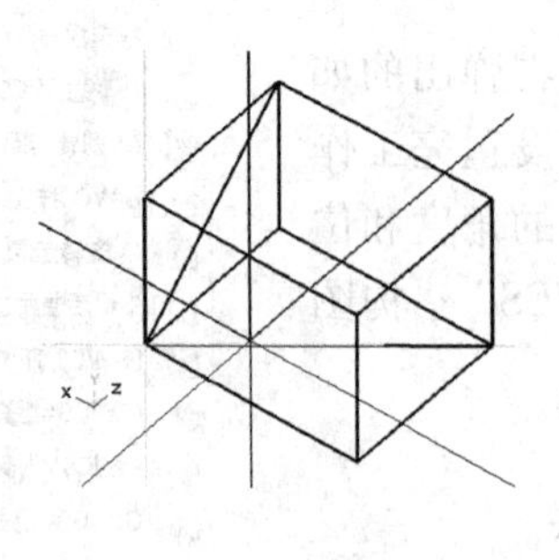

图 3-6　新建绘图平面

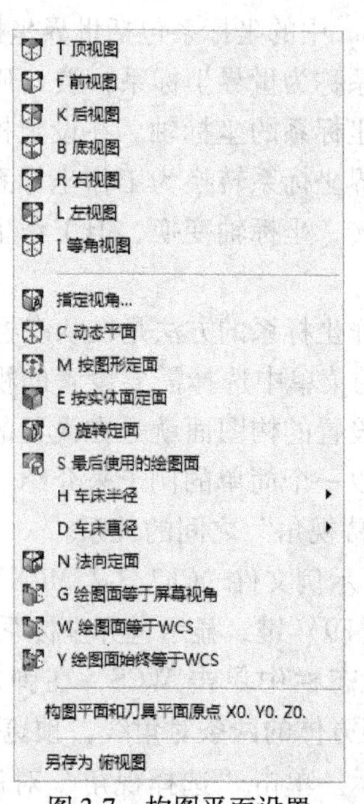

图 3-7　构图平面设置

表 3-1　构图平面设置说明

选　项	说　明	备　注
标准构图面	俯视图（Top，坐标系为 Y└X）	等角视图是该构图平面与 3 个坐标轴的夹角相等
	前视图（Front，坐标系为 Z└X）	
	后视图（Back，坐标系为 X┘Z）	
	底视图（Bottom，坐标系为 X┘Y）	
	右视图（Right，坐标系为 Z└Y）	
	左视图（Left，坐标系为 Y┘Z）	
	等角视图（坐标系为 Z Y X）	
指定视角	弹出如图 3-8 所示的对话框，对话框中列出了所有已经命名了的构图面，包括标准构图面，单击 ✔ 按钮完成构图面设置	
动态平面	弹出如图 3-9 所示的“动态平面”对话框，可以通过输入坐标位置或者在绘图平面上选择点确定坐标原点	
按图形定面	选择两条直线或一个平面确定构图平面	
按实体面定面	选择一个平的实体面确定构图平面	
旋转定面	弹出如图 3-10 所示的“旋转视角”对话框，输入绕 X、Y、Z 轴旋转的角度确定视角位置	
法向定面	通过选择一条直线作为构图面的法线来确定构图面。如图 3-11 所示，选择一条直线，显示坐标系，切换选择一个合适的视角，单击 ✔ 按钮确定构图面	

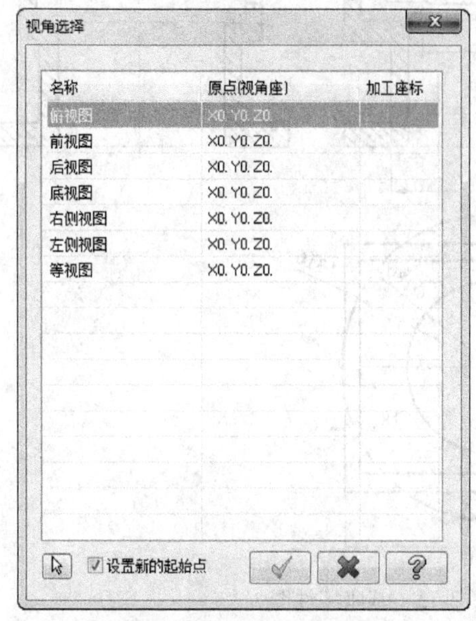

图 3-8　“视角”选择对话框

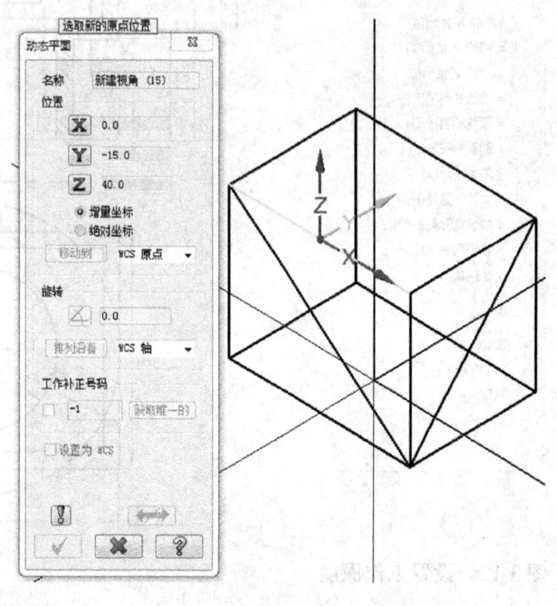

图 3-9　“动态平面”对话框

（3）工作深度

构图平面用于设置二维图绘制平面的角度，工作深度是设置二维平面的位置。简单地说，构图平面只是指定了该平面的法线，而垂直于一条直线的平面是有无数个的，这无数个平面互相平行，因此需要指定一个所谓的“工作深度”来确定平面的位置。在默认情况下，工作深度是0，即通过工作坐标系的原点。

图 3-10　“旋转”视角对话框

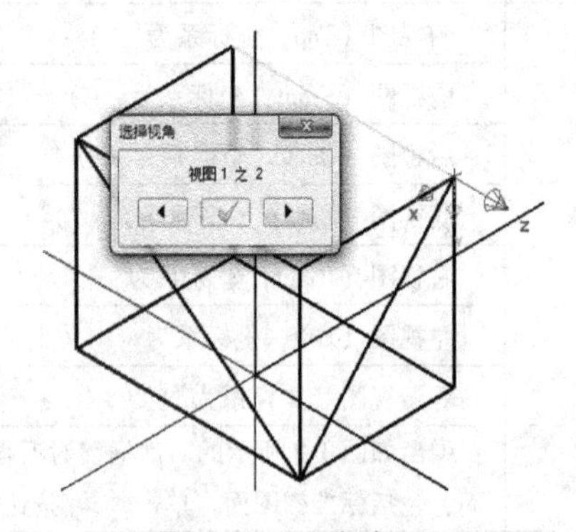

图 3-11　法向定面

工作深度的设置是在状态栏的 Z 20.0 文本框中进行的。在工作深度文本框中输入数值，按〈Enter〉键确认即可。也可以在工作深度文本框中单击鼠标右键，在弹出的图 3-12 所示的菜单中选择一种方式来确定工作深度。

2. 线架的构建

下面以图 3-13 所示的基座零件图为例，详细讲述三维线框造型。

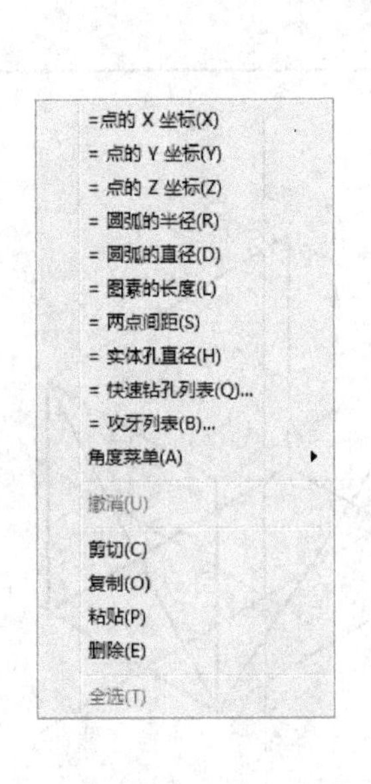

图 3-12　设置工作深度

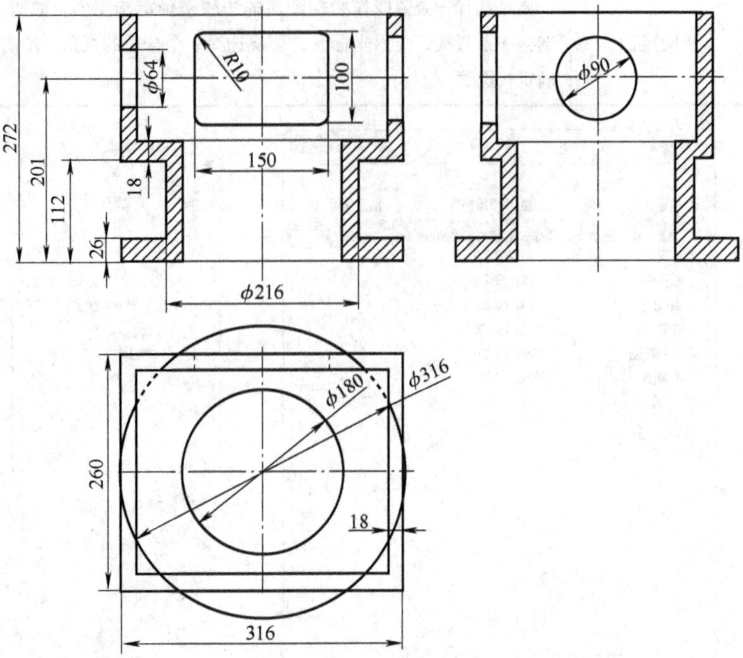

图 3-13　基座零件图

（1）基座下部圆柱与孔

1）设置构图平面、视角。

设置构图面为前视图：单击工具栏中的，或单击状态栏的平面栏，选择前视图。

设置视图为等角视图：单击工具栏中的或单击状态栏的屏幕视角栏，选择等角视图。

2）绘制母线线框。

单一母线：单击菜单“绘图”→“任意线”→“绘制任意线”命令，单击工具栏上的按钮。在坐标文本框中依次输入 A 点坐标（90，130），按〈Enter〉键确认；输入 B 点坐标（90，0），按〈Enter〉键确认；输入 C 点坐标（158，0），按〈Enter〉键确认；输入 D 点坐标（158，26），按〈Enter〉键确认；输入 E 点坐标（108，26），按〈Enter〉键确认；输入 F 点坐标（108，112），按〈Enter〉键确认，绘制的连续线段如图 3-14 所示。

旋转母线：设置构图面为俯视图，单击菜单“转换”→“旋转”命令，选取图 3-14 中所有图素，按〈Enter〉键确认，旋转参数设置如图 3-15 所示。单击按钮完成母线线框绘制，如图 3-16 所示。

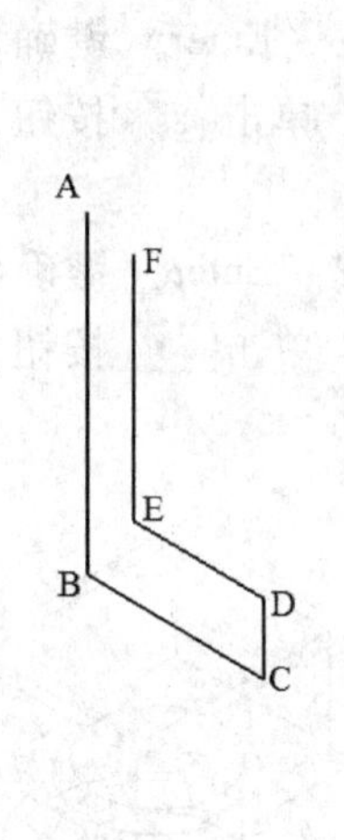

图 3-14　单一母线

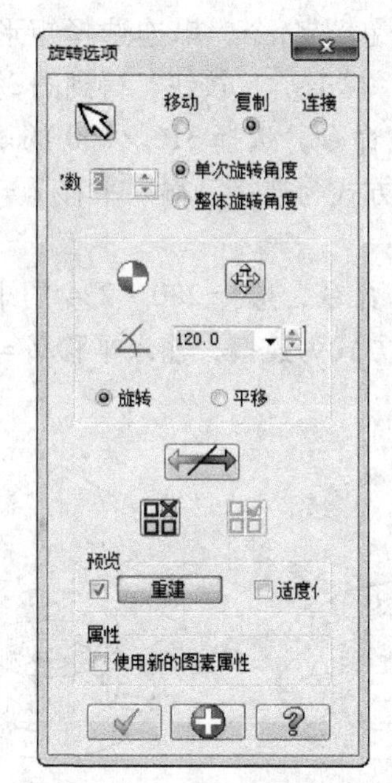

图 3-15　设置旋转参数

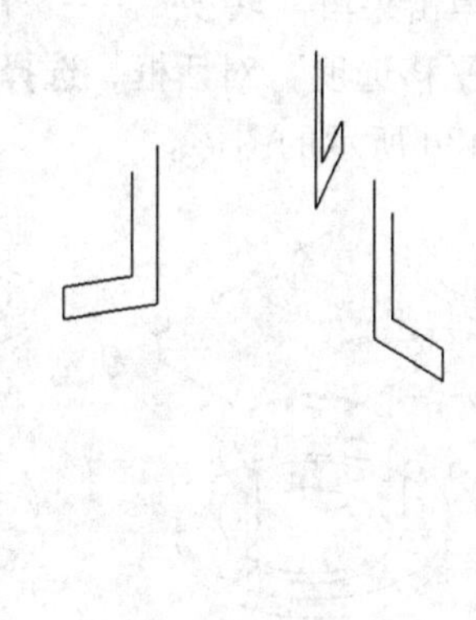

图 3-16　母线线框

3）绘制截面圆。

设置构图面为俯视图。单击菜单“绘图”→“圆弧”→“圆心 + 点”命令，在文本框中输入 316，在绘图区用鼠标单击坐标原点；单击按钮，在文本框中输入 180，在绘图区用鼠标单击坐标原点，完成基座底面两截面圆的绘制，如图 3-17a 所示。

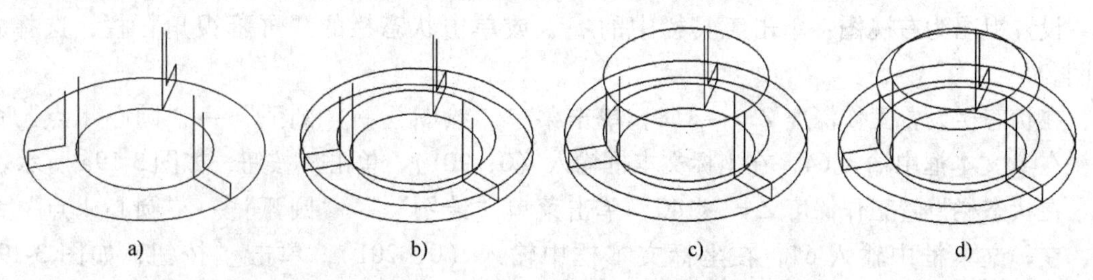

图 3-17　基座下部圆柱及孔的截面圆

在状态栏设置工作深度 Z = 26，单击菜单“绘图”→“圆弧”→“圆心 + 点”命令，在文本框中输入316，在绘图区用鼠标单击坐标原点；单击按钮，在文本框中输入216，在绘图区用鼠标单击坐标原点，完成两截面圆的绘制，如图3-17b所示。

在状态栏设置工作深度Z＝112，构建完成ϕ216的圆，如图3-17c所示。

在状态栏设置工作深度Z＝130，构建完成ϕ180的圆，如图3-17d所示。

（2）基座上部方槽

1）方槽线框。

在状态栏设置工作深度Z＝272，单击菜单“绘图”→“矩形”命令，在工具栏上的文本框中输入316、文本框中输入260，单击按钮，在绘图区单击坐标原点，单击按钮，如图3-18a所示。

单击菜单“转换”→“串连补正”命令，串连选择矩形，按〈Enter〉键确认，弹出“串连补正”对话框，向内补正18，单击按钮，得到图3-18b所示的图形。

单击菜单“转换”→“平移”命令，选择316×260的矩形，按〈Enter〉键确认，弹出“平移选项”对话框，选择平移方式为连接，输入平移Z＝－160，单击按钮，得到图3-18c所示的图形。

单击菜单“转换”→“平移”命令，选择280×224的矩形，按〈Enter〉键确认，弹出“平移选项”对话框，选择平移方式为连接，输入平移Z＝－142，单击按钮，得到图3-18d所示的图形。

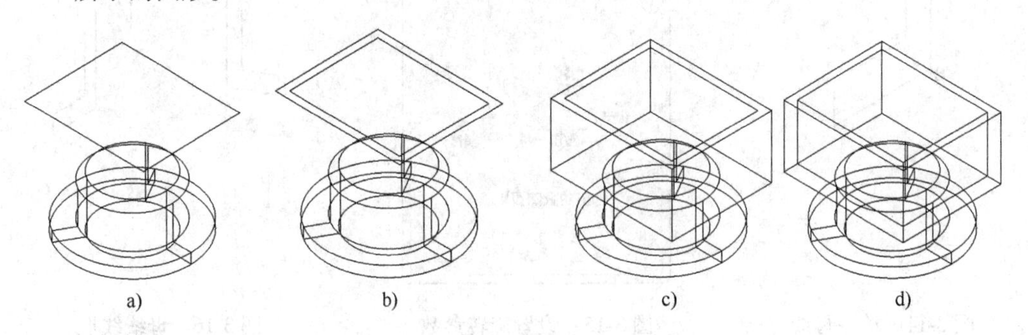

图3-18　方槽线框

2）左右侧两孔截面圆。

设置构图面为右视图：单击工具栏中的，或单击状态栏的“平面”栏，选择右视图。

设置视图为右视图：单击工具栏中的，或单击状态栏的“屏幕视角”栏，选择右视图。

在状态栏设置工作深度Z＝－158，单击菜单“绘图”→“圆弧”→“圆心＋点”命令，在文本框中输入64，在坐标文本框输入（0，201），单击按钮，如图3-19a所示。

在状态栏设置工作深度Z＝－140，单击菜单“绘图”→“圆弧”→“圆心＋点”命令，在文本框中输入64，在坐标文本框中输入（0，201），单击按钮，如图3-19b所示。

在状态栏设置工作深度Z＝140，单击菜单“绘图”→“圆弧”→“圆心＋点”命令，在文本框中输入90，在坐标文本框中输入（0，201），单击按钮，如图3-19c所示。

在状态栏设置工作深度 Z = 158，单击菜单“绘图”→“圆弧”→“圆心 + 点”命令，在文本框中输入 90，在坐标文本框中输入（0，201），单击按钮，如图 3-19d 所示。

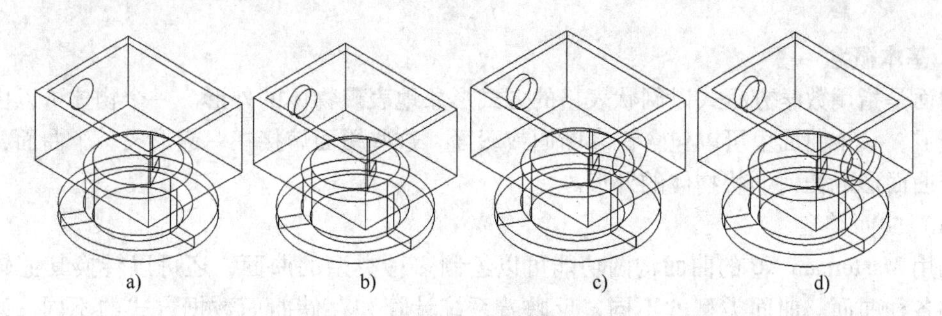

图 3-19　方槽左右侧面两孔截面圆

3）后面方孔线框。

设置构图面为右视图：单击工具栏中的，或单击状态栏的“平面”栏，选择前视图。

设置视图为右视图：单击工具栏中的，或单击状态栏的“屏幕视角”栏，选择右视图。

在状态栏设置工作深度 Z = －130，单击菜单“绘图”→“矩形形状设置”命令，弹出如图 3-20 所示的“矩形选项”对话框。在坐标文本框中输入（0，201），按〈Enter〉键确认，单击按钮，如图 3-21a 所示。

单击“转换”→“平移”命令，选择矩形形状，按〈Enter〉键确认，弹出“平移选项”对话框，选择平移方式为连接，输入平移 Z = 18，单击按钮，如图 3-21b 所示。

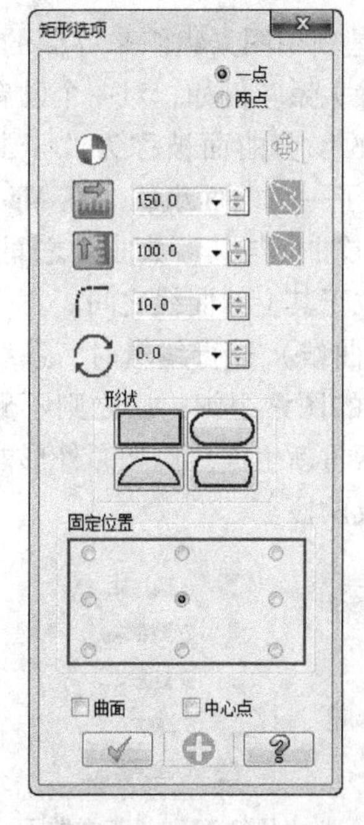

图 3-20　“矩形”对话框

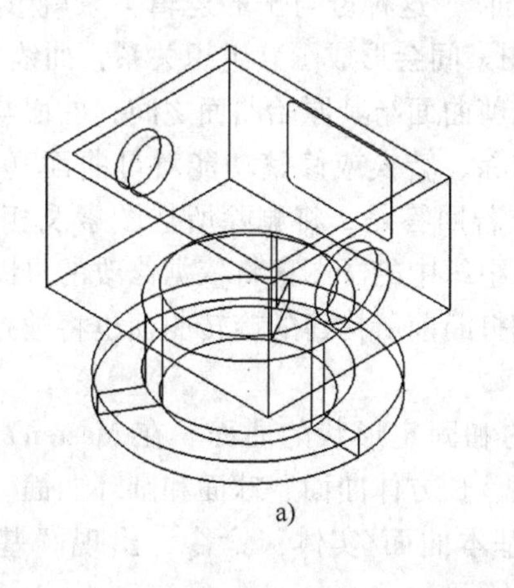

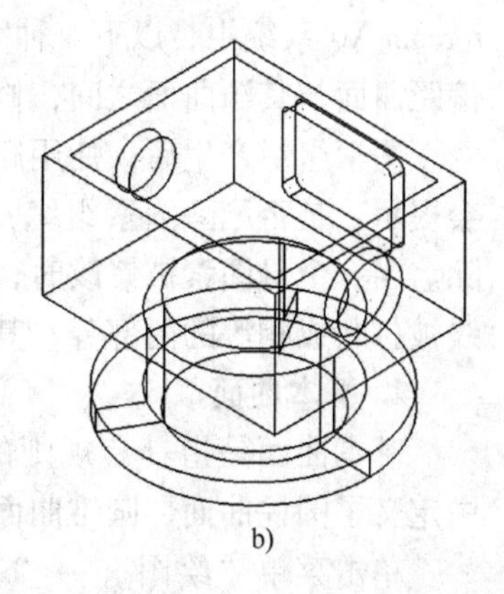

图 3-21　方槽后面方孔矩形截面

任务 3.2　三维曲面的造型

1. 基本概念

曲面是指用数学方程式以网状表格的方式形象地表现物体的外形。一个物体可以由多个曲面组成，一个曲面里可以包含许多断面或缀面。这些缀面熔接在一起形成一个曲面，最后由多个曲面形成任何形状物体的外形。

（1）曲面类型

利用 Mastercam X6 的曲面构图功能可以绘制多种类型的曲面，还可以转换其他软件中产生的各种曲面。曲面类型的不同，反映着系统计算和存储曲面数据方式的不同。Mastercam X6 系统支持 3 种曲面类型：参数式曲面、离散数据曲面和曲线成形曲面。

1）参数式曲面：由一组位于曲面上的阵列点，沿着切削方向和横截面方向产生样条曲线而形成的曲面。参数式曲面的兼容性好，可以支持 IGES 和 VDA 的数据转换格式，但其描述曲面资料最多，需要较大的存储空间。

2）离散数据曲面：由一组曲面上的阵列点，沿着切削方向和横截面方向产生 NURBS 曲线，经这些 NURBS 曲线计算而形成的曲面。NURBS 曲面兼容 IGES 的转换格式，但个别情况下不能使用 VDA 的转换格式，其描述曲面的数据资料较参数式曲面少，所需存储容量较小。

3）曲线成形曲面：由两组或多组几何曲线外形平滑连接而形成的曲面。它与原始曲线之间具有组织关系。曲线成形曲面是一个真实的曲面，而不是近似的曲面，其所需的存储空间比参数式或离散数据曲面少，但数据转换的兼容性最差，不支持 IGES 和 VDA 转换格式。

（2）曲面组织

每一种曲面都只有唯一的一种资料结构，而这些资料大部分是利用图素组织来存储的。图素组织反映的是两个图素之间或一组图素与单个图素之间的依赖关系。例如，对一个已有的曲面执行修剪得到一个新的曲面，则这个由源曲面派生出来的修剪曲面被称为“子曲面”，而源曲面被称为“母曲面”，这种母与子的逻辑关系就形成了一个曲面组织。在 Mastercam X6 系统中，以下 4 种图素间会形成图素组织关系：曲线成形曲面与其参数曲线之间，偏距曲面与其源曲面之间，修剪曲面与其原始曲面之间，曲面与位于其上的曲线之间。

图素组织产生后，使用删除、转换或修整功能对母曲面（母曲线）进行编辑时，系统会提示：是否删除图素组织？若回答是，将删除所选图素及相关的图素组织；反之则不删除。当一个母图素被修改时，组织中的子图素将依据修改的母图素重新生成。例如，外形曲线被打断成相等的两部分，其打断前所构建的旋转曲面也将被打成两段。

2. 基本曲面

基本曲面是指具有规则的和固定形状的曲面。在 Mastercam X6 中定义了圆柱曲面、圆锥曲面、长方体曲面、球面和圆环曲面。

单击菜单“绘图”→“基本曲面/实体”命令，出现“基本曲面/实体”子菜单，如图 3-22 所示。

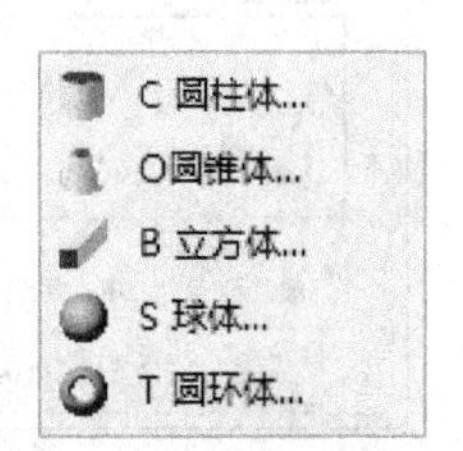

图 3-22　“基本曲面/实体”子菜单

（1）圆柱体

单击菜单“绘图”→“基本曲面/实体”→“圆柱体”命令，

弹出如图 3-23 所示的“圆柱体”对话框，部分选项说明见表 3-2。

表 3-2　“圆柱体”对话框选项说明

选　项		说　明
实体/曲面		选中“实体”单选按钮，将创建三维实体，如图 3-24a 所示 选中“曲面”单选按钮，将创建三维曲面，如图 3-24b 所示
		定义圆柱曲面底圆的圆心位置，单击按钮，可以修改已设置的基点位置
		圆柱曲面半径。单击按钮，可以修改已设置圆柱曲面的半径
		圆柱曲面高度。单击按钮，可以修改已设置圆柱曲面的高度
		切换圆柱曲面拉伸方向
扫描		圆柱曲面起始角度
		圆柱曲面终止角度
轴向	X、Y、Z	若选中“X”“Y”“Z”单选按钮，圆柱曲面将分别以 *X* 轴、*Y* 轴或 *Z* 轴为中心轴
		以一条直线作为圆柱曲面的中心轴线
		指定两点构成的直线作为圆柱曲面的中心轴线

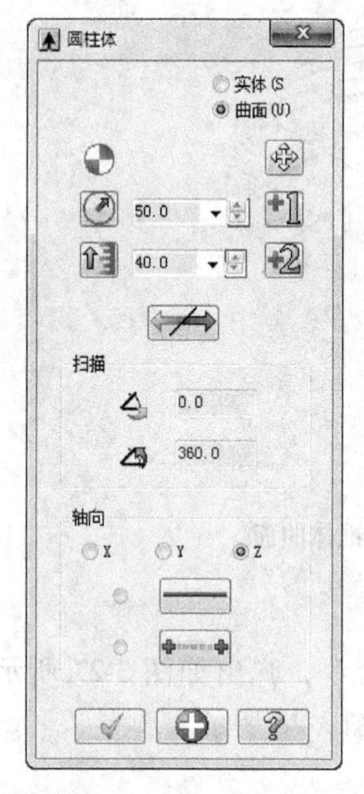

图 3-23　“圆柱体”对话框

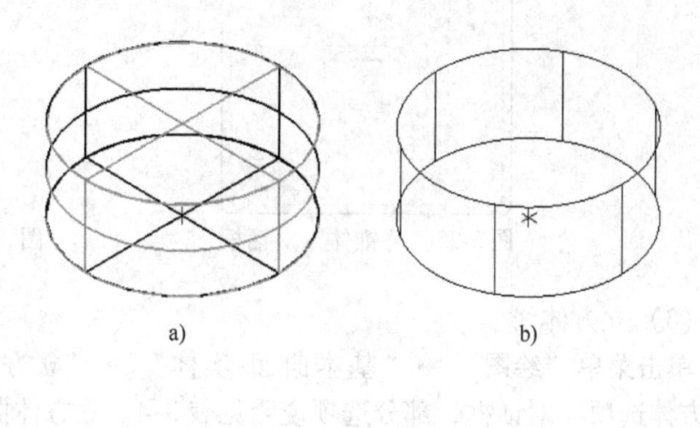

图 3-24　实体/曲面对比图

（2）圆锥体

单击“绘图”→“基本曲面/实体”→“圆锥体”命令，弹出如图 3-25 所示的“锥体”对话框，部分选项说明见表 3-3。圆锥体曲面如图 3-26 所示。

表 3-3　“圆锥体”对话框选项说明

选　项	说　明
实体/曲面	选中“实体”单选按钮，将创建三维实体；选中“曲面”单选按钮，将创建三维曲面
	定义圆锥曲面底圆的圆心位置，单击按钮，可以修改已设置的基点位置

（续）

选　　项		说　　明
基部		圆锥曲面基部圆半径。单击按钮，可以修改已设置的数值
		圆锥曲面高度。单击按钮，可以修改已设置的数值
顶部		圆锥曲面的锥度
		圆柱曲面顶部圆半径

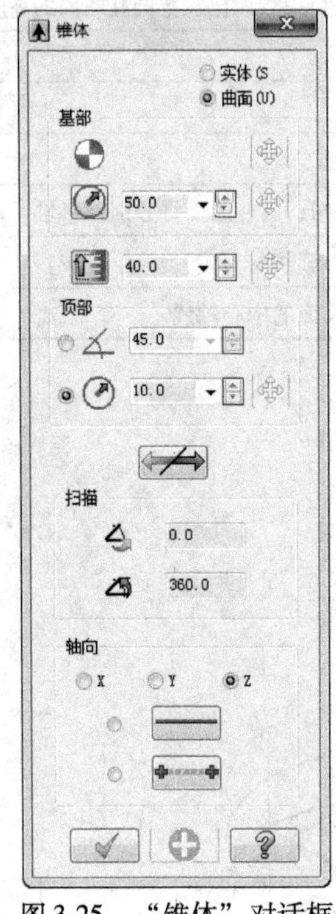

图 3-25　“锥体”对话框

图 3-26　圆锥体曲面

（3）立方体

单击菜单“绘图”→“基本曲面/实体”→“立方体”命令，弹出如图 3-27 所示的“立方体选项”对话框，部分选项说明见表 3-4。立方体曲面如图 3-28 所示。

表 3-4　“立方体选项”对话框选项说明

选　　项	说　　明
	定义立方体放置基准点，单击按钮，可以修改已设置的基点位置
	定义立方体曲面沿当前构图面 *X* 轴方向的长度
	定义立方体曲面沿当前构图面 *Y* 轴方向的长度
	定义立方体曲面沿当前构图面 *Z* 轴方向的长度
锚点	定义立方体曲面的基点（底面中心点）

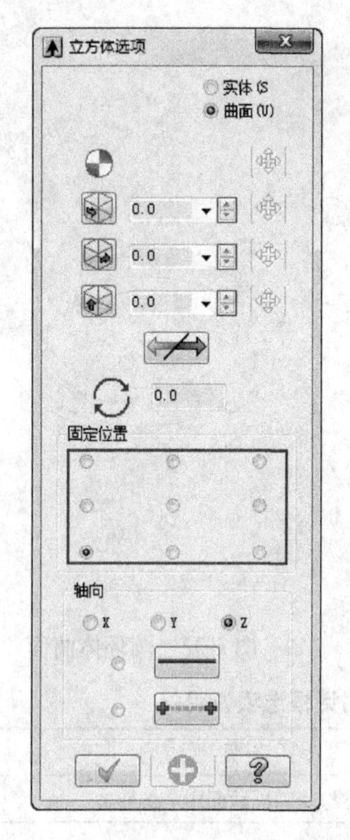

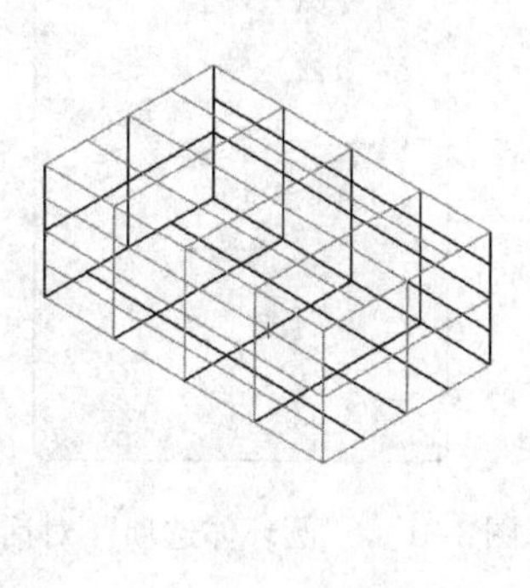

图 3-27　“立方体选项”对话框　　　　图 3-28　立方体曲面

（4）球体

单击菜单“绘图”→“基本曲面/实体”→“球体”命令，弹出如图 3-29 所示的“圆球体选项”对话框。球体曲面如图 3-30 所示。

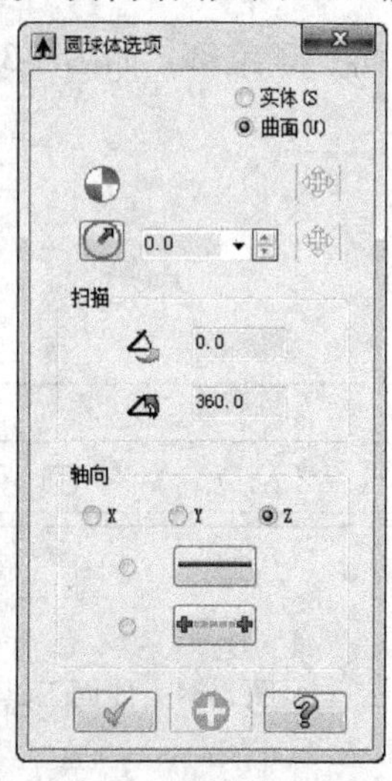

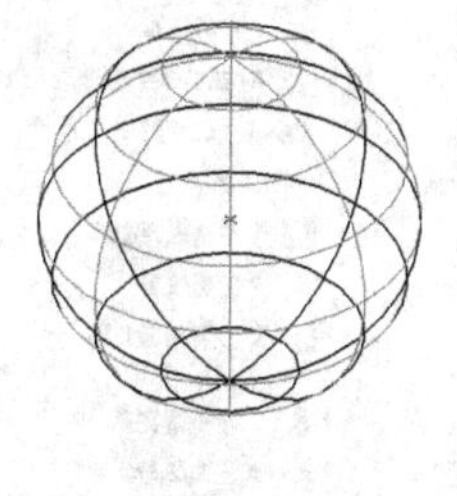

图 3-29　“圆球体选项”对话框　　　　图 3-30　球体曲面

（5）圆环体

单击菜单“绘图”→“基本曲面/实体”→“圆环体”命令，弹出如图 3-31 所示的“圆环体选项”对话框，部分选项说明见表 3-5。圆环体曲面如图 3-32 所示。

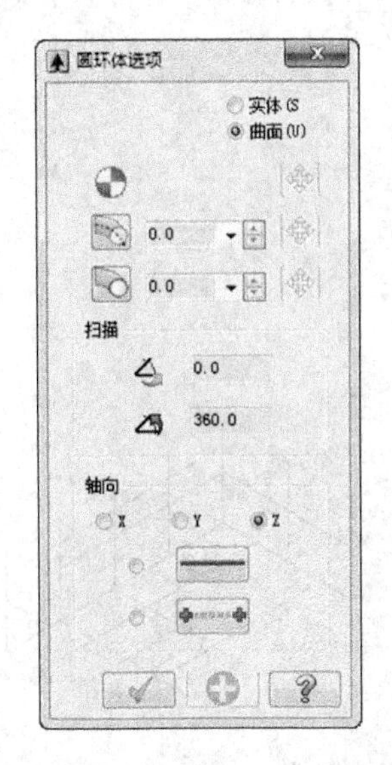

图 3-31 “圆环体选项”对话框

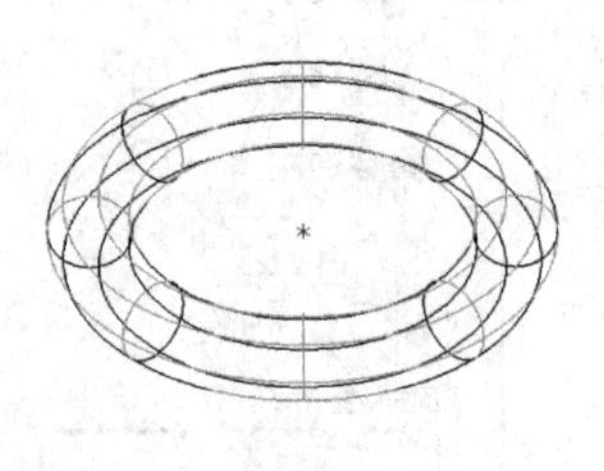

图 3-32 圆环体曲面

表 3-5 “圆环体选项”对话框选项说明

选　项	说　明
	定义圆环曲面的半径，即圆环中心与其圆周截面中心的距离
	定义圆环曲面的圆周截面半径

3. 成形曲面

成形曲面通常是由基本图素构成的一个个封闭的或开放的二维图形经过旋转、拉伸、举升等操作而形成的。

单击菜单“绘图”→“曲面”命令，弹出“曲面”子菜单，如图 3-33 所示。也可以通过图 3-34 所示的曲面工具栏进行成形曲面的创建。

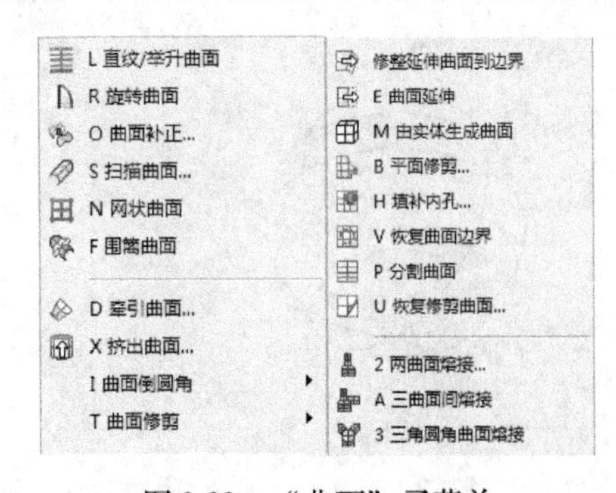

图 3-33 “曲面”子菜单

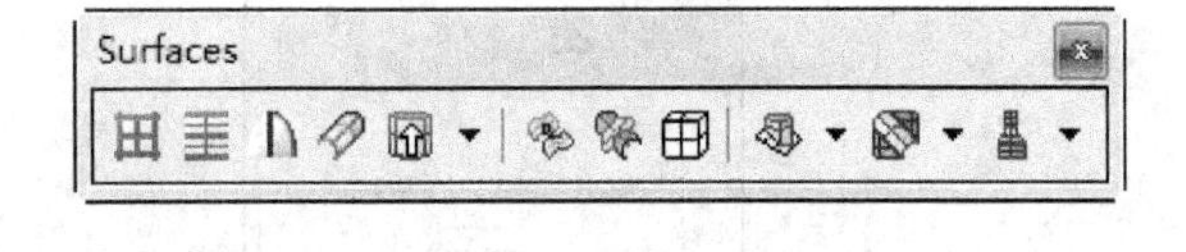

图 3-34 曲面工具栏

（1）直纹/举升曲面

直纹/举升曲面命令用于将两个或两个以上的截断面外形按一定的算法顺序连接起来形成曲面。若每个截形之间用曲线相连，则成为举升曲面；若每个截形之间用直线相连，则称为直纹曲面。构建直纹/举升曲面操作步骤如下：

1）打开示例文件“ch3/3-35. MCX-6”，如图 3-35 所示。

2）在状态栏单击“层别”，弹出“层别管理”对话框，新建图层 2：曲面，如图 3-36 所示（将线架模型与曲面模型分别放置在不同图层，以方便后续操作）。

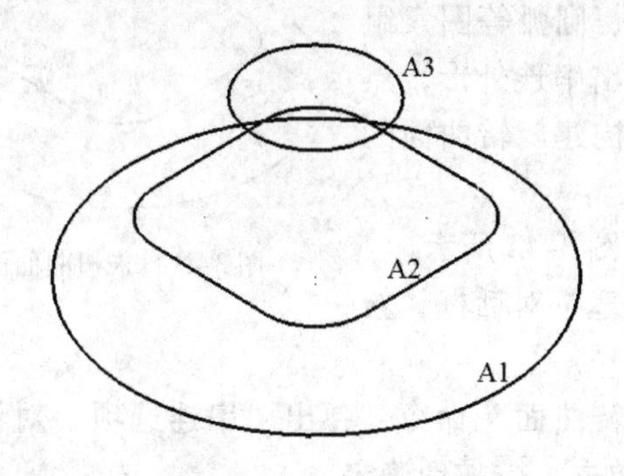

图 3-35　示例文件 1

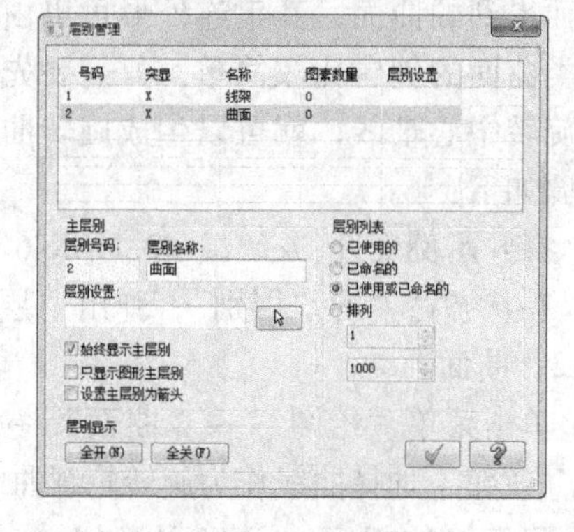

图 3-36　新建图层

3）单击菜单“绘图”→“曲面”→“直纹/举升曲面”命令，弹出“串连选项”对话框，单击按钮。

4）依次选择图 3-35 中的曲线 A1、A2、A3，单击按钮（注意：图素的选择方向要保持一致，即同为顺时针或逆时针）。

5）若单击工具栏上的按钮，则生成直纹曲面，如图 3-37 所示；若单击按钮，则生成举升曲面，如图 3-38 所示。

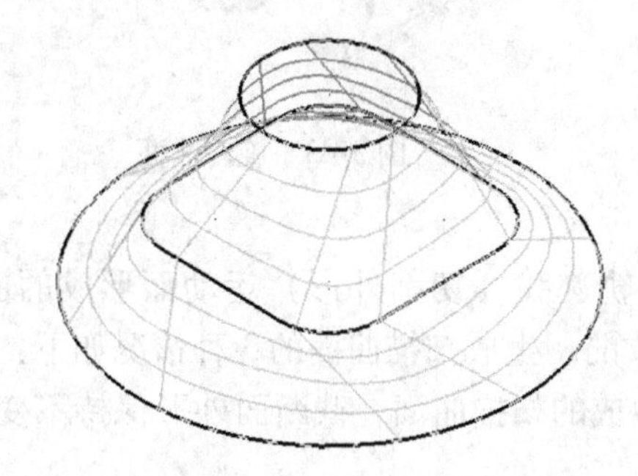

图 3-37　直纹曲面

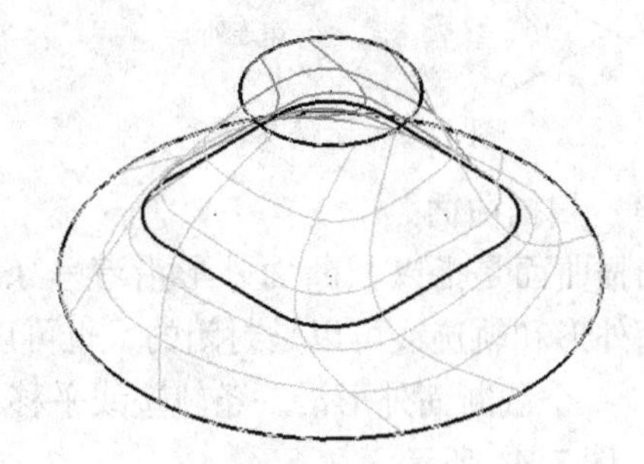

图 3-38　举升曲面

注意：① 一定要依次选取曲线，若选取顺序为 A1、A3、A2，则得到如图 3-39 所示的曲面。

② 图 3-37 与图 3-38 的曲面均有扭曲，若要不扭曲，则需要选择曲线的起点位置保持一致且方向相同，即起点位置分别为 P1、P2、P3（矩形的边从中点处打断），如图 3-40 所示。所得的曲面如图 3-41 所示。

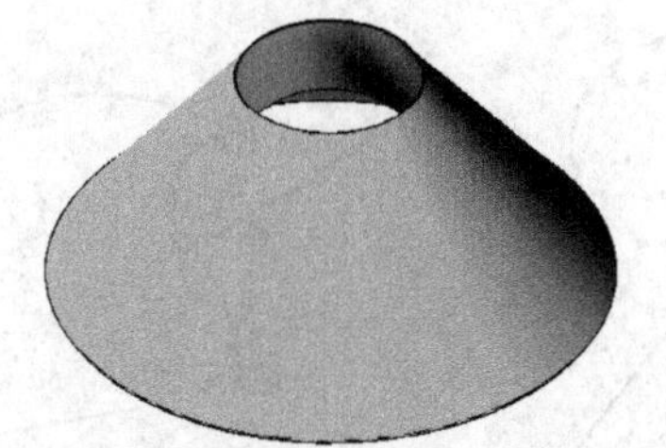

图 3-39　选择次序对曲面结果的影响

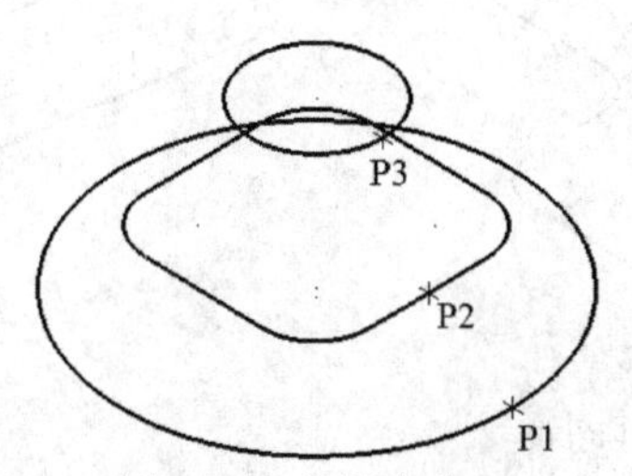

图 3-40　起始点位置

(2) 旋转曲面

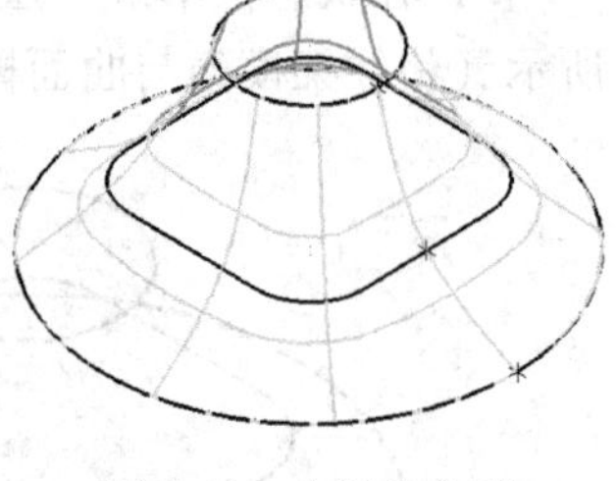

图 3-41　未扭曲曲面

旋转曲面是以所定义的串连外形，绕指定的旋转轴旋转一定角度而得到的曲面，其串连外形可以由直线、圆弧等图素组成。该类曲面的创建比较简单，只需要先绘制出串连外形，然后指定旋转中心轴线，就可以生成旋转曲面。构建旋转曲面的操作步骤如下：

1）打开示例文件“ch3/3-42. MCX-6”，如图 3-42 所示。

2）在状态栏单击“层别”，弹出“层别管理”对话框，新建图层 2：曲面。

3）单击菜单“绘图”→“曲面”→“旋转曲面”命令，弹出“串连选项”对话框，单击按钮，选择曲线作为旋转轮廓曲线，单击按钮确定。

4）根据系统提示，选择点画线（直线）作为旋转轴。通过工具栏上的“起始角度”、“终止角度”可以设置旋转角度，单击按钮设置旋转方向。

5）设置起始角度为 10°、终止角度为 240°，得到如图 3-43 所示的曲面。

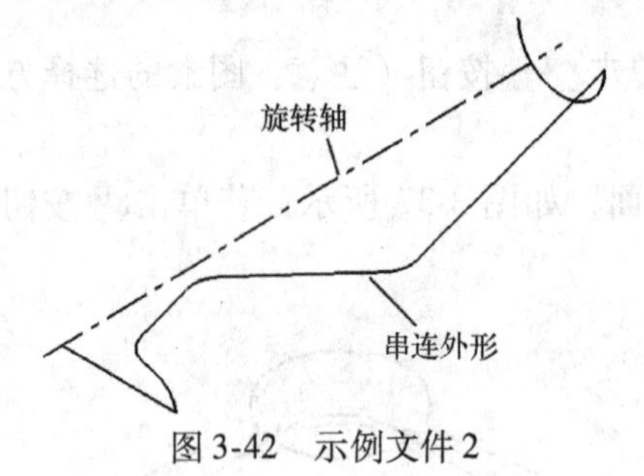

图 3-42　示例文件 2

图 3-43　旋转曲面

(3) 扫描曲面

扫描曲面是指以截断面外形沿着一条或两条轨迹线（切削外形）运动而形成的曲面。截断面外形和轨迹线可以是封闭的，也可以是开放的。生成扫描曲面的 3 种情况如下：

- 一个截断面外形沿一条轨迹线平移/旋转生成的扫描曲面，截断面外形保持不变，如图 3-44 所示。
- 一个截断面外形沿两条轨迹线移动生成的扫描曲面，如图 3-45 所示。
- 两个或多个截断面外形沿一条轨迹线移动生成的扫描曲面，截断面外形以线性方式沿着一条轨迹线外形缩放的曲面，如图 3-46 所示。

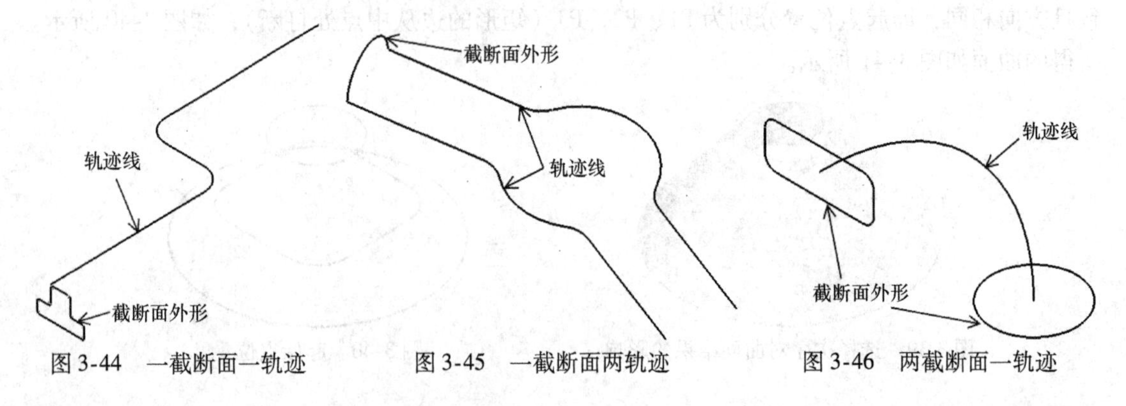

图 3-44　一截断面一轨迹　　图 3-45　一截断面两轨迹　　图 3-46　两截断面一轨迹

打开示例文件“ch3/3-47. MCX-6”，如图 3-47 所示。构建 3 种扫描曲面的操作步骤如下：

1）一个截断面外形与一条轨迹线。

① 在状态栏单击“层别”，弹出“层别管理”对话框，新建图层 2：曲面。

② 单击菜单“绘图”→“曲面”→“扫描曲面”命令，在工具栏上单击或按钮。

③ 弹出“串连选项”对话框，单击按钮，选择“截断面外形 1”，单击按钮。

④ 根据系统提示选择轨迹线，单击按钮（依次选择轨迹线两端图素），选择“轨迹线 1”，单击按钮。

⑤ 若单击按钮，则得到如图 3-48 所示的扫描曲面；若单击按钮，则得到如图 3-49 所示的扫描曲面。

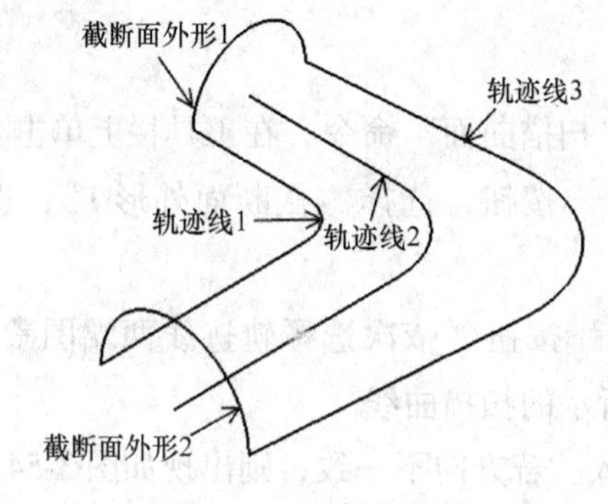

图 3-47　示例文件 3

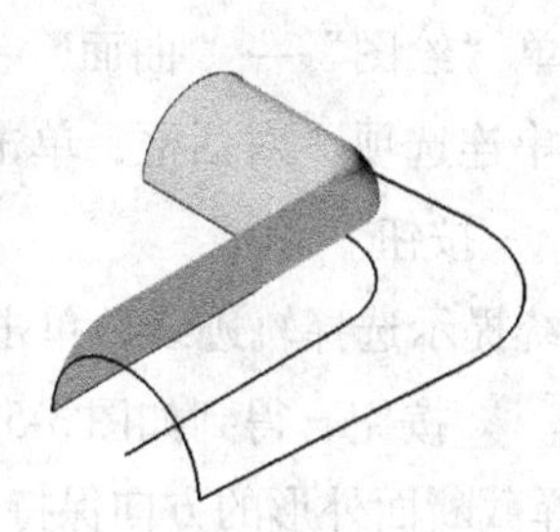

图 3-48　平移方式扫描

注意：指的是以平移方式构建扫描曲面；指的是以旋转方式构建扫描曲面；指的是正交到某一存在曲面方式扫描曲面，如图 3-50 所示。

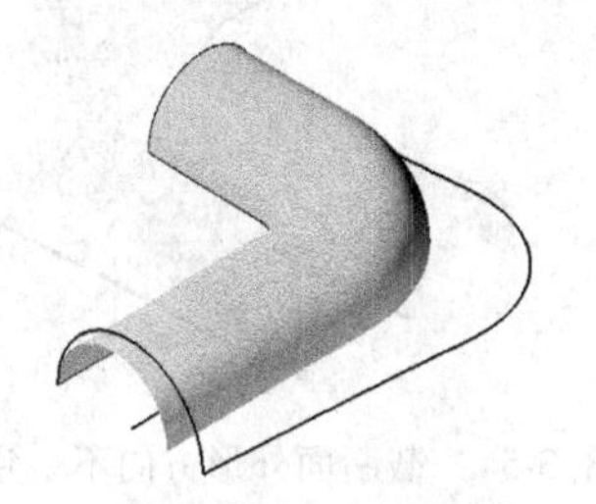

图 3-49　旋转方式扫描

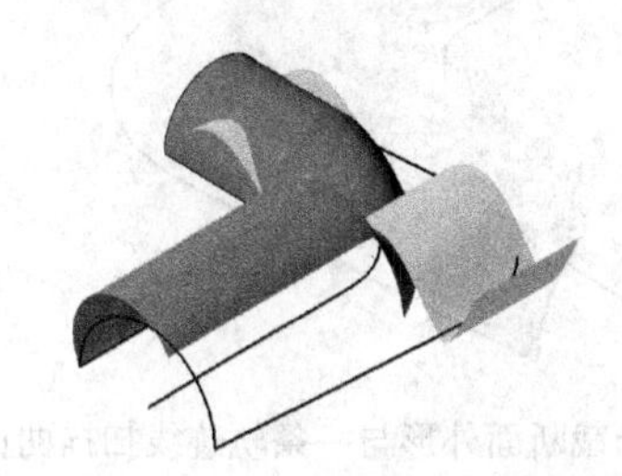

图 3-50　正交到曲面的扫描曲面

2）一个截断面外形与两条轨迹线。

① 单击菜单“绘图”→“曲面”→“扫描曲面”命令，在工具栏上单击按钮。

② 弹出“串连选项”对话框，单击按钮，选择“截断面外形 1”，单击按钮确定。

③ 根据系统提示选择轨迹线，单击按钮（依次选择轨迹线两端图素），选择“轨迹线 1”。

④ 根据系统提示选择轨迹线，单击按钮（依次选择轨迹线两端图素），选择“轨迹线 3”，单击按钮，得到如图 3-51 所示的扫描曲线。

注意：选择轨迹线的起点从截断面外形侧开始，两条轨迹线方向保持一致，否则无法扫描曲面或异形曲面，如图 3-52 所示。

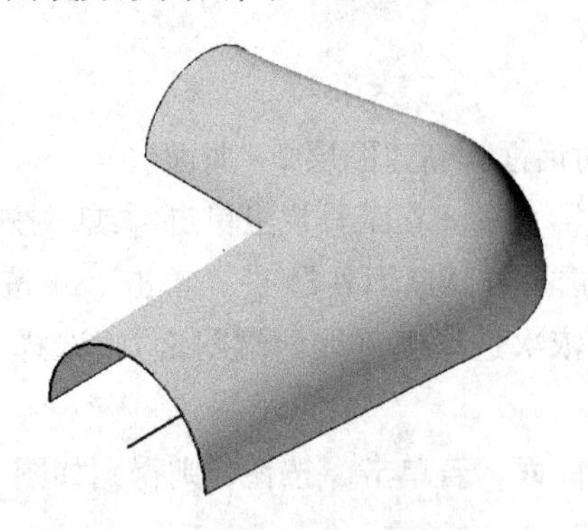

图 3-51　一个截断面外形和两条轨迹线

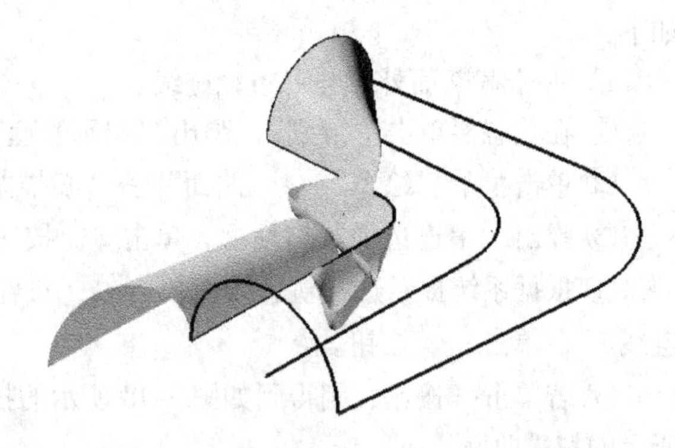

图 3-52　选取轨迹线方向不一致时的曲面

3）两个截断面外形与一条轨迹线。

① 单击菜单“绘图”→“曲面”→“扫描曲面”命令，在工具栏上单击按钮。

② 弹出“串连选项”对话框，单击按钮，选择“截断面外形 1”，选择“截断面外形 2”单击按钮。

③ 根据系统提示选择轨迹线，单击按钮（依次选择轨迹线两端图素），选择“轨迹线 2”，单击按钮，得到如图 3-53 所示的扫描曲线。

注意：选择截断面外形的方向保持一致。若方向不一致，则出现如图 3-54 所示的曲面。

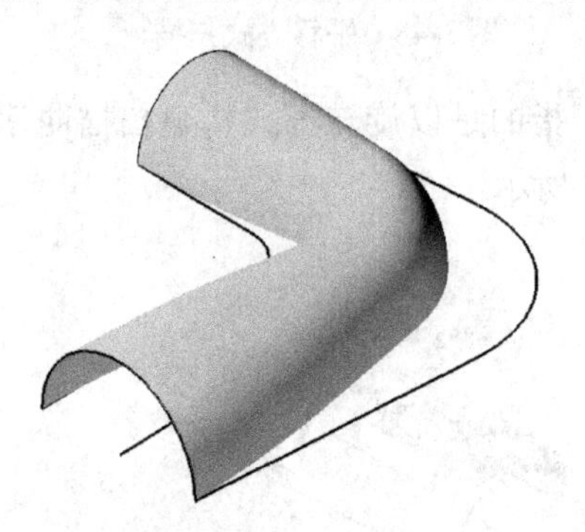

图 3-53　两个截断面外形与一条轨迹线扫描曲面

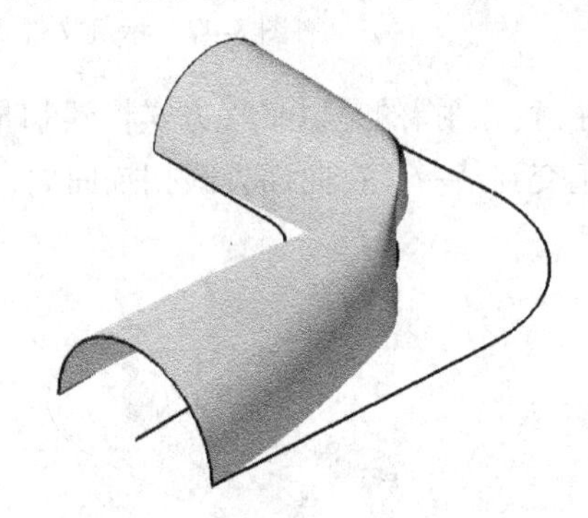

图 3-54　截断面外形方向不一致的扭曲曲面

（4）网状曲面

网状曲面就像一个渔网一样，是由一些相交的边界线（直线、圆弧、曲线、串连等）构建而成的曲面，适合于创建变化多样、形状复杂的自由曲面。网状曲面至少由 3 条边界线构成，分成两个方向：截断方向和切削方向。构建网状曲面的操作步骤如下：

1）4 条边界。

① 打开示例文件“ch3/3-55. MCX-6”，如图 3-55 所示。

② 在状态栏单击“层别”，弹出“层别管理”对话框，新建图层 2：曲面。

③ 单击菜单“绘图”→“曲面”→“网状曲面”命令，弹出“串连选项”对话框，单击按钮，依次选择曲线 1、曲线 2 作为截断方向曲线，再依次选择曲线 3、曲线 4 作为切削方向曲线，单击按钮，得到如图 3-56 所示的曲面。

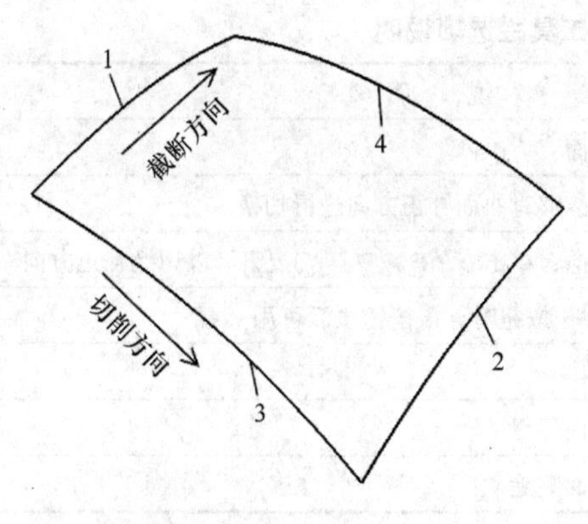

图 3-55　示例文件 4

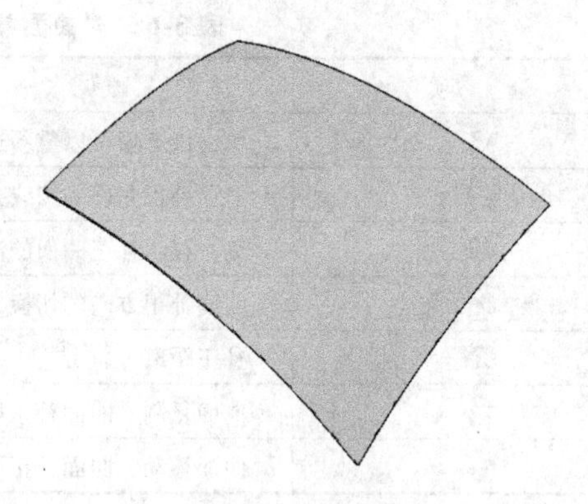

图 3-56　网状曲面

2）3 条边 + 顶点。

① 打开示例文件“ch3/3-57. MCX-6”，如图 3-57 所示。

② 在状态栏单击“层别”，弹出“层别管理”对话框，新建图层 2：曲面。

③ 单击菜单“绘图”→“曲面”→“网状曲面”命令，弹出“串连选项”对话框，单击按钮，依次选择曲线 1、曲线 2、曲线 3，单击按钮；根据提示选择顶点，得到如图 3-58 所示的曲面。

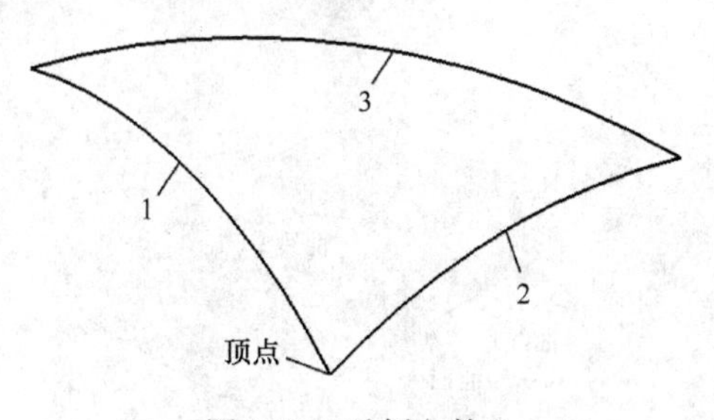

图 3-57　示例文件 5

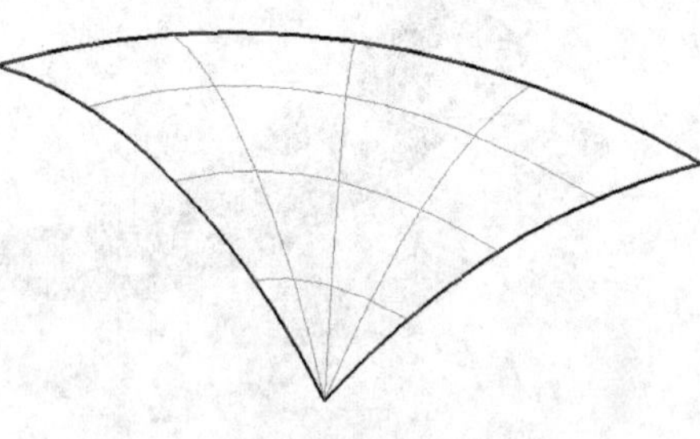

图 3-58　网状曲面

（5）曲面补正

曲面补正是对某一曲面进行等距离补正，从而产生一个新的曲面。与平面图形的补正一样，使用“曲面补正”命令在移动曲面的同时，也可以复制曲面。构建曲面补正的操作步骤如下：

图 3-59　示例文件 6

1）打开示例文件“ch3/3-59. MCX-6”，如图 3-59 所示。

2）单击菜单“绘图”→“曲面”→“曲面补正”命令，根据系统提示选择要补正的曲面，单击选择曲面，按〈Enter〉键确认，工具栏出现曲面“补正操作”选项，如图 3-60 所示。各选项说明见表 3-6。

图 3-60　“曲面补正”工具栏

表 3-6 “曲面补正”工具栏选项说明

选 项	说 明
[图标]	单击该选项可以重新选择曲面
[图标]	显示补正曲面的法线方向，能够对曲面补正方向进行切换
[图标]	逐一显示补正曲面的法线方向，单击[图标]按钮可以切换补正方向
[图标]	曲面补正方向的切换，单击[图标]按钮时，该按钮激活可用
[图标]	补正距离
[图标]	曲面复制，曲面补正后原曲面保留
[图标]	曲面移动，曲面补正后原曲面删除

3）在图 3-60 中，输入补正距离 20，曲面补正后保留原曲面，如图 3-61 所示。

（6）围篱曲面

围篱曲面通过在曲面上的一条曲线，构建一个直纹曲面，该直纹曲面与源曲面可以是垂直的，也可以是其他指定的角度，同时它的高度可以是两端相同的，也可以是变化的。构建围篱曲面的操作步骤如下：

1）打开示例文件“ch3/3-62. MCX-6”，如图 3-62 所示。

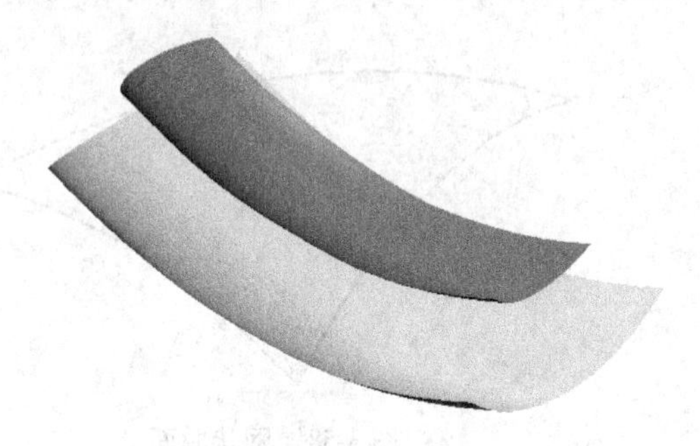

图 3-61 曲面补正

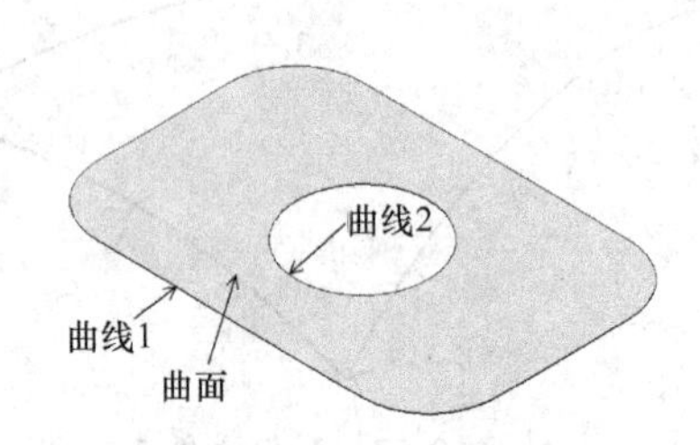

图 3-62 示例文件 7

2）单击菜单“绘图”→“曲面”→“围篱曲面”命令，根据提示选取“曲面”，弹出“串连选项”对话框，串连选择“曲线 1”，单击[图标]按钮。

3）工具栏上出现“围篱曲面”操作选项，参数设置如图 3-63 所示。单击[图标]按钮，得到如图 3-64 所示的曲面。各选项说明见表 3-7。

图 3-63 “围篱曲面”工具栏

表 3-7 “围篱曲面”工具栏选项说明

选 项	说 明
[图标]	单击该选项可以重新选择曲面
[图标]	可对围篱曲面方向进行切换
[图标]	熔接方式有常数、线锥、立体混合 3 种方式
[图标]	起始高度

（续）

选　项	说　明
	终止高度
	起始倾斜高度
	终止倾斜高度

（7）牵引曲面

牵引曲面是将截面外形或几何图素，沿某一方向挤压或拉伸而形成的曲面。牵引曲面主要受牵引方向、牵引角度、牵引长度或牵引所至平面的位置这 3 个因素的影响，如图 3-65 所示。构建牵引曲面的操作步骤如下：

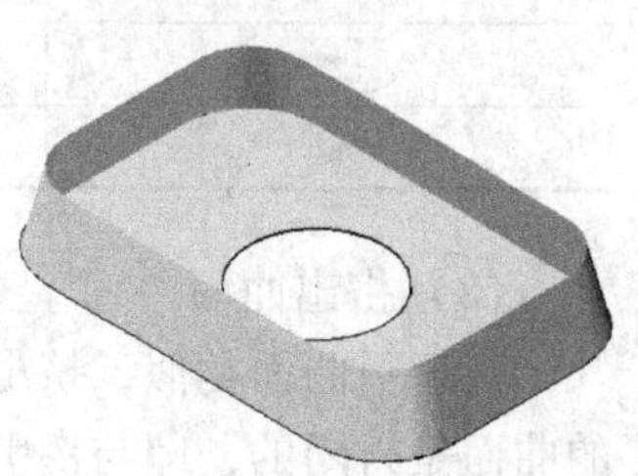
图 3-64　围篱曲面

1）打开示例文件“ch3/3-66. MCX-6”，如图 3-66 所示。

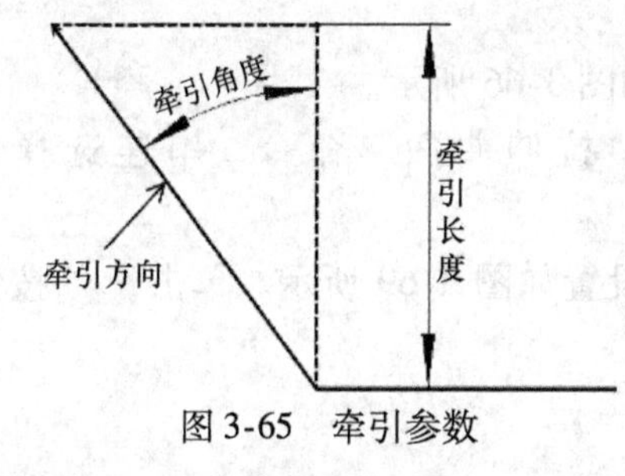

图 3-65　牵引参数

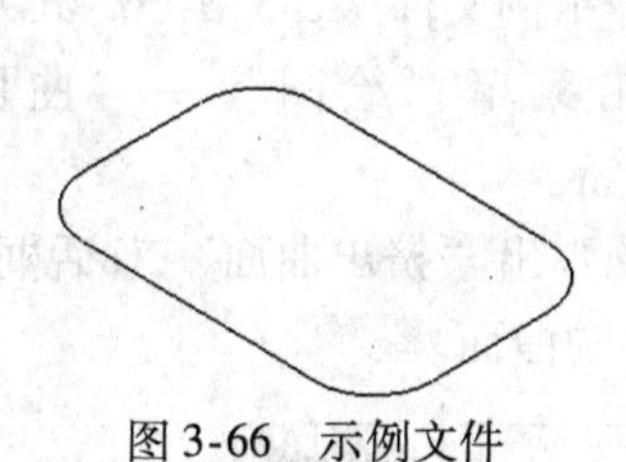
图 3-66　示例文件

2）单击菜单“绘图”→“曲面”→“牵引曲面”命令，串连选择示例曲线，单击 按钮。

3）系统弹出“牵引曲面”对话框（参数选项说明见表 3-8），参数设置如图 3-67 所示。单击 按钮，得到如图 3-68 所示的曲面。

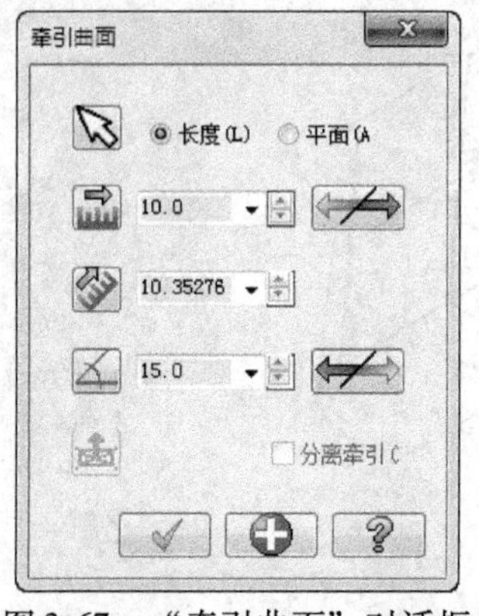

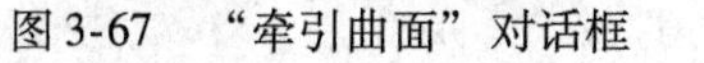
图 3-67　“牵引曲面”对话框

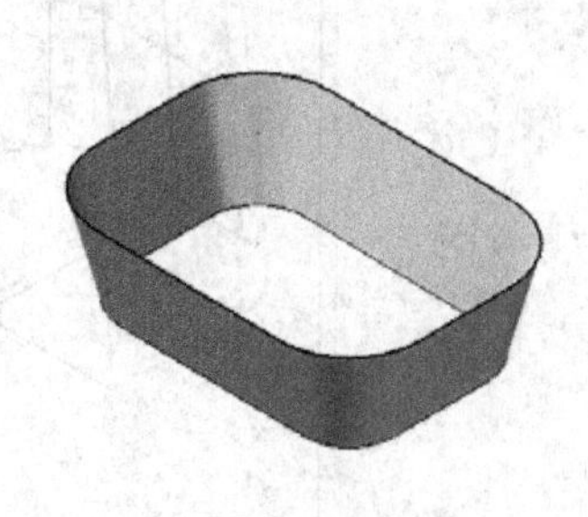
图 3-68　牵引曲面

表 3-8　“牵引曲面”对话框选项说明

选　项	说　明
	重新选择牵引串连
长度	选中该单选按钮，可以设置牵引长度、牵引角度

（续）

选　项	说　明
平面	选中该单选按钮，可以设置牵引到某一平面
	设置牵引长度
	设置牵引真实长度
	设置牵引角度
	更改方向
	选择平面

（8）挤出曲面

与牵引曲面类似，挤出曲面是将一个截面外形沿指定方向移动而形成的曲面。这样生成的曲面是封闭的，即与牵引曲面相比，挤出曲面增加了前后两个封闭平面。构建挤出曲面的操作步骤如下：

1）打开示例文件“ch3/3-66. MCX-6”，如图 3-66 所示。

2）单击菜单“绘图”→“曲面”→“拉伸曲面”命令，串连选择示例曲线，单击按钮。

3）系统弹出“挤出曲面”对话框，参数设置如图 3-69 所示。单击按钮，得到如图 3-70 所示的曲面。

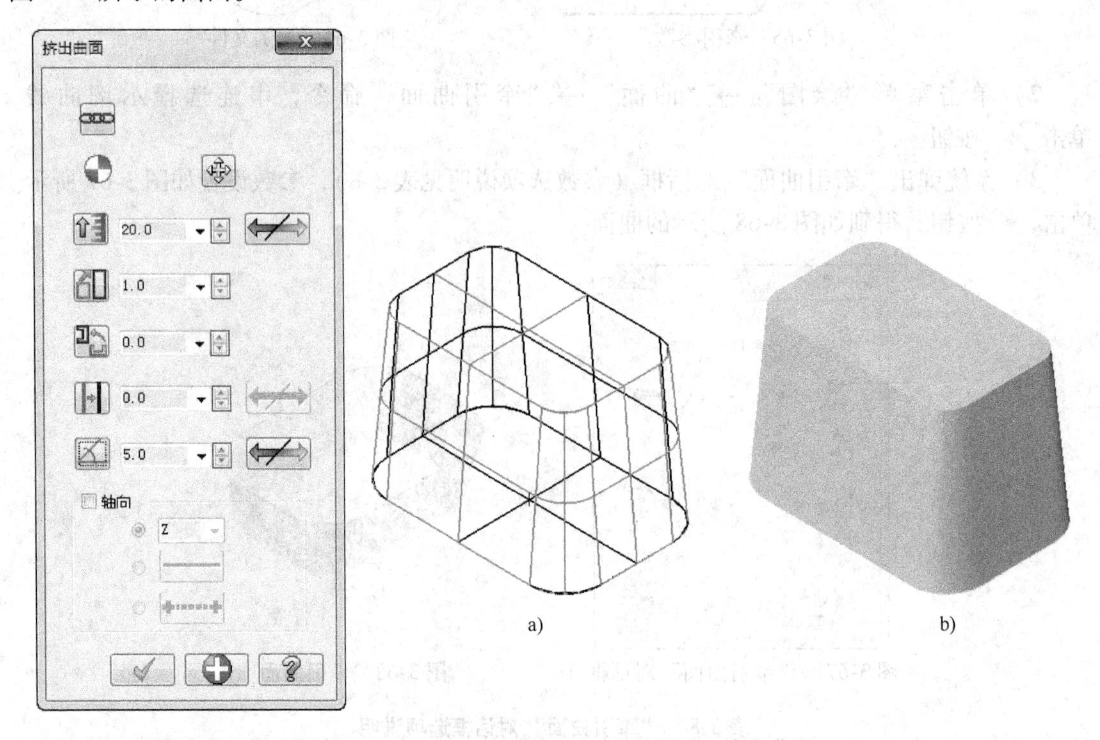

图 3-69　“挤出曲面”对话框

图 3-70　挤出曲面
a）线架显示　b）着色显示

（9）平面修剪

平面修剪是对一个封闭的边界曲线内部进行填充后获得平整的曲面。平面修剪的操作步骤如下：

1）打开示例文件“ch3/3-66. MCX-6”，如图3-66所示。

2）单击菜单“绘图”→“曲面”→“平面修剪”命令，串连选择示例曲线，单击按钮，得到如图3-71所示的曲面。

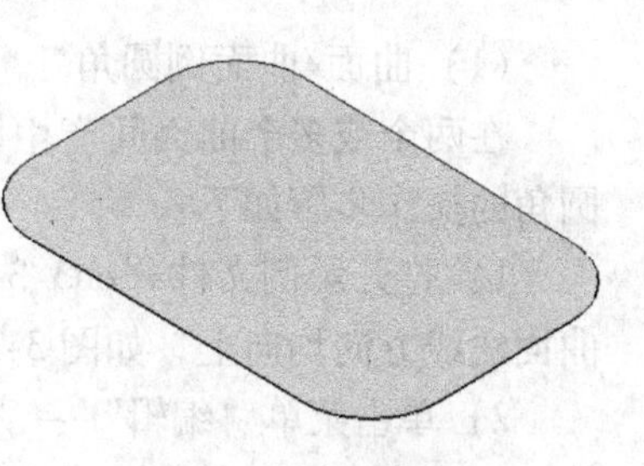

图3-71 平面修剪

（10）由实体生成曲面

在Mastercam X6中，实体造型和曲面造型可以相互转换，使用实体造型的方法创建的实体模型可以转换为曲面，也可以将编辑好的曲面转换为实体模型。由实体生产曲面，实际上就是提取实体的表面。由实体生成曲面的操作步骤如下：

1）打开示例文件“ch3/3-72. MCX-6”，如图3-72所示。

2）单击菜单“绘图”→“曲面”→“由实体生成曲面”命令，在标准选择栏中单击按钮（该按钮呈灰色状态），选择示例文件中的半球面，按〈Enter〉键确认。

3）通过工具栏上的或按钮设置生成曲面的属性，通过或按钮设置是否保留原实体。若保留原实体，则得到如图3-73所示的曲面（显示）；若删除原实体，则得到如图3-74所示的曲面。

图3-72 示例文件9

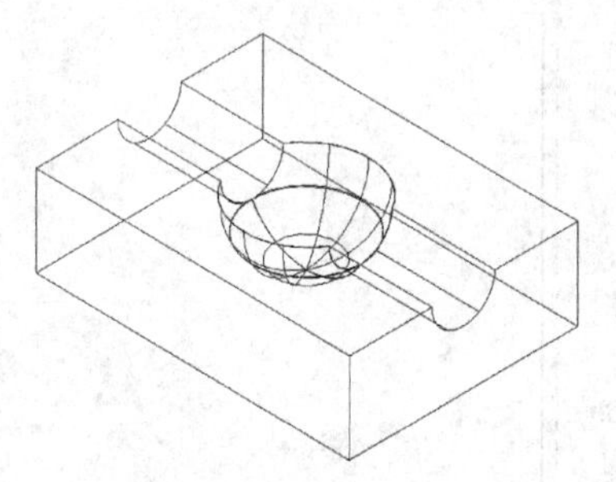

图3-73 保留原实体生成曲面

图3-74 删除原实体生成曲面

任务3.3 三维曲面的编辑

物体外形很少由单一曲面形成，大部分具有至少两个以上的曲面。通常，将这种以两个以上曲面构建的物体称为多重曲面。使用多重曲面时往往要对曲面进行修整或编辑。在Mastercam X6中，常用的曲面编辑命令主要有曲面倒圆角、曲面修剪/延伸和曲面熔接等。

1. 曲面倒圆角

曲面倒圆角是在两个相交的曲面之间进行倒圆角并生成倒圆角曲面，也可生成相贯面间的过渡曲面或在物体的端部产生过渡圆角曲面。一个倒圆角曲面可以用相等半径的圆弧生成，也可以改变平面/曲面和曲面/曲面倒圆角半径。需要注意的是，在曲面倒圆角前，要确定曲面的法线方向是朝向圆角曲面圆心方向。若曲面法线方向不确定，单击“编辑”→“设定法线”命令，选择需要设定法线的曲面进行法线方向的设定。曲面倒圆角有曲面/曲面、平面/曲面、曲线/曲面。

（1）曲面/曲面倒圆角

在两个或多个曲面间产生圆角曲面。曲面/曲面倒圆角的操作步骤如下：

1）打开示例文件“ch3/3-75. MCX-6”，设定两组曲面法线方向均向上，如图 3-75 所示。

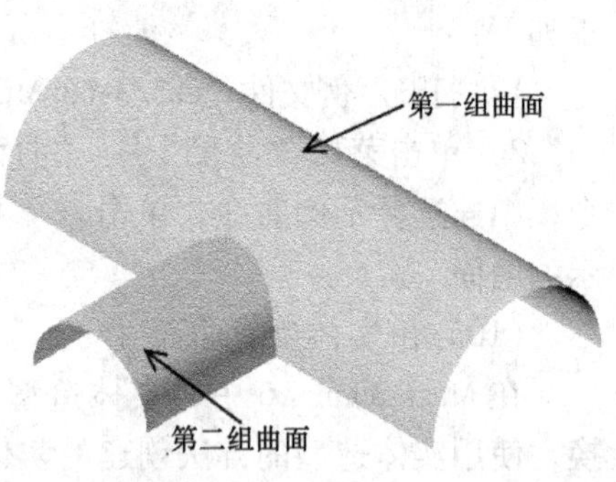

图 3-75　示例文件 10

2）单击菜单“编辑”→“设定法线”命令，选择第一组曲面，按〈Enter〉键确认，查看曲面法线方向，若方向不正确，则单击工具栏上的 ⟷ 按钮转换方向。用相同的方法设定第二组曲面的法线方向。

3）单击菜单“绘图”→“曲面”→“曲面倒圆角”→“曲面与曲面”命令，系统提示选择第一组曲面，单击选择示例文件中的第一组曲面，按〈Enter〉键确认；系统提示选择第二组曲面，单击选择示例文件中的第二组曲面，按〈Enter〉键确认。

4）弹出如图 3-76 所示的“曲面与曲面倒圆角”对话框，设置圆角曲面半径为 5，选中修剪、连接复选框)，单击 ✓ 按钮，得到如图 3-77 所示的曲面圆角。“曲面与曲面倒圆角”对话框选项说明见表 3-9。

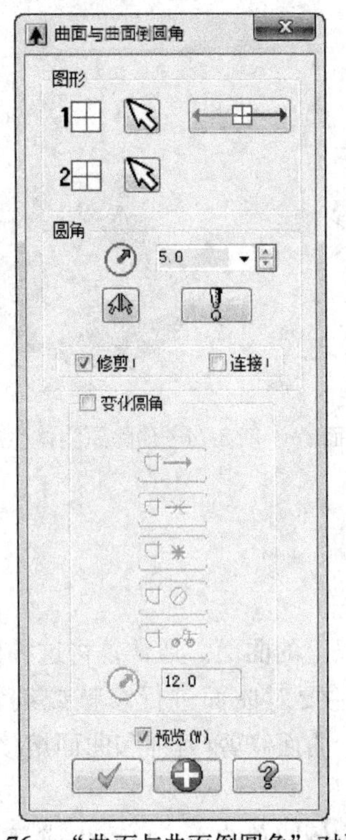

图 3-76　“曲面与曲面倒圆角”对话框

图 3-77　曲面与曲面倒圆角曲面

表 3-9　“曲面与曲面倒圆角”对话框选项说明

选　项	说　明
1⊞	单击 ⇖ 按钮重新选择第一曲面
2⊞	单击 ⇖ 按钮重新选择第二曲面

（续）

选　项	说　明
[icon]	更改曲面法线方向
[icon]	圆角曲面半径
[icon]	选择曲面上的点来提高倒圆角的成功性
[icon]	单击该按钮弹出如图 3-78 所示的“曲面倒圆角选项”对话框，可以对曲面倒圆角进行参数设置
修剪	选中该复选框，形成圆角后修剪曲面
连接	选中该复选框，如果圆角曲面的端点小于设置的误差值，则将其合并为一个曲面
变化圆角	选择该复选框，启动变化半径圆角
[icon]	动态移动变化圆角位置
[icon]	在中间点插入变化圆角
[icon]	修改变化圆角半径值
[icon]	移除某一变化圆角
[icon]	选好显示及变化圆角的半径值
[icon]	变化圆角的半径
预览	选中该复选框，可以预览曲面倒圆角的结果

变化半径圆角的操作步骤如下：

1）打开示例文件“ch3/3-75. MCX-6”，设定两组曲面法线方向均向上，如图 3-75 所示。

2）单击菜单“绘图”→“曲面”→“曲面倒圆角”→“曲面与曲面”命令，系统提示选择第一组曲面，单击选择示例文件中的第一组曲面，按〈Enter〉键确认；系统提示选择第二组曲面，单击选择示例文件中的第二组曲面，按〈Enter〉键确认。

3）弹出“曲面与曲面倒圆角”对话框，选中变化圆角复选框，单击[icon]按钮，根据系统提示选择半径标记（依次选择端点 1、端点 2 见图 3-79），设定变化圆角半径值为 12，单击[icon]按钮，得到如图 3-80 所示的变化半径圆角曲面。

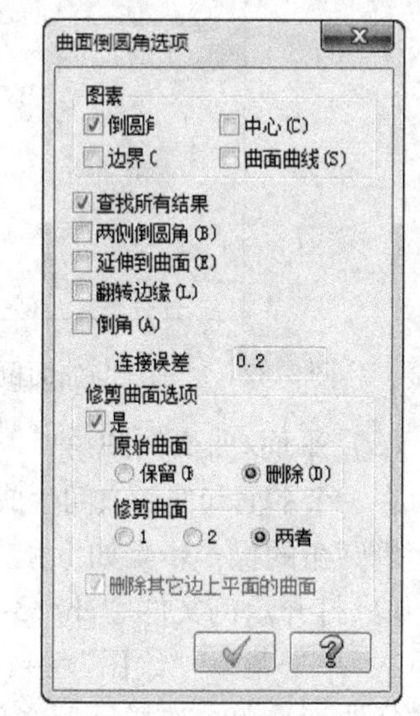

图 3-78　“曲面倒圆角选项”对话框

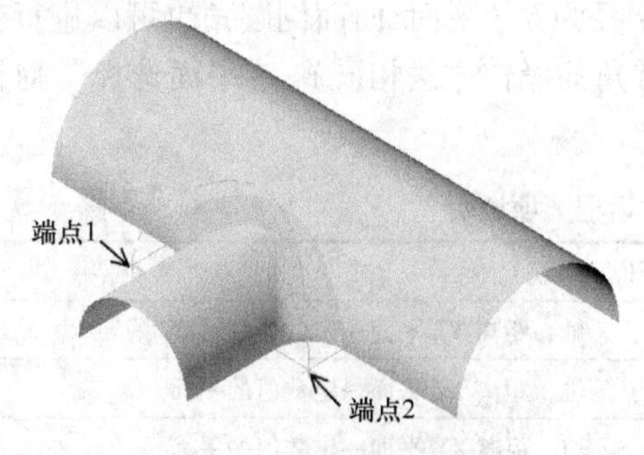

图 3-79　端点选择

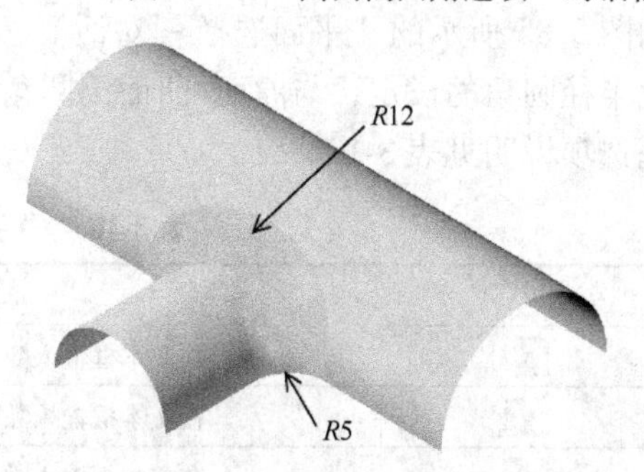

图 3-80　变化半径圆角曲面

(2) 曲线/曲面倒圆角

在一条曲线和曲面之间生成倒圆角曲面。曲线/曲面倒圆角的操作步骤如下：

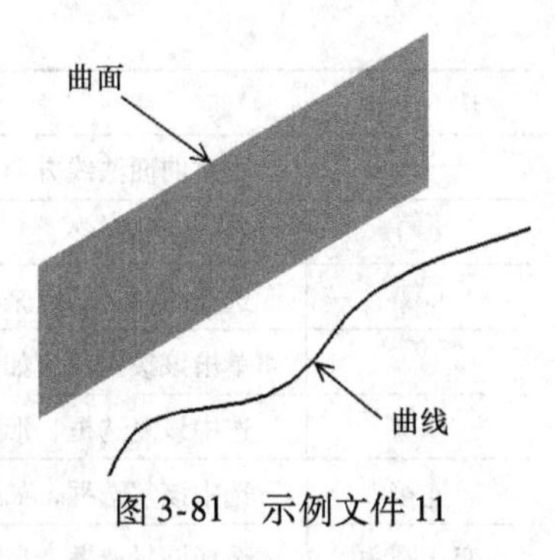

图 3-81　示例文件 11

1）打开示例文件“ch3/3-81. MCX-6”，设定曲面法线方向指向曲线，如图 3-81 所示。

2）单击菜单“绘图”→“曲面”→“曲面倒圆角”→“曲线与曲面”命令，系统提示选择曲面，单击选择示例文件中的曲面，按〈Enter〉键确认；系统提示选择曲线，单击选择示例文件中的曲线，按〈Enter〉键确认（注意，选择曲线起点位置：左侧），弹出如图 3-82 所示的“曲线与曲面倒圆角”对话框。

3）设置曲面圆角半径为 12，选中“修剪”复选框，单击 ✓ 按钮，得到如图 3-83 所示的圆角曲面。

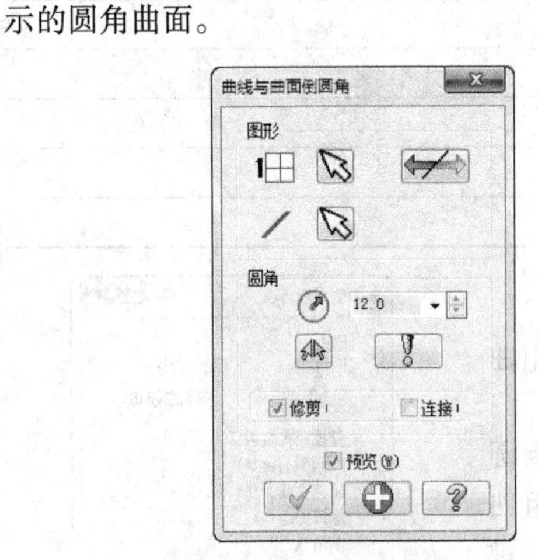

图 3-82　“曲线与曲面倒圆角”对话框

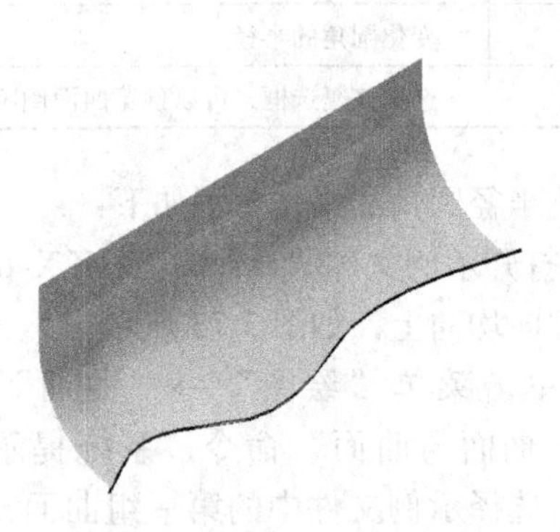
图 3-83　圆角曲面

(3) 平面/曲面倒圆角

在一个平面和曲面之间生成倒圆角曲面。倒圆角曲面正切于一个平面和一个曲面。平面/曲面倒圆角的操作步骤如下：

1）打开示例文件“ch3/3-84. MCX-6”，设定曲面法线方向向上，如图 3-84 所示。

2）单击菜单“绘图”→“曲面”→“曲面倒圆角”→“平面与曲面”命令，系统提示选择曲面，单击选择示例文件中的曲面，按〈Enter〉键确认；系统提示选择平面，弹出如图 3-85 所示的“平面选择”对话框，设定圆角半径为 6（平面/曲面倒圆角也可以进行变化半径圆角的设定，与曲面/曲面倒圆角变化半径圆角的操作方法相同）。“平面选择”对话框选项说明见表 3-10。

表 3-10　“平面选择”对话框选项说明

选　项	说　明
X	在文本框输入数值，得到垂直于 X 轴，距离 YZ 平面一定数值的平面
Y	在文本框输入数值，得到垂直于 Y 轴，距离 XZ 平面一定数值的平面
Z	在文本框输入数值，得到垂直于 Z 轴，距离 XY 平面一定数值的平面

（续）

选　项	说　明
	选择一条直线确定平面
	选择 3 个点确定平面
	选择两条直线（或 3 个点）或某平面确定平面
	选择一条直线作为平面法线方向
	视角选择
	转换法线方向

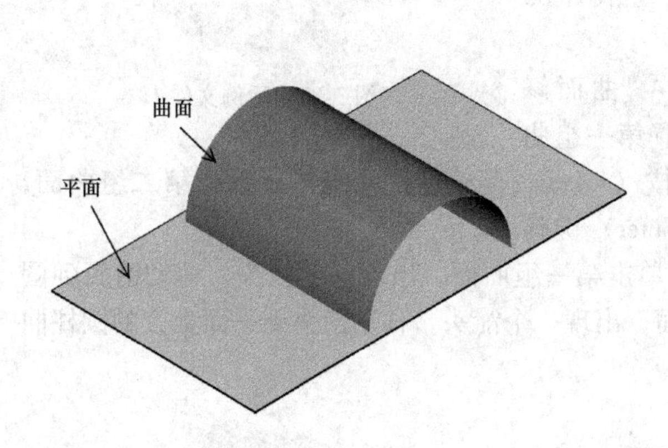

图 3-84　示例文件 12

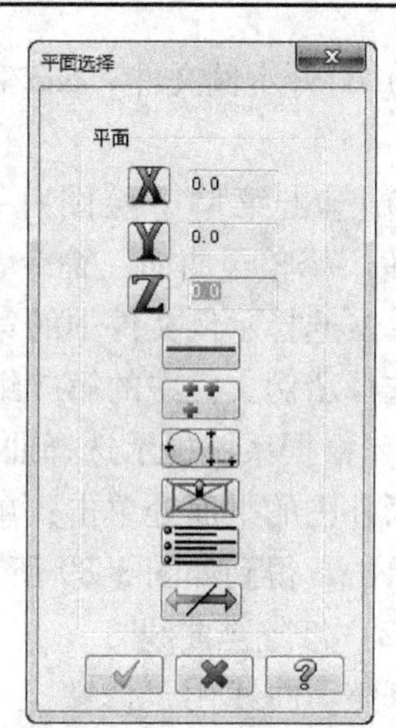

图 3-85　“平面选择”对话框

3）单击“平面选择”对话框中的按钮，选择示例文件中的平面，法向为 + Z，单击确认。

4）设置如图 3-86 所示“曲面与平面倒圆角”对话框参数，单击，得到如图 3-87 所示圆角曲面。

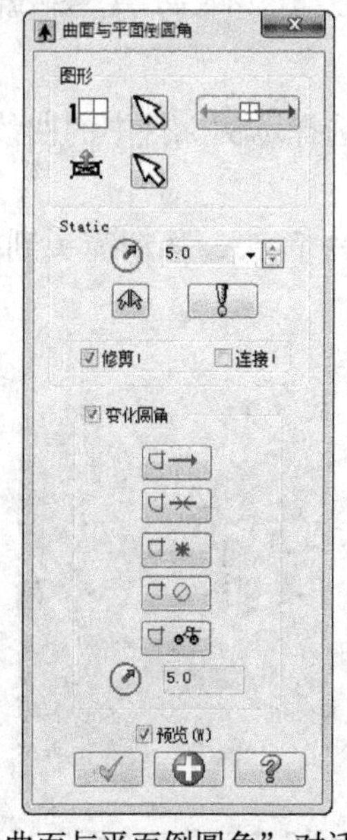

图 3-86　“曲面与平面倒圆角”对话框参数设置

图 3-87　圆角曲面

2. 曲面修剪

曲面修剪用于把一组已存在的曲面修剪到指定的曲面、平面或曲线，从而生成新的曲面。曲面修剪包括 3 种操作：修整至曲面、修整至曲线、修整至平面。

(1) 修整至曲面

修整至曲面用一组曲面修剪另一组曲面，或者两组曲面相互修剪至其相交线的位置，两组曲面中有一组只能包含一个曲面体。修整至曲面的操作步骤如下：

1) 打开示例文件“ch3/3-88. MCX-6”，如图 3-88 所示。

图 3-88　示例文件 13

2) 单击菜单“绘图”→“曲面”→“曲面修剪”→“修整至曲面”命令，系统提示选择第一组曲面，单击选择示例文件中的第一组曲面，按〈Enter〉键确认；系统提示选择第二组曲面，单击选择示例文件中的第二组曲面，按〈Enter〉键确认。

3) 根据系统提示选择曲面保留部分，单击第一组曲面，出现一个箭头，移动箭头到圆柱曲面外围的平面处单击；单击第二组曲面，出现一个箭头，移动箭头到平面上方的圆柱曲面处单击，得到如图 3-89 所示的修整曲面。

(2) 修整至曲线

修整至曲线用于修整至一条或多条封闭的曲线，如果曲线并不位于曲面上，则系统会自动投影这些曲线至曲面来进行直线修剪。修整至曲线的操作步骤如下：

图 3-89　修整曲面 1

1) 打开示例文件“ch3/3-90. MCX-6”，如图 3-90 所示。

2) 选择构图平面作为前视构图面，单击菜单“绘图”→“曲面”→“曲面修剪”→“修整至曲线”命令，系统提示选择曲面，单击选择示例文件中的曲面，按〈Enter〉键确认；系统提示选择曲线，串连选择示例文件中的曲线，按〈Enter〉键确认。

3) 根据系统提示选择曲面保留部分，单击曲面，出现一箭头，移动箭头到曲线外围的曲面处单击，得到如图 3-91 所示的修整曲面。

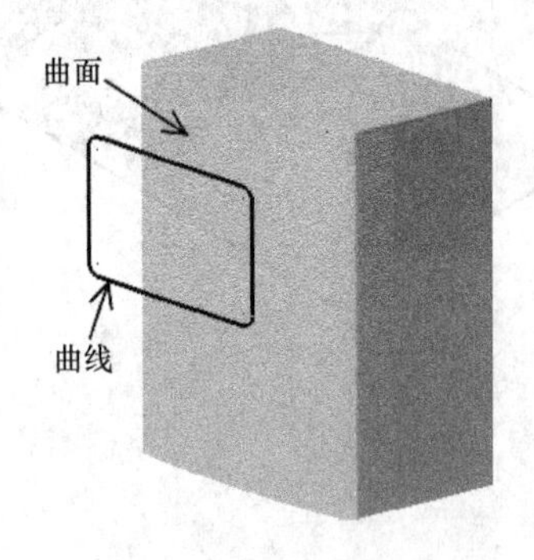

图 3-90　示例文件 14

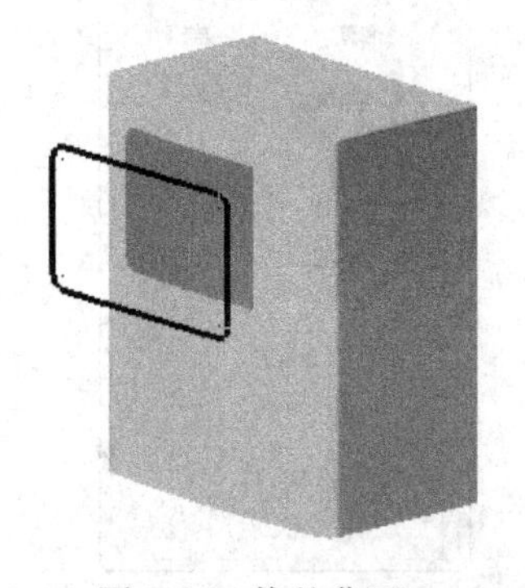

图 3-91　修整曲面 2

（3）修整至平面

修整至平面用于修剪一个或多个曲面至所定义的平面位置。修整至平面的操作步骤如下：

1）打开示例文件“ch3/3-92. MCX-6”，如图 3-92 所示。

2）选择构图平面作为前视构图面，单击菜单“绘图”→“曲面”→“曲面修剪”→“修整至平面”命令，系统提示选择曲面，单击选择示例文件中的曲面，按〈Enter〉键确认。

3）系统提示选择平面，弹出“平面选择”对话框，单击对话框中的按钮，选择示例文件中的平面，法向为 +Z，单击按钮，得到如图 3-93 所示的圆角曲面。

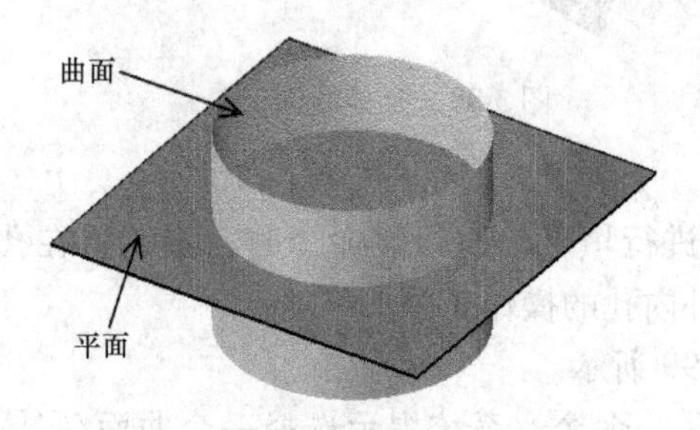

图 3-92　示例文件 15

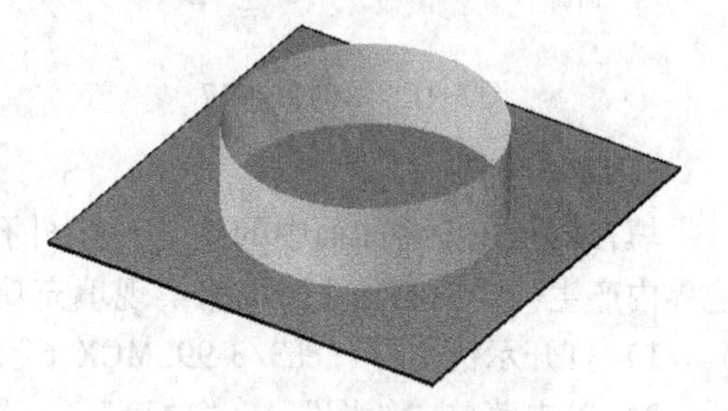

图 3-93　修整曲面 3

3. 恢复修剪曲面

恢复修剪曲面用于撤销对曲面所进行的修剪操作，恢复修剪之前的曲面形状。恢复修剪曲面的操作步骤如下：

1）打开示例文件“ch3/3-94. MCX-6”，如图 3-94 所示。

2）单击菜单“绘图”→“曲面”→“曲面修剪”→“恢复修剪曲面”命令，系统提示选择曲面，单击选择示例文件中的曲面 1，得到如图 3-95 所示的曲面。

3）系统提示选择曲面，单击选择示例文件中的曲面 2，单击工具栏上的按钮，得到如图 3-96 所示的曲面。

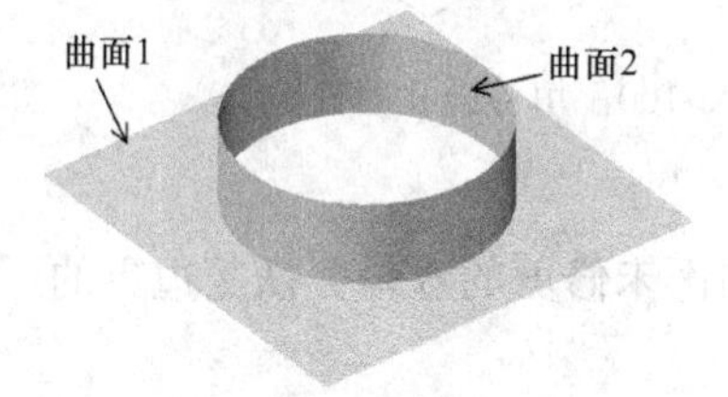

图 3-94　示例文件 16

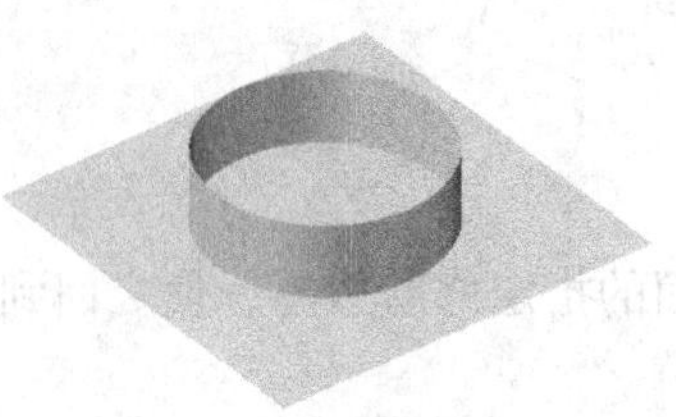

图 3-95　恢复修剪曲面 1

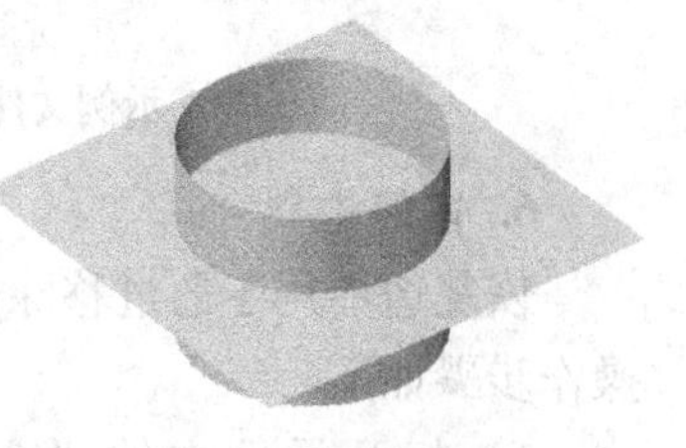

图 3-96　恢复修剪曲面 2

4. 曲面延伸

曲面延伸用于沿曲面上指定边界执行曲面的延伸，允许延伸指定的长度或延伸至指定的平面，此时将产生一个新的延伸曲面。曲面延伸的操作步骤如下：

1）打开示例文件“ch3/3-97. MCX-6”，如图 3-97 所示。

2）单击菜单“绘图”→“曲面”→“曲面延伸”命令，系统提示选择曲面，单击选择示例文件中的曲面；系统提示移动箭头到要延伸的边界，将箭头移动到曲面圆弧边界处，单击鼠标左键确认。

3）在工具栏上的文本框中输入延伸长度：20，单击按钮，得到如图 3-98 所示的曲面。

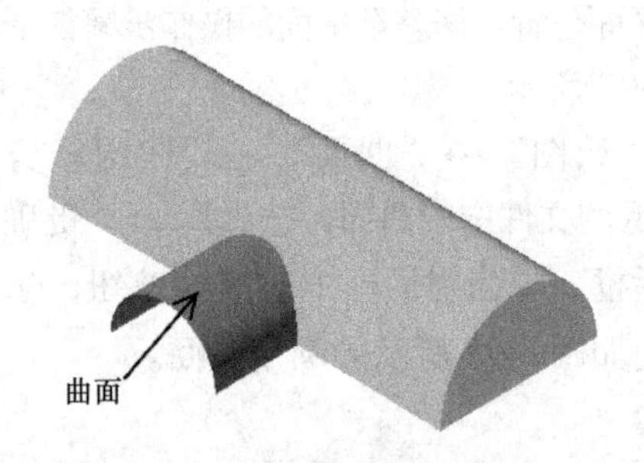

图 3-97　示例文件 17

图 3-98　延伸曲面

5. 填补内孔

填补内孔用于将曲面中的内孔（或外孔）边界进行填充。执行该命令时，系统将在孔边界内产生一个新的独立曲面来实现填充功能。填补内孔的操作步骤如下：

1）打开示例文件“ch3/3-99. MCX-6”，如图 3-99 所示。

2）单击菜单“绘图”→“曲面”→“填补内孔”命令，系统提示选择一个曲面/实体面，单击选择示例文件中的曲面；系统提示移动箭头到要填补的内孔边界，将箭头移动到孔边界，单击鼠标左键确认，得到如图 3-100 所示的填补内孔曲面。

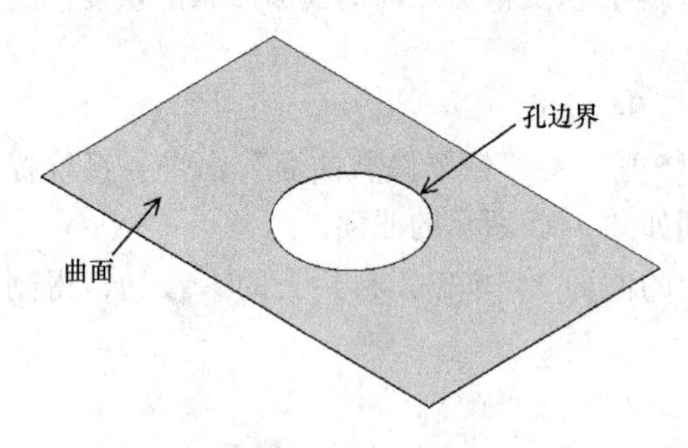

图 3-99　示例文件 18

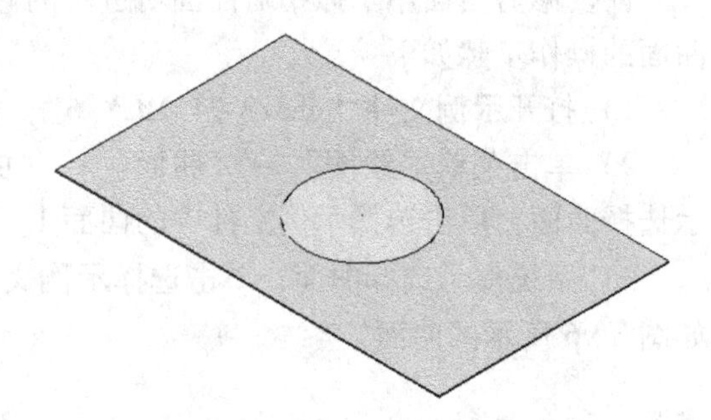

图 3-100　填补内孔曲面

6. 恢复边界

恢复边界用于通过移除曲面的指定修剪边界，使之回到曲面未修剪的效果。恢复边界的操作步骤如下：

1）打开示例文件“ch3/3-99. MCX-6”，如图 3-99 所示。

2）单击菜单“绘图”→“曲面”→“恢复边界”命令，系统提示选择一个曲面，单击选择示例文件中的曲面；系统提示移动箭头到要恢复的内孔边界，将箭头移动到内孔边界，单击鼠标左键确认，得到如图 3-101 所示的恢复边界曲面。

注意，恢复边界曲面得到的是一个完整的单一曲面，填补内孔得到的是两个不同的曲面。

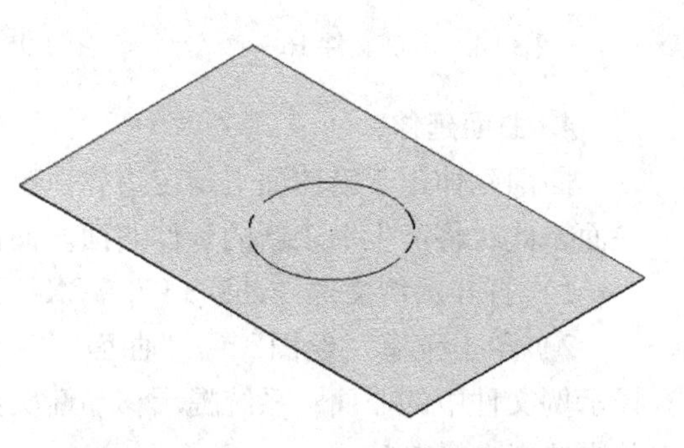

图 3-101　恢复边界曲面

7. 分割曲面

分割曲面用于将曲面在指定位置分开，是一个曲面变为两个曲面，以便分别对它们进行操作。分割曲面的操作步骤如下：

1）打开示例文件“ch3/3-102. MCX-6”，如图 3-102 所示。

2）单击菜单“绘图”→“曲面”→“分割曲面”命令，系统提示选择一个曲面，单击示例文件中的曲面；系统提示移动箭头到要分割的位置，将箭头移动到某一点，单击鼠标左键确认，得到如图 3-103a 所示的分割曲面。单击工具栏上的按钮，可以转换切割方向，得到如图 3-103b 所示的分割曲面。

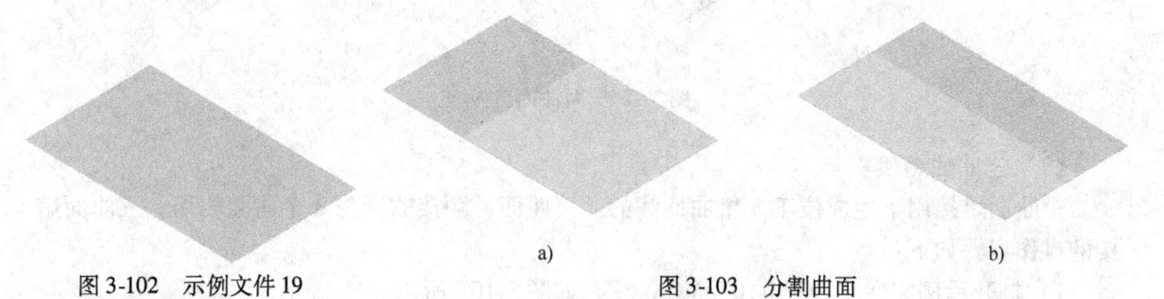

图 3-102　示例文件 19

图 3-103　分割曲面

8. 曲面熔接

曲面熔接是指在两曲面或三曲面间，在指定的位置按一定的方位做平滑相切连接，最终无缝地融合为一个整体。根据熔接类型和熔接个数的不同，曲面熔接包括 3 种操作：两曲面熔接、三曲面熔接、三圆角曲面熔接。

（1）两曲面熔接

两曲面熔接用于生成平滑顺接曲面，且顺接曲面与两已知曲面相切连接。两曲面熔接的操作步骤如下：

1）打开示例文件“ch3/3-104. MCX-6”，如图 3-104 所示。

2）单击菜单“绘图”→“曲面”→“两曲面熔接”命令，弹出“两曲面熔接”对话框（见图 3-105），系统提示选择曲面，单击示例文件中的曲面 1，按系统提示移动箭头到边界 1。单击“两曲面熔接”对话框中的按钮可以更改熔接方向。

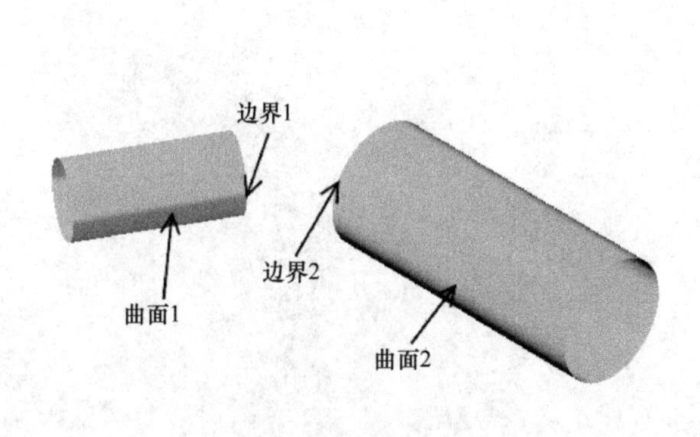

图 3-104　示例文件 20

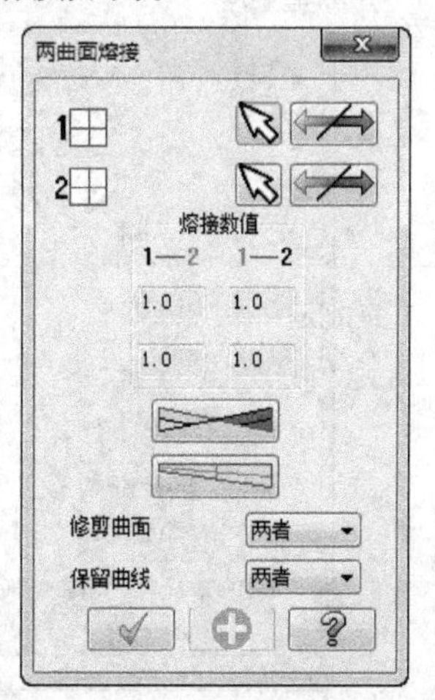

图 3-105　“两曲面熔接”对话框

3）系统提示选择曲面，单击示例文件中的曲面2，按系统提示移动箭头到边界2，单击“两曲面熔接”对话框中的按钮可以更改熔接方向，得到如图3-106a所示的熔接曲面。

注意：若熔接曲面有扭曲，则可以单击“两曲面熔接”对话框中的按钮，得到如图3-106b所示的熔接曲面。

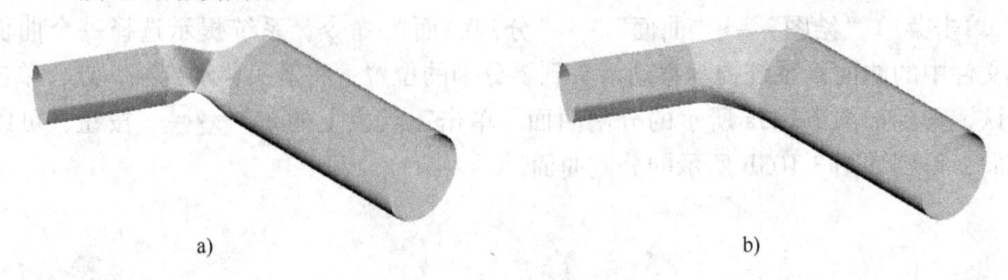

图3-106　两曲面熔接

（2）三曲面熔接

三曲面熔接用于生成位于3个曲面间的顺接曲面，顺接曲面与3个曲面相切。三曲面熔接的操作步骤如下：

1）打开示例文件“ch3/3-107. MCX-6”，如图3-107所示。

2）单击菜单“绘图”→“曲面”→“三曲面熔接”命令，系统提示选择第一熔接曲面，单击示例文件中的曲面1，按系统提示移动箭头到边界1（此时可以按〈F〉键更改熔接方向）。

3）单击选择第二熔接曲面，单击示例文件中的曲面2，按系统提示移动箭头到边界2（此时可以按〈F〉键更改熔接方向）。

4）单击选择第三熔接曲面，单击示例文件中的曲面3，按系统提示移动箭头到边界3（此时可以按〈F〉键更改熔接方向），按〈Enter〉键确认，弹出“三曲面熔接”对话框，如图3-108所示。根据实际情况，设置相关参数，单击按钮，得到如图3-109所示的曲面。

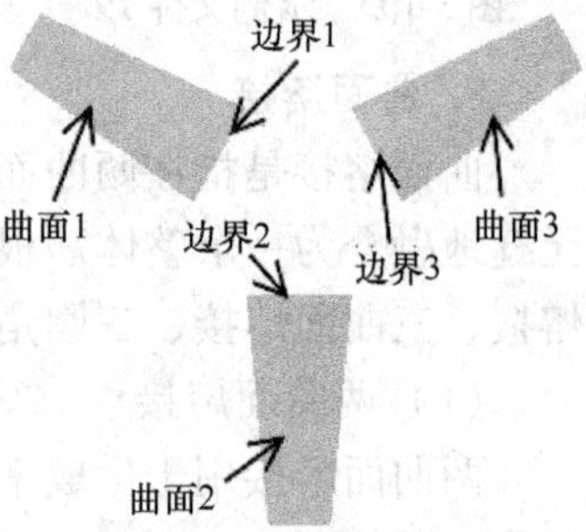

图3-107　示例文件21

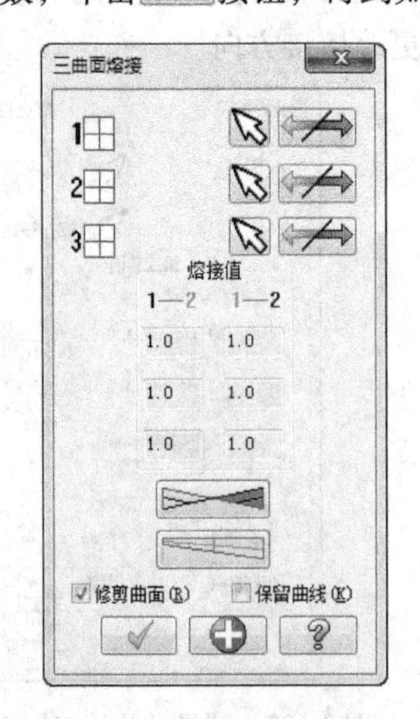

图3-108　“三曲面熔接”对话框

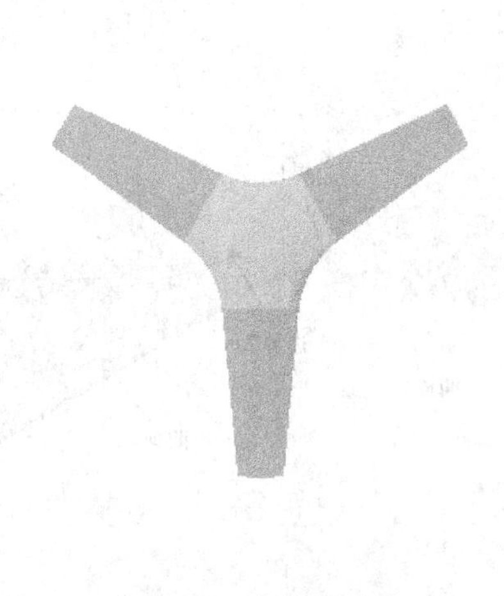

图3-109　三曲面熔接

（3）三圆角曲面熔接

三圆角曲面熔接用于顺接 3 个相交的圆角曲面从而构建一个或多个顺接曲面，顺接曲面相切于 3 个曲面。三曲面熔接的操作步骤如下：

1）打开示例文件“ch3/3-110. MCX-6”，如图 3-110 所示。

2）单击菜单“绘图”→“曲面”→“三圆角曲面熔接”命令，根据系统提示选择第一圆角曲面、第二圆角曲面、第三圆角曲面，弹出如图 3-111 所示的“三圆角曲面熔接”对话框。设置相关参数后，得到如图 3-112 所示的熔接曲面。

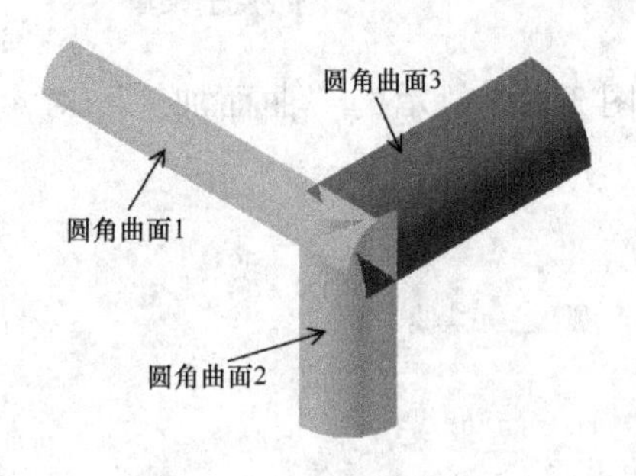

图 3-110　示例文件 22

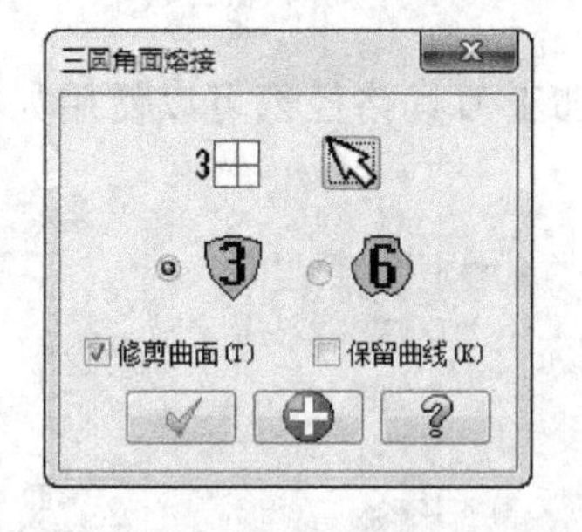

图 3-111　“三圆角曲面熔接”对话框

图 3-112　三圆角曲面熔接

任务 3.4　三维曲面铣削加工

1. 曲面铣削加工概述

曲面刀具路径用来加工曲面或实体。Mastercam X6 有 4 类曲面刀具路径：粗加工刀具路径、精加工刀具路径、多轴加工刀具路径和线框模型加工刀具路径。大多数曲面加工都需要粗加工与精加工来完成。曲面铣削加工的类型较多，系统共提供 8 种粗加工方法和 11 种精加工方法。

单击菜单“刀具路径”→“曲面粗加工”命令，弹出如图 3-113 所示的“曲面粗加工”子菜单，其中又可以分为曲面粗加工和凹槽粗加工两类。“粗加工挖槽加工”命令属于凹槽粗加工命令，用于粗切介于曲面及工件边界的材料，其余 7 个粗加工命令只能用于粗切曲面。

单击菜单“刀具路径”→“曲面精加工”命令，弹出如图 3-114 所示的“曲面精加工”子菜单，用于工件的最终成型。每一种曲面刀具路径都有其特有的特征及参数。

单击菜单“刀具路径”→“线架构”命令，弹出如图 3-115 所示的“线框加工”子菜单。线框加工刀具路径实际上是将曲面构建放到刀具路径当中，只有线框，没有曲面。线框加工刀具路径允许用户串连线框模型图形，在线框模型上面构建直纹曲面、旋转曲面等。

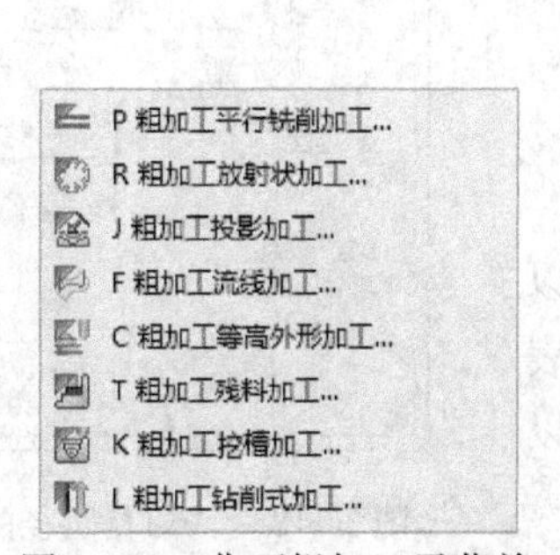

图 3-113　曲面粗加工子菜单

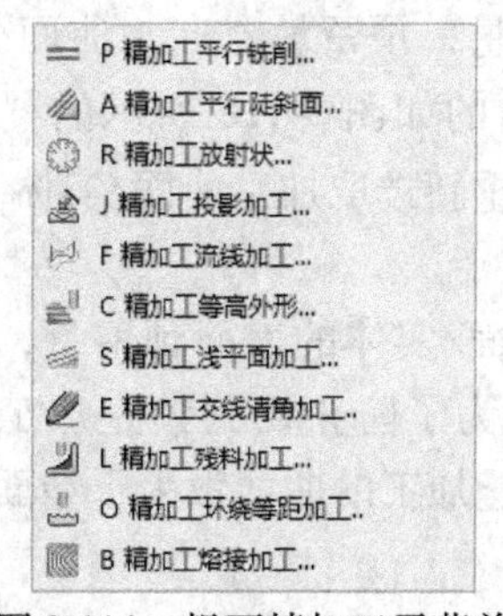

图 3-114　粗面精加工子菜单

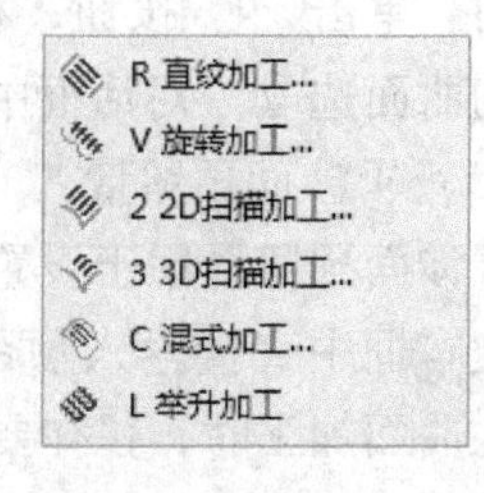

图 3-115　线框加工子菜单

单击菜单“刀具路径”→“全圆铣削路径”命令，弹出如图3-116所示的“全圆铣削路径”子菜单。

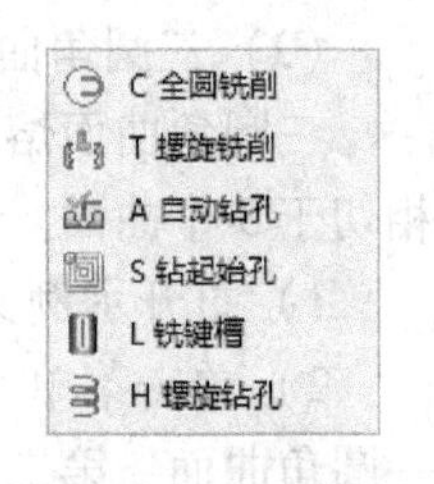

图3-116 全圆铣削路径子菜单

2. 曲面加工的公共参数设置

曲面刀具路径的设置参数分为公共参数和刀具路径特定参数。公共参数包括刀具参数和曲面参数。无论是二维加工还是曲面加工，刀具参数都是相同的，曲面参数对所有曲面刀具路径也基本相同。正确理解公共参数的含义和使用方法是编制曲面和实体数控加工程序的基础。

所有粗加工刀具路径和精加工刀具路径都可以使用如图3-117所示的“曲面加工”对话框来设置曲面参数。

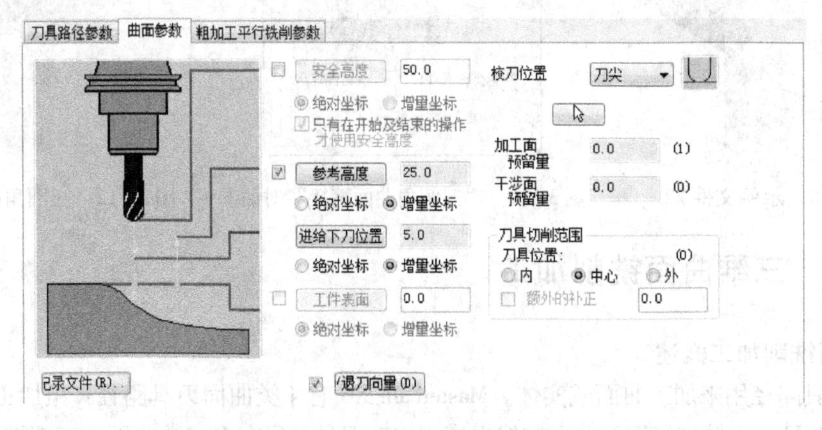

图3-117 “曲面加工”对话框

（1）高度设置

在“曲面加工”对话框的“曲面参数”选项卡中用了4个参数来定义Z轴方向的刀具移动空间：安全高度、参考高度、进给下刀位置和工件表面，这些参数与二维加工刀具路径中对应参数的含义相同。与二维加工不同的是，曲面刀具路径的最后切削深度是由系统根据曲面外形自动设置的，无须设置最后的切削深度。

（2）加工面预留量

加工面预留量用于设置切削曲面或实体面的加工预留量。可以在该文本框中直接输入预留量，预留量方向为曲面/实体的法向。单击[按钮图标]按钮，在弹出的如图3-118所示的“刀具路径的曲面选取”对话框中可以重新选取加工曲面/实体。

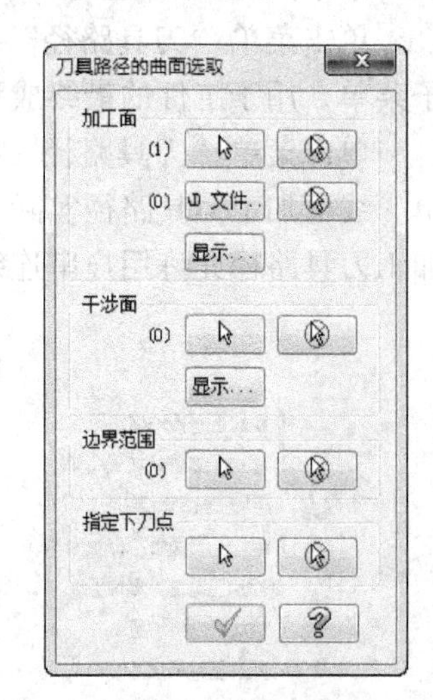

图3-118 “刀具路径的曲面选取”对话框

（3）干涉面预留量

干涉面预留量用于设置干涉面/实体的表面预留量，可以在该文本框中直接输入预留量。为了防止切到禁止加工的表面，在曲面加工时，往往要将禁止加工的曲面设为干涉面加以保护。

定义干涉曲面或实体后，在生成刀具路径时系统会按照设置的预留量，使用干涉曲面对刀具路径进行干涉检查。在多刀切削复杂曲面或实体时，使用该项功能可以有效地防止过切。单击按钮，在弹出的如图 3-118 所示对话框中可以重新选取干涉曲面/实体。

（4）进刀与退刀参数

进刀与退刀参数用于设置曲面加工时进刀及退刀的刀具路径。选中退刀向量(D)复选框并单击该按钮，弹出如图 3-119 所示的“方向”对话框，部分参数说明见表 3-11。

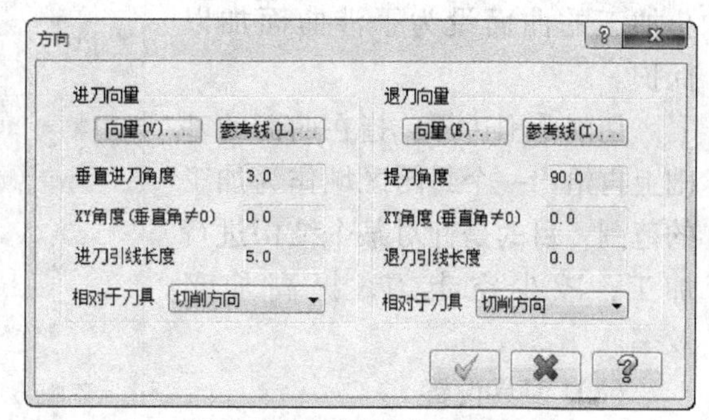

图 3-119　“方向”对话框

表 3-11　“方向”对话框选项说明

<table>
<tr><th colspan="2">参　数</th><th colspan="2">说　明</th></tr>
<tr><td colspan="2">垂直进/退刀角度</td><td colspan="2">设定进/退刀路径与 XY 平面（刀具平面）的夹角，90°代表垂直进退刀</td></tr>
<tr><td colspan="2">XY 角度</td><td colspan="2">设定进/退刀方向相对于刀具平面的 X 轴或相对于切削方向的夹角</td></tr>
<tr><td colspan="2">进/退刀引线长度</td><td colspan="2">设定进/退刀时引入和退出路径的长度</td></tr>
<tr><td rowspan="2">相对于刀具</td><td>刀具平面 X 轴</td><td>相对于刀具平面 X 轴正向来测算 XY 角度值</td><td rowspan="2">设置测算 XY 角度的参考</td></tr>
<tr><td>切削方向</td><td>相对于切削方向来测算 XY 角度值</td></tr>
<tr><td colspan="2">向量</td><td colspan="2">用向量方式分 X、Y、Z 方向 3 个分类来设定进/退刀路径的角度和长度</td></tr>
<tr><td colspan="2">参考线</td><td colspan="2">选取已知直线定义进/退刀向量的角度和长度</td></tr>
</table>

（5）刀具的切削范围

刀具的切削范围用于设置加工时刀具的过切范围，有“内”“外”和“中心”3 个单选按钮供选择，均是相对于所选封闭串连而言的。

- 内：设置刀具中心在加工曲面的边界内进行加工。
- 外：设置刀具中心在加工曲面的边界外进行加工。
- 中心：设置刀具中心在加工曲面的边界上进行加工。

进行曲面加工时，允许定义一个封闭轮廓或区域作为特定的加工范围。在曲面上生成的刀具路径被定义的封闭轮廓或区域所修剪，轮廓限定范围内的刀具路径将被保留，而轮廓限定范围以外的刀具路径将不再保留。

额外的补正：用于设置对刀具的补偿值。只有刀具的切削范围选中内或外单选按钮时，该复选框才被激活。

（6）记录文件

生成曲面刀具路径时，可以设置该曲面加工刀具路径的一个记录文件，当对该刀具路径进行修改时，记录文件可以用来加快刀具路径的刷新。单击记录文件(R)..按钮，弹出如图 3-120 所示的“打开”对话框，用于设置记录文件的保存位置。

（7）刀具路径的曲面选取

加工曲面：所要加工的曲面。

干涉曲面：不需要加工的曲面。曲面粗加工前，为了防止切到禁止加工的表面，要将禁止加工的曲面设为干涉曲面加以保护。

切削范围边界：指在曲面的基础上再给出一个封闭区域作为加工的范围，目的是针对某个结构进行加工，减少空走刀，提高加工效率。

（8）刀具设置

在进行曲面加工之前，正确地选择加工刀具，并对所选刀具的各种参数进行合理设置，对保证曲面加工的效率和较好的表面粗糙度以及加工精度至关重要。曲面加工中最常用的几类刀具说明如下：

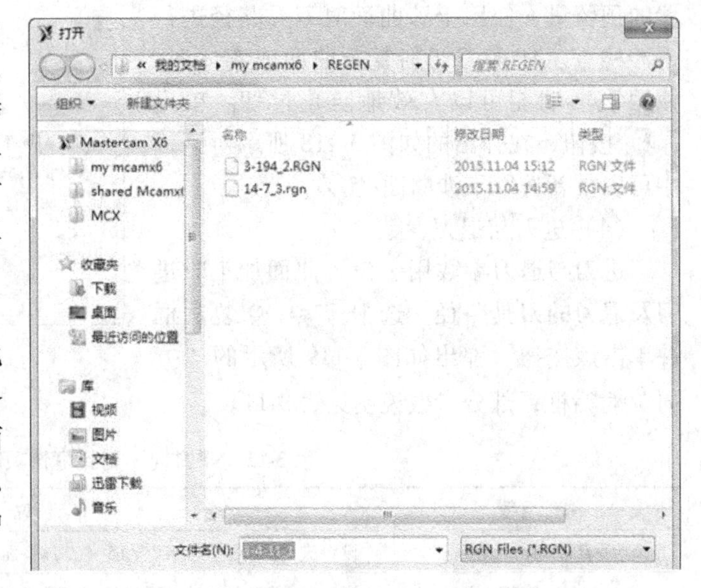

图 3-120 “打开”对话框

1）二维铣削加工的刀具选择。在二维铣削加工中，刀具主要在 X、Y 轴方向移动。对于外形铣削和挖槽铣削加工，一般使用平底刀；对于少数成型轮廓，有时也用到成型刀，如圆角成型刀，此时加工出来的轮廓边的形状与成型刀的形状相同；对于孔加工，一般使用中心钻、麻花钻、铰刀、左牙刀及右牙刀等孔加工刀具。

2）三维曲面加工的刀具选择。对于三维曲面精加工，由于刀具要在空间 X、Y、Z 轴 3 个方向同时移动，因此对曲面表面光洁度要求较高。若用平底刀加工，则会在曲面表面留下一层层台阶状的条纹。为了保证曲面的表面粗糙度和加工精度，一般会选择球刀加工，有时也用到圆鼻刀加工。

3. 曲面粗加工

曲面粗加工有 8 种加工方式可以选择，用于切除比较大量的切削余量。

（1）粗加工平行铣削加工

平行铣削加工通常用来加工陡斜面或圆弧过渡曲面的零件，是一种分层切削加工的方法，适用于工件中凸出物和浅沟槽的加工，加工后零件的表面刀路呈平行条纹状。曲面平行铣削粗加工的操作步骤如下：

1）进入加工环境。

打开示例文件“ch3/3-121. MCX-6”，如图 3-121 所示。

2）工件设置。

① 在操作管理中单击 属性 - Mill Default MM 节点前的 + 号，将该节点展开，然后单击“素材设置”节点，弹出如图 3-122 所示的“机器群组属性”对话框。

② 设置工件形状。在图 3-122 所示的“形状”选项区中选中“立方体”单选按钮。

③ 设置工件尺寸。在图 3-122 中单击 B 边界盒 按钮，系统弹出如图 3-123 所示的“边界盒选项”对话框，接受系统默认设置，单击 ✓ 按钮返回。在“素材原点”选项区的 Z 文本框中输入 6，在右侧预览区 Z 下面的文本框中输入 8。单击 ✓ 按钮，完成工件的设置，如图 3-124 所示。

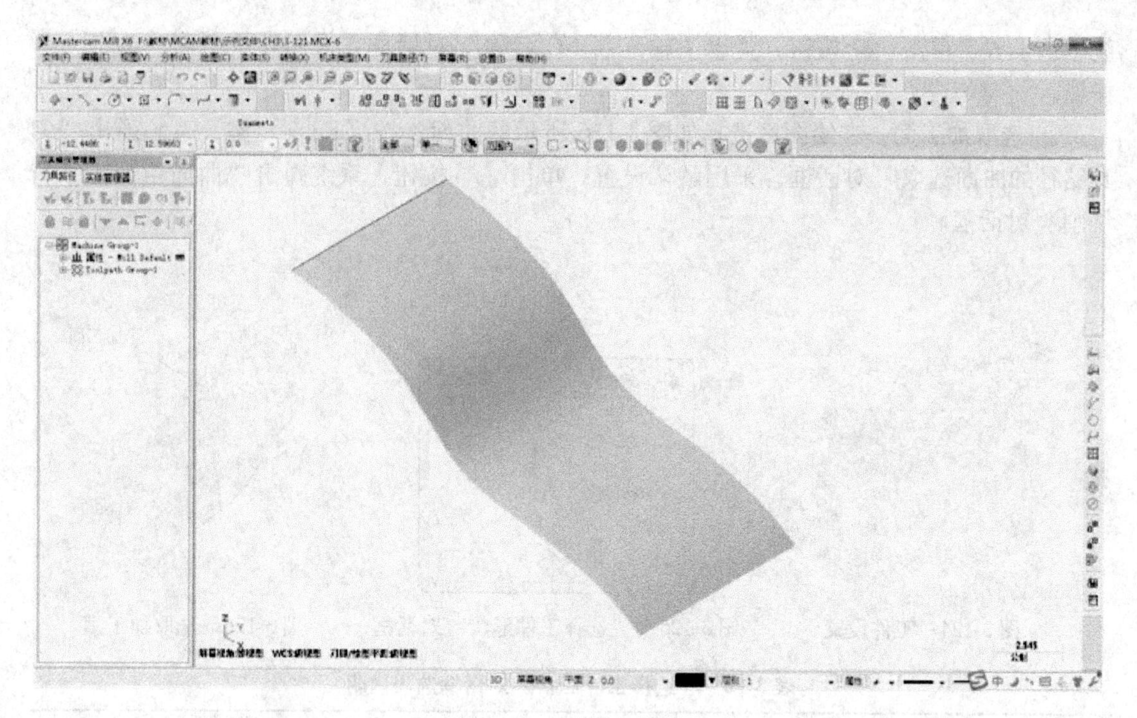

图 3-121　示例文件 23

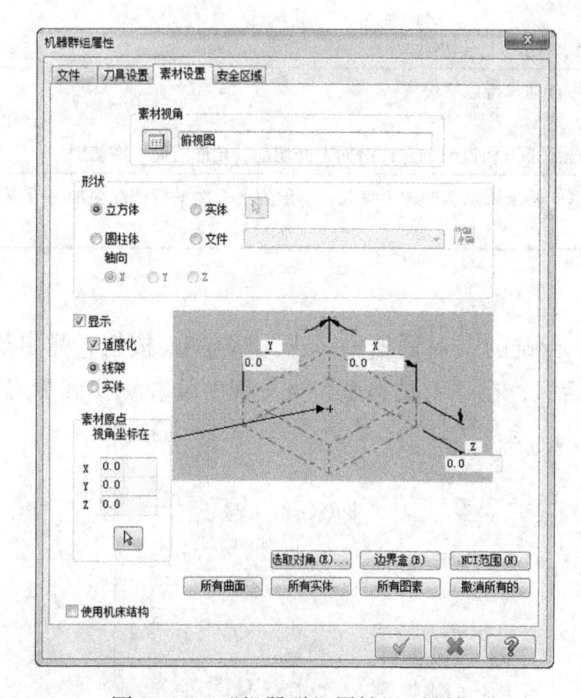

图 3-122　“机器群组属性”对话框

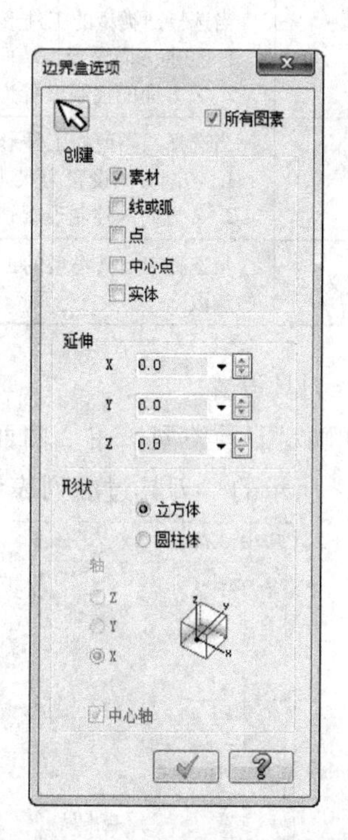

图 3-123　“边界盒选项”对话框

3）加工方法设置。

① 选择加工方法。单击菜单“刀具路径”→“曲面粗加工”→“粗加工平行铣削加工”命令，弹出如图 3-125 所示的“选择工件形状”对话框（参数说明见表 3-12），采用系

统默认设置，单击 按钮，弹出“输入新 NC 名称”对话框，采用默认名称，单击 按钮。

② 选取加工面。在绘图区选择如图 3-126 所示的曲面，按〈Enter〉键，系统弹出“刀具路径的曲面选取”对话框，采用默认设置，单击 按钮，系统弹出“曲面粗加工平行铣削”对话框。

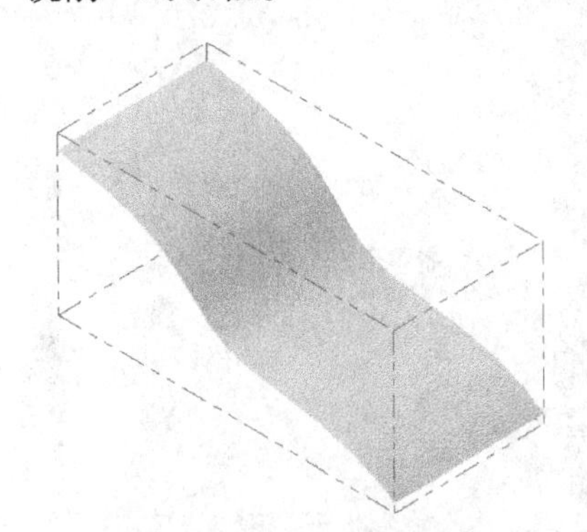

图 3-124 工件设置

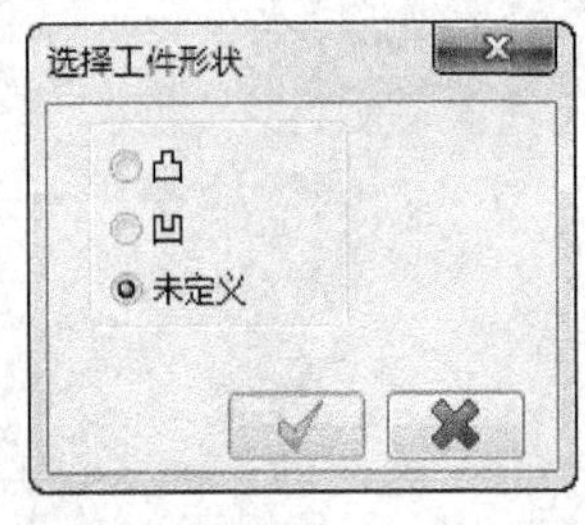

图 3-125 “选择工件形状”对话框

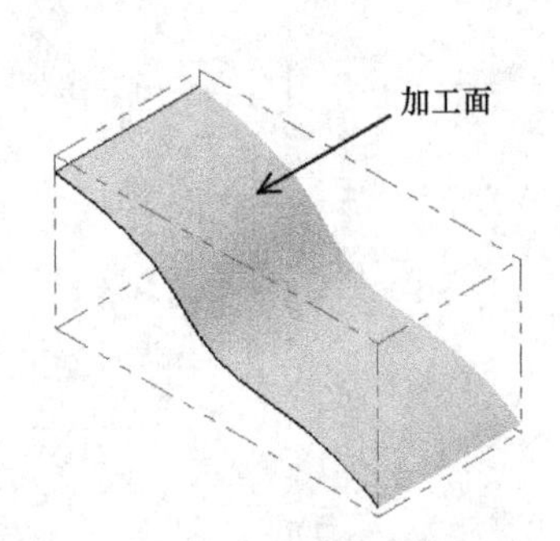

图 3-126 选取加工面

表 3-12 “选择工件形状”对话框选项说明

参 数	说 明
凸	当选择凸类型的工件形状后，系统将自动执行以下设置： 1. 切削方向设置为单向切削 2. Z 方向的控制设置为双侧切削，允许沿面上升切削
凹	当选择凹类型的工件形状后，系统将自动执行以下设置： 1. 切削方向设置为双向切削 2. Z 方向的控制设置切削路径允许连续下刀和提刀、允许沿面上升切削、允许沿面下降切削
未定义	当选择未定义类型的工件形状后，系统将采用默认的加工参数，一般为上一次平行铣削粗加工设置的参数

4）刀具设置。

① 确定刀具类型。在“曲面粗加工平行铣削”对话框中单击 刀具过滤 按钮，弹出如图 3-127 所示的“刀具过滤列表设置”对话框，在“刀具类型”选项区中单击 （圆鼻刀）

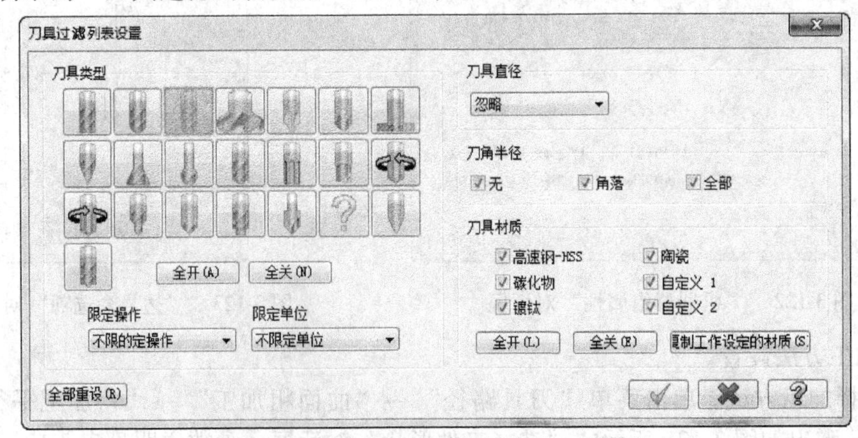

图 3-127 “刀具过滤列表设置”对话框

按钮，单击按钮，关闭对话框。

② 选择刀具。在“曲面粗加工平行铣削”对话框中单击 选择刀库... 按钮，弹出如图 3-128 所示的“选择刀具”对话框，选择直径为 10、刀具半径为 1 的圆鼻刀，单击按钮，关闭对话框。

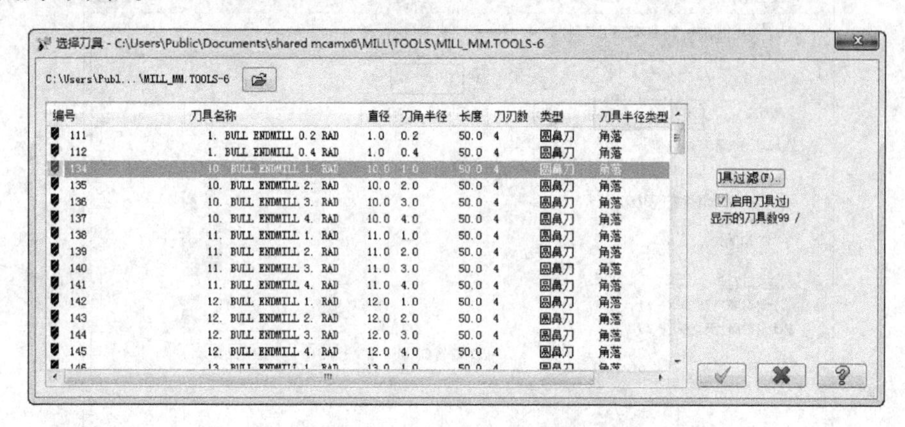

图 3-128 “选择刀具”对话框

③ 设置刀具相关参数。在“曲面粗加工平行铣削”对话框中，双击上一步选择的刀具，弹出“定义刀具”对话框。设置刀具号码为 1；单击“参数”选项卡，设置进给速率为 400，下刀速率为 300，提刀速率为 1000，主轴转速为 1200。单击 Coolant... (*) 按钮，在弹出的“Coolant”对话框中，设置 Flood 下拉列表为 On，单击按钮。单击“定义刀具”对话框中的按钮。

5）加工参数设置。

① 设置曲面参数。在“曲面粗加工平行铣削”对话框中单击“曲面参数”选项卡，设置参数如图 3-129 所示。

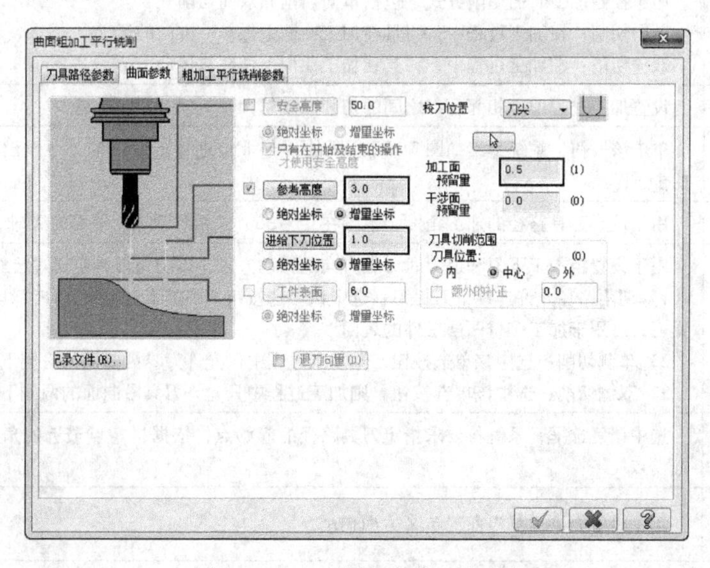

图 3-129 “曲面参数”选项卡

② 粗加工平行铣削参数设置。在“曲面粗加工平行铣削”对话框中单击“粗加工平行铣削参数”选项卡，参数设置如图 3-130 所示。“曲面粗加工平行铣削参数”选项卡参数说明见表 3-13。

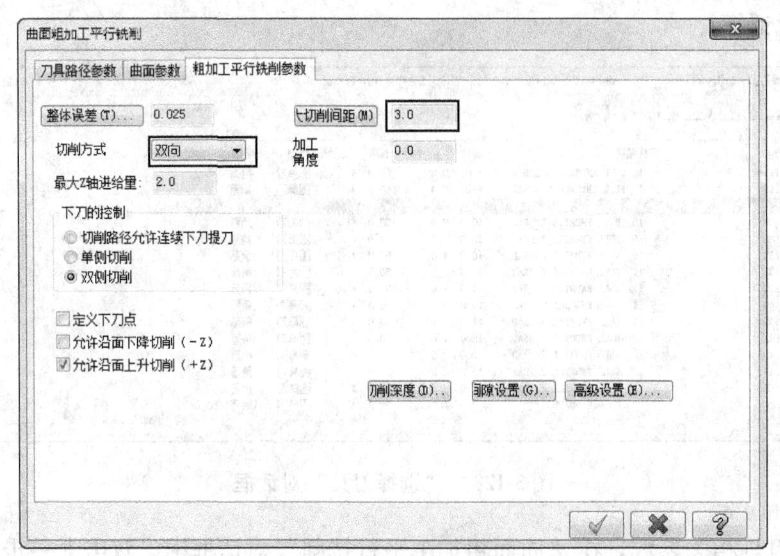

图 3-130 “曲面粗加工平行铣削参数”选项卡

表 3-13 “曲面粗加工平行铣削参数”选项卡参数说明

参　数	说　明
整体误差	整体误差是指曲面刀具路径切削误差与过滤误差的综合。整体误差的值越小，刀具路径就越精确，但生成的数控程序段就越长。在曲面粗加工中，可将其值设置得稍大。在曲面精加工中，要根据曲面加工精度和表面粗糙度设置整体误差值。单击 整体误差(T)... 按钮，弹出如图 3-131 所示的对话框
切削方式	用于控制加工时的切削方式，包括单向切削和双向切削 单向切削：在加工过程中，刀具在加工曲面上做单一方向的运动 双向切削：在加工过程中，刀具在加工曲面上做往复运动
最大 Z 轴进给量	设置加工过程中，相邻两刀之间的切削深度越大，生成的刀路层越少
切削间距	单击该按钮，系统弹出如图 3-132 所示的“最大步进量”对话框，可以设置铣刀在刀具平面的步进距离
加工角度	用于设置刀具路径的加工角度，范围在 0°～360°，相对于加工平面的 *X* 轴，逆时针方向为正
下刀的控制	用于设置粗加工下刀和退刀时 Z 轴方向的移动方式，以防止刀具空切过已经切除毛坯的地方 1）切削路径允许连续下刀提刀：选中该单选按钮，则加工过程中允许刀具沿曲面连续下刀或提刀，可用于加工多重凹凸工件的表面 2）单侧切削：选中该单选按钮，则加工过程中仅允许刀具沿曲面的一侧下刀或提刀 3）双侧切削：选中该单选按钮，则加工过程中只允许刀具沿曲面的两侧下刀或提刀
定义下刀点	选中该复选框，系统将要求指定刀具路径的起始点，依据指定点最近的角点作为刀具路径的起始点
允许沿面下降切削（－Z）	用于设置允许刀具沿曲面负 Z 方向切削
允许沿面上升切削（＋Z）	用于设置允许刀具沿曲面正 Z 方向切削

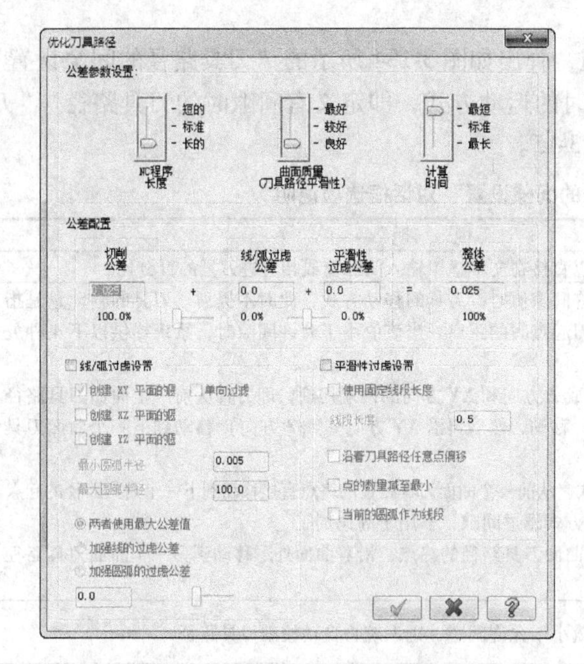

图 3-131 “优化刀具路径”对话框

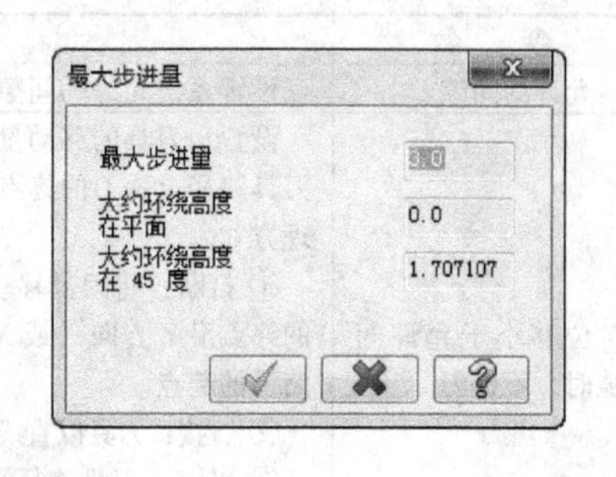

图 3-132 “最大步进量”对话框

③ 切削深度参数设置。单击[切削深度(D)...]按钮，参数设置如图 3-133 所示。“切削深度设置”对话框选项说明见表 3-14。

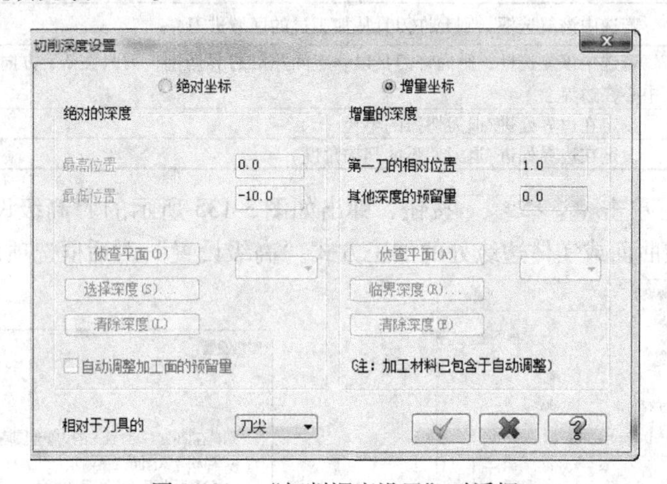

图 3-133 “切削深度设置”对话框

表 3-14 “切削深度设置”对话框选项说明

参　　数	说　　明
绝对坐标	在绝对坐标方式下，使用两个参数来设置切削深度
增量坐标	在增量坐标方式下，根据曲面切削深度和设置的参数，自动计算刀具路径最小和最大深度
相对于刀具的	切削深度是相对于刀具的刀尖或刀具的圆心
第一刀的相对位置	刀具的最低点与顶部切削边界的距离，正值表示刀具沿 Z 轴下降，负值表示刀具沿 Z 轴上升
其他深度的预留量	刀具深度与其他切削边界的距离
临界深度	可返回绘图区选择刀具路径的深度，其仅对挖槽粗加工、等高外形的精加工刀具路径有效

④ 间隙参数设置。单击 间隙设置(G)... 按钮，弹出如图 3-134 所示的“刀具路径的间隙设置”对话框，在其中可以设置刀具在不同间隙时的运动方式，即定义有间隙时的刀具路径。“刀具路径的间隙设置”对话框选项说明见表 3-15。

表 3-15 “刀具路径的间隙设置”对话框选项说明

参 数	说 明
允许的间隙	设置系统允许的间隙值。可以直接在文本框中输入间隙值或相对进刀量的百分比
位移小于允许间隙时，不提刀	设置当刀具的移动量小于允许间隙值时，刀具的移动方式，此时不提刀。刀具的移动量是指刀具路径上一刀的终点与下一刀起点间的距离。当该值小于允许间隙时，系统提供以下 4 种处理方式。 ① 打断：将刀具移动量打断成 Z 方向和 XY 方向的两端切削，即刀具从前一个曲面刀具路径的终点沿 Z 方向（或 XY 方向）移动，然后再沿 XY 方向（或 Z 方向）移动到下一个曲面刀具路径的起点 ② 直接：刀具以直线切削方式，从前一个曲面刀具路径的终点直接移动到下一个刀具路径的起点 ③ 平滑：刀具路径沿着平滑方式越过间隙，多用于高速加工 ④ 沿着曲面：刀具从前一个曲面刀具路径的终点，沿着曲面外形移动到另一个曲面刀具路径的起点
检查间隙位移的过切情形	当出现圆槽切削时，若移动量小于允许间隙，则系统将自动校准刀具路径
位移大于允许间隙时，提刀至安全高度	设置当刀具的移动量大于允许间隙值时，刀具的移动方式。如选中“检查提刀时的过切情形”复选框，可对提刀和下刀进行过切检查
切削顺序最佳化	若选中该复选框，则设定刀具分区进行切削，即直到某一区域所有加工完成后才转入下一个切削区域
由加工过的区域下刀	若选中该复选框，则允许刀具从加工过的区域进刀
刀具沿着切削范围的边界移动	若选中该复选框，则允许刀具以一定间隙沿边界切削，刀具在 XY 方向移动，以确保刀具的中心在边界上
切弧的半径	设定在边界处进/退刀切弧的半径
切弧的扫描角度	设定在边界处进/退刀切弧的扫描角度

⑤ 高级设置。单击 高级设置(E)... 按钮，弹出如图 3-135 所示的“高级设置”对话框，在其中可设置刀具在曲面或实体边缘处的加工方式“高级设置”对话框选项说明见表 3-16。

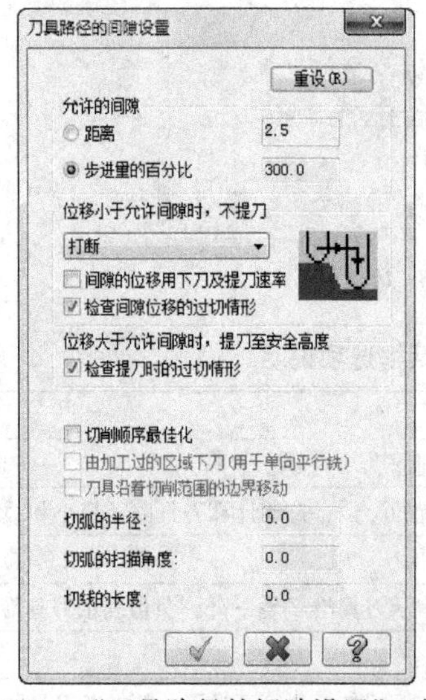

图 3-134 “刀具路径的间隙设置”对话框

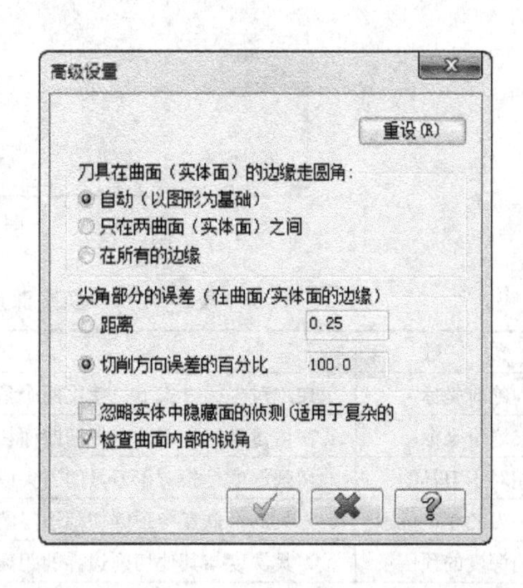

图 3-135 “高级设置”对话框

表 3-16 “高级设置”对话框参数说明

参数	说明
刀具在曲面的边缘走圆角	设置刀具在边缘处加工圆角的方式 自动：系统自动决定是否在曲面边缘走圆角 只在两曲面（实体面）之间：只在两曲面（实体面）间边缘走圆角 在所有的边缘：在所有曲面边缘走圆角
尖角部分的误差	设置刀具圆角移动量的误差，该值较大则生成较平缓的锐角。可在“距离”文本框中输入误差值或在“切削方向误差的百分比”文本框中输入切削量百分比

⑥ 生成刀具路径。生成的刀具路径如图 3-136 所示。单击“实体验证”，模拟加工结果如图 3-137 所示。

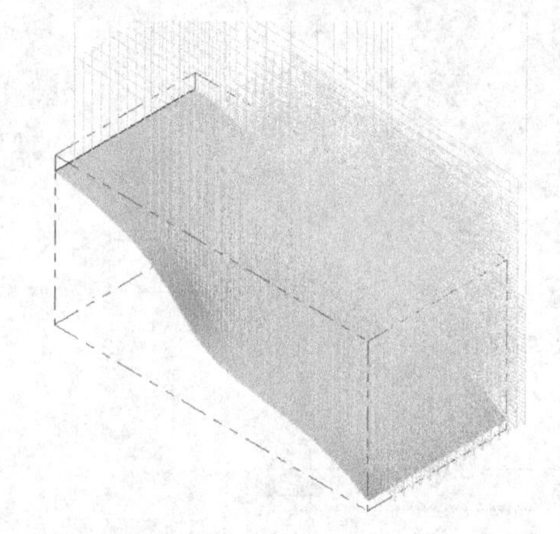

图 3-136 粗加工平行铣削加工刀具路径

图 3-137 粗加工平行铣削加工模拟加工结果

（2）粗加工放射状加工

放射状粗加工适合圆形、边界等值或对称性工件的加工，可以较好地完成各种圆形工件等模具结构的加工，所产生的刀具路径呈放射状。曲面放射状粗加工的操作步骤如下：

1）进入加工环境。

打开示例文件“ch3/3-138. MCX-6”，如图 3-138 所示。

2）工件设置。

① 在操作管理中单击 属性 - Mill Default MM 节点前的“+”号，将该节点展开，然后单击“素材设置”节点。

② 设置工件形状。在“形状”选项区中选中“圆柱体”单选按钮。

③ 设置工件尺寸。在“素材原点”选项区的 Z 文本框中输入 -25，在右侧的预览区设置直径为 65、高度为 26，如图 3-139 所示。单击 按钮，完成工件的设置，如图 3-140 所示。

3）加工方法设置。

① 选择加工方法。单击菜单“刀具路径”→“曲面粗加工”→“粗加工放射状加工”命令，弹出“选择工件形状”对话框，采用系统默认设置，单击 按钮，弹出“输入新 NC 名称”对话框，采用默认名称，单击 按钮。

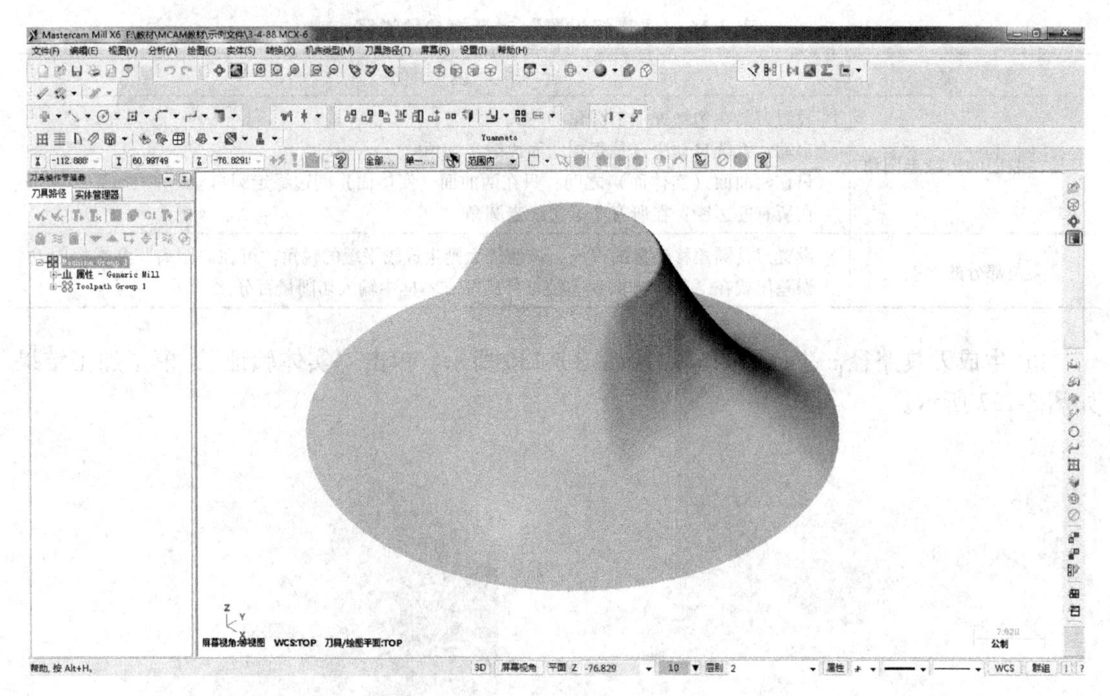

图 3-138　示例文件 24

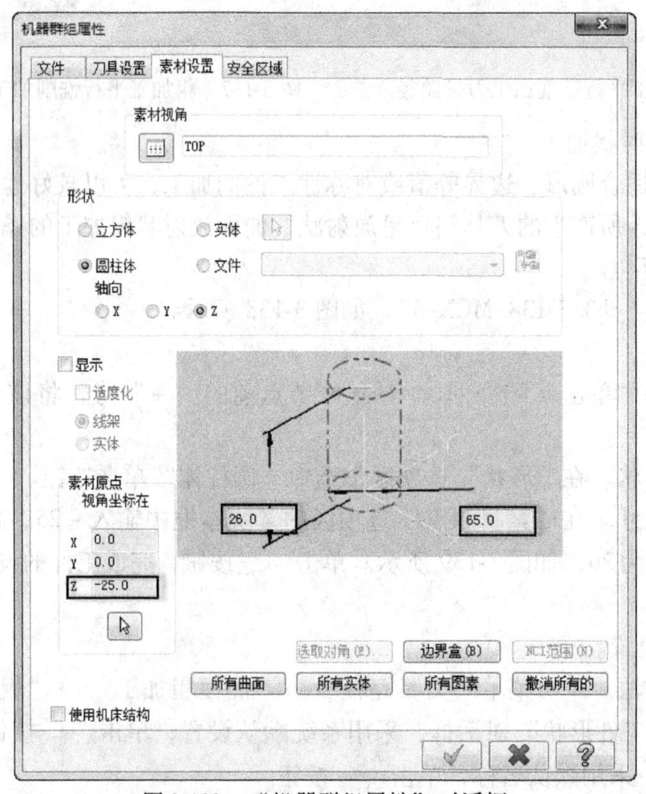

图 3-139　“机器群组属性”对话框

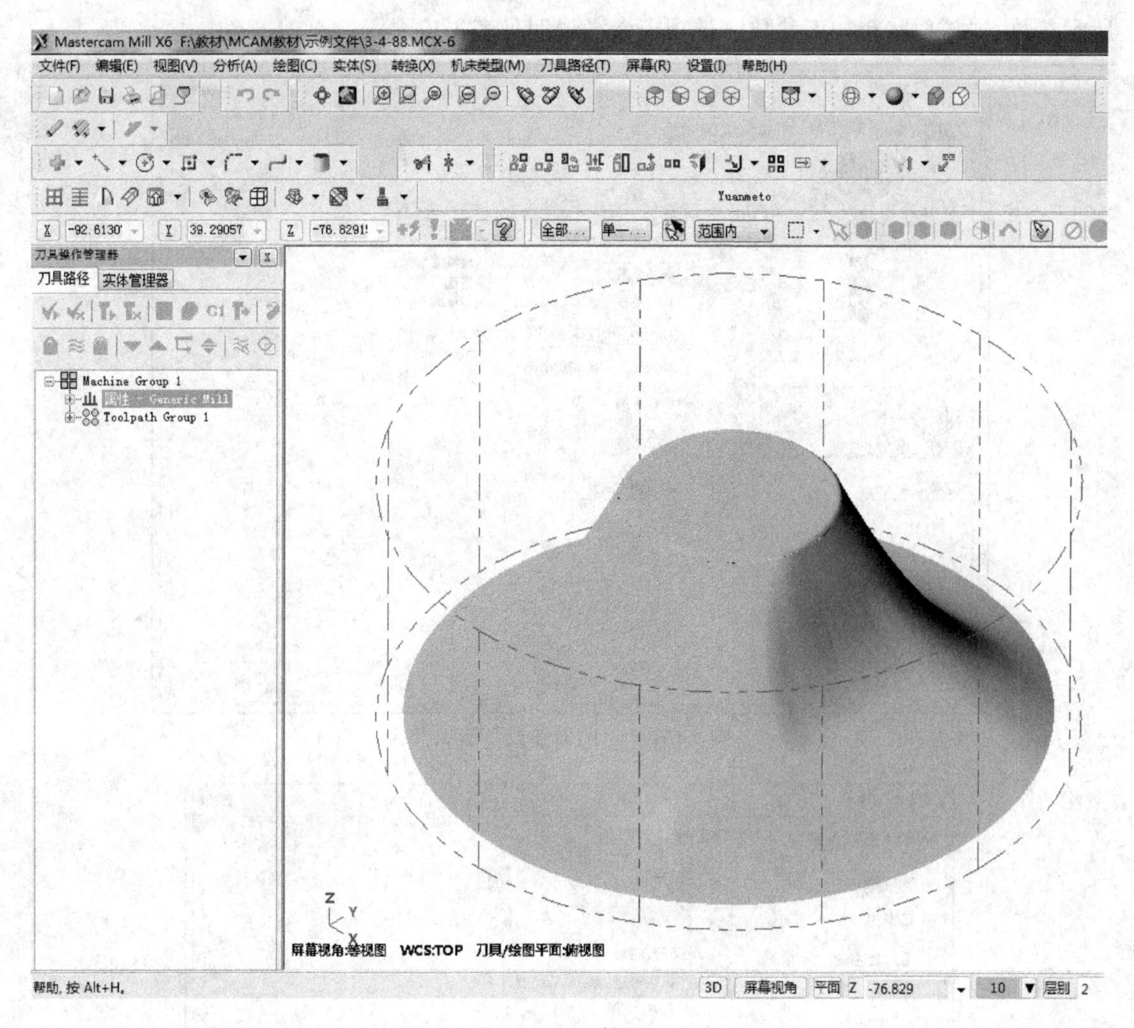

图 3-140　工件设置

② 选取加工面。在绘图区选择所有曲面，按〈Enter〉键，系统弹出刀具路径的曲面选取对话框，采用默认设置，单击按钮，系统弹出“曲面粗加工放射状”对话框。

4）刀具设置。

① 确定刀具类型。单击 刀具过滤 按钮，在弹出的“刀具过滤列表设置”对话框的“刀具类型”选区域中选择（圆鼻刀）。

② 选择刀具。选择直径为 10、刀具半径为 1 的圆鼻刀。

③ 设置刀具相关参数。双击上一步选择的刀具，设置刀具号码：1；单击“参数”选项卡，设置进给速率为 400、下刀速率为 300、提刀速率为 1000、主轴转速为 1200。单击 Coolant... (*) 按钮，在弹出的“Coolant”对话框中设置 Flood 下拉列表为 On，单击按钮。单击“定义刀具”对话框中的按钮。

5）加工参数设置。

① 设置曲面参数。单击“曲面参数”选项卡，参数设置如图 3-141 所示。

② 粗加工平行铣削参数设置。单击“放射状粗加工参数”选项卡，参数设置如图 3-142

所示参数。“放射状粗加工参数”选项卡参数说明见表3-17。

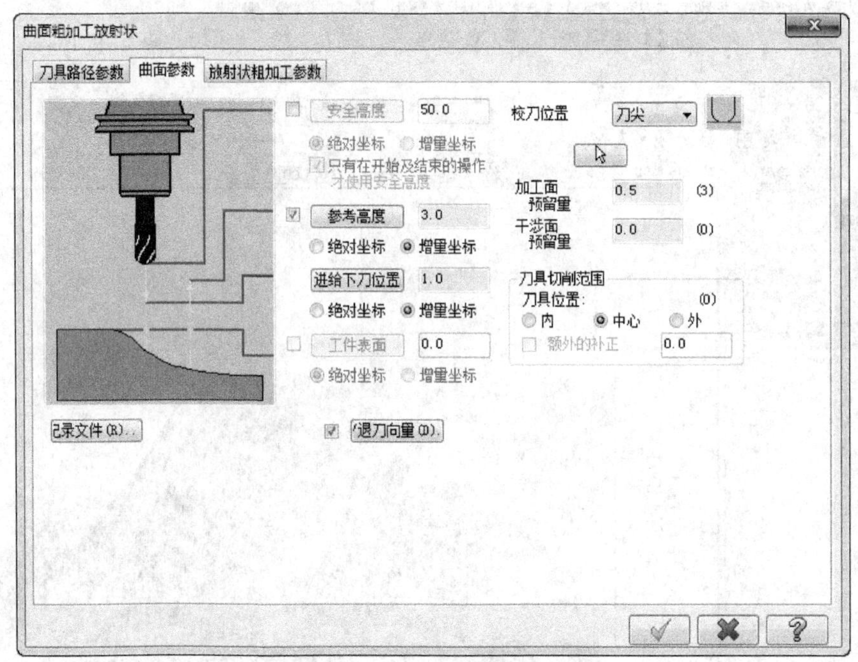

图3-141 “曲面参数”选项卡

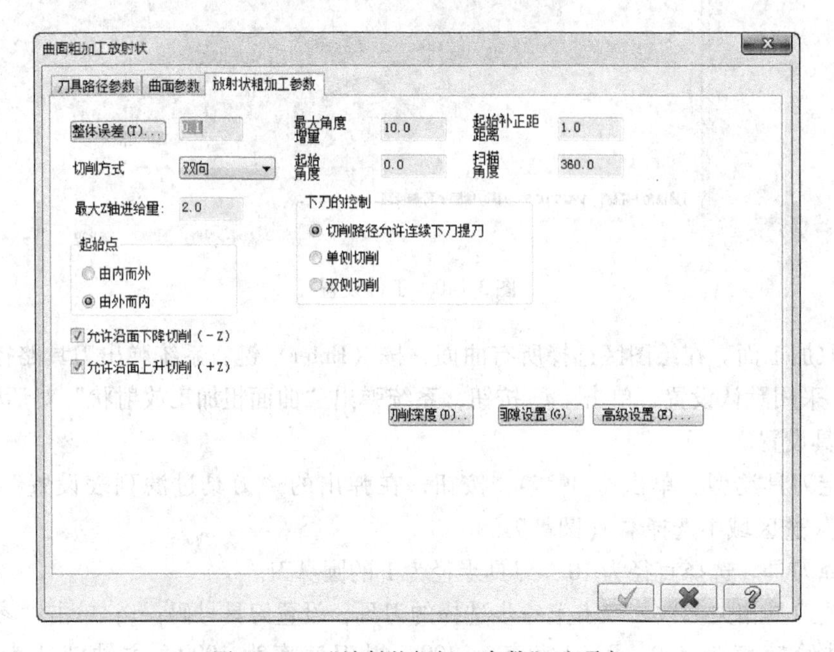

图3-142 “放射状粗加工参数”选项卡

表3-17 “放射状粗加工参数”选项卡参数说明

参数		说明
起始点	由内而外	起始下刀点在刀具路径中心开始由内向外加工
	由外而内	起始下刀点在刀具路径边界开始由外向内加工

（续）

参　数	说　明
最大角度增量	每两刀路之间的最大夹角 该角度值越小，生成的刀具路径越密集
起始角度	刀具路径的起始角度，即第一刀的切削角度
扫描角度	刀具路径的扫描终止角度，影响刀具路径的生成范围
起始补正距离	设定刀具路径中心与路径起始位置的距离 该距离将使刀具路径的中心处形成一个无切削运动的圆形范围，以避免在中心处刀具路径过于密集，降低加工效率

③ 生成刀具路径。生成的刀具路径如图 3-143 所示。单击“实体验证”，模拟加工结果如图 3-144 所示。

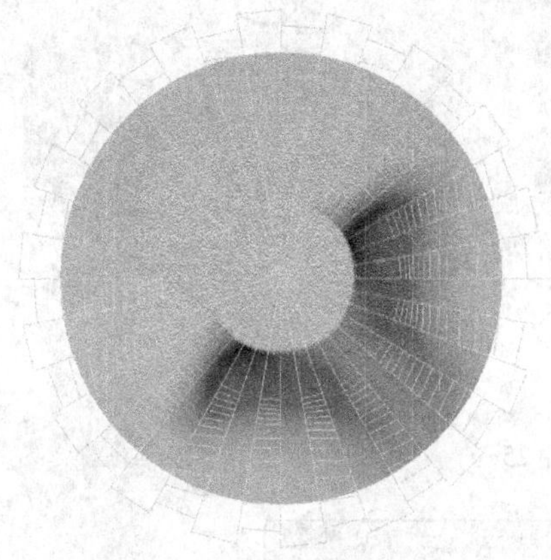

图 3-143　放射状粗加工刀具路径

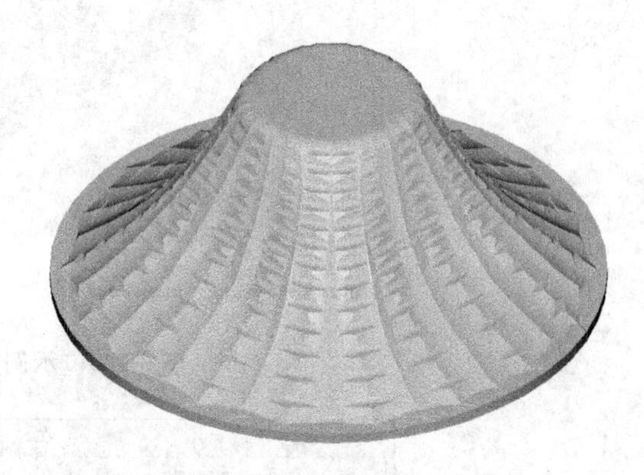

图 3-144　曲面放射状粗加工模拟结果

（3）粗加工投影加工

投影粗加工是指将已有的刀具路径或几何图形投影到选择的曲面上生成的粗加工刀具路径。曲面投影粗加工的操作步骤如下：

1）进入加工环境。

打开示例文件“ch3/3-145. MCX-6”，如图 3-145 所示。

2）工件设置。

① 在操作管理中单击 属性 - Mill Default MM 节点前的“+”号，将该节点展开，然后单击“素材设置”节点。

② 设置工件形状。在“形状”选项区域中选中“立方体”单选按钮。

③ 设置工件尺寸。在“素材原点”选项区域的 Z 文本框中输入 0，在右侧的预览区设置 X = 160、Y = 70、Z = 30，如图 3-146 所示。单击 按钮，完成工件的设置，如图 3-147 所示。

3）加工方法设置。

① 选择加工方法。单击菜单“刀具路径”→“曲面粗加工”→“粗加工投影加工”命令，弹出“选择工件形状”对话框，采用系统默认设置，单击 按钮，弹出“输入新 NC 名称”对话框，采用默认名称，单击 按钮。

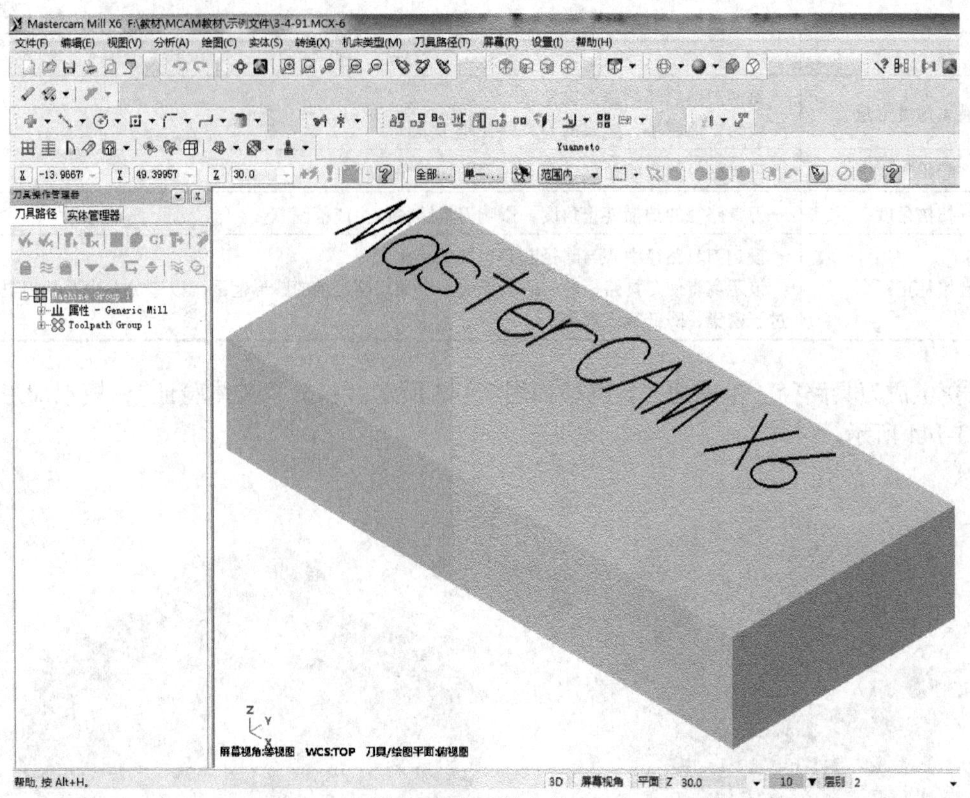

图 3-145　示例文件 25

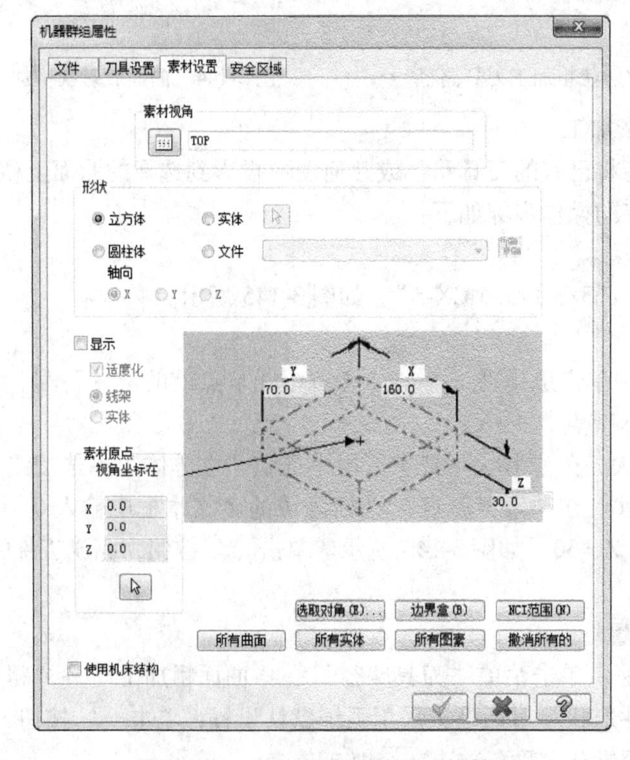

图 3-146　“机器群组属性”对话框

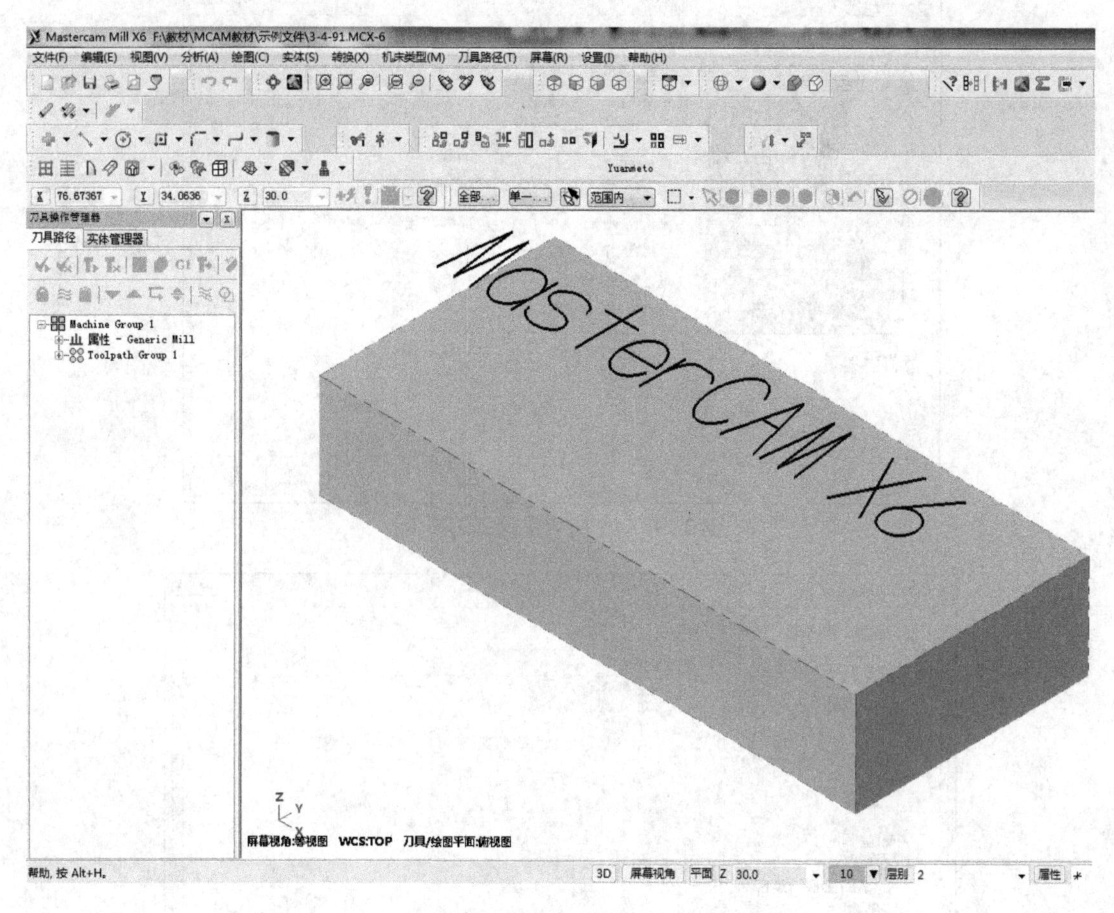

图 3-147 工件设置

② 选取加工面。在绘图区选择所有曲面，按〈Enter〉键，系统弹出刀具路径的曲面选取对话框，采用默认设置，单击 按钮，系统弹出“曲面粗加工投影”对话框。

4）刀具设置。

① 确定刀具类型。单击 刀具过滤 按钮，在弹出的“刀具过滤列表设置”对话框的“刀具类型”选项区域中选择 （球头刀）。

② 选择刀具。选择直径为 1 的球头刀。

③ 设置刀具相关参数。双击上一步选择的刀具，设置刀具号码：1；单击“参数”选项卡，设置进给速率为 200，下刀速率为 150，提刀速率为 1000，主轴转速为 1200。单击 Coolant... (*) 按钮，在弹出的“Coolant”对话框中设置 Flood 下拉列表为 On，单击 按钮。单击“定义刀具”对话框中的 按钮。

5）加工参数设置。

① 设置曲面参数。单击“曲面参数”选项卡，参数设置如图 3-148 所示。

② 粗加工投影加工参数设置。单击“投影粗加工参数”选项卡，参数设置如图 3-149 所示。“投影粗加工参数”选项卡参数说明见表 3-18。

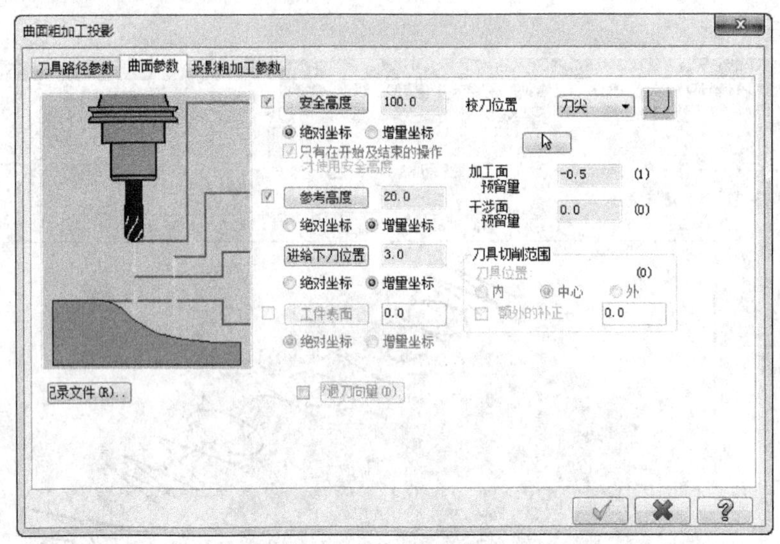

图 3-148 “曲面参数”选项卡

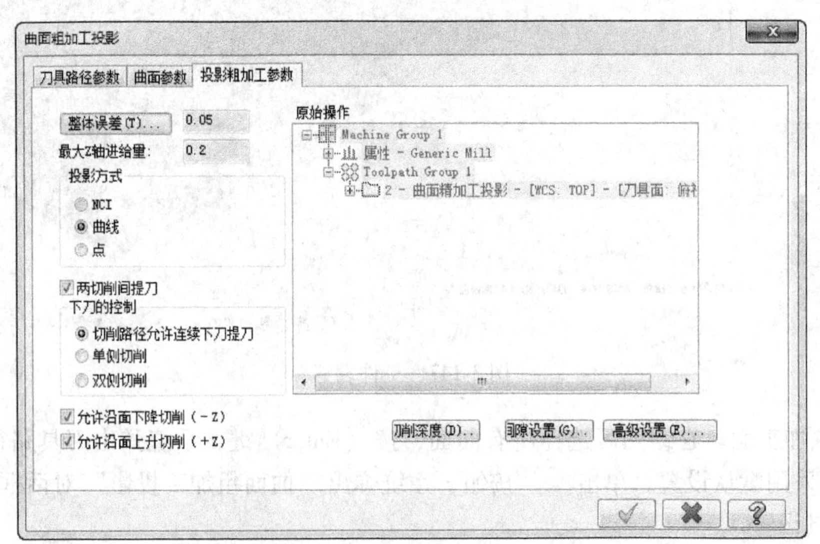

图 3-149 “投影粗加工参数”选项卡

表 3-18 “投影粗加工参数”选项卡参数说明

参数		说明
投影方式	NCI	选取已存在的 NCI 文件进行投影加工，投影后的刀具路径仅改变它的深度 Z 坐标，不改变 X、Y 坐标
	曲线	选取一条或多条曲线进行投影加工，系统要求在设定好曲面投影粗加工参数后必须选取所需的投影曲线
	点	通过一组点来进行投影加工
原始操作		显示刀具加工路径的源操作文件，包含已经存在的 NCI 文件，可以选择其中的文件作为投影的 NCI 文件

③ 生成刀具路径。生成的刀具路径如图 3-150 所示。单击“实体验证”，模拟加工结果如图 3-151 所示。

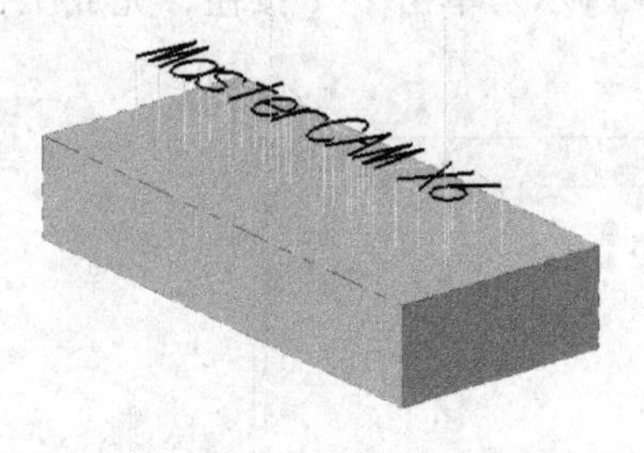

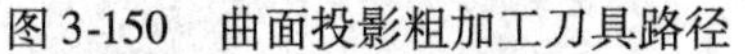

图 3-150　曲面投影粗加工刀具路径　　　图 3-151　曲面投影粗加工模拟结果

（4）粗加工流线加工

流线粗加工指沿曲面流线方向生成的粗加工刀具路径。曲面流线粗加工的操作步骤如下：

1）进入加工环境。

打开示例文件“ch3/3-152. MCX-6”，如图 3-152 所示。

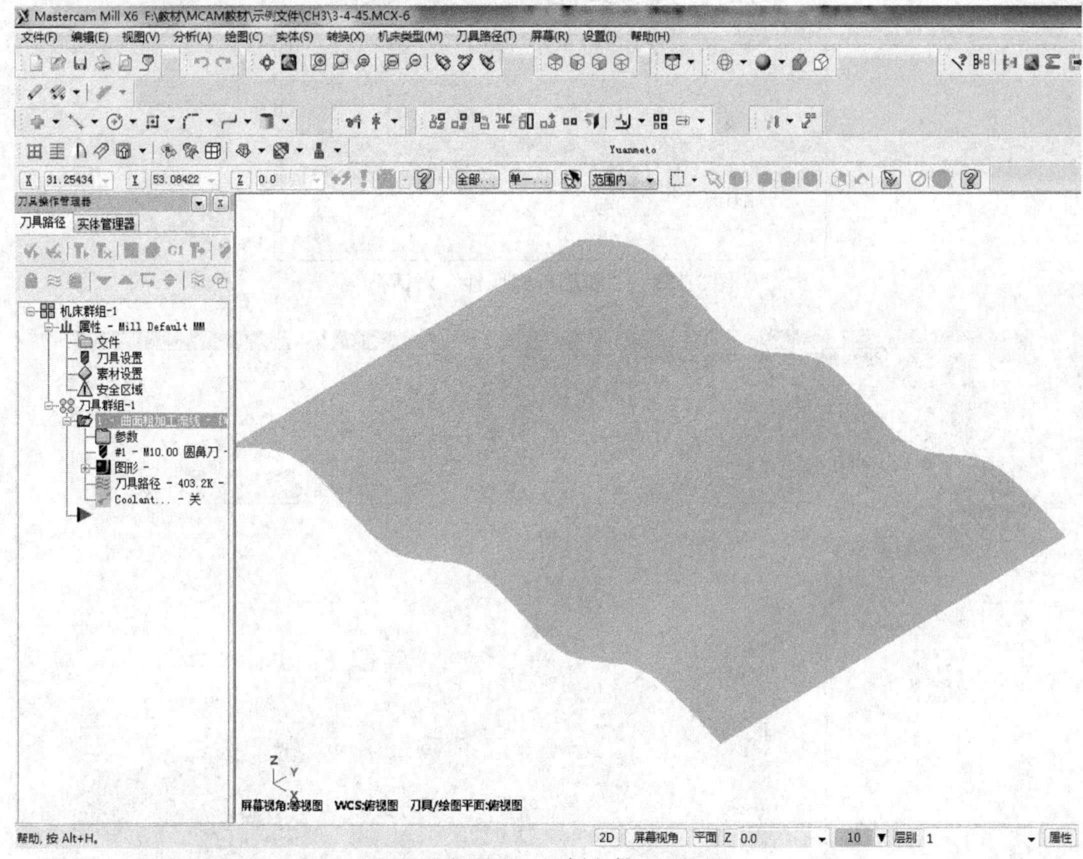

图 3-152　示例文件 26

2）工件设置。

① 在操作管理中单击山 属性 - Mill Default MM 节点前的“+”号，将该节点展开，然后单击“素材设置”节点。

② 设置工件形状。在“形状”选项区域中选中“立方体”单选按钮。

③ 设置工件尺寸。在“素材原点”选项区域设置 X = −5.5、Y = 0、Z = 2.6，在右侧

的预览区设置 X = 60、Y = 85、Z = 10，如图 3-153 所示。单击 ✓ 按钮，完成工件的设置，如图 3-154 所示。

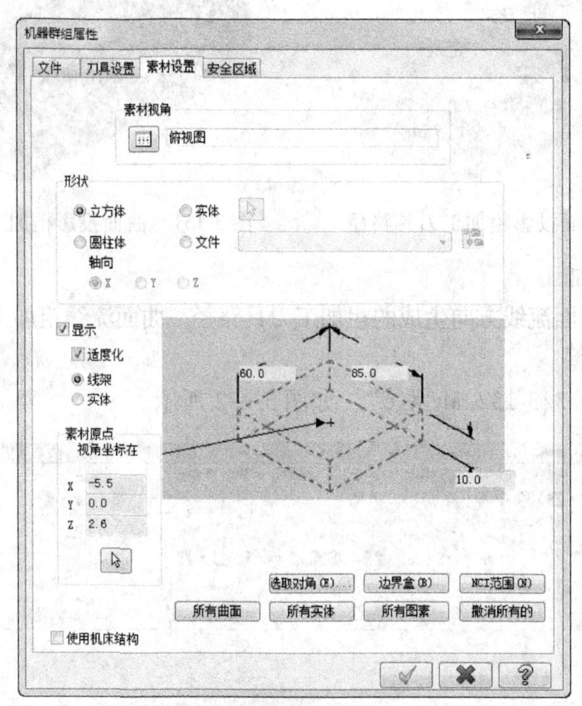

图 3-153 “机器群组属性”对话框

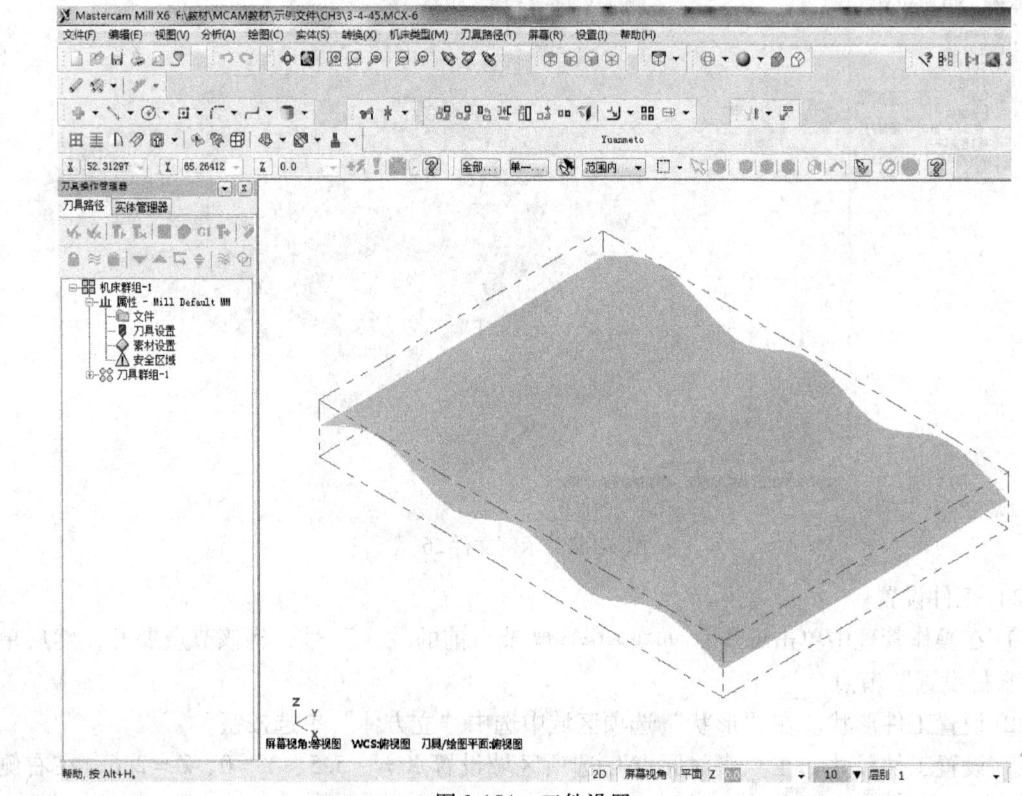

图 3-154 工件设置

3）加工方法设置。

① 选择加工方法。单击菜单“刀具路径”→“曲面粗加工”→“粗加工流线加工”命令，弹出“选择工件形状”对话框，采用系统默认设置，单击 按钮，弹出“输入新 NC 名称”对话框，采用默认名称，单击 按钮。

② 选取加工面。在绘图区选择所有曲面，按〈Enter〉键，系统弹出“刀具路径的曲面选取”对话框，单击“曲面流线”按钮 ，弹出如图 3-155 所示的“曲面流线设置”对话框，单击 按钮，系统弹出“曲面粗加工流线”对话框。“曲面流线设置”对话框参数说明见表 3-19。

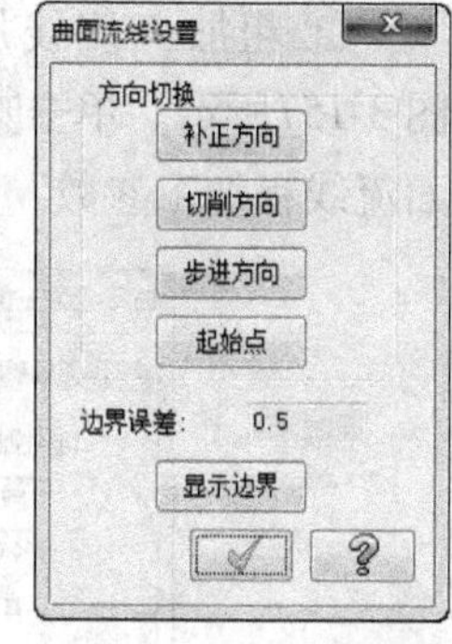

图 3-155 “曲面流线设置”对话框

表 3-19 “曲面流线设置”对话框参数说明

参　数	说　明
补正方向	调整补正方向
切削方向	调整切削的方向（平行或垂直流线的方向）
步进方向	调整步进方向
起始点	调整起始点
边界误差	定义创建流线网格的边界过滤误差
显示边界	显示边界的颜色

4）刀具设置。

① 确定刀具类型。单击 刀具过滤 按钮，在弹出的“刀具过滤列表设置”对话框的“刀具类型”选项区域中选择 （圆鼻刀）。

② 选择刀具。选择直径为 10、圆角为 R1 的圆鼻刀。

③ 设置刀具相关参数。双击上一步选择的刀具，设置刀具号码：1；单击“参数”选项卡，设置进给速率为 200，下刀速率为 200，提刀速率为 1000，主轴转速为 1200。单击 Coolant... (*) 按钮，在弹出的“Coolant”对话框中设置 Flood 下拉列表为 On，单击 按钮。单击“定义刀具”对话框中的 按钮。

5）加工参数设置。

① 设置曲面参数。单击“曲面参数”选项卡，参数设置如图 3-156 所示。

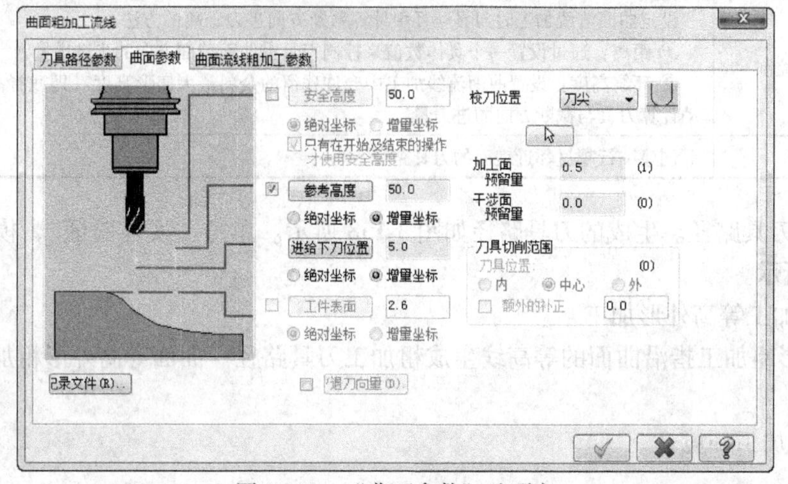

图 3-156 “曲面参数”选项卡

② 粗加工流线加工参数设置。单击“曲面流线粗加工参数”选项卡，参数设置如图 3-157所示。单击[刀削深度(D)...]按钮，设置第一刀相对深度为 1，其他深度的预留量为 0。“曲面流线粗加工参数”选项卡参数说明见表 3-20。

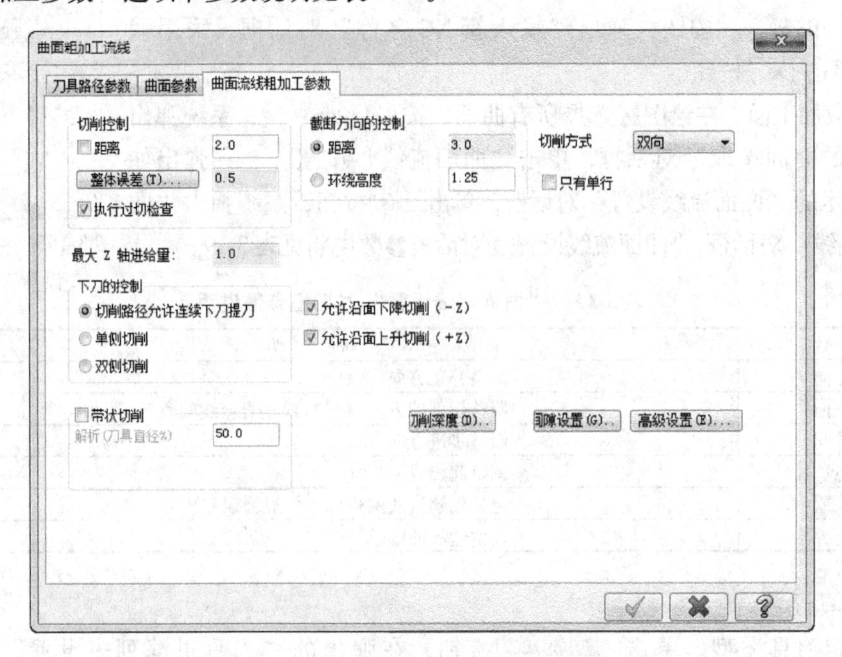

图 3-157　“曲面流线粗加工参数”选项卡

表 3-20　“曲面流线粗加工参数”选项卡参数说明

参　数	说　明
切削控制	在曲面流线加工时，控制刀具沿曲面切削方向的切削运动 ① 距离：设定沿曲面切削方向的切削进给量。它决定着刀具移动距离的大小 ② 执行过切检查：对刀具切削路径执行过切检查，如临近过切，系统会对刀具路径进行自动调整
带状切削	在所选曲面的中部创建一条单一的流线刀具路径 解析（刀具直径%）：设置垂直于切削方向的刀具路径间隔为刀具直径的百分比
截断方向的控制	设定曲面流线加工时刀具路径中计算截断方向进刀距离的方法 ① 距离：通过设置一个具体数值来控制刀具沿曲面截面方向的步进增量 ② 环绕高度：设置曲面流线加工中允许残留的余料最大扇形高度（即残脊高度），系统自动计算刀具与截断方向的进刀量
只有单行	创建一行越过邻近表面的刀具路径

③ 生成刀具路径。生成的刀具路径如图 3-158 所示。单击“实体验证”，模拟加工结果如图 3-159 所示。

（5）粗加工等高外形加工

等高外形粗加工指沿曲面的等高线生成粗加工刀具路径。曲面等高外形粗加工的操作步骤如下：

1）进入加工环境。

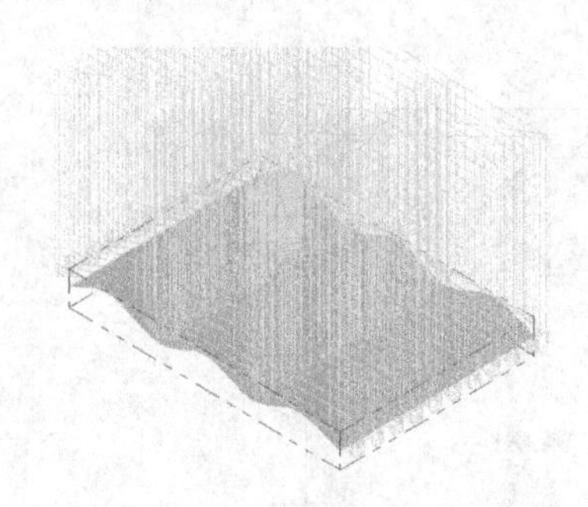

图 3-158　流线粗加工刀具路径

图 3-159　曲面流线粗加工模拟结果

打开示例文件“ch3/3-160. MCX-6”，如图 3-160 所示。

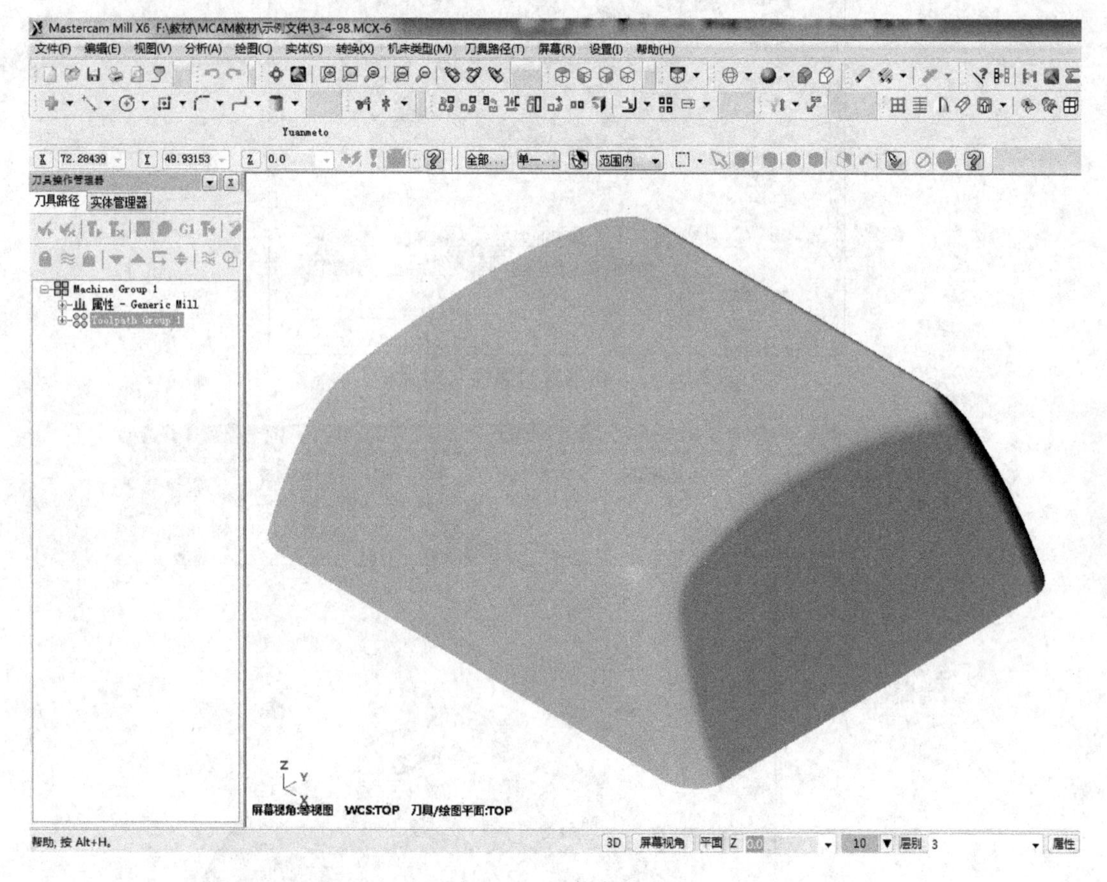

图 3-160　示例文件 27

2）工件设置。

① 在操作管理中单击山 属性 - Mill Default MM 节点前的“+”号，将该节点展开，然后单击“素材设置”节点。

② 设置工件形状。在“形状”选项区域中选中“立方体”单选按钮。

③ 设置工件尺寸。在“素材原点”选项区域设置 X = 0、Y = 0、Z = 0，在右侧的预览区设置 X = 98、Y = 82、Z = 35，如图 3-161 所示。单击 按钮，完成工件的设置，如

图 3-162 所示。

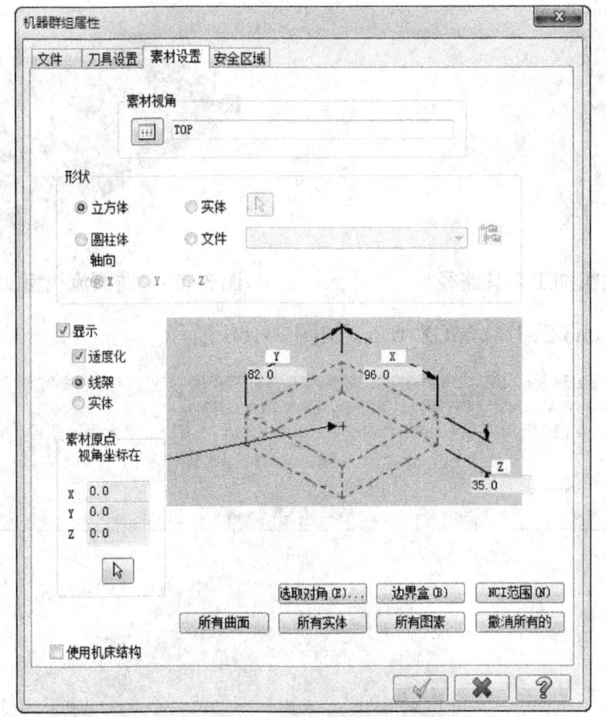

图 3-161　“机器群组属性”对话框

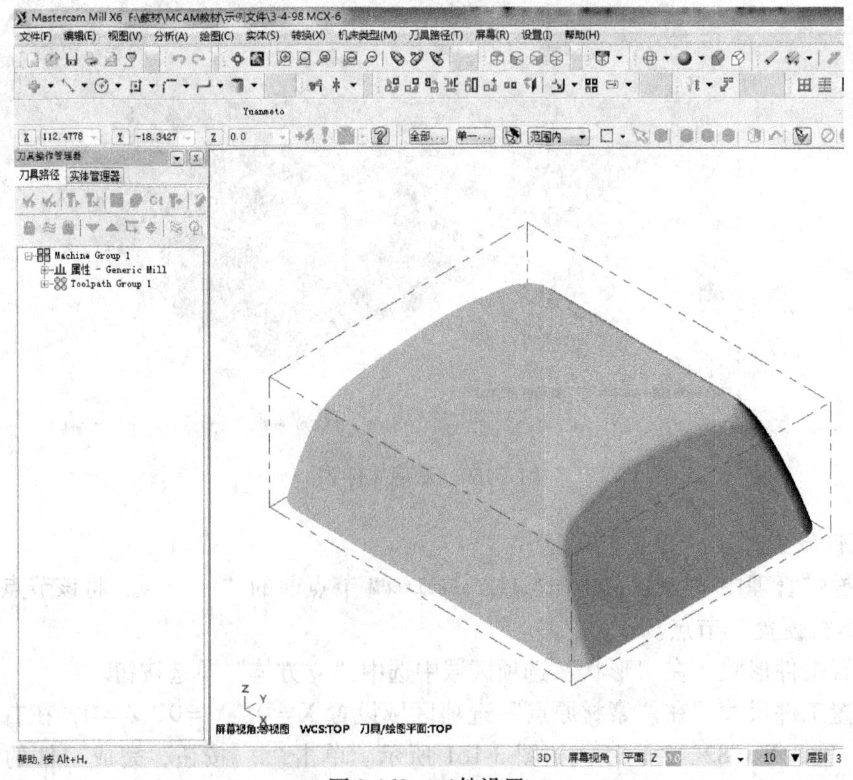

图 3-162　工件设置

3）加工方法设置。

① 选择加工方法。单击菜单“刀具路径”→“曲面粗加工”→“粗加工等高外形加工”命令，弹出“选择工件形状”对话框，采用系统默认设置，单击 按钮，弹出“输入新 NC 名称”对话框，采用默认名称，单击 按钮。

② 选取加工面。在绘图区选择所有曲面，按〈Enter〉键，系统弹出“刀具路径的曲面选取”对话框，采用默认值，单击 按钮，系统弹出“曲面粗加工等高外形”对话框。

4）刀具设置。

① 确定刀具类型。单击 刀具过滤 按钮，在弹出的“刀具过滤列表设置”对话框的“刀具类型”选项区域中选择 （圆鼻刀）。

② 选择刀具。选择直径为 12、圆角为 R1 的圆鼻刀。

③ 设置刀具相关参数。双击上一步选择的刀具，设置刀具号码：1；单击“参数”选项卡，设置进给速率为 400、下刀速率为 400、提刀速率为 1000、主轴转速为 1500。单击 Coolant... (*) 按钮，在弹出的“Coolant”对话框中设置 Flood 下拉列表为 On，单击 按钮。单击“定义刀具”对话框中的 按钮。

5）加工参数设置。

① 设置曲面参数。单击“曲面参数”选项卡，参数设置如图 3-163 所示。

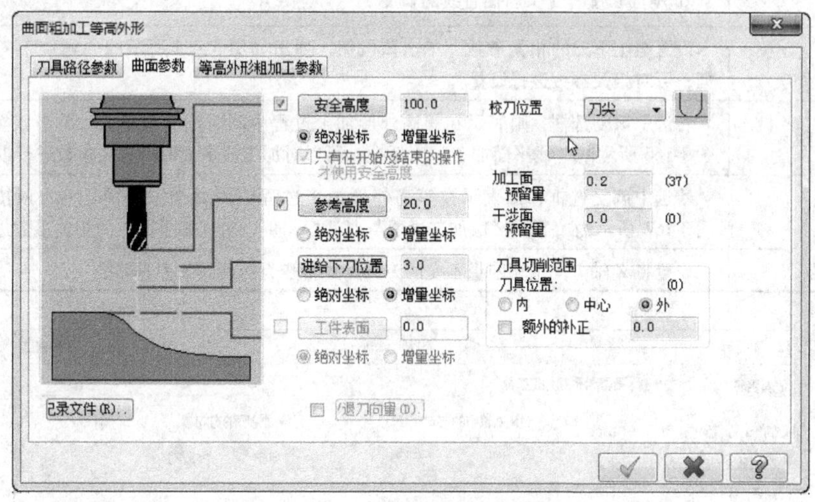

图 3-163　“曲面参数”选项卡

② 粗加工等高外形加工参数设置。单击“等高外形粗加工参数”选项卡，参数设置如图 3-164 所示。“等高外形粗加工参数”选项卡参数说明见表 3-21。

表 3-21　“等高外形粗加工参数”选项卡参数说明

参　数	说　明
转角走圆的半径	刀具在高速切削时才有效，其作用是当拐角处 <135°时，刀具走圆角
进/退刀/切弧/切线	设置加工过程中的进刀和退刀形式 ① 圆弧半径：进/退刀的圆弧半径 ② 扫描角度：进/退刀的圆弧扫描角度 ③ 直线长度：进/退刀的直线长度 ④ 允许切弧/切线超出边界：加工过程中允许进/退刀时超出加工边界

（续）

参　数	说　明
切削顺序最佳化	将刀具路径顺序优化，从而提高加工效率
减少插刀情形	将插刀路径优化，以减少插刀情形，避免损坏刀具或工件
由下而上切削	刀具将由下而上进行切削
封闭式轮廓的方向	设置封闭区域刀具的运动形式
起始长度	相邻层之间的起始点间隔
开放式轮廓的方向	设置开放区域刀具的运动形式 ① 单向：加工过程中刀具做单向运动 ② 双向：加工过程中刀具做往返运动
两区段间的路径过渡方式	设置当移动量小于允许间隔时，刀具的移动方式 ① 高速回圈：在两区段间插入一段回圈的刀具路径 ② 打断：在两区段间小于定义间隙值的位置插入成直角的刀具路径。单击 间隙设置(G)... 可以设置相关间隙参数 ③ 斜插：在两区段间小于定义间隙值的位置插入与 Z 轴成定义角度的直线刀具路径 ④ 沿着曲面：在两区段间小于定义间隙值的位置插入与曲面在 Z 轴方向上匹配的刀具路径 ⑤ 回圈长度：定义高速回圈的长度。若切削间隙小于定义的环的长度，则插入回圈的切削量在 Z 轴方向为恒量；若切削间隙大于定义的环的长度，则将插入一段平滑移动的螺旋线 ⑥ 斜插长度：定义斜插直线的长度
旋式下刀	设置螺旋下刀的相关参数。单击该按钮，弹出如图 3-165 所示的“螺旋下刀参数”对话框，可对相关参数进行设置
平面加工	若选中该复选框，则表示在等高外形加工过程中同时加工浅平面。单击该按钮，弹出如图 3-166 所示的“浅平面加工”对话框，可以对加工浅平面时的相关参数进行设置
平面区域	若选中该复选框，则表示在等高外形加工过程中同时加工平面。单击该按钮，弹出如图 3-167 所示的“平面区域加工设置”对话框，可以对加工平面时的相关参数进行设置
螺旋限制	设置将 Z 轴方向上切削量不变的刀具路径转变为螺旋式的刀具路径

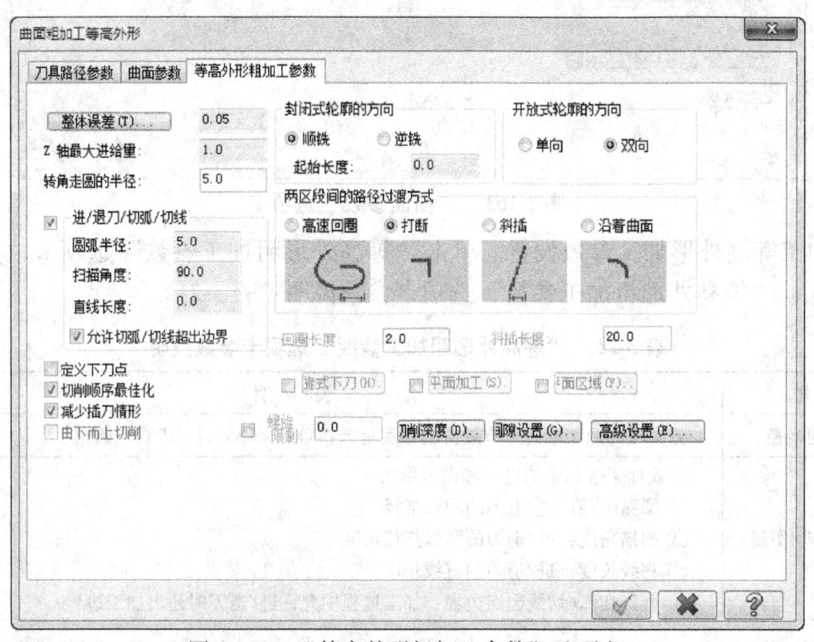

图 3-164　“等高外形粗加工参数”选项卡

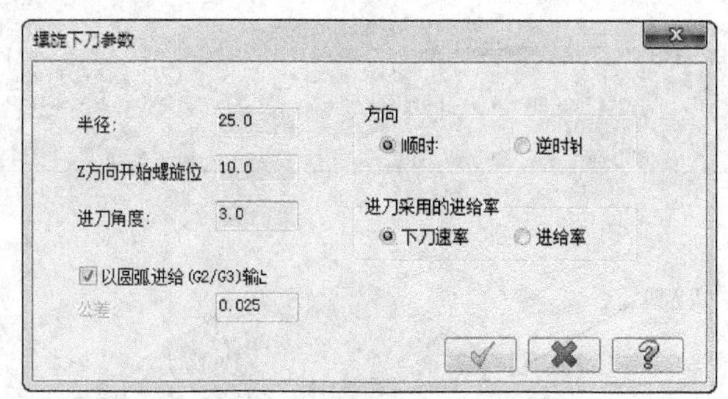

图 3-165 “螺旋下刀参数“对话框

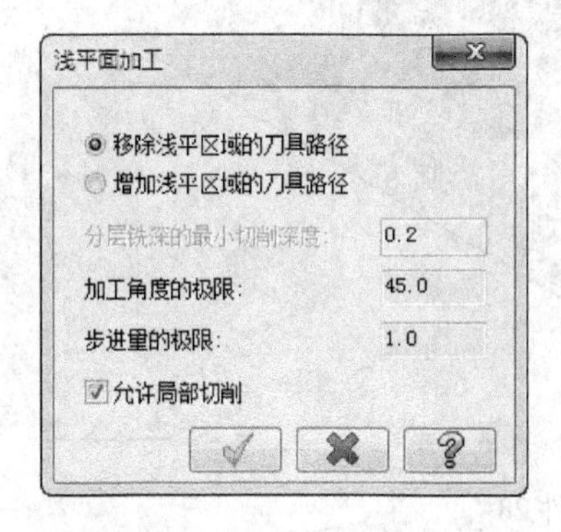

图 3-166 “浅平面加工”对话框

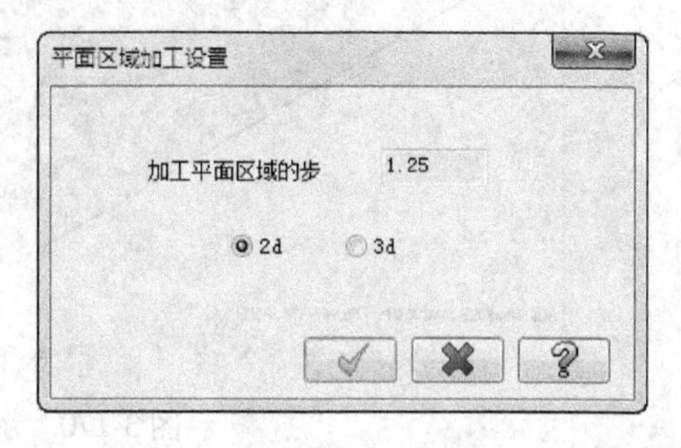

图 3-167 “平面区域加工设置”对话框

③ 生成刀具路径。生成的刀具路径如图 3-168 所示。单击“实体验证”，模拟加工结果如图 3-169 所示。

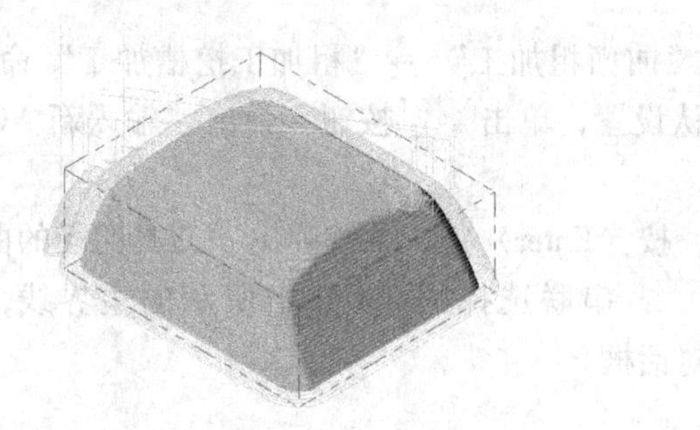

图 3-168 等高外形粗加工刀具路径

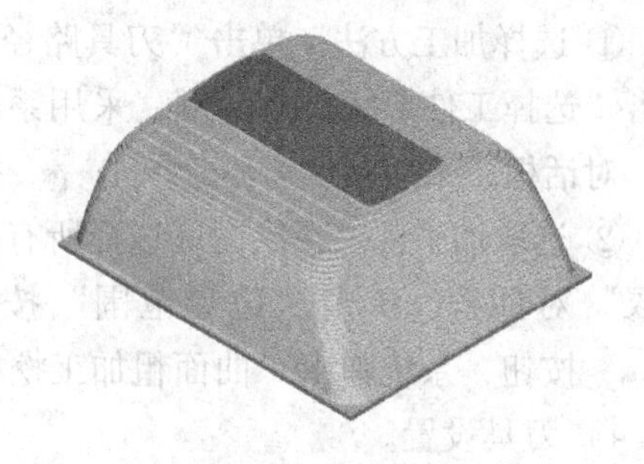

图 3-169 曲面等高外形粗加工模拟结果

（6）粗加工挖槽加工

挖槽粗加工指依曲面形态，在 Z 方向下降生成的粗加工刀具路径。曲面挖槽粗加工的操作步骤如下：

1）进入加工环境。

打开示例文件“ch3/3-170. MCX-6”，如图 3-170 所示。

2）工件设置。

① 在操作管理中单击山 属性 - Mill Default MM 节点前的“ + ”号，将该节点展开，然后单击“素材设置”节点。

② 设置工件形状。在“形状”选项区域中选中“立方体”单选按钮。

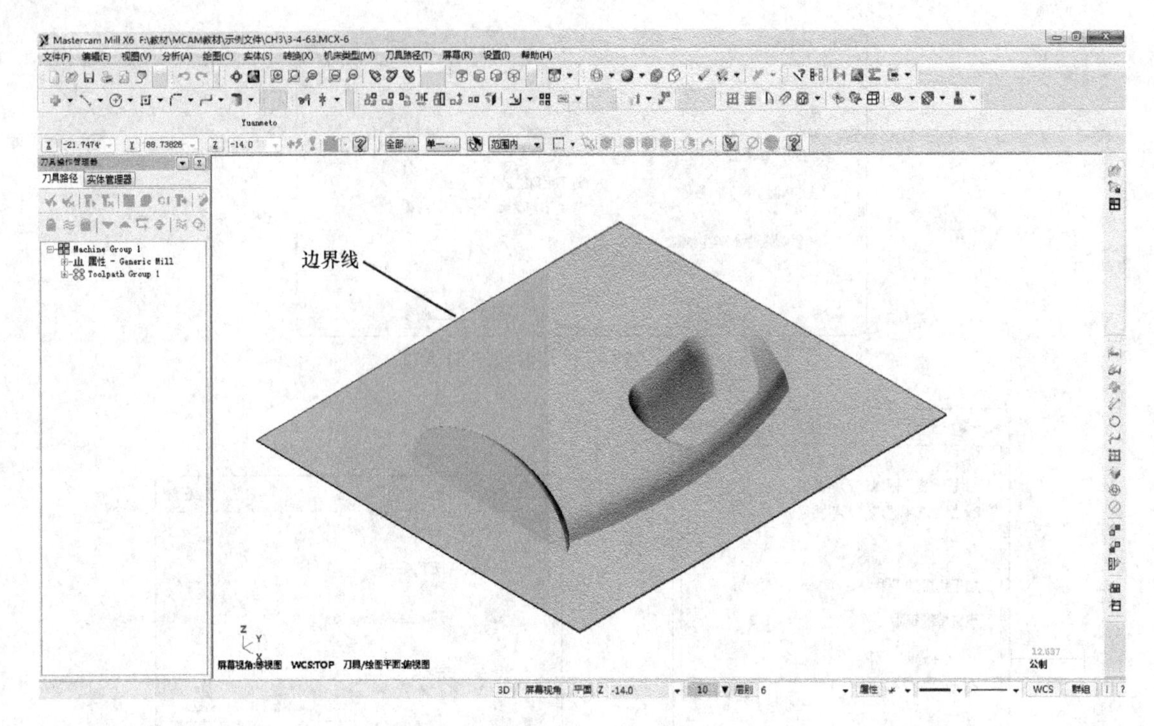

图 3-170　示例文件 28

③ 设置工件尺寸。在“素材原点”选项区域设置 X = 0、Y = 0、Z = 0，在右侧的预览区设置 X = 80、Y = 90、Z = 25，单击按钮，完成工件的设置。

3）加工方法设置。

① 选择加工方法。单击“刀具路径”→“曲面粗加工”→“粗加工挖槽加工”命令，弹出“选择工件形状”对话框，采用系统默认设置，单击按钮，弹出“输入新 NC 名称”对话框，采用默认名称，单击按钮。

② 选取加工面。在绘图区选择所有曲面，按〈Enter〉键，系统弹出“刀具路径的曲面选取”对话框。单击“边界范围”按钮，串联选择图 3-170 中所示的边界线，单击按钮，系统弹出“曲面粗加工挖槽”对话框。

4）刀具设置。

① 确定刀具类型。单击 刀具过滤 按钮，在弹出的“刀具过滤列表设置”对话框的“刀具类型”选项区域中选择（圆鼻刀）。

② 选择刀具。选择直径为 20、圆角为 R1 的圆鼻刀。

③ 设置刀具相关参数。双击上一步选择的刀具，设置刀具号码：1；单击“参数”选项卡，设置进给速率为 600，下刀速率为 400，提刀速率为 1000，主轴转速为 1500。

5）加工参数设置。

① 设置曲面参数。单击“曲面参数”选项卡，设置进给下刀位置为 3，加工预留量为 0.3，如图 3-171 所示。

② 设置粗加工参数。单击“粗加工参数”选项卡，设置整体误差为 0.01，Z 轴最大进给量为 1，如图 3-172 所示。

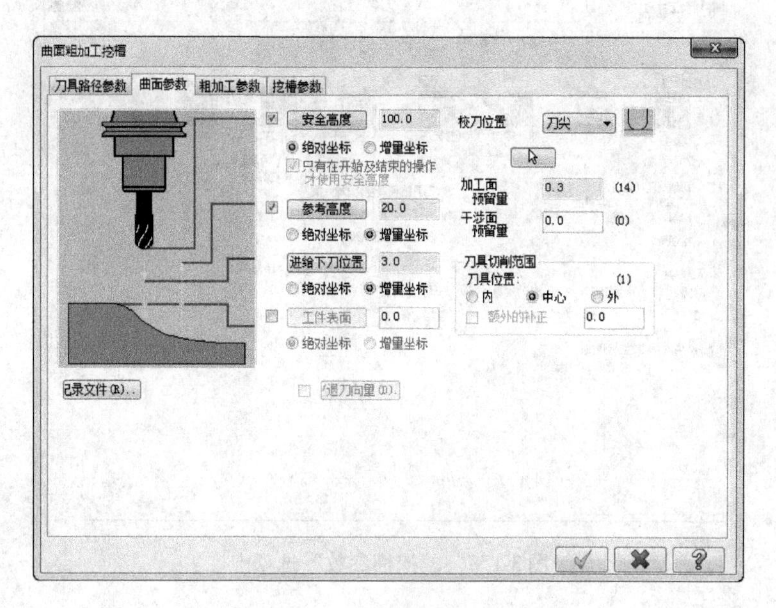

图 3-171 “曲面参数”选项卡

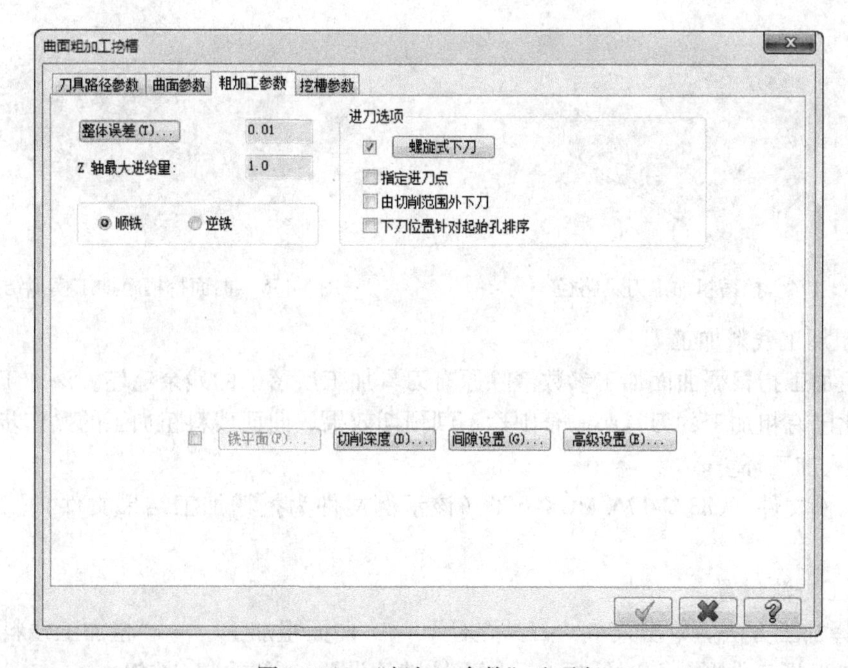

图 3-172 “粗加工参数”选项卡

③ 粗加工挖槽加工参数设置。单击“挖槽参数”选项卡，选择切削方式为双向，切削间距为 75%，精加工次数为 1，间距为 1，如图 3-173 所示。

④ 生成刀具路径。生成的刀具路径如图 3-174 所示。单击“实体验证”，模拟加工结果如图 3-175 所示。

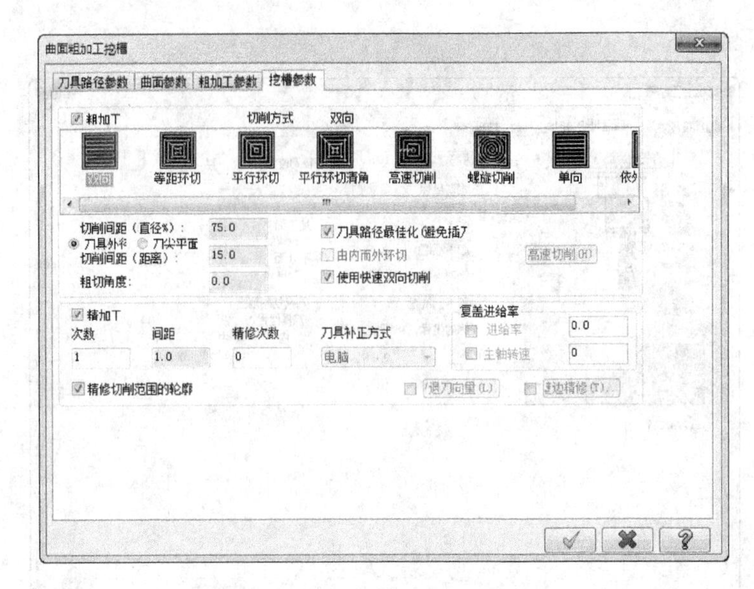

图 3-173　“挖槽参数”选项卡

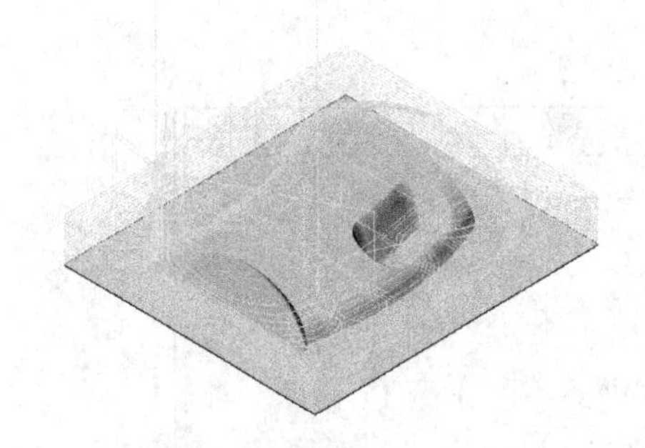

图 3-174　挖槽粗加工刀具路径

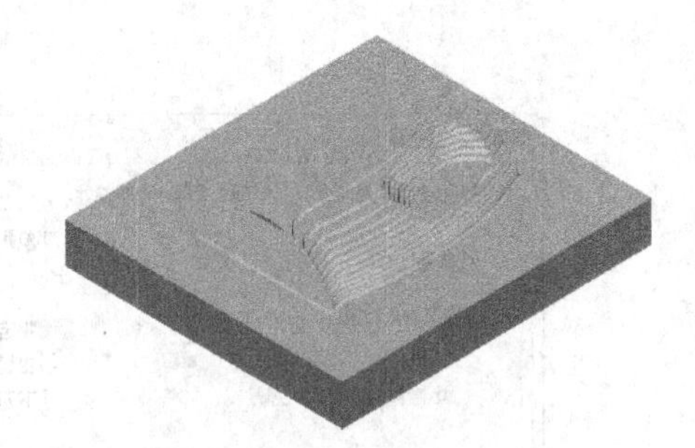

图 3-175　曲面挖槽粗加工模拟结果

（7）粗加工残料加工

残料粗加工指根据曲面加工参数清除原有刀具加工后留下的残余毛坯。该加工方法选择的刀具应比已有粗加工的刀具小，否则达不到预期效果。曲面残料粗加工的操作步骤如下：

1）进入加工环境。

打开示例文件“ch3/3-176. MCX-6”（该示例文件为挖槽加工结果文件），如图 3-176 所示。

2）加工方法设置。

① 选择加工方法。单击菜单“刀具路径”→“曲面粗加工”→“粗加工残料加工”命令，弹出“选择工件形状”对话框，采用系统默认设置，单击 ✓ 按钮。

② 选取加工面。在绘图区选择所有曲面，按〈Enter〉键，系统弹出“刀具路径的曲面选取”对话框，单击“边界范围”按钮 ↖，串联选择图 3-176 中所示的边界线，单击 ✓ 按钮，系统弹出“曲面残料粗加工”对话框。

3）刀具设置。

① 确定刀具类型。单击 刀具过滤 按钮，在弹出的“刀具过滤列表设置”对话框的

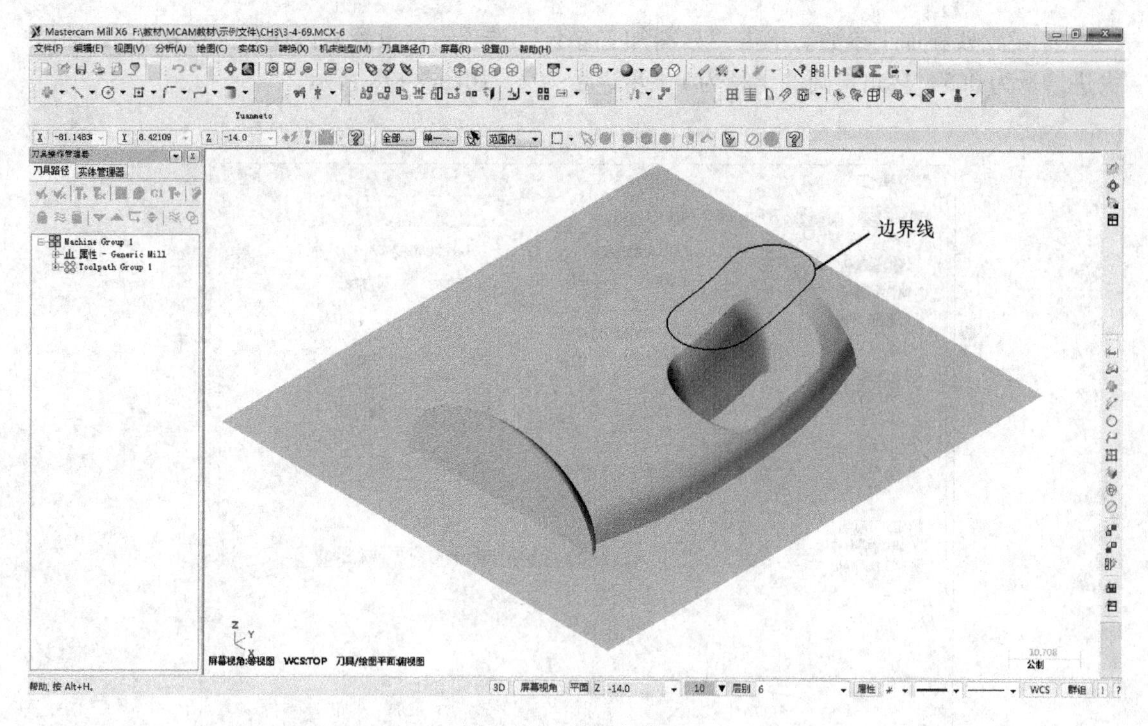

图 3-176　示例文件 29

“刀具类型”选项区域中选择 （圆鼻刀）。

② 选择刀具。选择直径为 3、圆角半径为 0.2 的圆鼻刀。

③ 设置刀具相关参数。双击上一步选择的刀具，设置刀具号码：1；单击“参数”选项卡，设置进给速率为 300，下刀速率为 200，提刀速率为 2000，主轴转速为 2000。

4）加工参数设置。

① 设置曲面参数。单击“曲面参数”选项卡，设置进给下刀位置为 3、加工预留量为 0.3，如图 3-177 所示。单击切削深度(D)...按钮，设置第一刀的相对位置为 8，其他深度的预留量为 0。

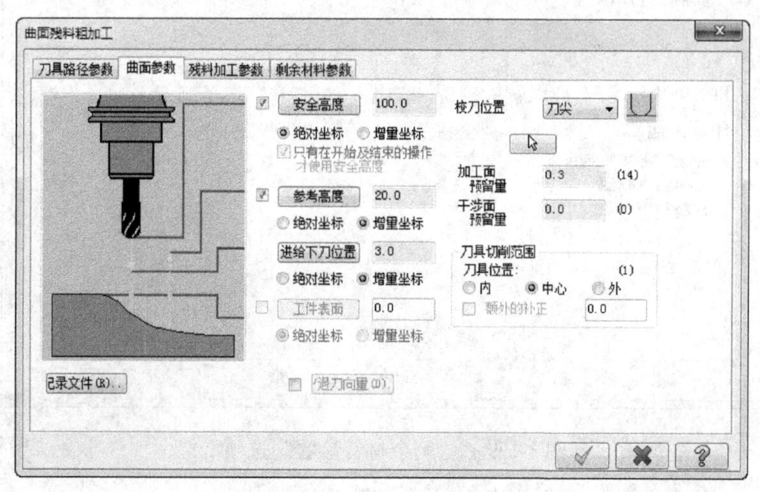

图 3-177　“曲面参数”选项卡

② 设置残料加工参数。单击“残料加工参数”选项卡，设置整体误差为0.025、Z轴最大进给量为0.5，转角走圆的半径为1，步进量为2，如图3-178所示。

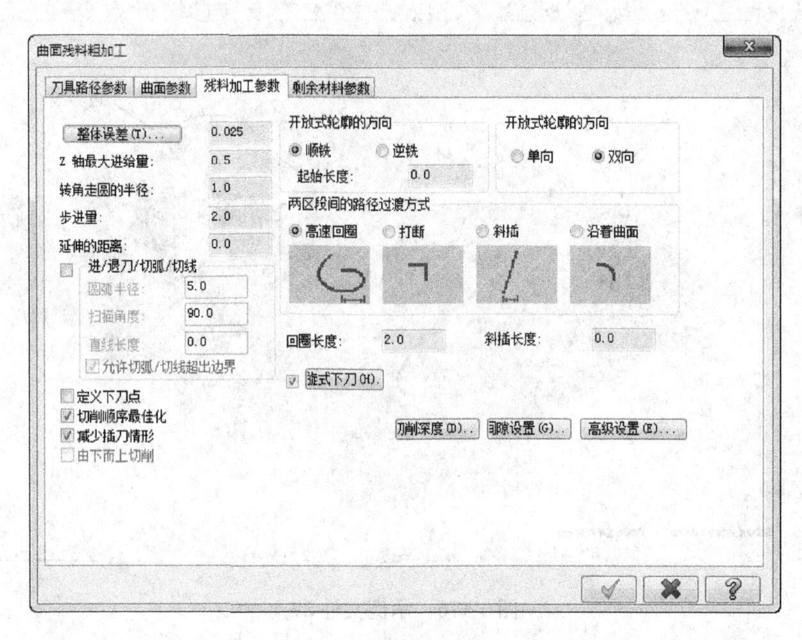

图3-178　“残料加工参数”选项卡

③ 粗加工挖槽加工参数设置。单击“剩余材料参数”选项卡，参数设置如图3-179所示。“剩余材料参数”选项卡参数说明见表3-22。

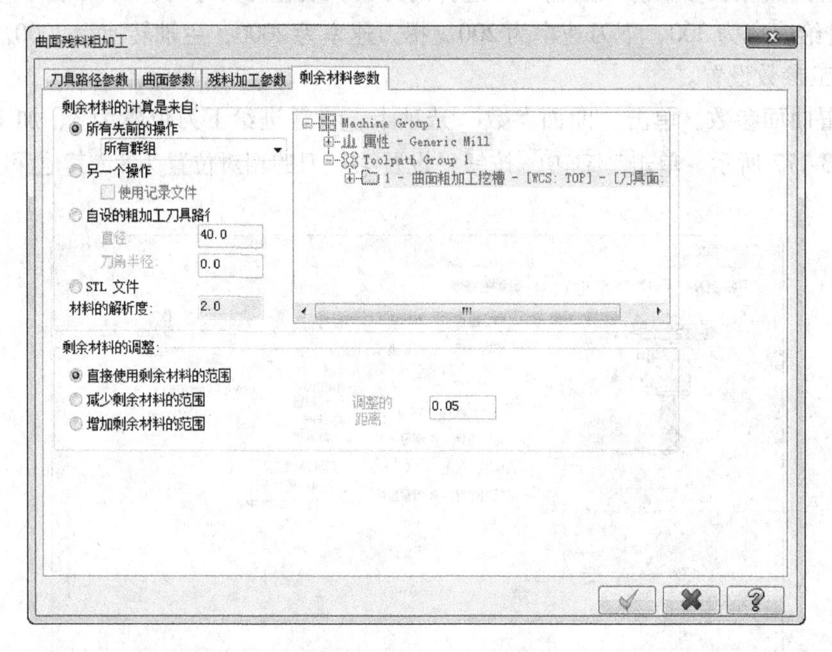

图3-179　“剩余材料参数”选项卡

表 3-22 “剩余材料参数”选项卡参数说明

参 数	说 明
剩余材料的计算是来自	设置材料粗加工中清除材料的方式 ① 所有先前的操作：将前面各加工方式不能切削的区域作为残料加工的切削区域 ② 另一个操作：将某一个加工方式不能切削的区域作为残料加工的切削区域 ③ 自设的粗加工刀具路径：根据刀具直径和刀角半径计算出残料粗加工的切削区域 ④ STL 文件：清除材料的计算来自先前毛坯 3D 图形转存为的一个 . STL 文件 ⑤ 材料的解析度：用于定义刀具路径的质量。该值越小，创建的刀具路径越平滑；反之，创建的刀具路径越粗糙
剩余材料的调整	用于调整（放大或缩小）定义的残料粗加工区域 ① 直接使用剩余材料的范围：直接利用先前的加工余量进行加工 ② 减少剩余材料的范围：允许残留较小的尖角材料由后面的精加工来清除，以提高加工精度 ③ 增加剩余材料的范围：在材料粗加工中需清除较小的尖角材料

④ 生成刀具路径。生成的刀具路径如图 3-180 所示。单击“实体验证”，模拟加工结果如图 3-181 所示。

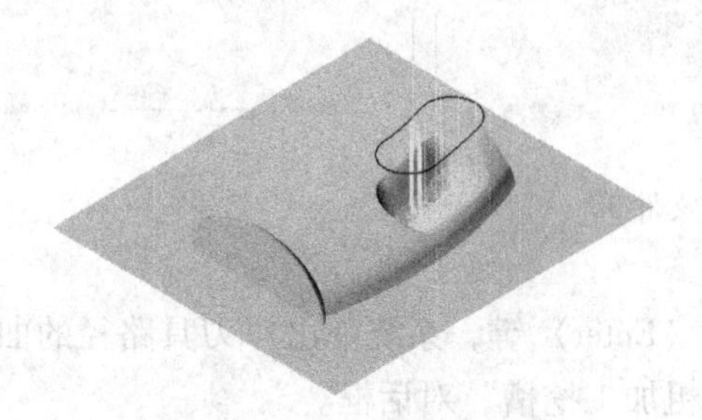

图 3-180 残料粗加工刀具路径

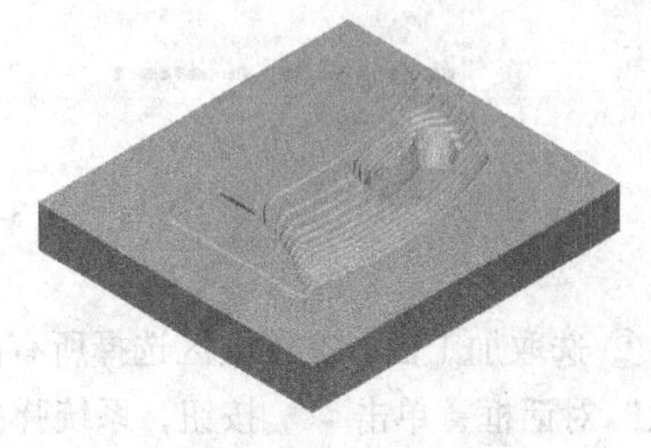

图 3-181 曲面残料粗加工模拟结果

（8）粗加工钻削式加工

钻削式粗加工是将铣刀像钻头一样沿曲面的形状进行快速钻削加工，快速移除工件的材料。曲面钻削式粗加工的操作步骤如下：

1）进入加工环境。

打开示例文件“ch3/3-182. MCX-6”，如图 3-182 所示。

2）工件设置。

① 在操作管理中单击 属性 - Mill Default MM 节点前的“+”号，将该节点展开，然后单击“素材设置”节点。

② 设置工件形状。在“形状”选项区域中选中“立方体”单选按钮。

③ 设置工件尺寸。在“素材原点”选项区域设置 X = 0、Y = 0、Z = 0，在右侧的预览区设置 X = 105、Y = 75、Z = 45，单击按钮，完成工件的设置。

3）加工方法设置。

① 选择加工方法。单击菜单“刀具路径”→“曲面粗加工”→“粗加工钻削式加工”命令，弹出“选择工件形状”对话框，采用系统默认设置，单击按钮，弹出“输入新 NC 名称”对话框，采用默认名称，单击按钮。

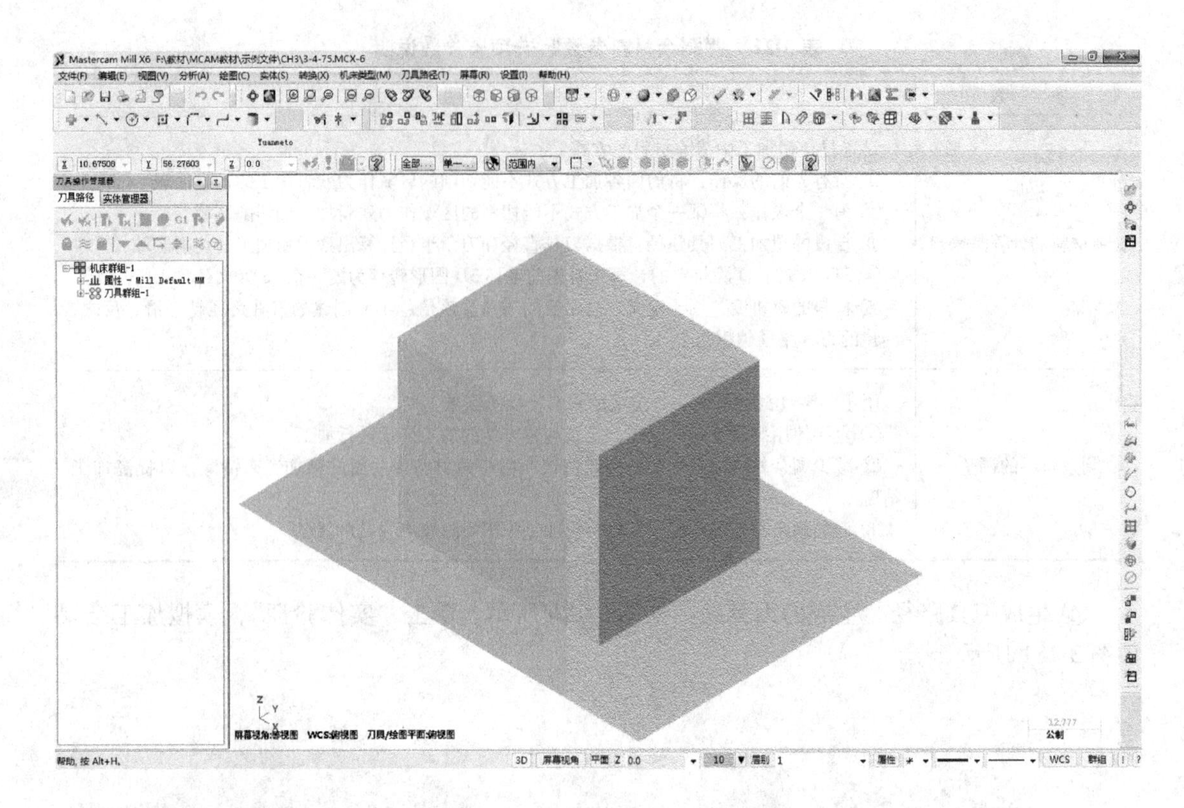

图 3-182　示例文件 30

② 选取加工面。在绘图区选择所有曲面，按〈Enter〉键，系统弹出“刀具路径的曲面选取”对话框，单击 按钮，系统弹出“曲面粗加工挖槽”对话框。

4）刀具设置。

① 确定刀具类型。单击 刀具过滤 按钮，在弹出的“刀具过滤列表设置”对话框的“刀具类型”选项区域中选择 （钻头刀）。

② 选择刀具。选择直径为 10 的钻头。

③ 设置刀具相关参数。双击上一步选择的刀具，设置刀具号码：1；单击“参数”选项卡，设置进给速率为 400、下刀速率为 200、提刀速率为 2200、主轴转速为 2000。

5）加工参数设置。

① 设置曲面参数。单击“曲面参数”选项卡，设置参考高度为 60，进给下刀位置为 3，加工预留量为 0.3，如图 3-183 所示。

② 设置钻削式粗加工参数。单击“钻削式粗加工参数”选项卡，参数设置如图 3-184 所示。

③ 生成刀具路径。参数设置完成后，系统提示选择钻削范围，依次选择左下角角点、右上角角点，生成的刀具路径如图 3-185 所示。单击“实体验证”，模拟加工结果如图 3-186 所示。

4. 曲面精加工

曲面精加工用于粗加工后预留加工余量的加工。对于不同形状和要求的零件，系统提供了 11 种加工方式。

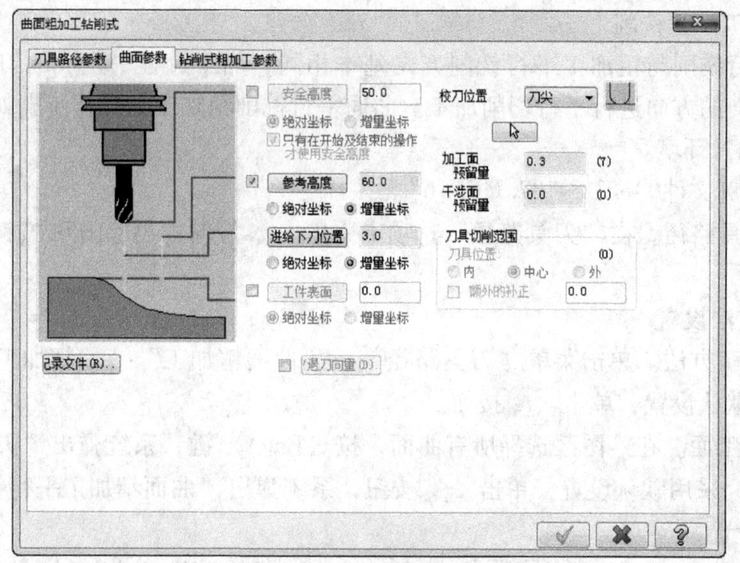

图 3-183 “曲面参数”选项卡

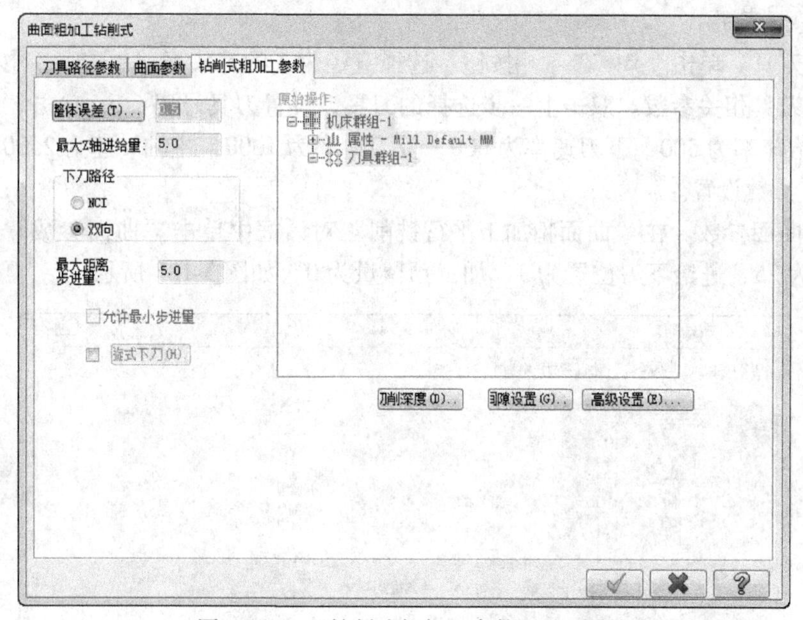

图 3-184 “钻削式粗加工参数”选项卡

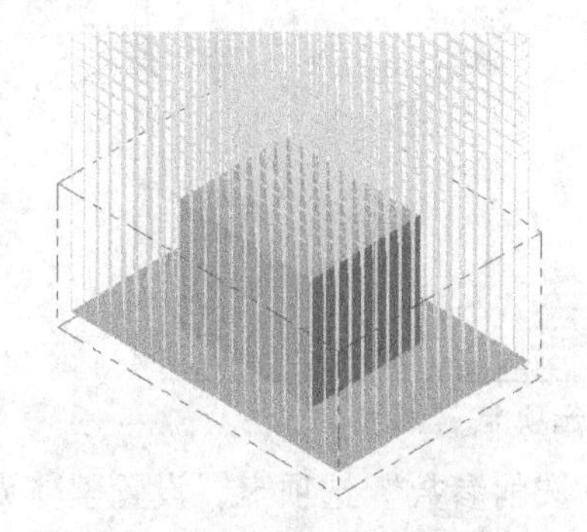

图 3-185 钻削式粗加工刀具路径

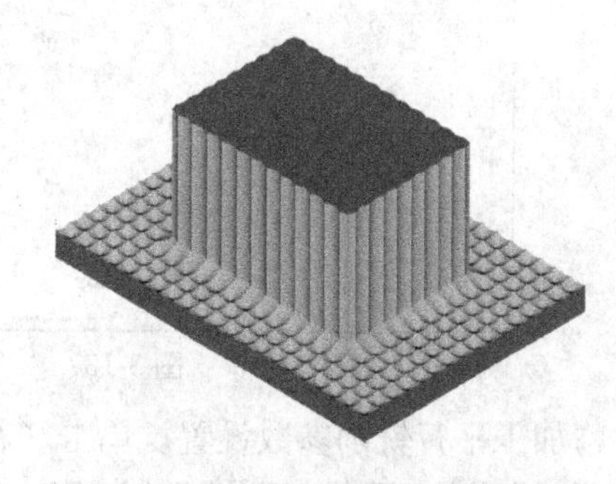

图 3-186 曲面钻削式粗加工模拟结果

(1) 精加工平行铣削

精加工平行铣削与粗加工平行铣削方式基本相同，加工过程中生成的刀具路径相互平行，按照所定义的方向进行平行切削加工。曲面平行铣削精加工的操作步骤如下：

1) 进入加工环境。

① 打开示例文件“ch3/3-187. MCX-6”。

② 隐藏刀具路径。在“刀具路径”选项卡中单击按钮，再单击按钮，将已存在的刀具路径隐藏。

2) 加工方法设置。

① 选择加工方法。单击菜单“刀具路径”→“曲面精加工”→“精加工平行铣削”命令，采用系统默认设置，单击按钮。

② 选取加工面。在绘图区选择所有曲面，按〈Enter〉键，系统弹出“刀具路径的曲面选取”对话框，采用默认设置，单击按钮，系统弹出“曲面精加工平行铣削”对话框。

3) 刀具设置。

① 确定刀具类型。单击 刀具过滤 按钮，在“刀具类型”选项区域中选择（球头刀），单击按钮。

② 选择刀具。单击 选择刀库... 按钮，选择直径为6的球头刀，单击按钮。

③ 设置刀具相关参数。双击上一步选择的刀具，设置刀具号码：1；单击“参数”选项卡，设置进给速率为500，下刀速率为600，提刀速率为1000，主轴转速为2500。

4) 加工参数设置。

① 设置曲面参数。在“曲面精加工平行铣削”对话框中单击“曲面参数”选项卡，设置参考高度为25、进给下刀位置为3、加工预留量为0，如图3-187所示。

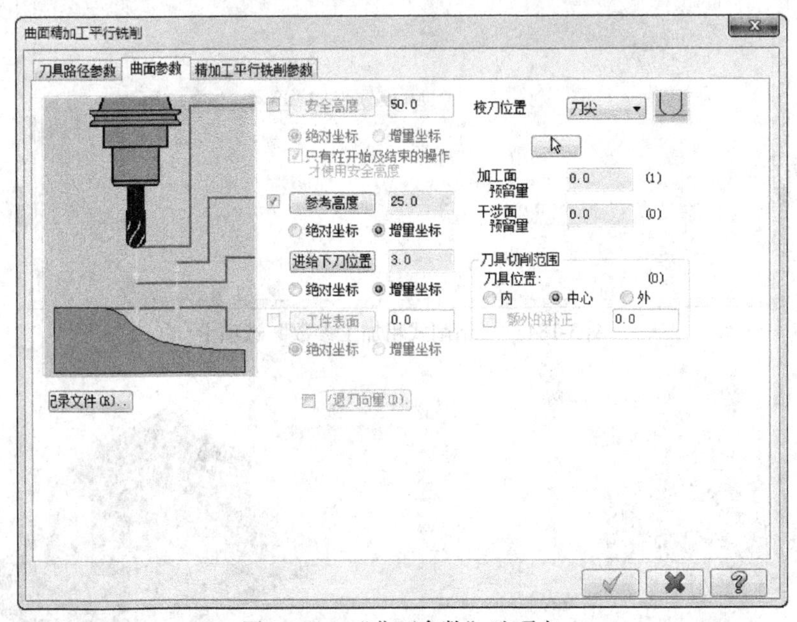

图3-187 “曲面参数”选项卡

② 精加工平行铣削参数设置。单击“精加工平行铣削参数”选项卡，设置整体误差为0.001、最大切削间距为0.5，切削方式为双向，如图3-188所示。

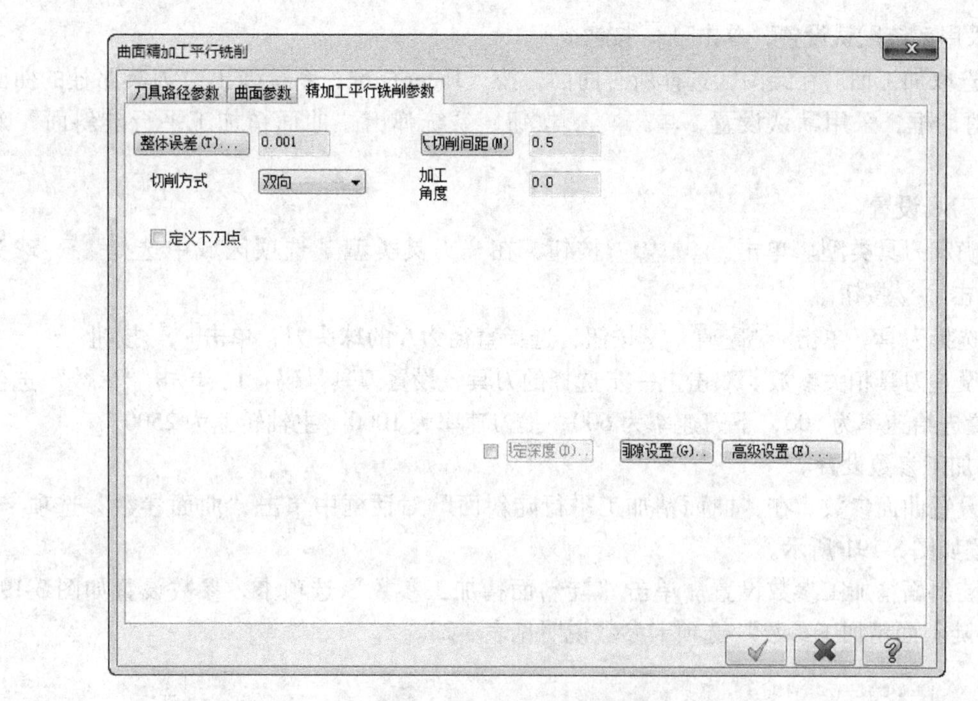

图 3-188 “精加工平行铣削参数”选项卡

③ 生成刀具路径。生成的刀具路径部分放大图如图 3-189 所示。单击“实体验证”，模拟加工结果如图 3-190 所示。

图 3-189 平行铣削精加工刀具路径放大图

图 3-190 曲面平行铣削精加工模拟结果

（2）精加工平行陡斜面

精加工平行陡斜面用于清除曲面斜坡上残留的材料，一般需要与其他精加工方法配合使用。曲面平行铣削精加工的操作步骤如下：

1）进入加工环境。

① 打开示例文件“ch3/3-191. MCX-6”。

② 隐藏刀具路径。在“刀具路径”选项卡中单击按钮，再单击按钮，将已存在的刀具路径隐藏。

2）加工方法设置。

① 选择加工方法。单击菜单“刀具路径”→“曲面精加工”→“精加工平行陡斜面”

命令，采用系统默认设置，单击 按钮。

② 选取加工面。在绘图区选择所有曲面，按〈Enter〉键，系统弹出“刀具路径的曲面选取”对话框，采用默认设置，单击 按钮，系统弹出“曲面精加工平行陡斜面”对话框。

3）刀具设置。

① 确定刀具类型。单击 刀具过滤 按钮，在“刀具类型”选项区域中选择 （球头刀），单击 按钮。

② 选择刀具。单击 选择刀库... 按钮，选择直径为6的球头刀，单击 按钮。

③ 设置刀具相关参数。双击上一步选择的刀具，设置刀具号码：1；单击“参数”选项卡，设置进给速率为500，下刀速率为600，提刀速率为1000，主轴转速为2500。

4）加工参数设置。

① 设置曲面参数。在“曲面精加工平行陡斜面”对话框中单击“曲面参数”选项卡，参数设置如图3-191所示。

② 陡斜面精加工参数设置。单击“陡斜面精加工参数”选项卡，参数设置如图3-191所示。“陡斜面精加工参数”选项卡参数说明见表3-23。

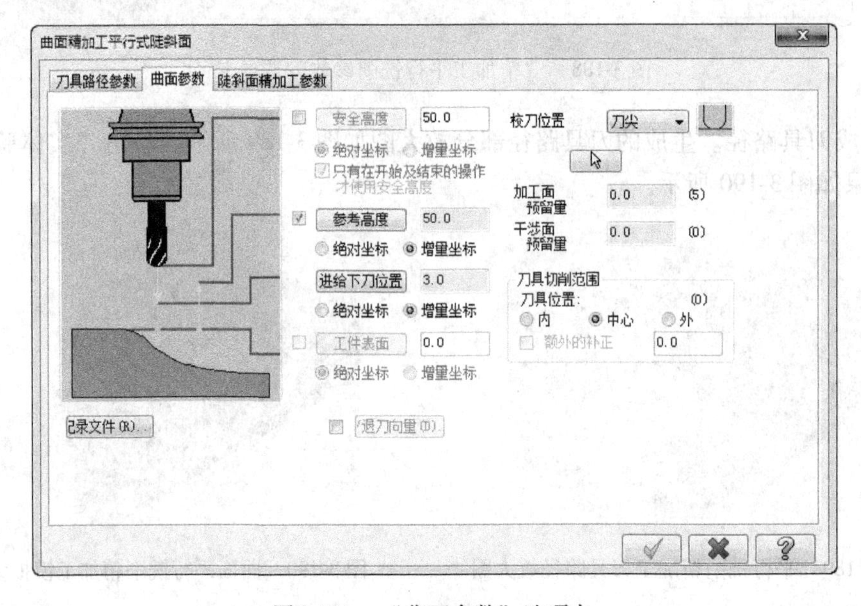

图 3-191 “曲面参数”选项卡

表 3-23 “陡斜面精加工参数”选项卡参数说明

参　　数	说　　明
加工角度	定义陡斜面的刀具路径与 X 轴的角度
切削延伸量	定义切削方向的延伸量。消除不同刀具路径间产生的加工间隙，其延伸距离为两个刀具路径的公共部分，延伸刀具路径沿着曲面曲率变化
陡斜面的范围	设置加工的陡斜面的范围 ① 从倾斜角度：陡斜面的起始加工角度 ② 到倾斜角度：陡斜面的终止加工角度 ③ 包含外部的切削：设置加工在陡斜的范围角度外面的区域

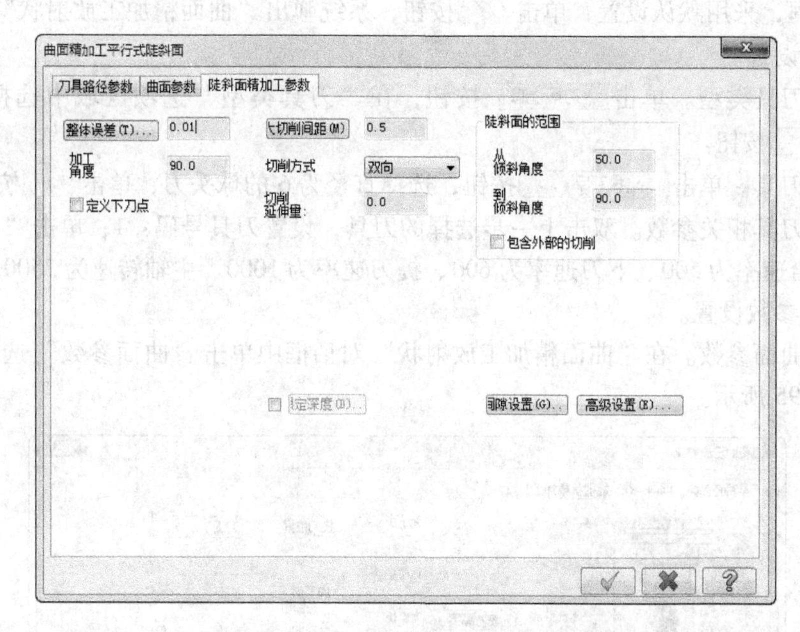

图 3-192 “陡斜面精加工参数”选项卡

③ 生成刀具路径。生成的刀具路径部分放大图如图 3-193 所示。单击“实体验证”，模拟加工结果如图 3-194 所示。

图 3-193 平行陡斜面精加工刀具路径放大图

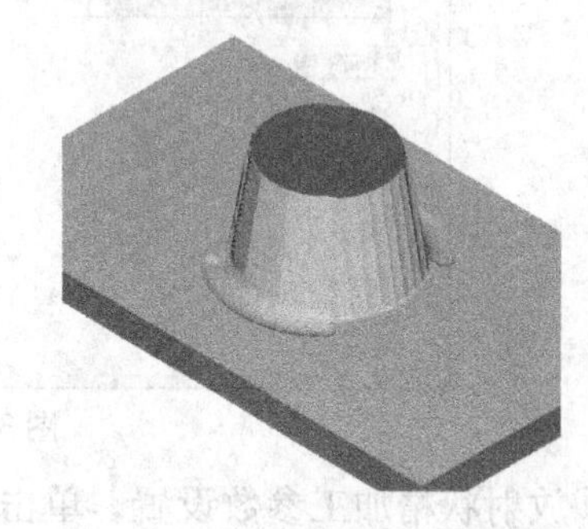

图 3-194 平行陡斜面精加工模拟结果

（3）精加工放射状

精加工放射状是指刀具绕一个旋转中心点对工件某一范围内的材料进行加工的方法，其刀具路径呈放射状。曲面放射状精加工的操作步骤如下：

1）进入加工环境。

① 打开示例文件“ch3/3-195. MCX-6”。

② 隐藏刀具路径。在“刀具路径”选项卡中单击按钮，再单击按钮，将已存在的刀具路径隐藏。

2）加工方法设置。

① 选择加工方法。单击菜单“刀具路径”→“曲面精加工”→“精加工平行陡斜面”命令，采用系统默认设置，单击按钮。

② 选取加工面。在绘图区选择所有曲面，按〈Enter〉键，系统弹出“刀具路径的曲面

选取”对话框，采用默认设置，单击 ✓ 按钮，系统弹出“曲面精加工放射状”对话框。

3）刀具设置。

① 确定刀具类型。单击 刀具过滤 按钮，在“刀具类型”选项区域中选择（球头刀），单击 ✓ 按钮。

② 选择刀具。单击 选择刀库... 按钮，选择直径为 6 的球头刀，单击 ✓ 按钮。

③ 设置刀具相关参数。双击上一步选择的刀具，设置刀具号码：1；单击“参数”选项卡，设置进给速率为 500、下刀速率为 600、提刀速率为 1000、主轴转速为 2500。

4）加工参数设置。

① 设置曲面参数。在“曲面精加工放射状”对话框中单击“曲面参数”选项卡，参数设置如图 3-195 所示。

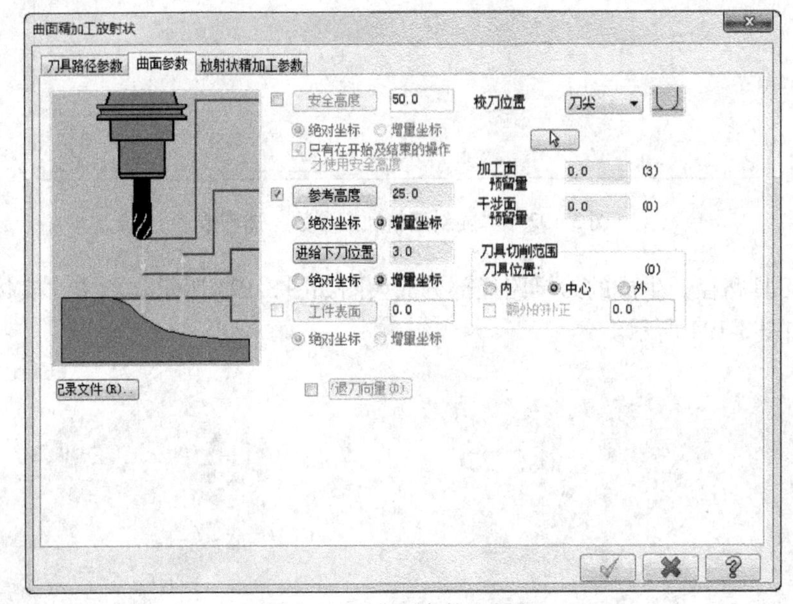

图 3-195 曲面参数选项卡

② 放射状精加工参数设置。单击“放射状精加工参数”选项卡，参数设置如图 3-196 所示。

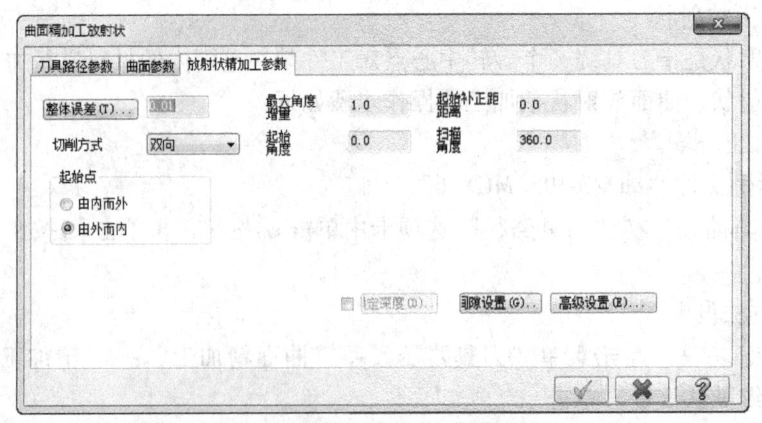

图 3-196 放射状精加工参数选项卡

③ 生成刀具路径。生成的刀具路径部分放大图如图 3-197 所示。单击“实体验证”，模拟加工结果如图 3-198 所示。

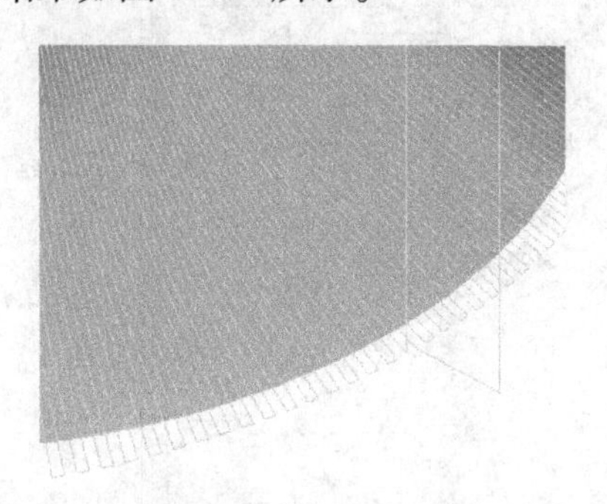

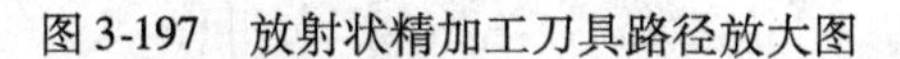
图 3-197　放射状精加工刀具路径放大图

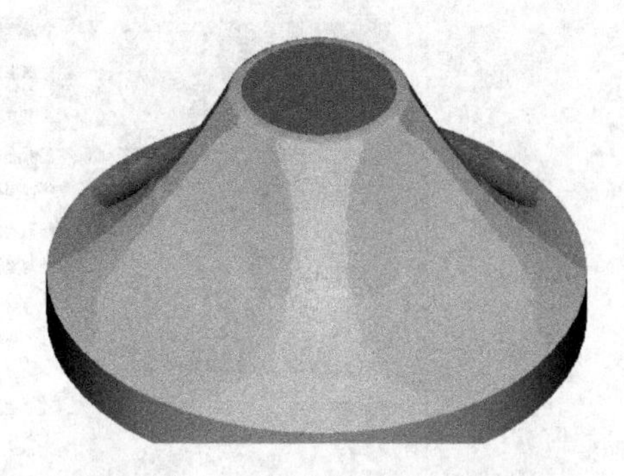

图 3-198　放射状精加工模拟结果

（4）精加工投影加工

精加工投影加工是将几何图形或现存的刀具路径投影到被选取的曲面上，通常用于雕刻图案或文字。曲面投影精加工的操作步骤如下：

1）进入加工环境。

① 打开示例文件“ch3/3-199. MCX-6”。

② 隐藏刀具路径。在“刀具路径”选项卡中单击按钮，再单击按钮，将已存在的刀具路径隐藏。

2）加工方法设置。

① 选择加工方法。单击菜单“刀具路径”→“曲面精加工”→“精加工平行陡斜面”命令，采用系统默认设置，单击按钮。

② 选取加工面。在绘图区选择所有曲面，按〈Enter〉键，系统弹出“刀具路径的曲面选取”对话框，采用默认设置，单击按钮，系统弹出“曲面精加工投影”对话框。

3）刀具设置。

① 确定刀具类型。单击 刀具过滤 按钮，在“刀具类型”选项区域中选择（球头刀），单击按钮。

② 选择刀具。单击 选择刀库... 按钮，选择直径为 2 的球头刀，单击按钮。

③ 设置刀具相关参数。双击上一步选择的刀具，设置刀具号码：1；单击“参数”选项卡，设置进给速率为 300，下刀速率为 200，提刀速率为 1000，主轴转速为 2500。

4）加工参数设置。

① 设置曲面参数。在“曲面精加工投影”对话框中单击“曲面参数”选项卡，参数设置如图 3-199 所示。

② 投影精加工参数设置。单击“投影精加工参数”选项卡，参数设置如图 3-200 所示。

③ 生成刀具路径。生成刀具路径后，单击“实体验证”，模拟加工结果如图 3-201 所示。

（5）精加工流线加工

精加工流线加工可以沿着曲面流线方向生成光滑和流线型的刀具路径。它和曲面平行精加工不同，后者以一定的角度加工，并不沿着曲面流线加工，因此可能会有很多空切削。曲

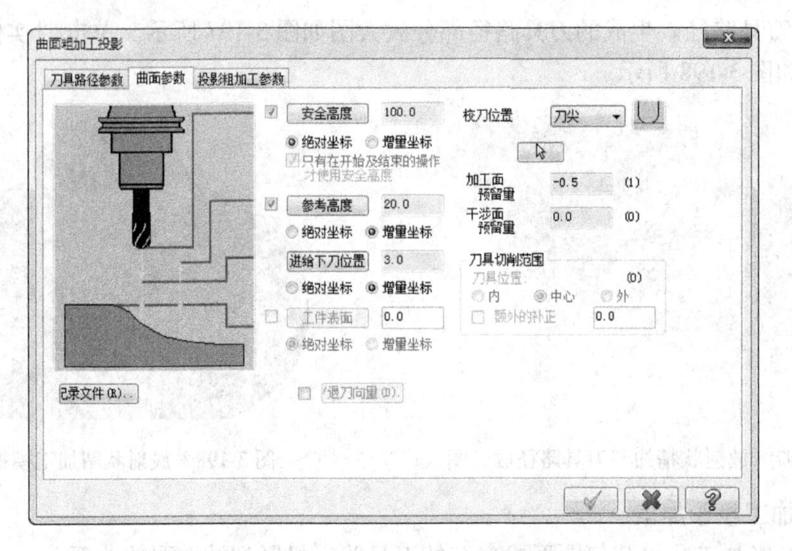

图 3-199　“曲面参数”选项卡

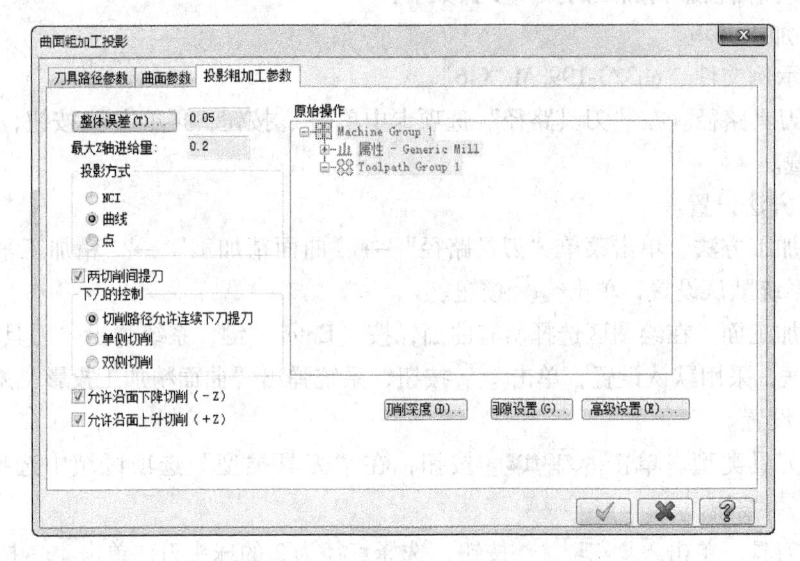

图 3-200　“投影精加工参数”选项卡

面流线精加工的操作步骤如下：

1）进入加工环境。

① 打开示例文件“ch3/3-202. MCX-6”。

② 隐藏刀具路径。在“刀具路径”选项卡中单击按钮，再单击按钮，将已存在的刀具路径隐藏。

2）加工方法设置。

① 选择加工方法。单击菜单“刀具路径”→“曲面精加工”→“精加工流线加工”命令，采用系统默认设置，单击按钮。

图 3-201　投影精加工模拟结果

② 选取加工面。在绘图区选择所有曲面，按〈Enter〉键，系统弹出“刀具路径的曲面选取”对话框，单击按钮，设置曲面流线补正方向与切削方向，单击按钮，系统弹出“曲面精加工流线加工”对话框。

3）刀具设置。

① 确定刀具类型。单击 刀具过滤 按钮，在“刀具类型”选项区域中选择（球头刀），单击按钮。

② 选择刀具。单击 选择刀库... 按钮，选择直径为 6 的球头刀，单击按钮。

③ 设置刀具相关参数。双击上一步选择的刀具，设置刀具号码：1；单击“参数”选项卡，设置进给速率为 500，下刀速率为 600，提刀速率为 1000，主轴转速为 2500。

4）加工参数设置。

① 设置曲面参数。在“曲面精加工放射状”对话框中单击“曲面参数”选项卡，参数设置如图 3-202 所示。

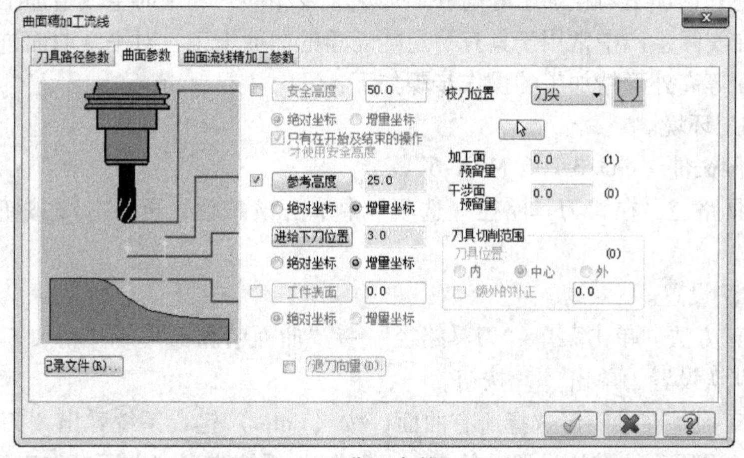

图 3-202　“曲面参数”选项卡

② 曲面流线精加工参数设置。单击“曲面流线精加工参数”选项卡，参数设置如图 3-203 所示。

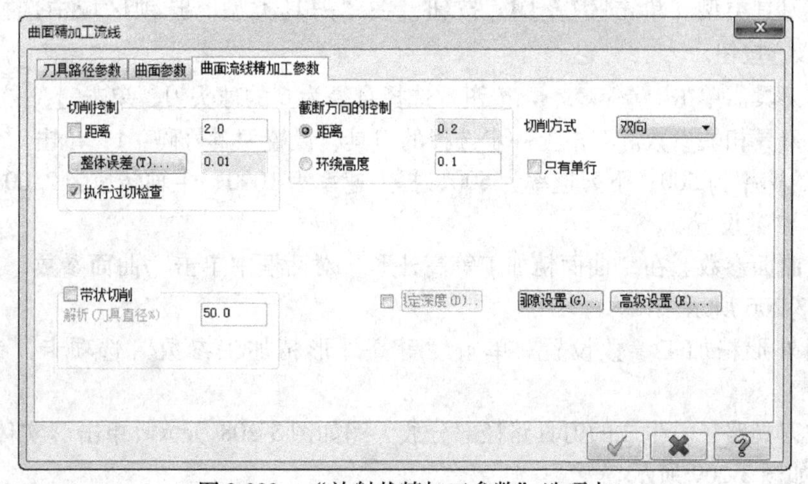

图 3-203　“放射状精加工参数”选项卡

③ 生成刀具路径。生成的刀具路径部分放大图如图 3-204 所示。单击“实体验证”，模拟加工结果如图 3-205 所示。

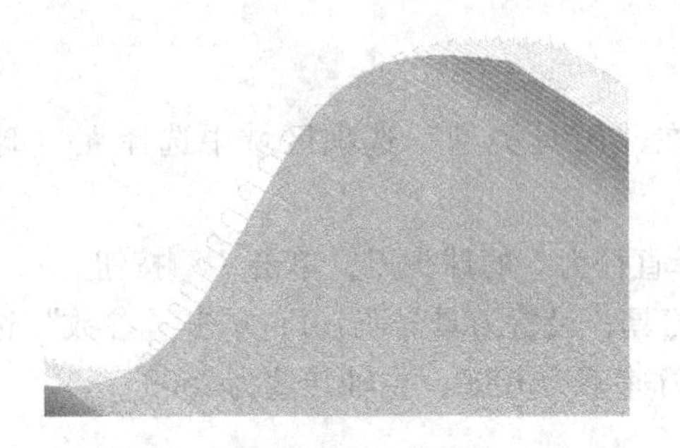

图 3-204　流线精加工刀具路径放大图

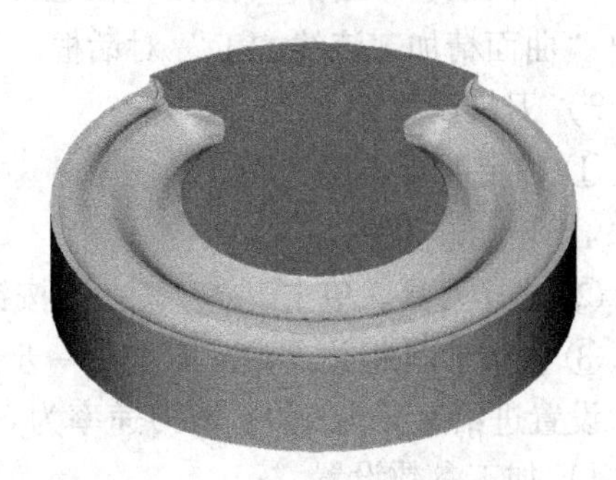

图 3-205　流线精加工模拟结果

（6）精加工等高外形

精加工等高外形加工与粗加工等高外形加工大致相同，加工时生成沿加工工件曲面外形的刀具路径。在实际生产中常用于具有一定陡峭角的曲面加工，对平缓曲面进行加工效果不是很理想。曲面等高外形精加工的操作步骤如下：

1）进入加工环境。

① 打开示例文件“ch3/3-206. MCX-6”。

② 隐藏刀具路径。在“刀具路径”选项卡中单击按钮，再单击按钮，将已存在的刀具路径隐藏。

2）加工方法设置。

① 选择加工方法。单击菜单“刀具路径”→“曲面精加工”→“精加工等高外形”命令，采用系统默认设置，单击按钮。

② 选取加工面。在绘图区选择所有曲面，按〈Enter〉键，系统弹出“刀具路径的曲面选取”对话框，采用系统默认设置，单击按钮，系统弹出“曲面精加工等高外形加工”对话框。

3）刀具设置。

① 确定刀具类型。单击 刀具过滤 按钮，在“刀具类型”选项区域中选择（球头刀），单击按钮。

② 选择刀具。单击 选择刀库... 按钮，选择直径为 6 的球头刀，单击按钮。

③ 设置刀具相关参数。双击上一步选择的刀具，设置刀具号码：1；单击“参数”选项卡，设置进给速率为 500、下刀速率为 600、提刀速率为 1000、主轴转速为 2500。

4）加工参数设置。

① 设置曲面参数。在“曲面精加工等高外形”对话框中单击“曲面参数”选项卡，参数设置如图 3-206 所示。

② 等高外形精加工参数设置。单击“等高外形精加工参数”选项卡，参数设置如图 3-207 所示。

③ 生成刀具路径。生成的刀具路径部分放大图如图 3-208 所示。单击“实体验证”，模拟加工结果如图 3-209 所示。

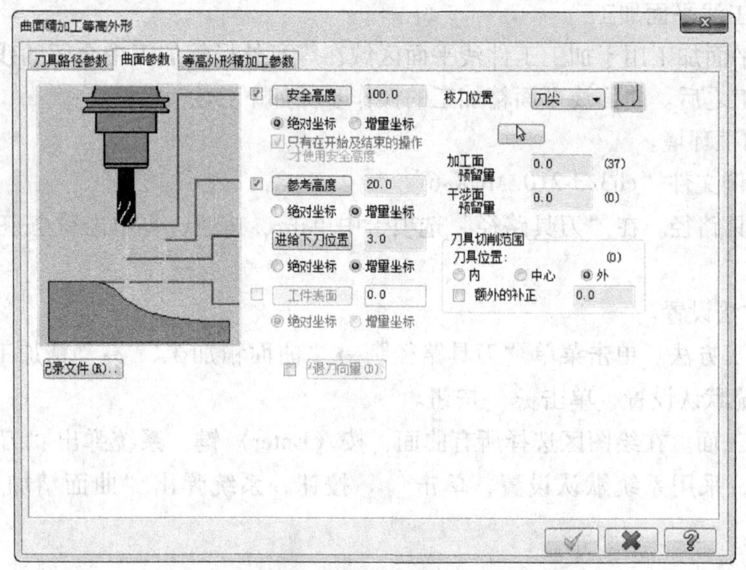

图 3-206　“曲面参数”选项卡

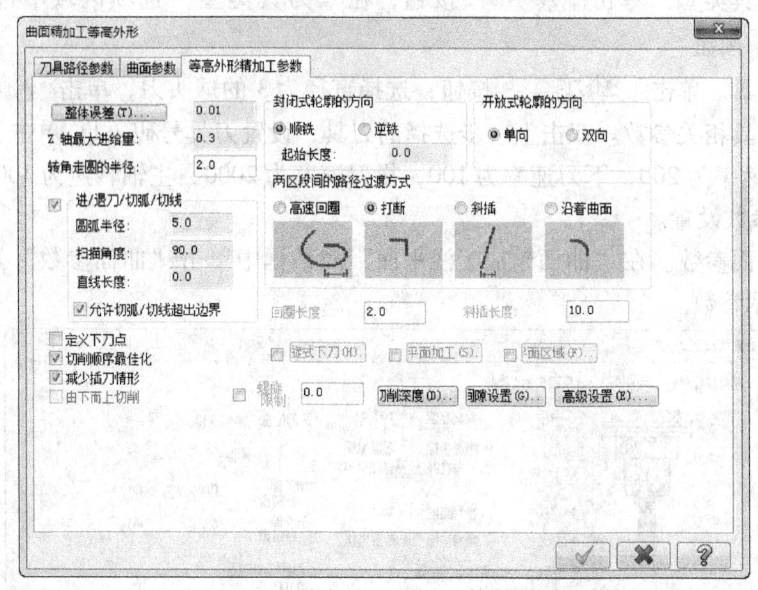

图 3-207　“等高外形精加工参数”选项卡

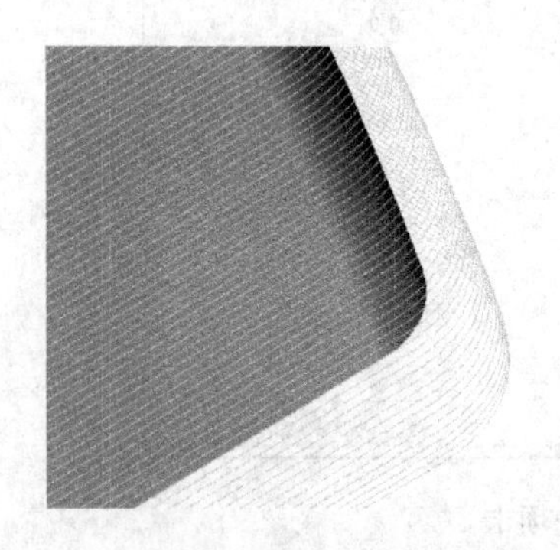

图 3-208　等高外形精加工刀具路径放大图

图 3-209　等高外形精加工模拟结果

（7）精加工浅平面加工

精加工浅平面加工用于加工工件浅平面区域在等高外形精加工中余留的残料，通常用于等高外形精加工之后。曲面浅平面精加工的操作步骤如下：

1）进入加工环境。

① 打开示例文件“ch3/3-210. MCX-6”。

② 隐藏刀具路径。在“刀具路径”选项卡中单击按钮，再单击按钮，将已存在的刀具路径隐藏。

2）加工方法设置。

① 选择加工方法。单击菜单“刀具路径”→“曲面精加工”→“精加工浅平面加工”命令，采用系统默认设置，单击按钮。

② 选取加工面。在绘图区选择所有曲面，按〈Enter〉键，系统弹出“刀具路径的曲面选取”对话框，采用系统默认设置，单击按钮，系统弹出“曲面精加工浅平面”对话框。

3）刀具设置。

① 确定刀具类型。单击 刀具过滤 按钮，在“刀具类型”选项区域中选择（球头刀），单击按钮。

② 选择刀具。单击 选择刀库... 按钮，选择直径为 3 的球头刀，单击按钮。

③ 设置刀具相关参数。双击上一步选择的刀具，设置刀具号码：1；单击“参数”选项卡，设置进给速率为 200，下刀速率为 100，提刀速率为 2000，主轴转速为 3000。

4）加工参数设置。

① 设置曲面参数。在“曲面精加工浅平面”对话框中单击“曲面参数”选项卡，设置如图 3-210 所示参数。

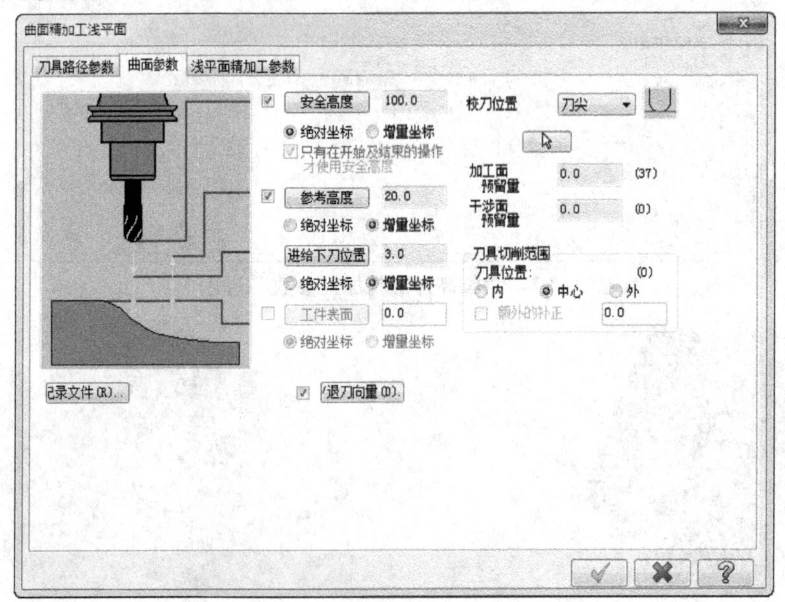

图 3-210　“曲面参数”选项卡

② 浅平面精加工参数设置。单击“浅平面精加工参数”选项卡，设置如图 3-211 所示参数。

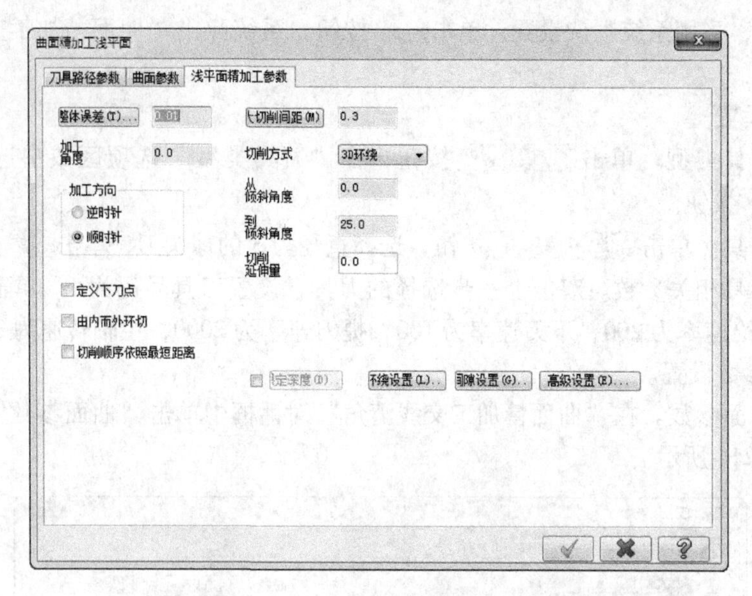

图 3-211 “浅平面精加工参数”选项卡

③ 生成刀具路径。生成的刀具路径部分放大图如图 3-212 所示。单击“实体验证”，模拟加工结果如图 3-213 所示。

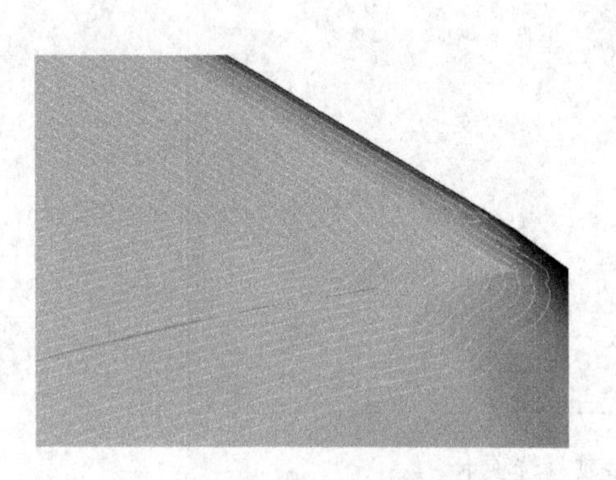

图 3-212 浅平面精加工刀具路径放大图

图 3-213 浅平面精加工模拟结果

（8）精加工交线清角加工

精加工交线清角加工用于清除曲面间的交角部分残留材料，与其他精加工方法配合使用。曲面交线清角精加工的操作步骤如下：

1）进入加工环境。

① 打开示例文件“ch3/3-214. MCX-6”。

② 隐藏刀具路径。在“刀具路径”选项卡中单击 按钮，再单击 按钮，将已存在的刀具路径隐藏。

2）加工方法设置。

① 选择加工方法。单击菜单“刀具路径”→“曲面精加工”→“精加工交线清角加

工”命令，采用系统默认设置，单击按钮。

② 选取加工面。在绘图区选择所有曲面，按〈Enter〉键，系统弹出“刀具路径的曲面选取”对话框，采用系统默认设置，单击按钮，系统弹出“曲面精加工交线清角”对话框。

3）刀具设置。

① 确定刀具类型。单击刀具过滤按钮，在“刀具类型”选项区域中选择（球头刀），单击按钮。

② 选择刀具。单击选择刀库...按钮，选择直径为3的球头刀，单击按钮。

③ 设置刀具相关参数。双击上一步选择的刀具，设置刀具号码为1。单击“参数”选项卡，设置进给速率为200，下刀速率为100，提刀速率为2000，主轴转速为3000。

4）加工参数设置。

① 设置曲面参数。在“曲面精加工交线清角”对话框中单击“曲面参数”选项卡，参数设置如图3-214所示。

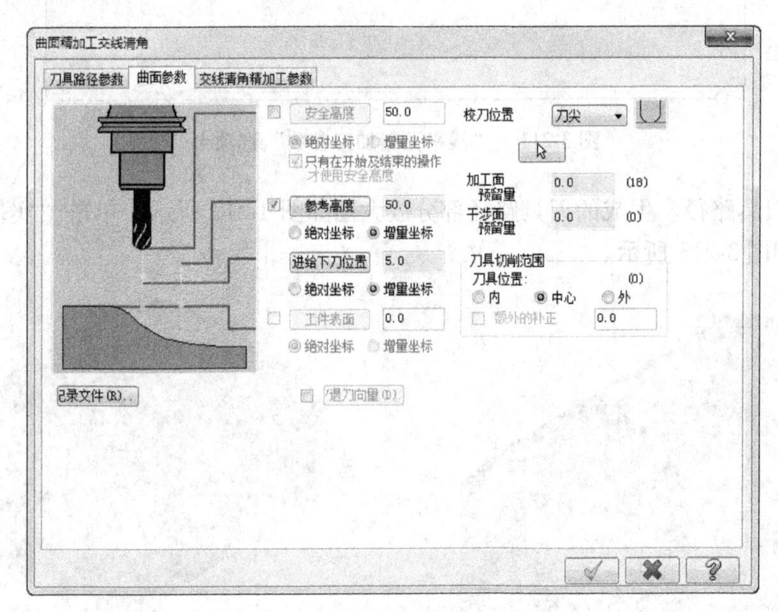

图3-214 “曲面参数”选项卡

② 交线清角精加工参数设置。单击“交线清角精加工参数”选项卡，参数设置如图3-215所示。

③ 生成刀具路径。生成刀具路径部分放大图如图3-216所示；单击“实体验证”，模拟加工结果如图3-217所示。

（9）精加工残料加工

精加工残料加工用于清除由于大直径刀具加工造成的残留材料。曲面残料精加工操作步骤如下：

1）进入加工环境。

① 打开示例文件“ch3/3-218. MCX-6”。

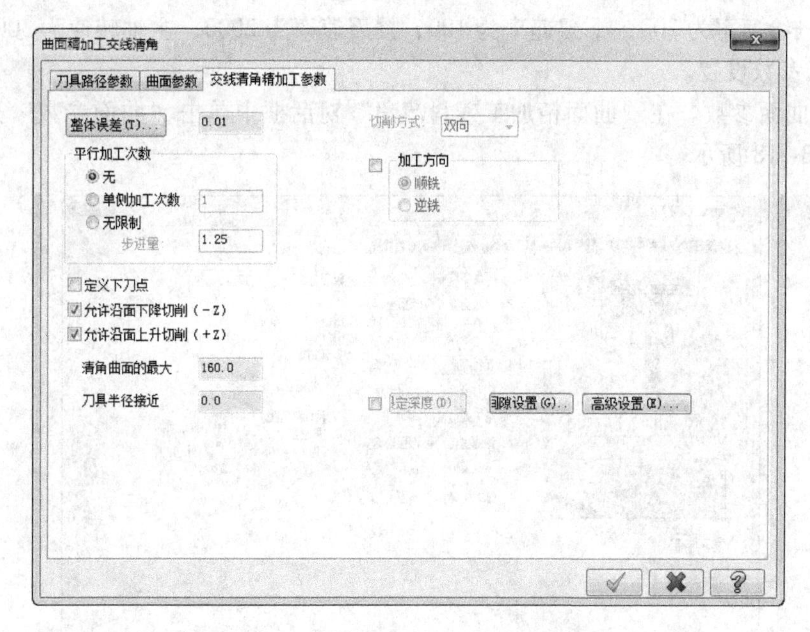

图 3-215　“交线清角精加工”参数选项卡

图 3-216　交线清角精加工刀具路径放大图

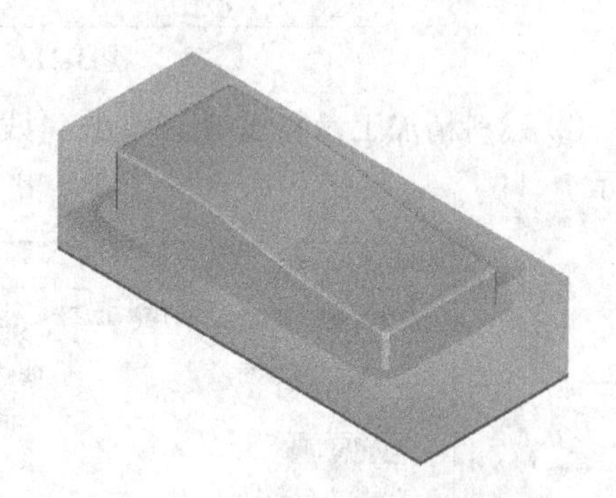

图 3-217　交线清角精加工模拟结果

② 隐藏刀具路径。在“刀具路径”选项卡中单击按钮，再单击按钮，将已存在的刀具路径隐藏。

2）加工方法设置。

① 选择加工方法。单击菜单“刀具路径”→“曲面精加工”→“精加工残料加工”命令，采用系统默认设置，单击按钮。

② 选取加工面。在绘图区选择所有曲面，按〈Enter〉键，系统弹出“刀具路径的曲面选取”对话框，采用系统默认设置，单击按钮，系统弹出“曲面精加工残料”对话框。

3）刀具设置。

① 确定刀具类型。单击 刀具过滤 按钮，在“刀具类型”选项区域中选择（球头刀），单击按钮。

② 选择刀具。单击 选择刀库... 按钮，选择直径为 3 的球头刀，单击按钮。

③ 设置刀具相关参数。双击上一步选择的刀具，设置刀具号码为 1。单击“参数”选

项卡，设置进给速率为200，下刀速率为100，提刀速率为2000，主轴转速为3000。

4）加工参数设置。

① 设置曲面参数。在“曲面精加工残料清角”对话框中单击“曲面参数”选项卡，参数设置如图3-218所示。

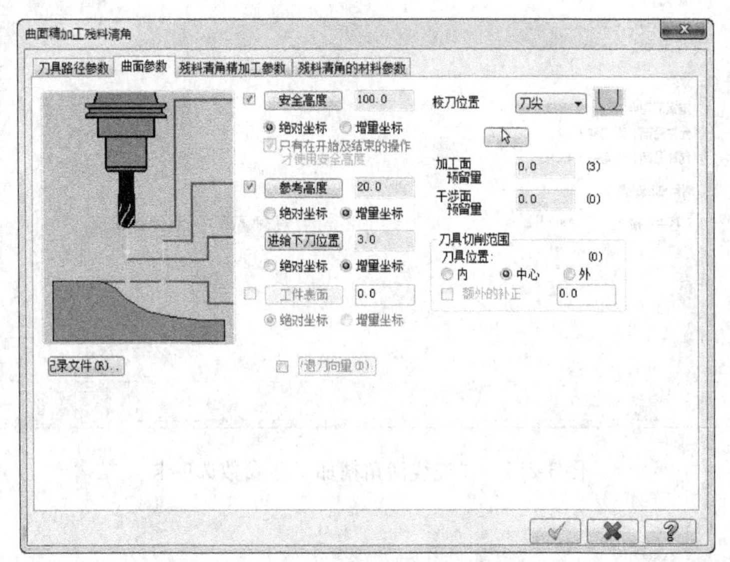

图3-218 “曲面参数”选项卡

② 残料精加工参数设置。单击“残料清角精加工参数”选项卡，参数设置如图3-219所示。

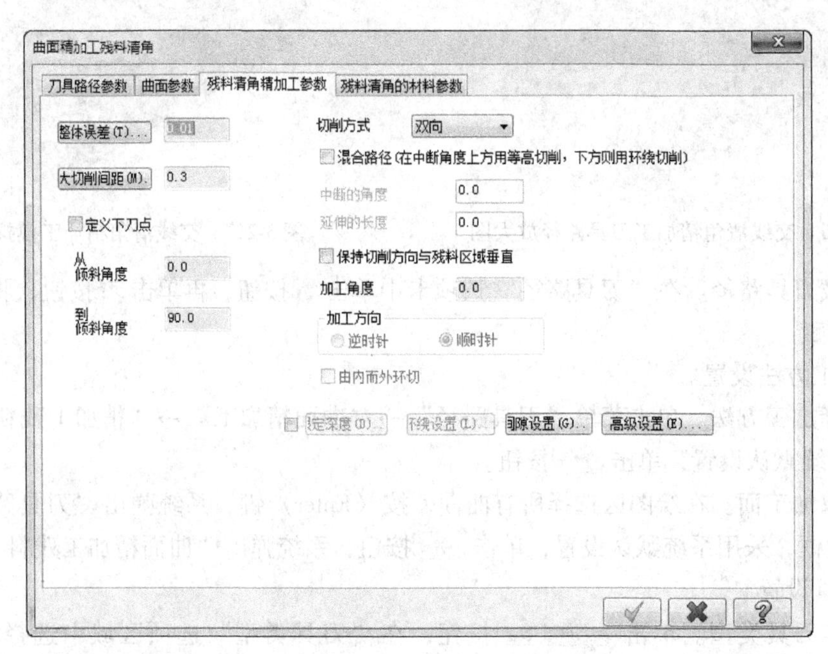

图3-219 “残料清角精加工参数”选项卡

③ 残料清角的材料参数设置。单击“残料清角的材料参数”选项卡，参数设置如

图 3-220 所示。

曲面精加工残料清角

刀具路径参数 | 曲面参数 | 残料清角精加工参数 | 残料清角的材料参数

由粗铣的刀具计算剩余的材料

粗铣刀具的刀具直径: 12.0

粗铣刀具的刀角半径: 6.0

重叠距离: 0.0

图 3-220 “残料清角材料参数”选项卡

④ 生成刀具路径。生成的刀具路径部分放大图如图 3-221 所示。单击“实体验证”，模拟加工结果如图 3-222 所示。

图 3-221 残料清角精加工刀具路径放大图

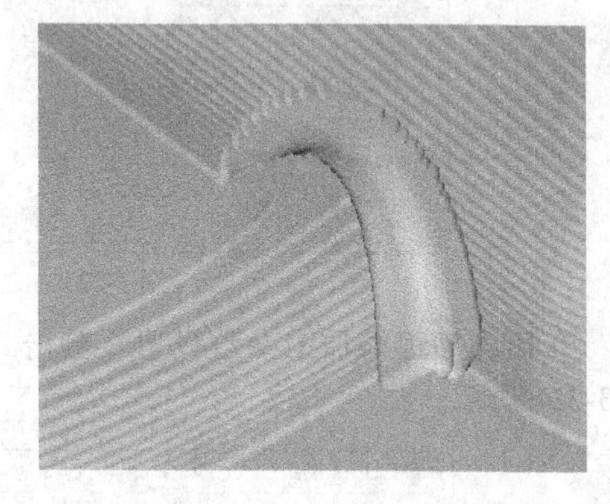

图 3-222 残料清角精加工模拟结果

（10）精加工环绕等距加工

精加工环绕等距加工是指刀具沿着工件做环绕运动。曲面残料精加工的操作步骤如下：

1）进入加工环境。

① 打开示例文件“ch3/3-223. MCX-6”。

② 隐藏刀具路径。在“刀具路径”选项卡中单击按钮，再单击按钮，将已存在的刀具路径隐藏。

2）加工方法设置。

① 选择加工方法。单击菜单“刀具路径”→“曲面精加工”→“精加工环绕等距加工”命令，采用系统默认设置，单击按钮。

② 选取加工面。在绘图区选择所有曲面，按〈Enter〉键，系统弹出“刀具路径的曲面选取”对话框，采用系统默认设置，单击 ✔ 按钮，系统弹出“曲面精加工环绕等距”对话框。

3）刀具设置。

① 确定刀具类型。单击 刀具过滤 按钮，在“刀具类型”选项区域中选择 （圆鼻刀），单击 ✔ 按钮。

② 选择刀具。单击 选择刀库... 按钮，选择直径为6、刀角半径为1的圆鼻刀。

③ 设置刀具相关参数。双击上一步选择的刀具，设置刀具号码为1。单击“参数”选项卡，设置进给速率为400，下刀速率为300，提刀速率为2000，主轴转速为2500。

4）加工参数设置。

① 设置曲面参数。在“曲面精加工环绕等距”对话框中单击“曲面参数”选项卡，参数设置如图3-223所示。

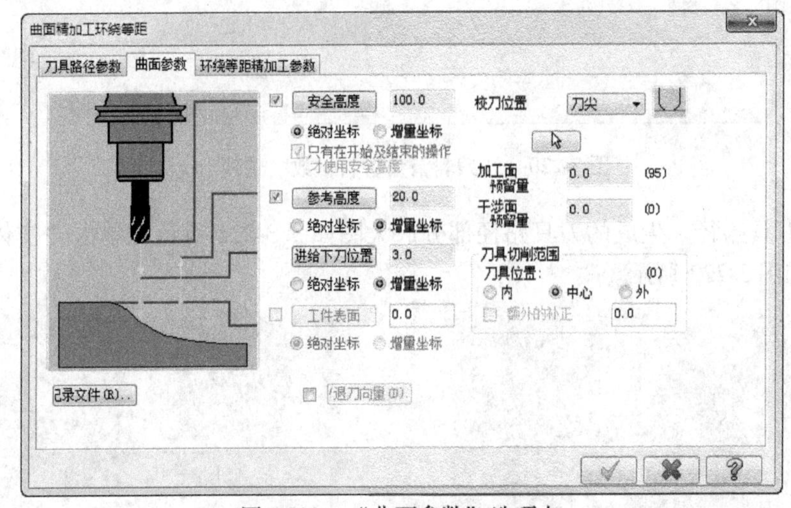

图3-223 “曲面参数”选项卡

② 环绕等距精加工参数设置。单击“环绕等距精加工参数”选项卡，参数设置如图3-224所示。

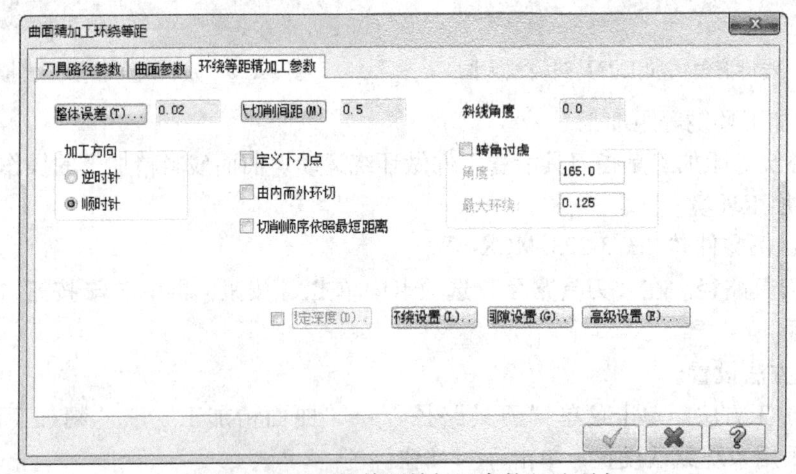

图3-224 “环绕等距精加工参数”选项卡

③ 生成刀具路径。生成的刀具路径部分放大图如图 3-225 所示。单击“实体验证”，模拟加工结果如图 3-226 所示。

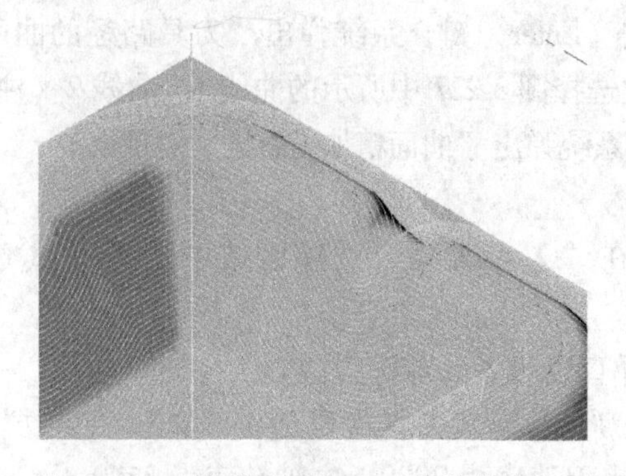

图 3-225　环绕等距精加工刀具路径放大图

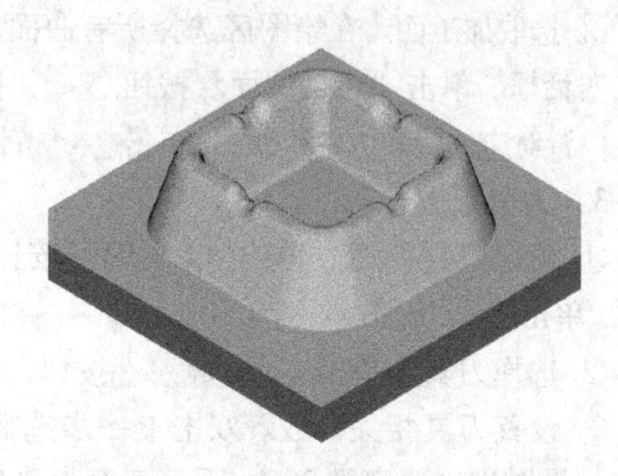

图 3-226　环绕等距精加工模拟结果

（11）精加工熔接加工

精加工熔接加工是指刀具路径沿指定的熔接曲线以点对点连接的方式，沿曲面表面生成刀具轨迹的加工方法。曲面残料精加工的操作步骤如下：

1）进入加工环境。

① 打开示例文件“ch3/3-227. MCX-6”，如图 3-227 所示。

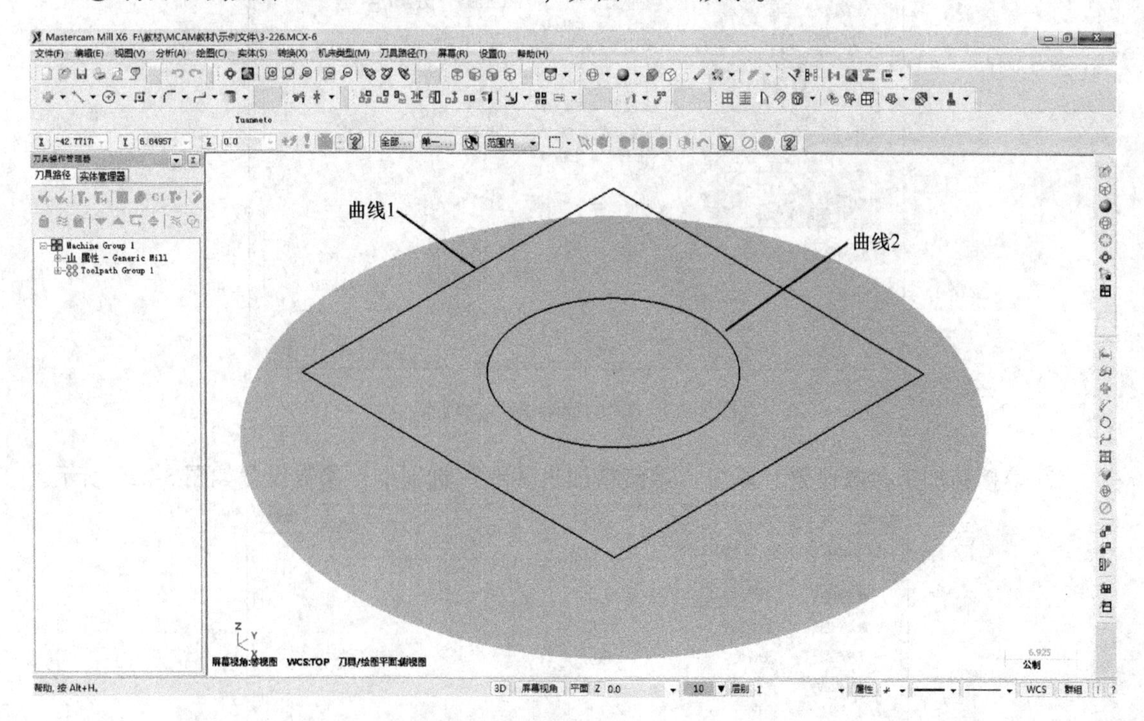

图 3-227　示例文件 31

② 隐藏刀具路径。在“刀具路径”选项卡中单击按钮，再单击按钮，将已存在的刀具路径隐藏。

2）加工方法设置。

① 选择加工方法。单击菜单“刀具路径”→“曲面精加工”→“精加工熔接加工”命令，采用系统默认设置，单击按钮。

② 选取加工面。在绘图区选择所有曲面，按〈Enter〉键，系统弹出“刀具路径的曲面选取”对话框。单击“熔接曲面”按钮，依次选择图 3-227 中所示的曲线 1、曲线 2（注意，起点位置对应、旋转方向一致），单击按钮，系统弹出“曲面精加工熔接”对话框。

3）刀具设置。

① 确定刀具类型。单击 刀具过滤 按钮，在“刀具类型”选项区域中选择（球头刀），单击按钮。

② 选择刀具。单击 选择刀库... 按钮，选择直径为 3 的球头刀。

③ 设置刀具相关参数。双击上一步选择的刀具，设置刀具号码为 1。单击“参数”选项卡，设置进给速率为 300，下刀速率为 200，提刀速率为 2000，主轴转速为 2500。

4）加工参数设置。

① 设置曲面参数。在“曲面精加工熔接”对话框中单击“曲面参数”选项卡，参数设置如图 3-228 所示。

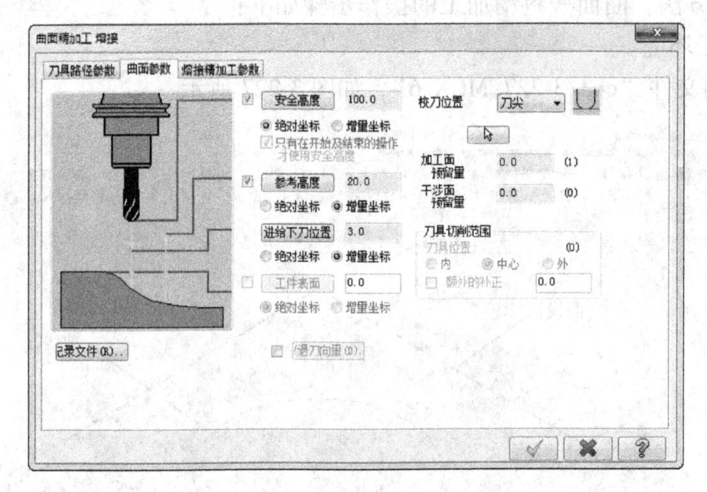

图 3-228 “曲面参数”选项卡

② 熔接精加工参数设置。单击“熔接精加工参数”选项卡，参数设置如图 3-229 所示。

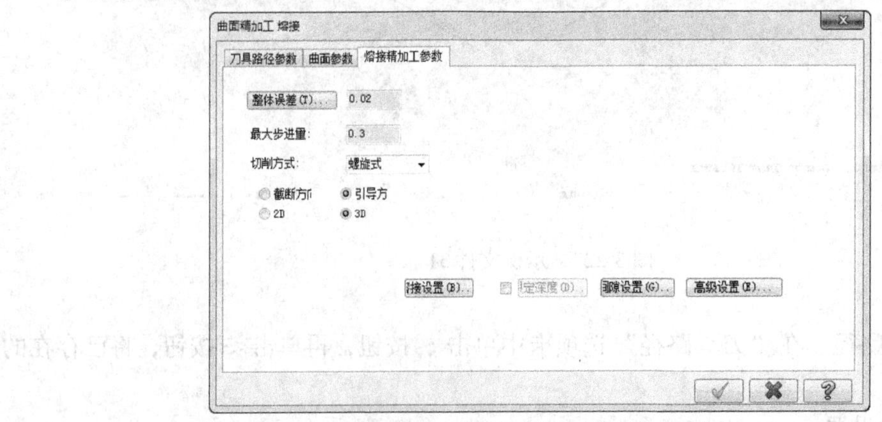

图 3-229 “熔接精加工参数”选项卡

③ 生成刀具路径。生成的刀具路径部分放大图如图 3-230 所示。单击“实体验证”，模拟加工结果如图 3-231 所示。

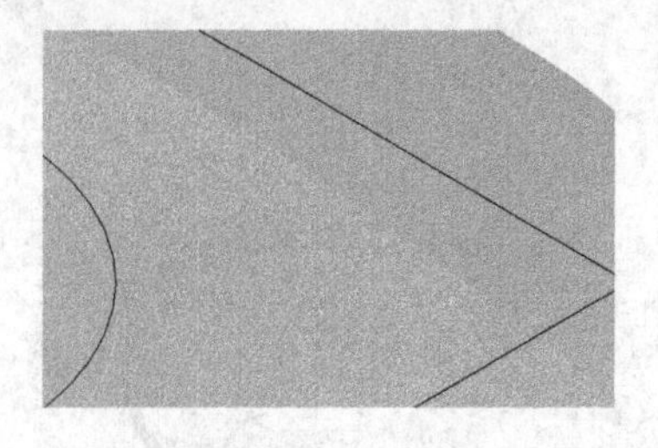

图 3-230　熔接精加工刀具路径放大图

图 3-231　熔接精加工模拟结果

任务 3.5　旋钮曲面造型与加工

1. 旋钮曲面造型

绘制如图 3-1 所示的图形。旋钮曲面构建操作步骤见表 3-24。

表 3-24　旋钮曲面构建操作步骤

序号	绘制内容	操 作 过 程	结 果 图 示
1	设定构图面、构图视角、图层	设置构图面为俯视图，设置视角为俯视角	
		单击状态栏中的层别，在弹出的“图层管理”对话框中设置图层，单击按钮完成	
2	构建六边形曲面	单击菜单“绘图”→“多边形”命令，在弹出的多边形选项对话框中输入边数为 6、半径为 40，选中“内接圆”单选按钮，设置圆角半径为 8，在绘图区选择坐标原点，单击按钮完成	
		在状态栏设定构图深度 Z = 5，2D 模式，单击“绘图”→“圆弧”→“已知圆心点画圆”，根据系统提示，在绘图区选择坐标原点，在工具栏上的文本框中输入 54	

（续）

序号	绘制内容	操作过程	结果图示
2	构建六边形曲面	设定图层2为当前构图层 单击菜单“绘图”→“曲面”→“平面修剪”命令，根据系统提示，依次串连选择六边形、圆为边界外形，单击按钮完成	
		单击菜单“绘图”→“曲面”→“直纹/举升曲面”命令，根据系统提示，依次串连选择两个六边形为外形，单击按钮完成 备注：注意外形选择的方向要一致，起点位置要对应	
3	构建球型曲面	设置图层3为当前构图层，关闭图层1、图层2 设置构图面为前视图，设置视角为前视角 单击菜单“绘图”→“圆弧”→“两点画弧”命令，在坐标栏输入两端点坐标（27，5），（-27，5）；在工具栏上的文本框中输入78，根据系统提示选择要保留的圆弧，单击按钮完成 单击菜单“绘图”→“直线”→“任意线”命令，选择圆弧中点作为起点、点（0，5）为终点，单击按钮完成	
		单击菜单“编辑”→“修剪/打断”→“修剪/打断/延伸”命令，单击“两物体修剪”按钮，在绘图区选择直线与圆弧右侧，单击按钮完成	
		设置图层4为当前构图层 设置构图面为前视图，设置视角为等轴侧视角 单击菜单“绘图”→“曲面”→“旋转曲面”命令，选择圆弧为旋转曲线、直线为旋转轴，单击按钮完成	

（续）

序号	绘制内容	操作过程	结果图示
4	构建手柄曲面	设置图层5为当前构图层，关闭图层3、图层4 设置构图面为俯视图，设置视角为俯视角、构图深度 Z = 20 单击菜单“绘图”→“圆弧”→“已知圆心点画圆”命令，输入圆心点坐标（-83.6，0），在工具栏上的文本框中输入81；单击按钮，输入圆心点坐标（83.6，0），在工具栏上的文本框输入81，单击按钮完成 单击菜单“绘图”→“直线”→“任意线”命令，单击按钮，绘制与两个圆相交的任意水平线，根据系统提示，在 18.5 中输入值18.5；单击按钮，绘制Y值为-18.5的水平直线，单击按钮完成	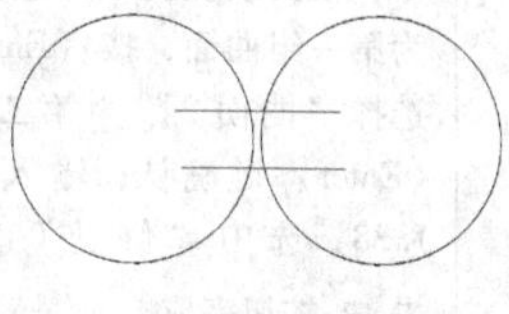
		单击菜单“编辑”→“修剪/打断”→“修剪/打断/延伸”命令，单击“分割”按钮，修剪图形如右图a所示，单击按钮完成 单击菜单“绘图”→“倒圆角”→“串联倒圆角”命令，串联选择上一步图形，在工具栏上的文本框中输入2.4，单击按钮完成，如右图b所示	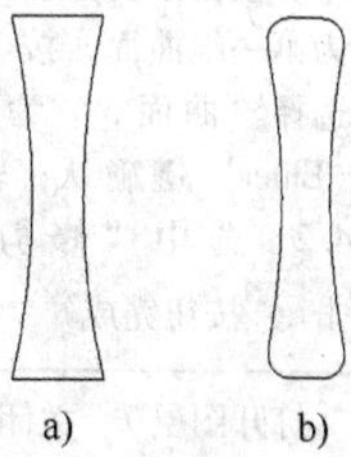 a)　b)
		单击菜单“转换”→“平移”命令，根据系统提示，框选所有图素，按〈Enter〉键确定，在弹出的平移选项对话框中选中“复制”单选按钮，在ΔZ文本框中输入-15，单击按钮完成 设置视角为等轴侧视角	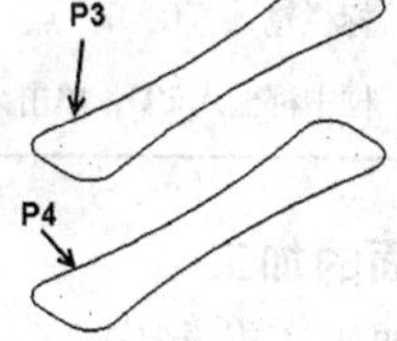 P3 P4
		设置图层6为当前构图层 单击菜单“绘图”→“曲面”→“平面修剪”命令，根据系统提示，串连选择P3曲线，单击按钮完成 单击菜单“绘图”→“曲面”→“直纹/举升曲面”命令，根据系统提示，依次串连选择P3、P4，单击按钮完成 备注：注意外形选择的方向要一致，起点位置要对应	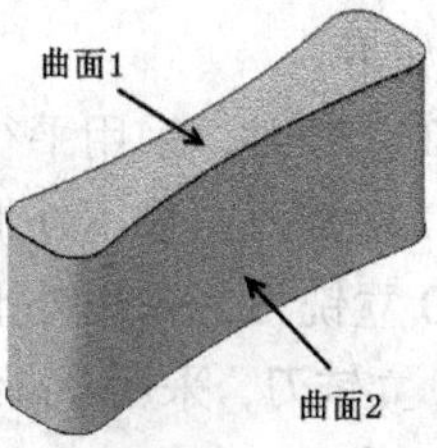 曲面1 曲面2

（续）

序号	绘制内容	操作过程	结果图示
5	曲面倒圆角	关闭图层5 单击菜单“编辑”→“更改法向”命令，设置曲面1法向向下、曲面2法向向内 单击菜单“绘图”→“曲面”→“曲面倒圆角”→“曲面与曲面”命令，根据系统提示，选择“曲面1”为第一组曲面，按〈Enter〉键确认；选择“曲面2”为第二组曲面，按〈Enter〉键确认；输入圆角半径为1.38，选中“修剪”复选框，单击按钮完成	
		打开图层4 单击菜单“编辑”→“更改法向”命令，设置曲面2法向向外、曲面3法向向上 单击菜单“绘图”→“曲面”→“曲面倒圆角”→“曲面与曲面”命令，根据系统提示，选择“曲面12”为第一组曲面，按〈Enter〉键确认；选择“曲面3”为第二组曲面，按〈Enter〉键确认；输入圆角半径为4.2，选中“修剪”复选框，单击按钮完成	曲面3 曲面2
6	绘制毛坯面	打开图层7，关闭图层3、图层5 在状态栏设置深度Z=0 单击菜单“绘图”→“矩形形状”命令，在工具栏上单击和按钮，在坐标栏输入（0，0）点，在和文本框中都输入100，单击按钮完成	

2. 旋钮曲面的加工

（1）数控加工工艺制定

该零件毛坯材料选40Cr、尺寸为100mm×100mm×40mm的方料，六面已加工。

该零件加工内容包括六边形侧面及其上表面、球型面、手柄曲面和过渡圆角面。加工顺序及选用刀具如下：

1）用ϕ20立铣刀，采用平行式粗加工方法进行曲面粗加工，留0.5mm的加工余量。

2）用ϕ20立铣刀，采用外形铣削加工方法精加工六边形侧面。

3）用ϕ20立铣刀，采用外形铣削加工方法精加工六边形对应的上表面。

4）用ϕ10立铣刀，采用等高线精加工方法进行球型曲面、手柄曲面和倒圆角曲面半精加工，留0.2mm的加工余量。

5）用ϕ8球头刀，采用环绕等距精加工方法进行曲面精加工。主要切削用量见表3-25。

表 3-25　数控加工工序卡片

××	数控加工工序卡片		产品名称或代号	零件名称		材料	零件图号
				旋钮		40Cr	
工序号	程序编号	夹具名称	夹具编号	使用设备		车间	
			台虎钳	MVC6040			
工步号	工步内容	刀具号	刀具规格/mm	主轴转速/(r/min)	进给量/(mm/r)	切削深度/mm	备注
1	曲面粗加工、留 0.5mm 加工余量	T1	ϕ20 立铣刀	800	300	3	
2	六边形侧面精加工	T1	ϕ20 立铣刀	800	300		
3	六边形对应的上表面精加工	T1	ϕ20 立铣刀	800	300		
4	球型曲面、手柄曲面和倒圆角曲面半精加工，留 0.2mm 加工余量	T2	ϕ10 立铣刀	1200	300		
5	曲面精加工	T3	ϕ8 球头刀	1500	400		

（2）工件设置

1）单击菜单“机床类型”→“铣削”→“默认”命令，单击操作管理中的 **属性 - Mill Default MM** 前的“+”号，单击“素材设置”。

2）在弹出的“机床群组属性”对话框的“素材原点”选项区的 X、Y、Z 文本框中输入 100、100、40。在工件原点的 Z 文本框中输入 20，单击 ✓ 按钮完成，参数设定如图 3-232 所示。

3）工件设置结果如图 3-233 所示。

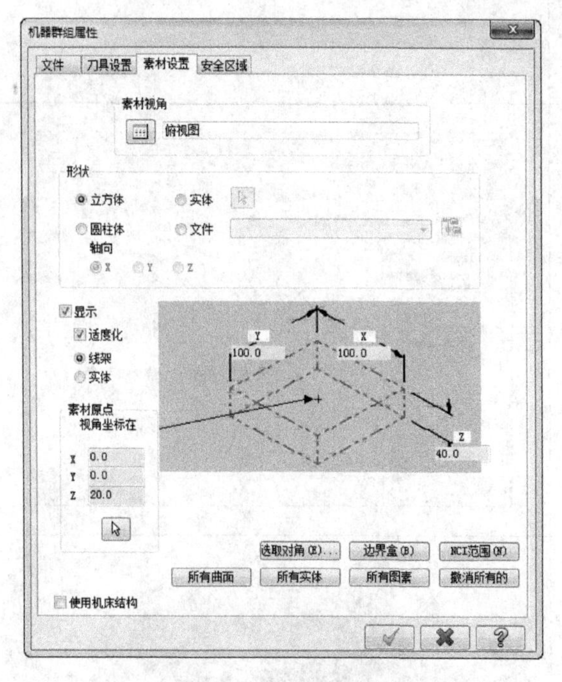

图3-232　“机床群组属性”对话框

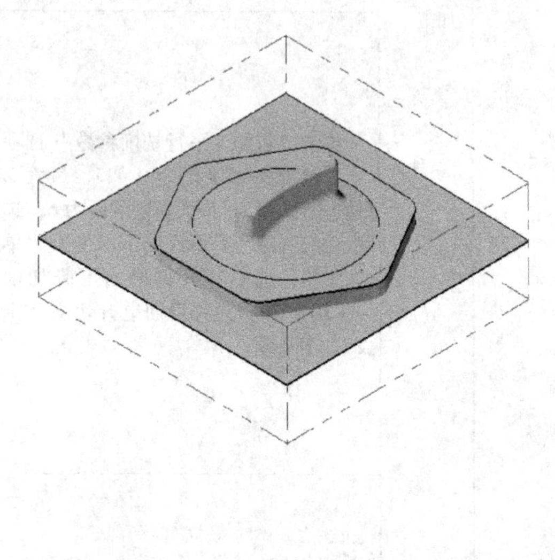

图 3-233　毛坯设置

（3）刀具路径生成

根据旋钮数据加工工艺，刀具路径生成过程见表3-26。

表3-26　旋钮刀具路径生成过程

序号	绘制内容	操 作 过 程	结 果 图 示
1	平行式粗加工方法进行曲面粗加工	单击菜单“刀具路径”→“曲面粗加工”→“平行铣削加工”命令，弹出“选择工件形状”对话框，单击按钮 根据系统提示，框选所有曲面，按〈Enter〉键确认，弹出“刀具路径的曲面选取”对话框，单击按钮，弹出“曲面粗加工平行铣削”对话框，默认打开“刀具路径参数”选项卡，选择ϕ20平底立铣刀，设置刀具号码为1、进给率为300、主轴转速为800、下刀速率为150，选中“快速提刀”复选框，设置切削液为开	曲面粗加工平行铣削 刀具路径参数 曲面参数 粗加工平行铣削参数 编号 刀具名称 直径 刀角半径 长度 刀刃 219 10... 10.0 0.0 50.0 4 229 20... 20.0 0.0 50.0 4 242 8.... 8.0 4.0 50.0 4 刀具名称: 20. FLAT ENDMILL 刀具号码: 229 刀长补正: 229 刀座号码 -1 半径补正: 229 刀具直径: 20.0 角度半径: 0.0 Coolant... 主轴方向: 顺时针 进给率: 300.0 主轴转速: 800 下刀速率: 150.0 提刀速率: 2000.0 强制换刀 快速提刀 注释 按鼠标右键=编辑/定义刀具 选择刀库... 刀具过虑 轴的结合 (Default (1)) 杂项变数 显示刀具 参考点 批处理模式 机床原点 旋转轴 刀具/绘图面 插入指令(T)...
		单击“曲面参数”选项卡，设置参考高度为50、进给下刀位置为5、加工余量为0.5	曲面粗加工平行铣削 刀具路径参数 曲面参数 粗加工平行铣削参数 安全高度 50.0 校刀位置 刀尖 绝对坐标 增量坐标 只有在开始及结束的操作才使用安全高度 参考高度 50.0 加工面预留量 0.5 (9) 绝对坐标 增量坐标 干涉面预留量 0.0 (0) 进给下刀位置 5.0 刀具切削范围 绝对坐标 增量坐标 刀具位置: (0) 工件表面 20.0 内 中心 外 绝对坐标 增量坐标 额外的补正 0.0 记录文件(R)... 进/退刀向量(V)
		单击“粗加工平行铣削参数”选项卡，设置整体误差为0.025，最大Z轴进给量为3，最大切削间距为6，选中“切削路径允许连续下刀提刀”单选按钮，选中“允许沿面下降切削（-Z）”和“允许沿面上升切削（+Z）”复选框	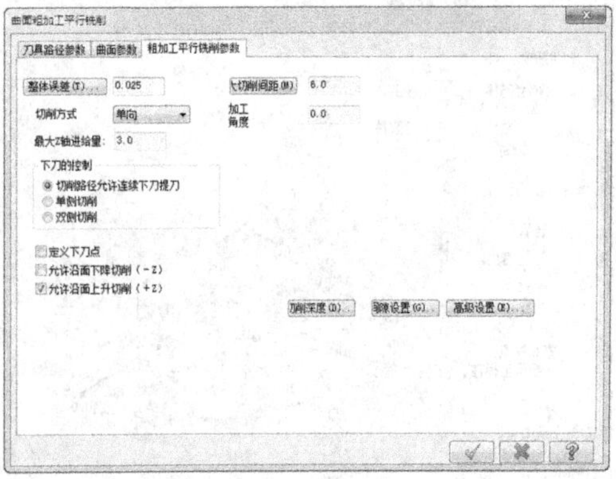 曲面粗加工平行铣削 刀具路径参数 曲面参数 粗加工平行铣削参数 整体误差(T)... 0.025 最大切削间距(M) 6.0 切削方式 单向 加工角度 0.0 最大Z轴进给量: 3.0 下刀的控制 切削路径允许连续下刀提刀 单侧切削 双侧切削 定义下刀点 允许沿面下降切削（-Z） 允许沿面上升切削（+Z） 切削深度(D)... 间隙设置(G)... 高级设置(E)...
		选择所有刀具路径，单击按钮，实体仿真结果见右图	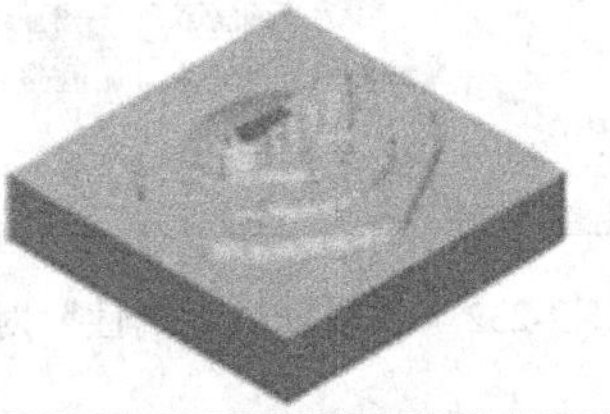

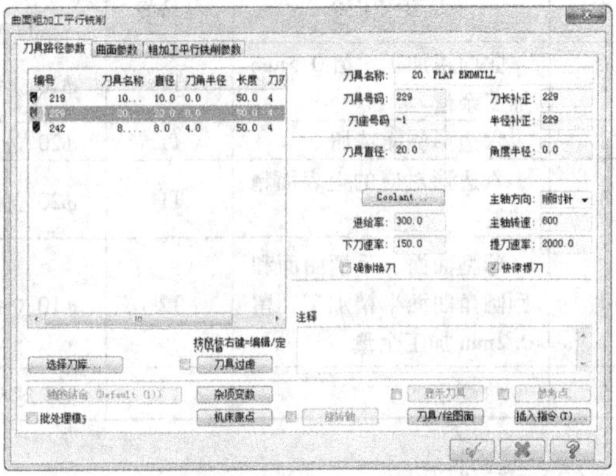

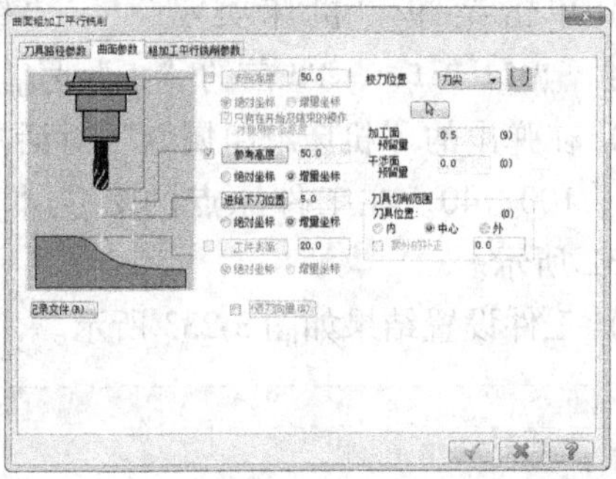

（续）

序号	绘制内容	操作过程	结果图示
2	外形铣削加工方法精加工六边形侧面	打开图层1，关闭图层2-7 设置视角为俯视角 单击菜单“刀具路径”→“外形铣削”命令，弹出“串连选择”对话框，根据系统提示，串连选择P6，单击 ✓ 按钮	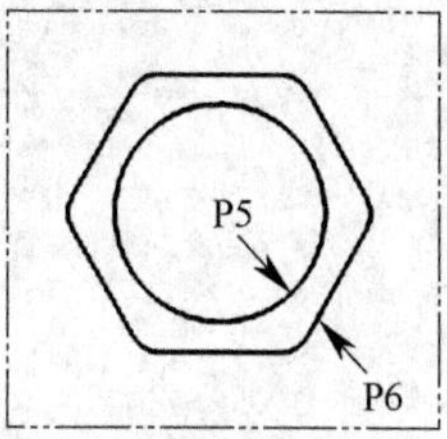 P5 P6
		弹出“2D刀具路径-外形铣削”对话框，在“刀具路径类型”节点选择“外形铣削”刀具路径 单击左侧的“刀具”节点，选择ϕ20平底立铣刀，设置刀具号码为1，进给率为300，主轴转速为800，下刀速率为150，选中“快速提刀”复选框	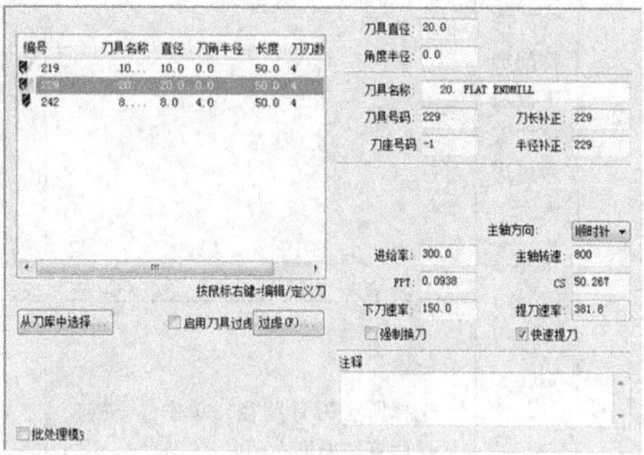
		单击左侧的“切削参数”节点下的“进/退刀参数”节点，设置进/退刀参数，选中“进/退刀”选项区域的“相切”单选按钮，设置长度为60%、半径为60%	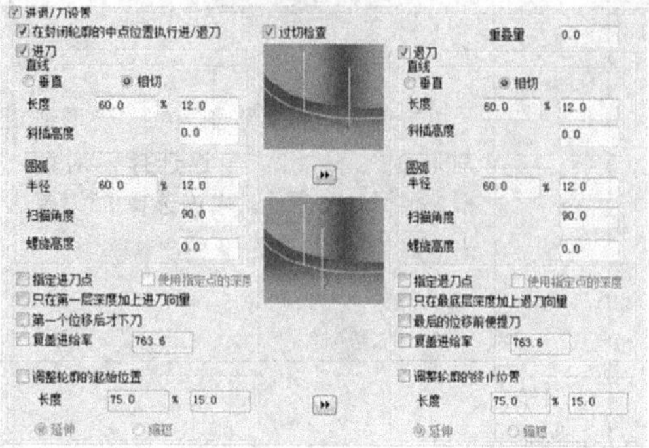
		单击“XY轴分层铣削”节点，设置粗加工次数为2，间距为16，精加工次数为1，间距为0.5，选中“不提刀”复选框	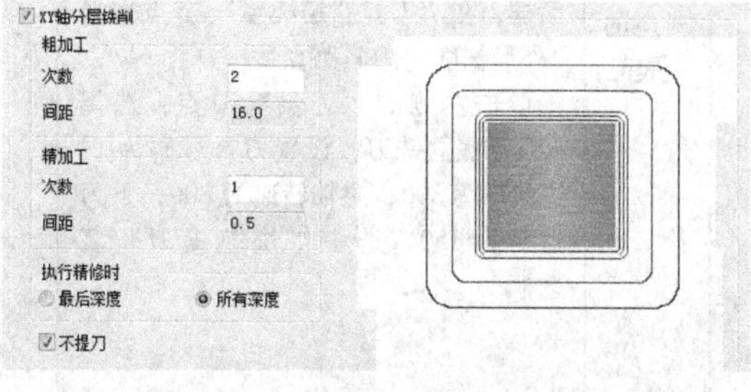

（续）

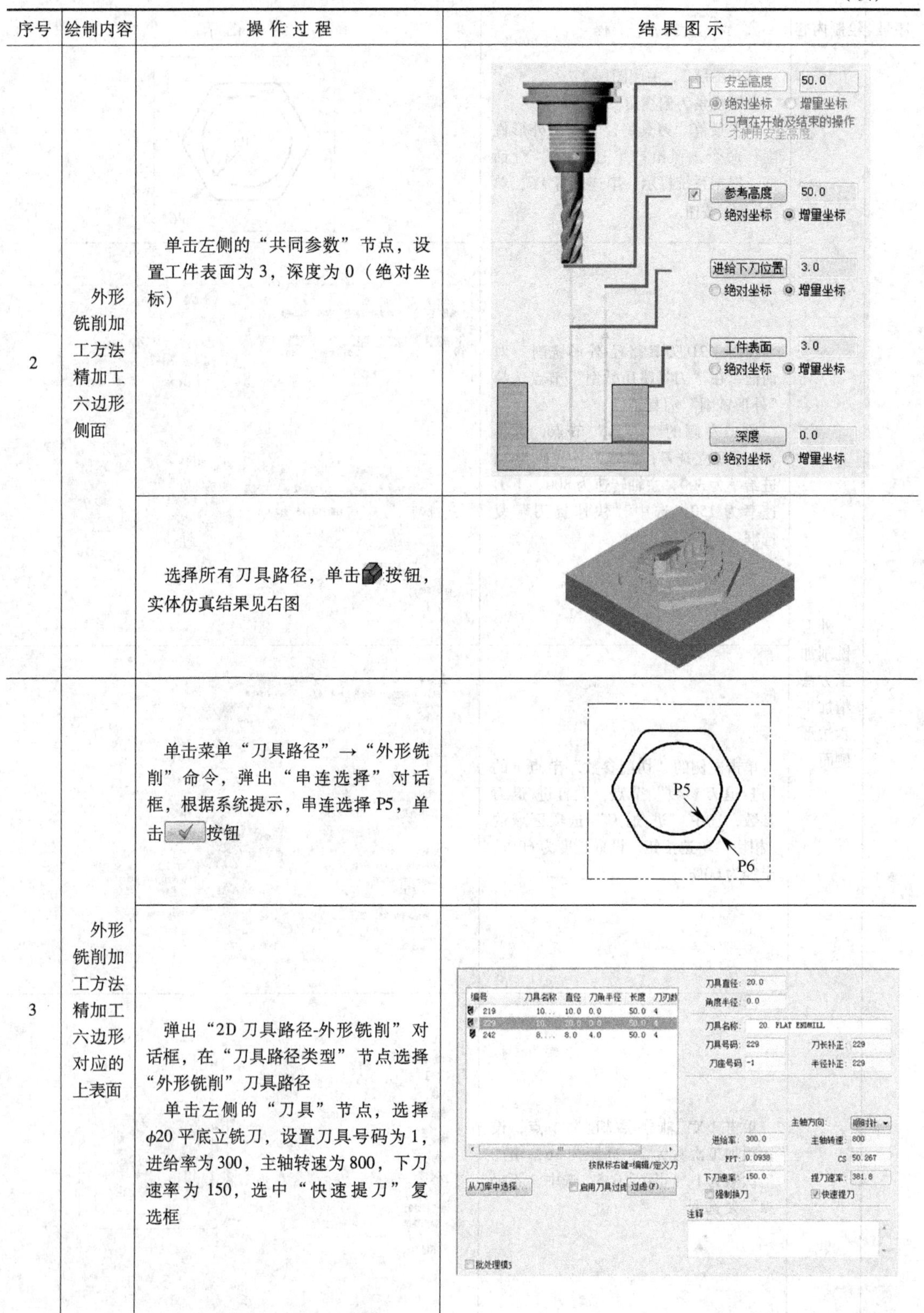

序号	绘制内容	操作过程	结果图示
2	外形铣削加工方法精加工六边形侧面	单击左侧的“共同参数”节点，设置工件表面为3，深度为0（绝对坐标）	
		选择所有刀具路径，单击按钮，实体仿真结果见右图	
3	外形铣削加工方法精加工六边形对应的上表面	单击菜单“刀具路径”→“外形铣削”命令，弹出“串连选择”对话框，根据系统提示，串连选择P5，单击按钮	
		弹出“2D刀具路径-外形铣削”对话框，在“刀具路径类型”节点选择“外形铣削”刀具路径 单击左侧的“刀具”节点，选择φ20平底立铣刀，设置刀具号码为1，进给率为300，主轴转速为800，下刀速率为150，选中“快速提刀”复选框	

（续）

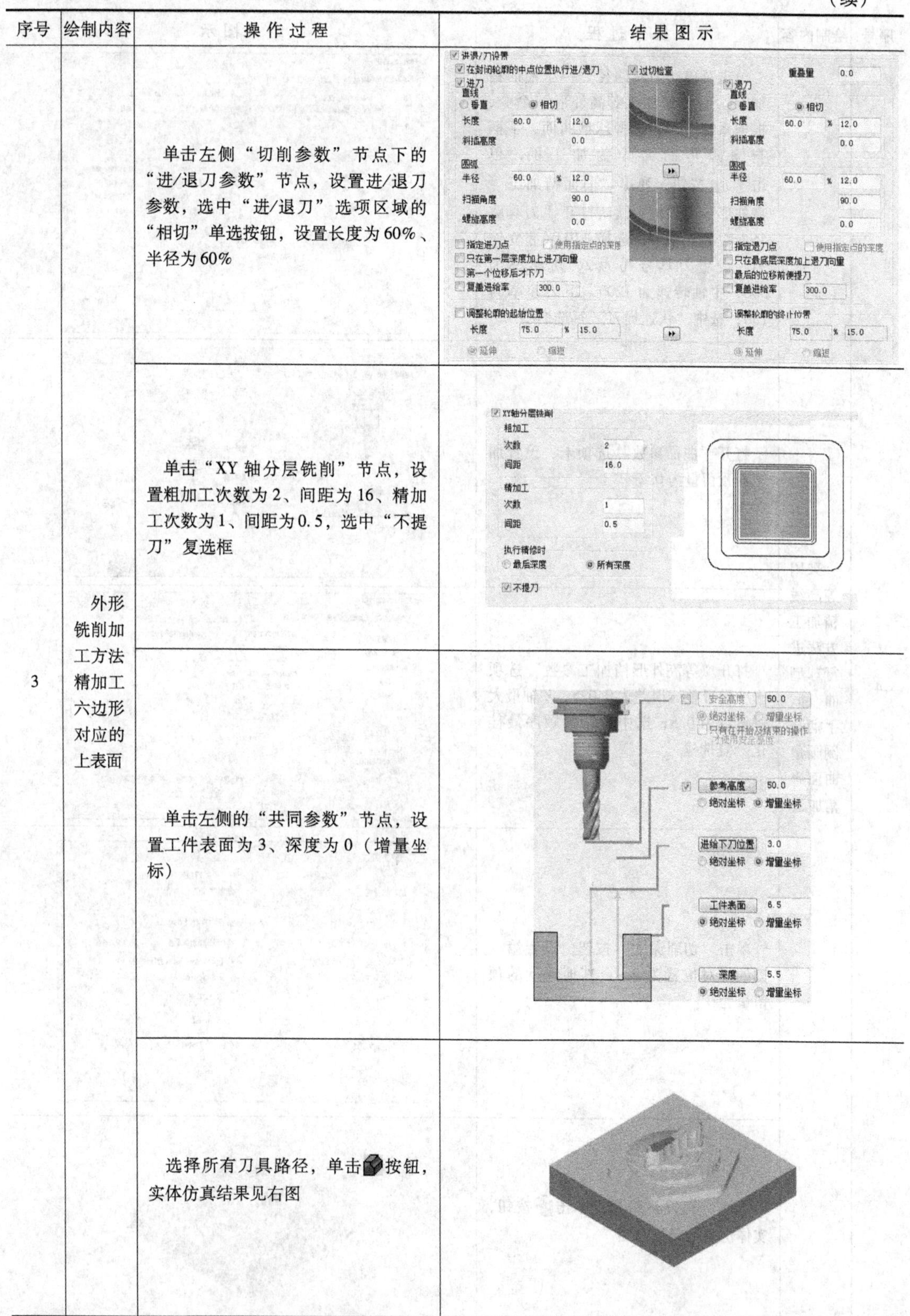

序号	绘制内容	操作过程	结果图示
3	外形铣削加工方法精加工六边形对应的上表面	单击左侧“切削参数”节点下的“进/退刀参数”节点，设置进/退刀参数，选中“进/退刀”选项区域的“相切”单选按钮，设置长度为60%、半径为60%	
		单击“XY轴分层铣削”节点，设置粗加工次数为2、间距为16、精加工次数为1、间距为0.5，选中“不提刀”复选框	
		单击左侧的“共同参数”节点，设置工件表面为3、深度为0（增量坐标）	
		选择所有刀具路径，单击按钮，实体仿真结果见右图	

（续）

序号	绘制内容	操 作 过 程	结 果 图 示
4	采用等高线精加工方法进行球型曲面、手柄与倒圆角曲面半精加工	单击菜单“刀具路径”→“曲面精加工”→“精加工等高外形”命令，根据系统提示，选择球型曲面、手柄与倒圆角曲面作为加工面，单击 ✓ 按钮，弹出“曲面精加工等高外形”对话框，默认打开“刀具路径参数”选项卡，选择 ϕ10 平底立铣刀，设置刀具号码为 2，进给率为 300，主轴转速为 1200，下刀速率为 150，选中“快速提刀”复选框	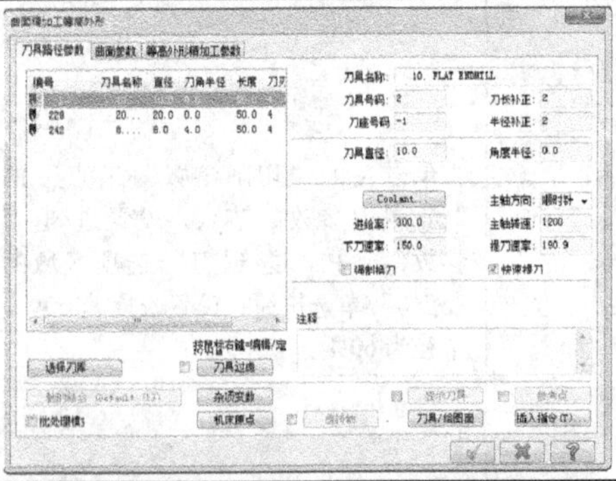
		打开“曲面参数”选项卡，设置加工面预留量为 0.2	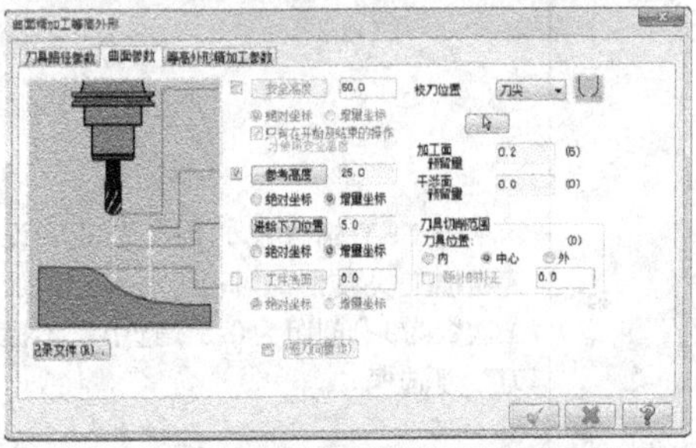
		打开“等高外形精加工参数”选项卡，设置整体误差为 0.025，Z 轴最大进给量为 0.5，选中“切削顺序最佳化”复选框	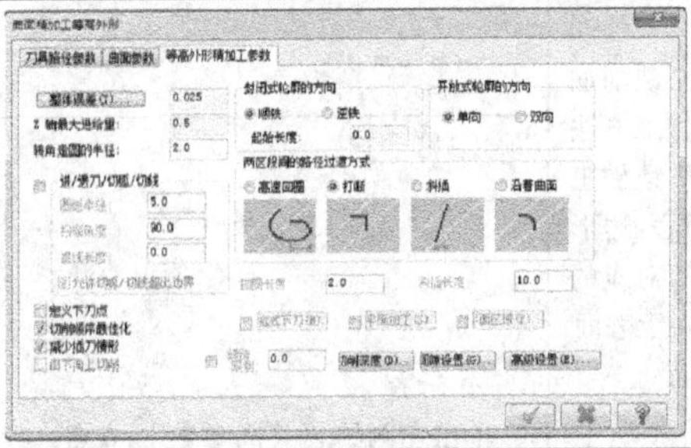
		单击“切削深度”按钮，设置第一刀的相对位置为 0.2，其他深度的预留量为 0	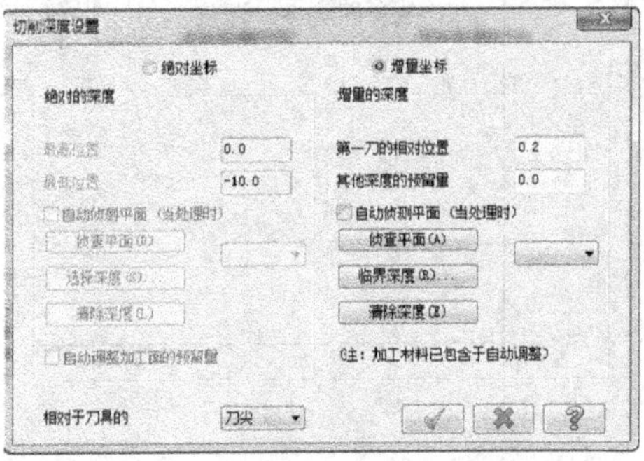
		选择所有刀具路径，单击按钮，实体仿真结果见右图	

（续）

序号	绘制内容	操 作 过 程	结 果 图 示
5	采用环绕等距精加工方法进行曲面精加工	单击菜单“刀具路径”→“曲面精加工”→“精加工环绕等距”命令，根据系统提示，选择球型曲面、手柄与倒圆角曲面作为加工面，单击按钮，弹出“曲面精加工环绕等距”对话框，默认打开“刀具路径参数”选项卡，选择 $\phi8$ 球刀，设置刀具号码为 3，进给率为 400，主轴转速为 1500，下刀速率为 200，选中“快速提刀”复选框 打开“曲面参数”选项卡，设置加工面预留量为 0	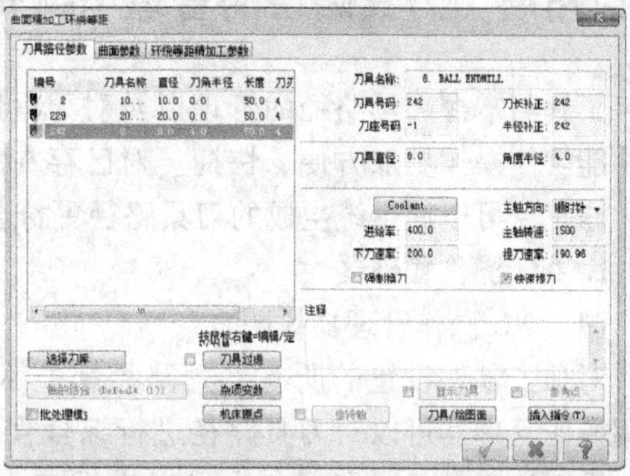 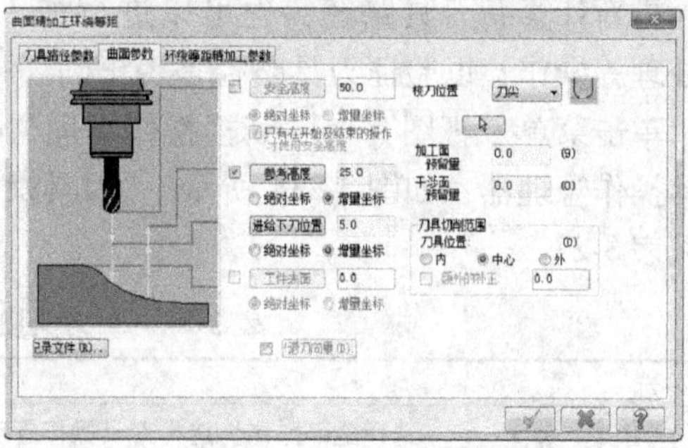
		单击“环绕等距精加工参数”选项卡，设置整体误差为 0.025，最大切削间距为 0.2	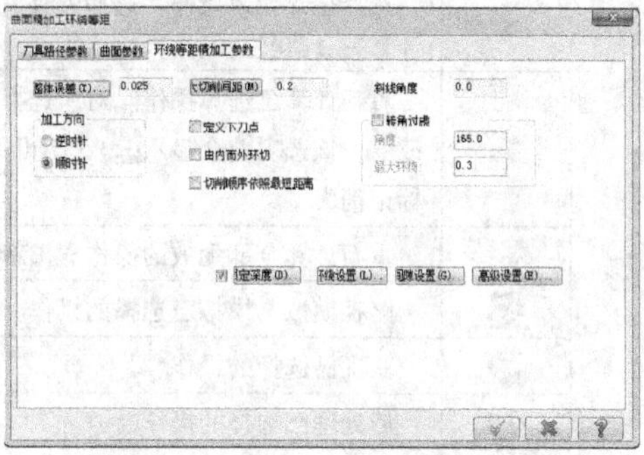
		单击“限定深度”按钮，设置最高位置为 20.5，最低位置为 5.0	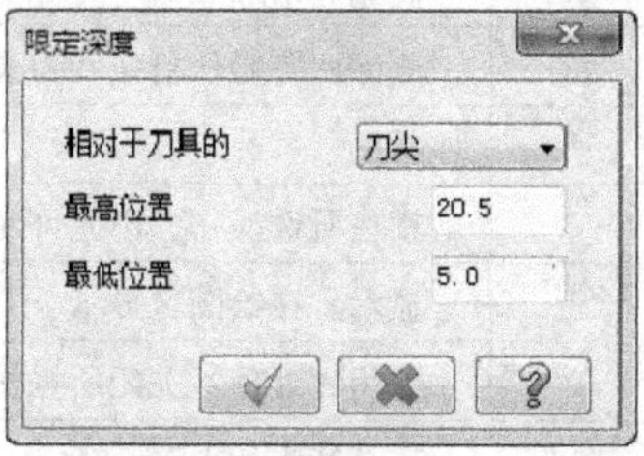
		选择所有刀具路径，单击按钮，实体仿真结果见右图	

项目拓展　刀具路径的管理与编辑

了解与掌握刀具路径的管理以及对刀具路径进行编辑、修正，能够使操作更加方便、快捷。对已存在的刀具路径进行编辑、修正，可以使系统生成的刀具路径更符合人们的要求。

1. NC 操作管理器

（1）NC 操作管理器说明

对加工零件设置的所有刀具路径都显示在操作管理器中。使用操作管理器可以对刀具路径进行综合管理，可以产生、编辑、重新计算新刀具路径，也可以进行加工模拟、仿真模拟、后处理等操作，以验证刀具路径是否正确。

单击菜单“视图”→“切换操作管理”命令，打开或关闭刀具操作管理器，如图 3-234 所示。“刀具操作管理器”参数说明见表 3-27。

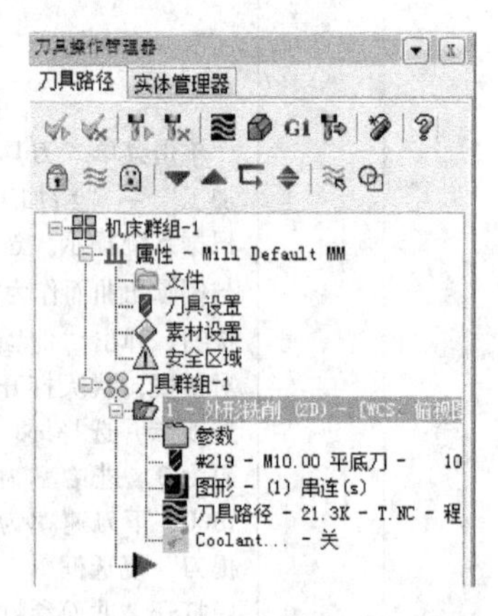

图 3-234　“刀具操作管理器”

表 3-27　“刀具操作管理器”参数说明

选项		参数说明
操作管理器中的按钮		选择全部操作。选择刀具操作管理器列表中的所有可用操作
		选择全部无效操作。选择刀具操作管理器列表中的所有不可用操作（修改参数后，需要重新计算刀具路径的操作）
		重新计算已选择操作。对所选择的操作，当改变刀具路径中的一些参数时，刀具路径也随着改变，该选项前会显示（不可用刀具路径）标记。单击该按钮，重新产生刀具路径，不可用标记消失
		重新计算全部无效的操作。重新产生刀具路径（对不可用操作）
		路径模拟。模拟已选择的操作
		验证已选择的操作
	G1	后处理已选择的操作
		高速进给加工
		删除所有操作群组和刀具
		帮助
		锁住所选操作，不允许对锁住的操作进行编辑
		显示。在绘图区显示/不显示选择的刀具路径
		关闭后处理。关闭所操作的后处理，即在后处理时不生成该操作的 NC 代码
		移动箭头插入下一项
		移动箭头插入上一项
		插入箭头到指定的操作与群组之后
		显示滚动窗口的插入箭头
		单一显示已选择的刀具路径
		单一显示关联图形

（续）

选　项		参数说明
操作管理器中的符号		加工群组。零件的所有加工信息都包含其中
		属性。零件的所有加工信息的公共设定，包括信息存放位置、设备类型、材料设置、工具设置和安全区域
		参数。单击打开刀具路径参数设置对话框，可以进行参数修改
		刀具参数。单击打开刀具参数设置对话框，可以进行参数修改
		图形管理。单击打开图形选择对话框，可以进行图形修改或重新定义
		刀具路径模拟
		切削液控制。单击打开切削液选择与开关控制对话框
		下一步刀具路径操作的插入位置

（2）刀具路径模拟与仿真

1）刀具路径模拟。

用于重新显示已经产生的刀具路径，以确认其正确性，同时系统会报告理论上工件切削加工时间、路径长度、最小/最大切削进给率等参数。单击操作管理器中的按钮，弹出如图 3-235 所示的“路径模拟”对话框。“路径模拟”对话框参数说明见表 3-28。

表 3-28　“路径模拟”对话框参数说明

选　项		参数说明
路径模拟对话框的按钮		显示颜色编号。单击该按钮，刀具路径显示不同的颜色
		显示刀具。单击该按钮，在路径模拟过程中显示刀具
		显示刀头。单击该按钮，在路径模拟过程中显示刀头，以便检验加工中刀具和刀头是否会与工件碰撞
		显示快速进给。在加工时从一加工点移至另一加工点，需抬刀快速位移，单击该按钮将显示快速位移路径
		显示端点。单击该按钮，显示刀具路径的节点位置
		快速校验。单击该按钮，刀具路径着色进行快速校验
		限制显示刀具路径
		关闭刀具路径限制
		将刀具保存为图形
		将刀具路径保存为图形
图形显示区域的控制按钮		开始
		停止
		回到最前
		单节后退
		单节前进
		到最后
		跟踪模式
		执行模式

（续）

选　项		参 数 说 明
图形显示区域的控制按钮	![slider]	运行速度，拖动滑块可以调节模拟速度
	![progress]	显示位置移动。显示模拟加工的进程
	![button]	设置暂停条件。设置在某步加工、操作、刀具路径变化处或具体某坐标位置处模拟停止，以便观察模拟加工过程

2）切削仿真。

在操作管理器中选择一个或多个操作，单击按钮，弹出如图 3-236 所示的“验证”对话框。“验证”对话框参数说明见表 3-29。

图 3-235　“路径模拟”对话框

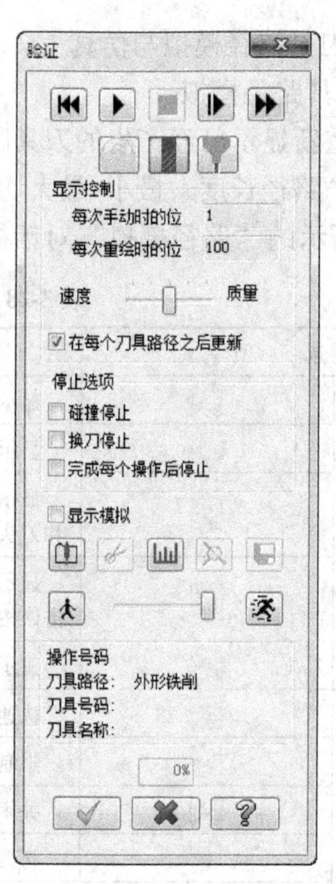

图 3-236　“验证”对话框

表 3-29　“验证”对话框参数说明

选　项	参 数 说 明
⏮	重新开始。结束当前仿真加工，返回初始状态
▶	持续执行。开始连续仿真加工
■	暂停
⏵|	手动控制。单击一次，仿真一步，可以在“每次手动时的位”文本框中设置每步进量
⏩	快速前进。快速仿真，不显示加工过程，直接显示加工结果

（续）

选　　项	参 数 说 明
	最终结果。仿真加工中不显示刀具和夹头
	模拟刀具。仿真加工中显示刀具
	模拟刀具和夹头。仿真加工中显示刀具和夹头
	参数设定。单击该按钮，弹出“验证选项”对话框，可以进行仿真加工参数设置
	显示工件截面。单击该按钮，根据系统提示选择剖切位置和保留侧，可显示剖面
速度　质量	速度质量滑动条。调节仿真速度与仿真质量
	仿真速度滑动条。调节仿真加工的速度
碰撞停止	选中该复选框，在碰撞冲突的位置停下
换刀停止	选中该复选框，在换刀时停下
完成每个操作后停止	选中该复选框，在每步操作结束后停下

2. 刀具路径的编辑

（1）刀具路径修剪

刀具路径修剪用于对已经完成的 NCI 刀具路径进行修剪。这种方式常用于在刀具路径生成后，为了避免夹具的干涉，而将某一部分的路径修剪掉，其操作步骤如下：

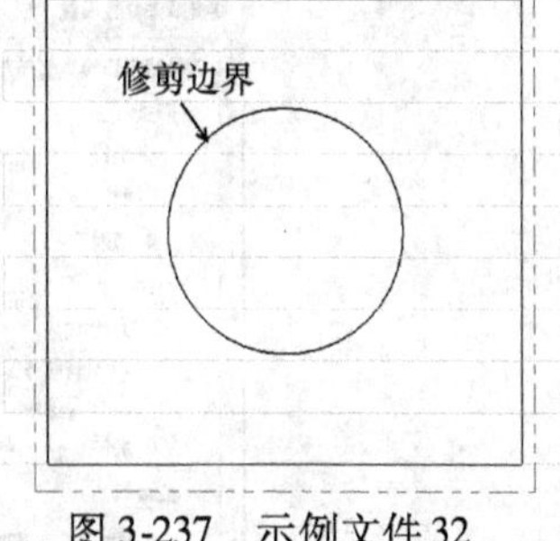

图 3-237　示例文件 32

1）打开示例文件“ch3/3-237. MCX-6”，如图 3-237 所示。

2）单击菜单“刀具路径”→“路径修剪”命令，弹出“串连选择”对话框，串连选择图 3-237 所示的修剪边界，单击按钮，系统提示“在要保留的一侧选取一点”，在修剪边界外的某一点单击。

3）弹出如图 3-238 所示的“修剪刀具路径”对话框，选择要修剪的操作，选中“提刀”复选框，单击按钮，得到如图 3-239 所示的刀具路径修剪结果。

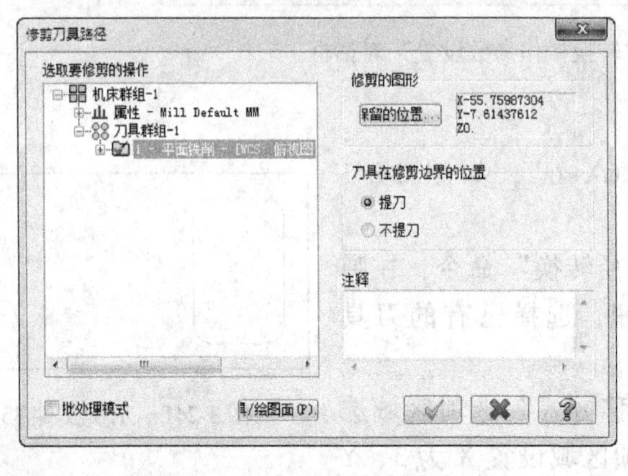

图 3-238　“修剪刀具路径”对话框

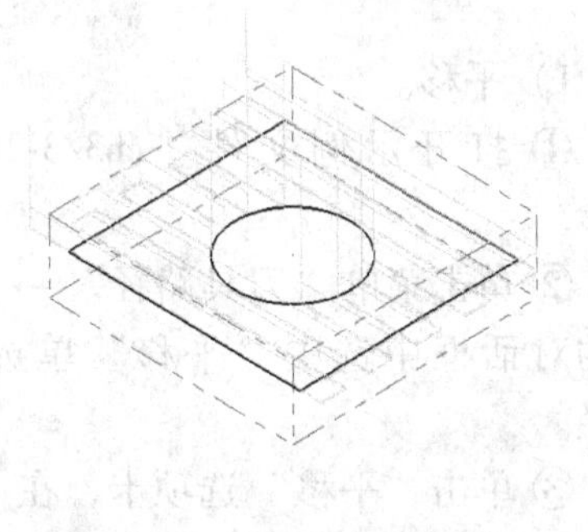
图 3-239　刀具路径修剪结果

注意：

① 修剪边界必须封闭，系统允许定义的修剪边界最多为 50 个。

② 避免使用样条曲线作为修剪边界。如果必须使用，将其打断成更短的样条曲线、直

线或圆弧。

③ 当前刀具平面应设置在要求修剪的构图平面上。

④ 修剪不包含刀具步骤，被创建的修剪外形反映刀具的中心线位置。

⑤ 在 3D 构图面中执行修剪，只计算修剪边界和 NCI 文件真正的 3D 交点。

⑥ 修剪产生的操作在刀具路径列表中没有 NCI 文件，被修剪后的刀具路径 NCI 文件前的标记变为。

（2）刀具路径转换

刀具路径转换是重复已经存在的刀具路径，通过平移、镜像和旋转来产生新的操作，进行多次加工，以简化编程工作。路径的转换是相关联的，如果转换所选用的路径操作和操作参数发生改变，则与之相关的转换路径也会被更新。

单击菜单“刀具路径”→“路径转换”命令，弹出如图 3-240 所示的“转换操作参数设置”对话框。转换操作形式有三种：平移、旋转与镜像，选中任一形式，用户可以在相应的选项卡中设置相关参数。

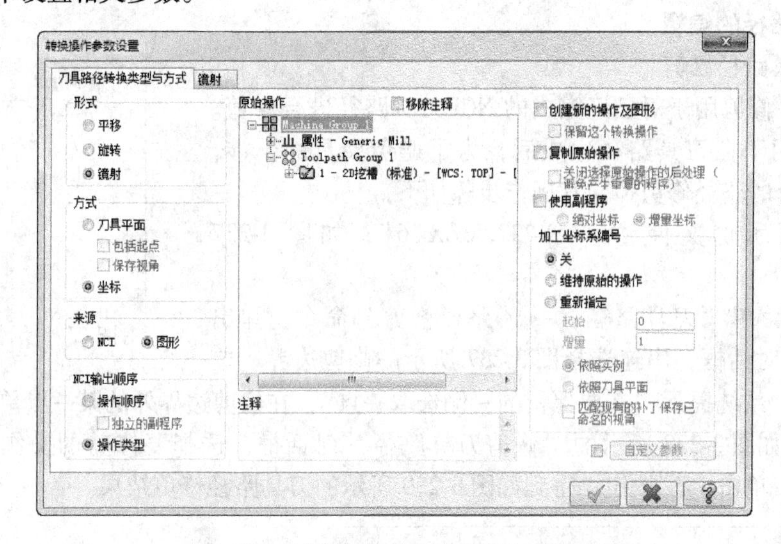

图 3-240 “转换操作参数设置”对话框

1）平移。

① 打开示例文件“ch3/3-241. MCX- 6”，如图 3-241 所示。

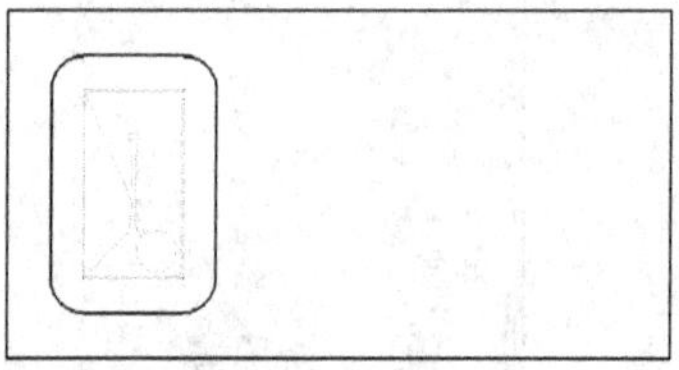

② 单击菜单“刀具路径”→“路径转换”命令，在弹出的对话框中选中“平移”单选按钮，选择已有的刀具路径。

图 3-241 示例文件 33

③ 单击“平移”选项卡，在“平移方式”选项区域选中“矩形”单选按钮，在“阵列”选项区域设置 X 为 3、Y 为 1，在“矩形”选项区域设置 X 为 38，如图 3-242 所示。单击按钮，得到如图 3-243 所示的刀具路径。

2）旋转。

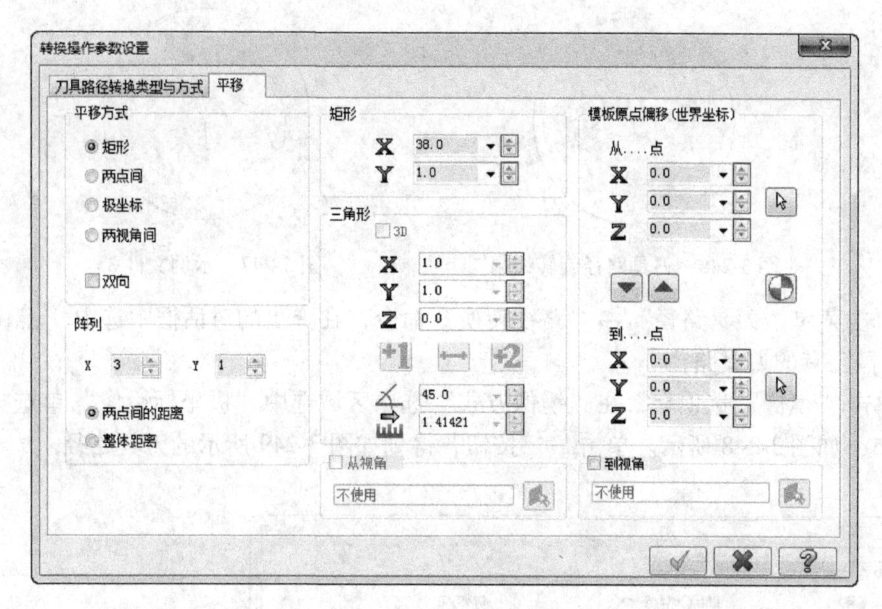

图 3-242　平移参数设置对话框

① 打开示例文件“ch3/3-244. MCX-6”，如图 3-244 所示。

② 单击菜单“刀具路径”→“路径转换”命令，在弹出的对话框中选中“旋转”单选按钮，选择已有的刀具路径。

③ 单击“旋转”选项卡，在“陈列”选项区域设置次数为 5，选中“完全扫描”单选按钮，设置起始角度为 60，扫描角度为 300，如图 3-245 所示。单击 ✓ 按钮，得到如图 3-246 所示的刀具路径。

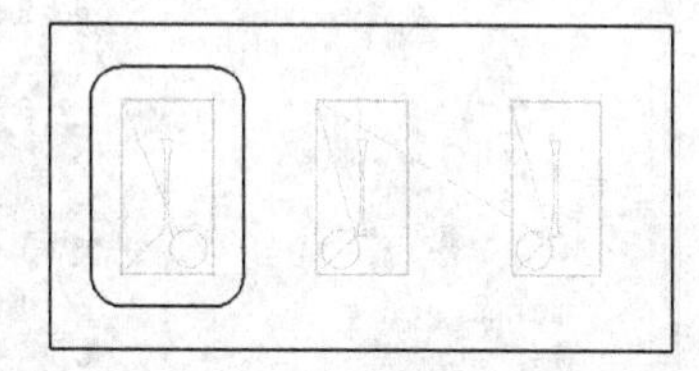

图 3-243　刀具路径平移结果

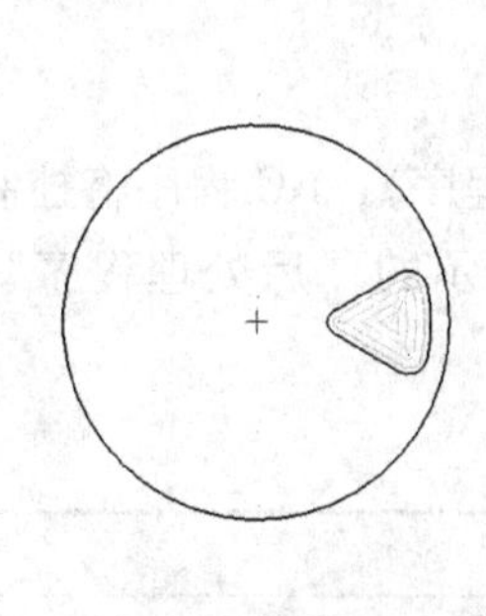

图 3-244　示例文件 34

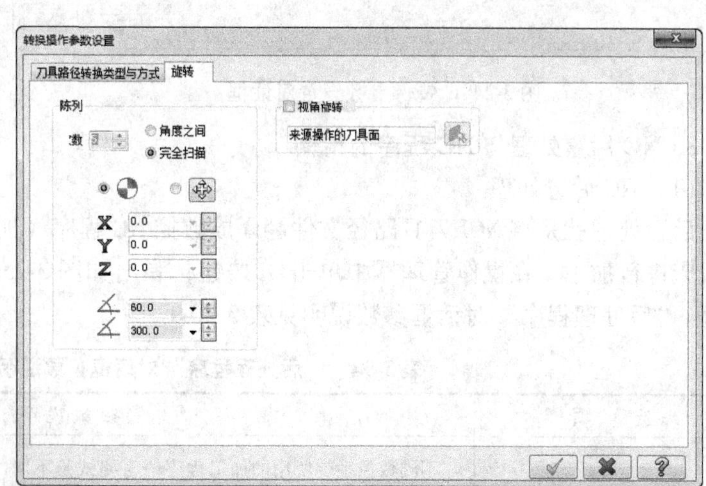

图 3-245　旋转参数设置对话框

3）镜像。

① 打开示例文件“ch3/3-247. MCX-6”，如图 3-247 所示。

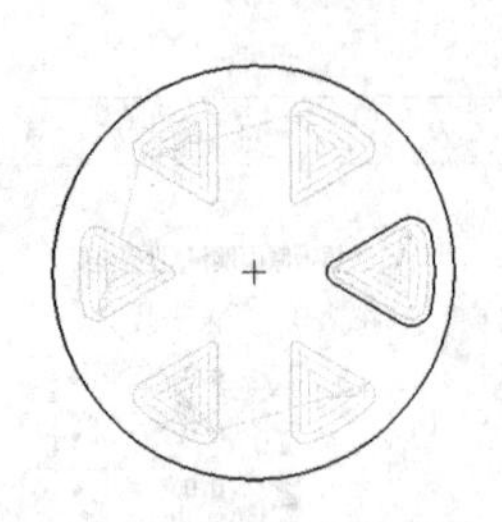

图 3-246　刀具路径旋转结果

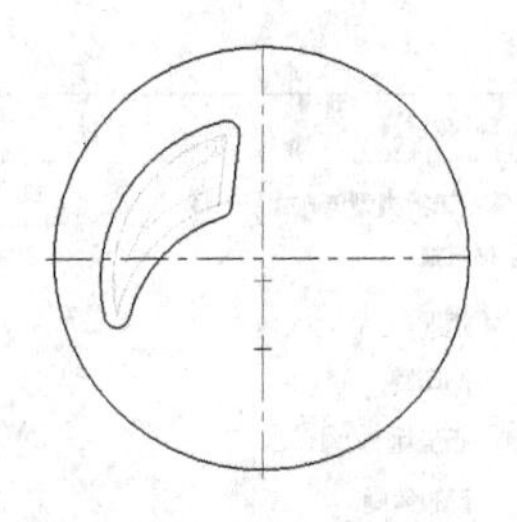

图 3-247　示例文件 35

② 单击菜单“刀具路径”→“路径转换”命令，在弹出的对话框中选中“镜像”单选按钮，选择已有的刀具路径。

③ 单击“镜像”选项卡，在“镜像方式”选项区域选中“极坐标镜像”单选按钮，设置 A 为 45，如图 3-248 所示。单击 按钮，得到如图 3-249 所示的刀具路径。

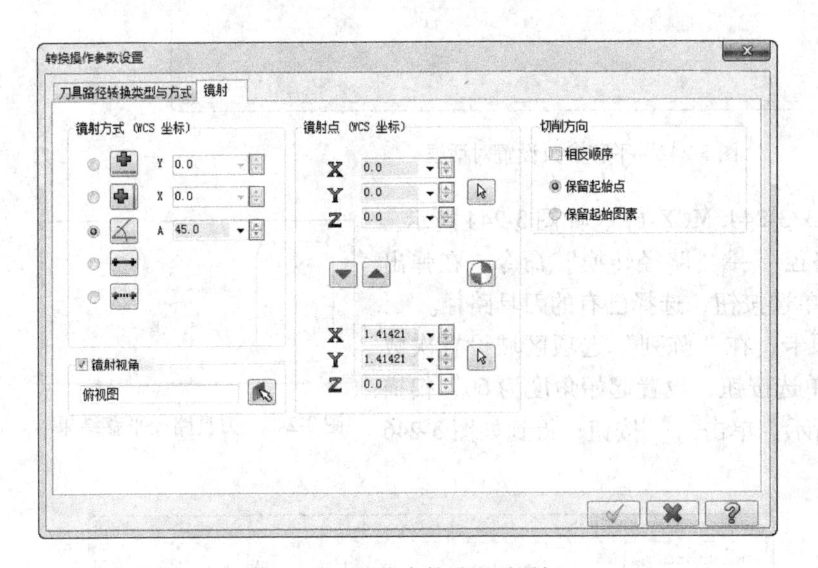

图 3-248　镜像参数设置对话框

图 3-249　刀具路径镜像结果

3. NC 后置处理与 NC 程序的传输

（1）NC 后置处理

后置处理就是将 NCI 刀具路径文件翻译成数控 NC 程序（加工程序），NC 程序将控制数控机床进行加工。在操作管理器中单击**G1**按钮，弹出如图 3-250 所示的“后处理程序”对话框。“后处理程序”对话框参数说明见表 3-30。

表 3-30　“后处理程序”对话框参数说明

选　项	参 数 说 明
选择后处理	不同数控系统所用的加工程序语言格式是不同的，用户应根据机床数控系统的类型选择相应的后处理器。系统默认的后处理器为 MPFAN. PST（FANUC 数控系统控制器）。单击该按钮，在弹出的“打开”对话框中，选择与用户数控系统对应的后处理器

（续）

选　项	参数说明
NC 文件	用于对后处理过程中生成的 NC 文件进行设置 “覆盖”单选按钮：选中该单选按钮，系统自动对原 NC 文件进行更新 “编辑”复选框：选中该复选框，系统在生成 NC 后自动打开文件编辑器（见图 3-251），用户可以查看和编辑 NC 文件 “询问”单选按钮：选中该单选按钮，可以在“NC 文件扩展名”文本框中输入文件名，生成新文件或对已有文件进行覆盖 “传输到机床”复选框：选中该复选框，系统在存储 NC 文件的同时将 NC 文件通过串口或网络传至机床的数控系统或其他设备 “传输”按钮：选中该按钮，系统弹出如图 3-252 所示的“传输”对话框，在该对话框中可以对 NC 文件的传输参数进行设置

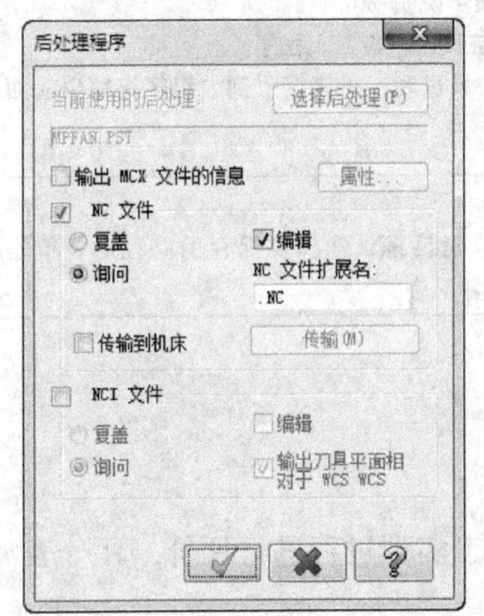

图 3-250　“后处理程序”对话框

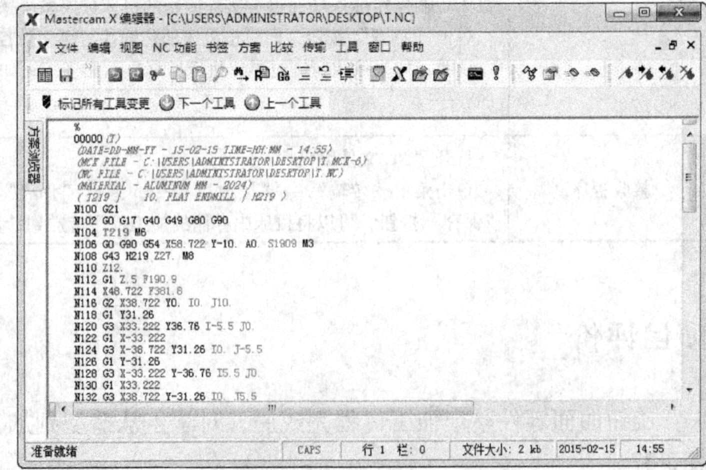

图 3-251　“NC 文件”编辑器

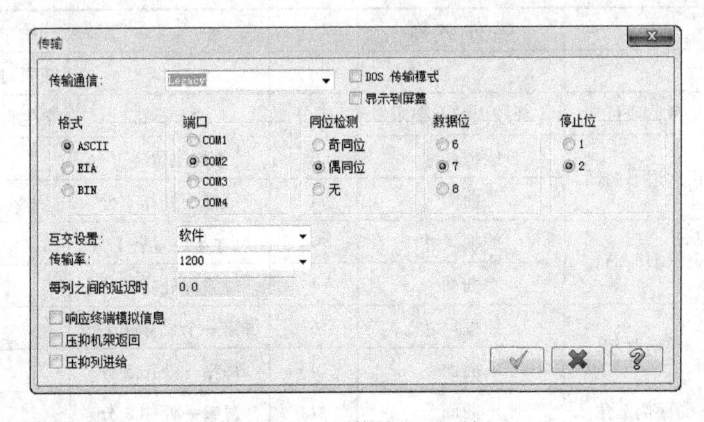

图 3-252　“传输”对话框

（2）NC 程序传输

通过计算机进行刀具路径的模拟数控加工，并确认符合实际加工要求后，就可以利用 Mastercam 的后置处理程序来生成 NCI 文件或 NC 数控代码。Mastercam 系统本身提供了百余种后置处理 PST 程序。对于具体的数控设备，应选用对应的后置处理器，后置处理生成的

NC 数控代码经适当修改后，如能符合所用设备要求，就可以输出到数控设备。

进行 NC 程序传输之前，要保证计算机与数控机床 CNC 之间用 RS232 数控传输线连接，并在“传输”对话框中进行参数设置。NC 程序传输步骤见表 3-31。

表 3-31 NC 程序传输步骤

步　骤	说　明
参数设置	将数据线连接好 打开“传输”对话框，设置参数，选中“ASCII”“COM1”“偶同位”“7”“1”单选按钮，设置传输率为 19200，在“交互设置”下拉列表中选择软件 说明：参数必须与机床匹配，否则无法进行程序传输
传送程序	打开“NC 文件编辑器” 单击菜单“传输”→“传送”命令，弹出“打开”对话框，选择需要传输的程序，同时将机床传输操作准备好（参考实际使用的机床数控系统操作说明书） 单击“打开”按钮，同时按机床的传输执行键，数控系统开始读入程序 说明：如果按执行键过早，机床屏幕显示无连接；如果过晚，机床接收到的程序将缺少前面的程序段
接收程序	打开“NC 文件编辑器” 单击菜单“传输”→“接收”命令，弹出“保存”对话框，选择要保存的路径后，单击“保存”按钮，可以将机床中存储的加工程序传送到计算机中

项目评价

旋钮曲面零件整个加工过程完成后，对学生从造型到加工实训过程进行评价，评分表见表 3-32。

表 3-32 转接盘造型与加工评分表

姓名			零件名称			开始时间	
班级						结束时间	
	序号	考核项目	考核内容及要求	配分	评分标准	学生自评	教师评分
零件造型	1	正六边形曲面	线框尺寸	6	尺寸与位置各 1 分		
	2		曲面	4	每错一处扣 3 分		
	3	球型曲面	线框尺寸	4	尺寸与位置各 1 分		
	4		曲面	4	每错一处扣 3 分		
	5	手柄曲面	线框尺寸	6	每错一个尺寸扣 1 分		
	6		曲面	4	每错一处扣 3 分		
	7	曲面倒圆角	曲面	7	每错一处扣 3 分		
		计分		35			
工艺分析	8	加工工艺	加工方法及顺序	15	不合理处扣 1 ~3 分		
	9		刀具及切削用量	10	不合理处扣 1 ~3 分		
	计分			25			

（续）

	序号	考核项目	考核内容及要求	配分	评分标准	学生自评	教师评分
加工刀具路径	10	刀具路径	刀具路径的完整性	15	不合理处扣 1 ~ 3 分		
	11		刀具路径的正确性	10	不合理处扣 1 ~ 3 分		
	12		加工精度、走刀次数、加工参数等合理性	10	不合理处扣 1 ~ 3 分		
	计分			35			
模拟与后处理	13	加工模拟与后置处理	毛坯设置	1	每错一项扣 1 分		
	14		模拟加工	2	每错一处扣 1 分		
	15		生成 NC 程序	2	未生成扣 1 分		
	计分			5			
教师点评					总成绩		

项目训练

绘制如图 3-253 ~ 图 3-257 所示的零件，并生成刀具路径。

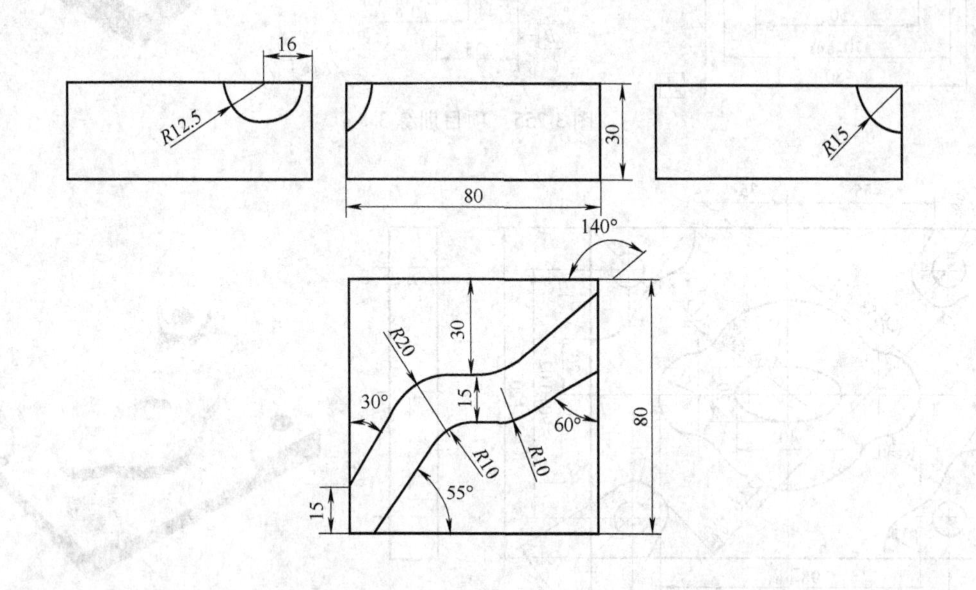

图 3-253　项目训练 1

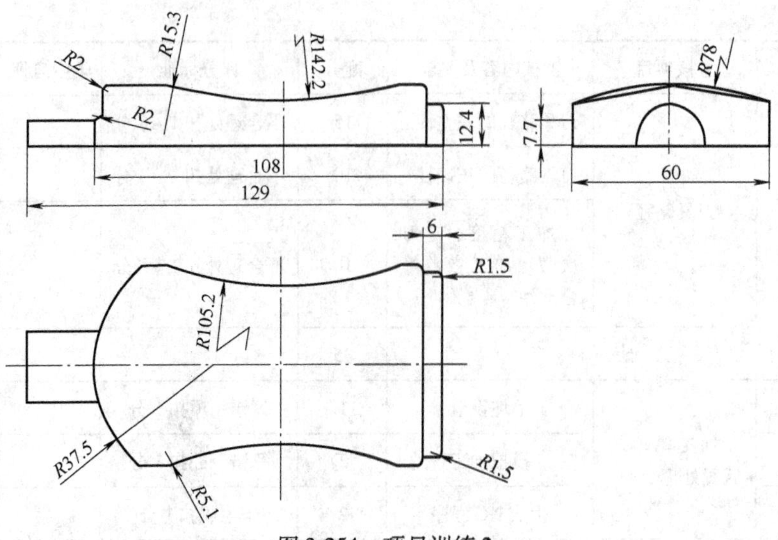

图 3-254　项目训练 2

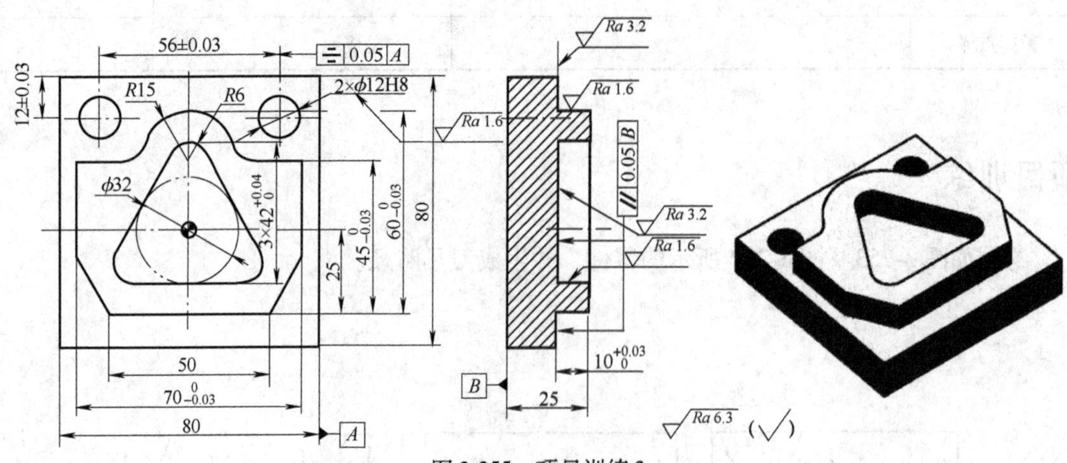

图 3-255　项目训练 3

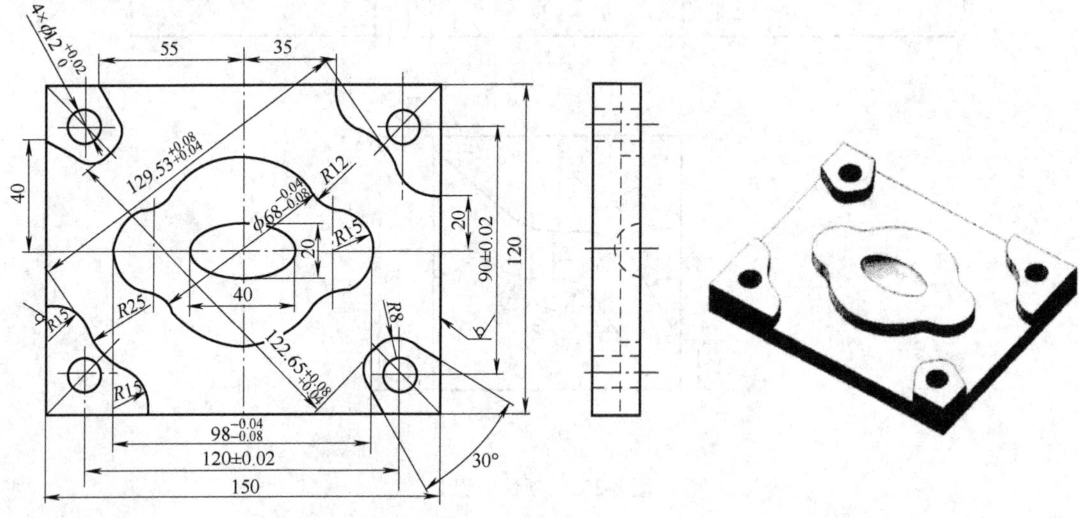

图 3-256　项目训练 4

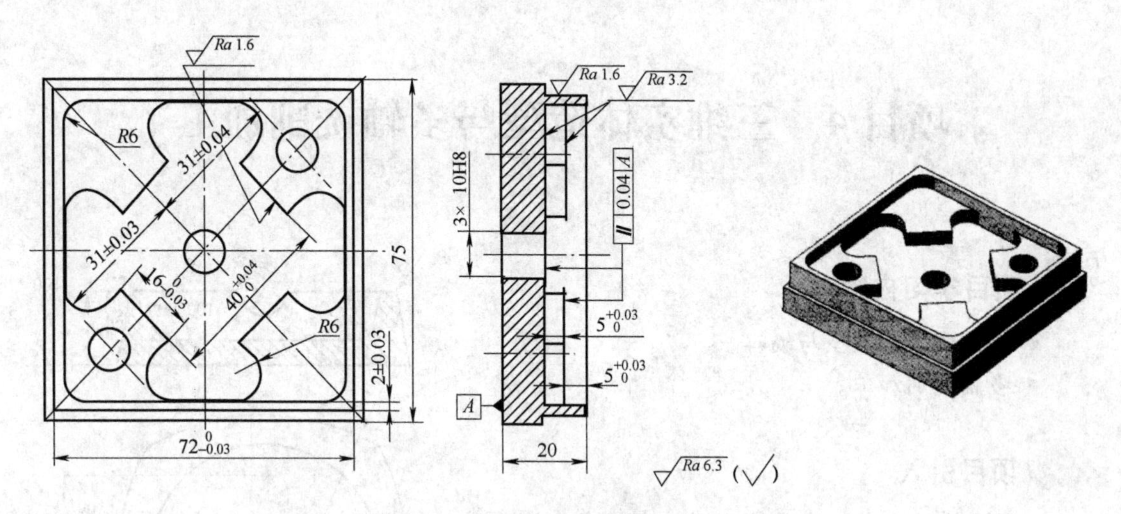

Ra 1.6
R6
31±0.04
31±0.03
$16_{-0.03}^{0}$
$40_{0}^{+0.04}$
R6
75
2±0.03
$72_{-0.03}^{0}$
Ra 1.6
Ra 3.2
3× 10H8
0.04 A
$5_{0}^{+0.03}$
$5_{0}^{+0.03}$
A
20
Ra 6.3

图 3-257　项目训练 5

项目 4　三维实体造型与多轴铣削加工

项目学习内容

- 三维实体的造型与编辑。
- 多轴铣削加工。

项目引入

本项目将以烟灰缸零件为例详细介绍实体的造型、编辑及三维曲面的铣削加工，并详细讲解烟灰缸实体造型与加工。图 4-1 所示为烟灰缸零件图。

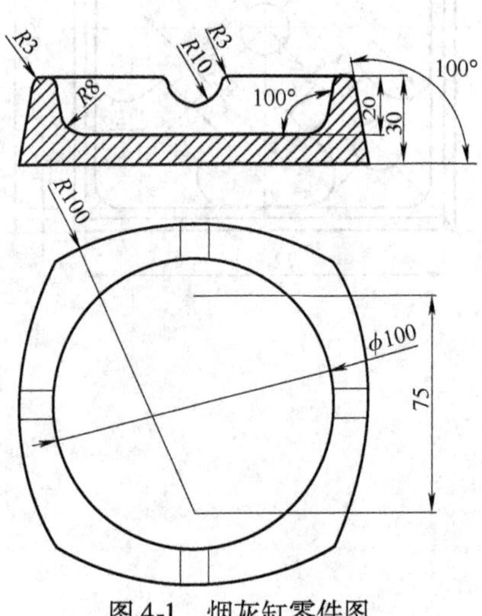

图 4-1　烟灰缸零件图

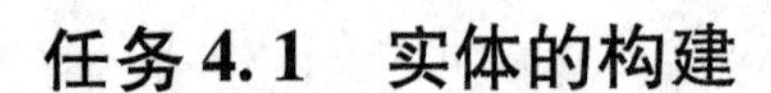

任务 4.1　实体的构建

1. 基本实体的构建

Mastercam 系统提供了一些方便、快捷的基本实体设计功能，如圆柱体、圆锥体、方体、球体及圆环体。基本实体的创建与项目 3 中基本曲面的创建方法相同。单击菜单“绘图”→“基本曲面/实体”命令，弹出基本曲面/实体子菜单，如图 4-2 所示。以圆柱体的构建为例，单击菜单“绘图”→“基本曲面/实体”→“圆柱体”命令，弹出如图 4-3 所示的对话框。选中对话框中的“实体”单选按钮，所创建的图形将为实体。其他选项参数在项目 3 中有详细介绍，不再赘述。

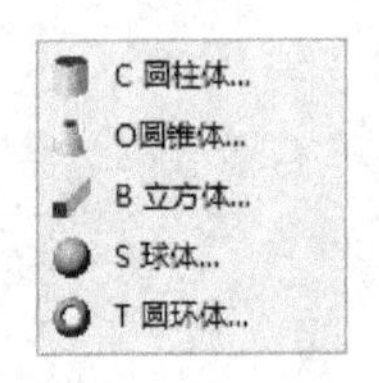

图 4-2　基本曲面/实体子菜单

图 4-3　“圆柱体”对话框

2. 实体的创建

（1）挤出实体

挤出实体是通过对曲线串连按指定方向、距离沿一条线性路径进行挤压所生成的实体。封闭串连挤压后生成实心的实体或壳体，当有不封闭的串连时，只能生成壳体。挤出实体既可以进行实体材料的增加，也可以进行实体材料的切除。挤出实体有两种形式：挤出和薄壁。

1）挤出实体。

① 单击菜单“实体”→“挤出实体”命令，或单击实体工具栏中的“挤出实体”按钮，弹出“串连选择”对话框，单击“串连选择”按钮，选择如图 4-4 所示的圆曲线。单击按钮，可以调整挤出方向，单击按钮。

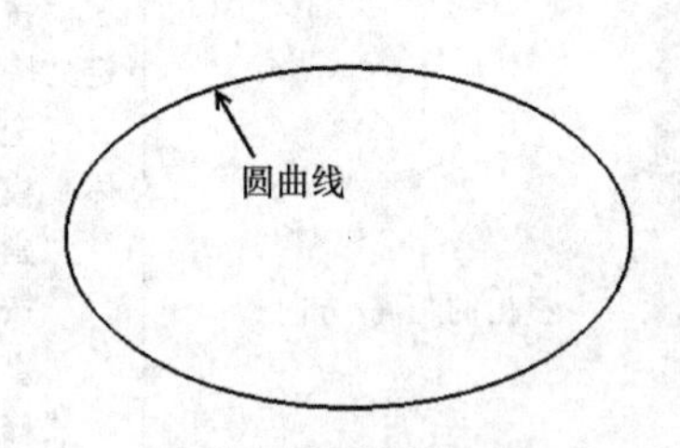

图 4-4　挤出实体曲线

② 弹出如图 4-5 所示的“挤出串连”对话框，单击“挤出”选项卡，选中“创建主体”复选框，选中“拔模”和“朝外”复选框，设置“角度”为 10°在“距离”文本框中输入 15，单击按钮，得到如图 4-6 所示的挤出实体。“挤出串连”对话框选项说明见表 4-1。

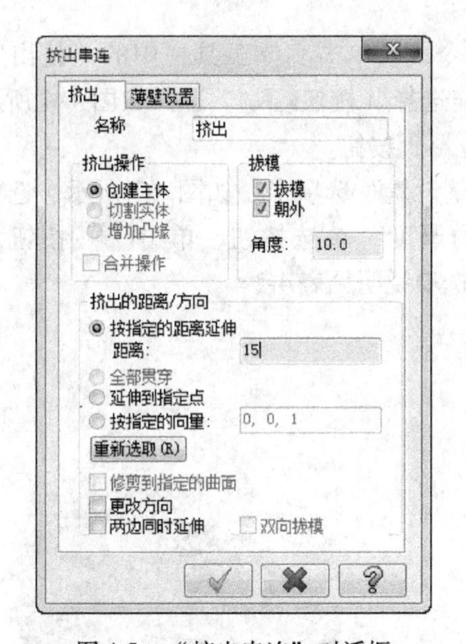

图 4-5　“挤出串连”对话框

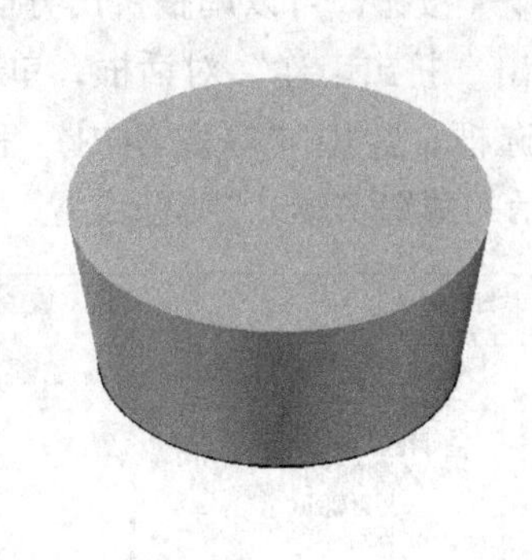

图 4-6　挤出实体

表 4-1　“挤出串连”对话框选项说明

选　项	说　明
名称	用于定义挤出实体的名称
挤出操作	用于设置挤出操作模式 “创建主体”单选按钮：创建一个新的实体 “切割实体”单选按钮：构建的实体与所选取的实体进行布尔求差运算 “增加凸缘”单选按钮：构建的实体与所选取的实体进行布尔求和运算

（续）

选　项	说　明
拔模	用于定义挤出操作的倾斜属性 “拔模”复选框：挤出操作为倾斜挤出操作，可以定义倾斜方向和倾斜角度 “朝外”复选框：挤出操作方向为向外倾斜，否则为朝内倾斜 “角度”文本框：用于定义倾斜角度
挤出的距离/方向	该选项区域用于定义挤出距离和挤出方向 “按指定的距离延伸”单选按钮：可以通过直接在“距离”文本框中输入数值来定义挤出距离 “全部贯穿”单选按钮：挤出操作完全穿过所选取的目标实体（只有在“切割实体”模式下该选项才能使用） “延伸到指定点”单选按钮：沿着挤出方向挤出至所指定的点 “按指定的向量”单选按钮：通过该点矢量定义挤出操作的方向和距离 “重新选取”按钮：可以重新进行挤出方向的选取 “修剪到指定的曲面”复选框：沿挤出方向挤出至所指定的面（在“切割实体”或“增加凸缘”两种模式下才能使用） “更改方向”复选框：挤出方向和原有设置方向相反 “两边同时延伸”复选框：在挤出方向的正、反两个方向上进行挤出 “双向拔模”复选框：正、反两个挤压方向的倾斜角度相反

2）挤出薄壁实体。

① 单击菜单“实体”→“挤出实体”命令，或单击实体工具栏中的“挤出实体”按钮，弹出“串连选择”对话框，单击“串连选择”按钮，选择如图4-4所示的圆曲线。单击按钮，可以调整挤出方向，单击按钮。

② 弹出“挤出串连”对话框，单击“薄壁设置”选项卡，如图4-7所示。选中“薄壁实体”复选框、选中“厚度朝内”和“朝内厚度”单选按钮，单击按钮，得到如图4-8所示的薄壁实体。“薄壁设置”选项卡选项说明见表4-2。

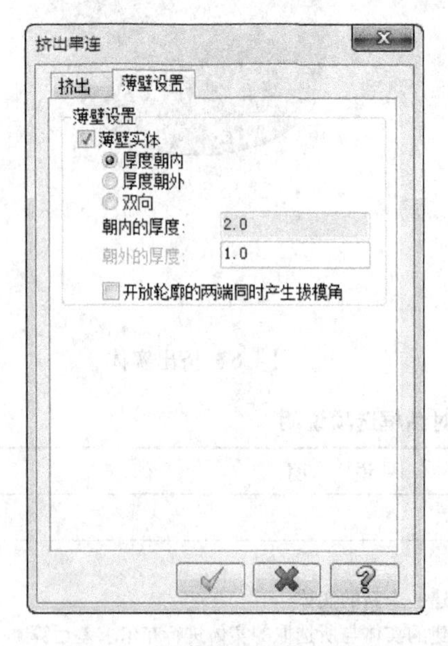

图4-7　“薄壁设置”选项卡

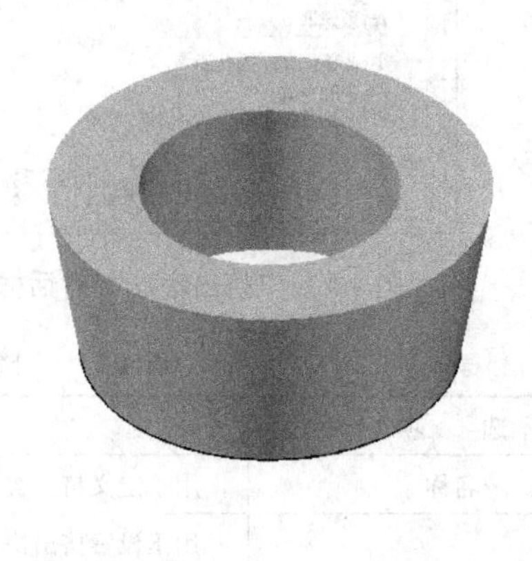

图4-8　薄壁实体

表 4-2 “薄壁设置”选项卡选项说明

选 项	说 明
薄壁实体	若选中该复选框，则创建的实体为壳体
厚度朝内	壁厚从选取的串连曲线向内偏移“朝内的厚度”文本框所设定的距离，生成为薄壁实体
厚度朝外	壁厚从选取的串连曲线向外偏移“朝外的厚度”文本框所设定的距离，生成为薄壁实体
双向	壁厚同时从选取的串连曲线向内、向外偏移设定距离，生成薄壁实体
朝内的厚度	设定向内偏移的距离
朝外的厚度	设定向外偏移的距离
开放轮廓的两端同时产生拔模角	设定薄壁实体外形为开放轮廓时在端点处生成拔模角

注意：在薄壁实体生成过程中，“挤出”选项卡中设置的参数继续有效，如果不需要这些参数，可以在“挤出”选项卡中进行更改。

（2）旋转实体

旋转实体将串连曲线绕选择的旋转轴进行旋转，生成一个新的实体或在现存实体上进行切割、增加实体，从而生成新的实体。串连曲线必须共面，封闭的串连曲线生成实体，不封闭的串连曲线生成壳体。

1）旋转实体。

① 单击菜单“实体”→“旋转实体”命令，或单击实体工具栏中的“旋转实体”按钮，弹出“串连选择”对话框，单击“串连选择”按钮，选择如图 4-9 所示的曲线，单击按钮。

② 系统提示“请选一直线作为参考轴”，选择图 4-9 中的旋转轴，弹出如图 4-10 所示的对话框（逆时针旋转，可根据需要调整旋转方向或重新选择旋转轴），单击按钮。

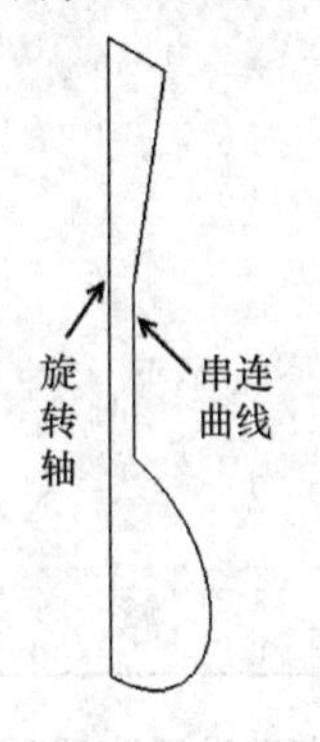

图 4-9 旋转曲线

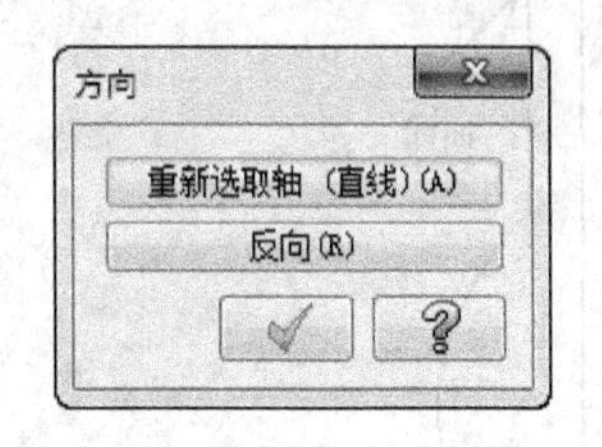

图 4-10 “方向”对话框

③ 弹出“旋转实体的设置”对话框，单击“旋转”选项卡，如图 4-11 所示。选中“创建主体”单选按钮设置“起始角度”为 0°，“终止角度”为 180°，单击按钮，得到如图 4-12 所示的旋转实体。“旋转实体的设置”对话框选项说明见表 4-3。

表 4-3 “旋转实体的设置”对话框选项说明

选 项	说 明
角度/轴向	起始角度：设置旋转操作的起始角度 终止角度：设置旋转操作的终止角度
	反向：设置旋转方向与现在的旋转方向相反

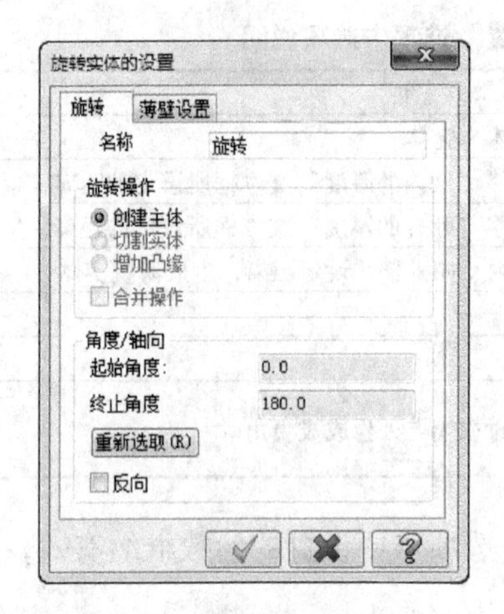

图 4-11　“旋转实体的设置”对话框

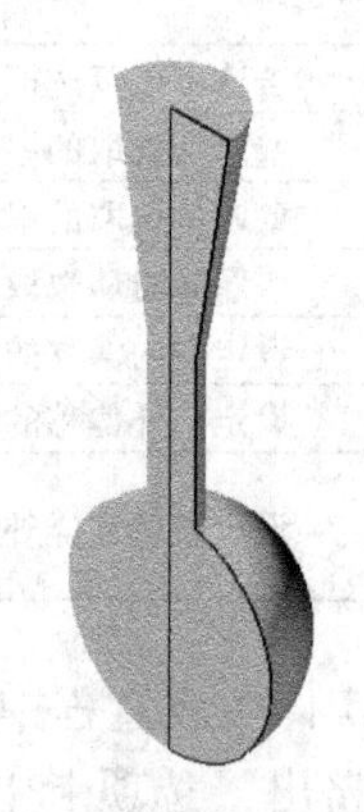

图 4-12　旋转实体

2）薄壁旋转实体。

① 单击菜单“实体”→“旋转实体”命令，或单击实体工具栏中的“旋转实体”按钮，弹出“串连选择”对话框，单击“串连选择”按钮，选择如图 4-13 所示的曲线，单击按钮。

② 系统提示“请选一直线作为参考轴”，选择图 4-13 中的旋转轴，弹出如图 4-14 所示的对话框（逆时针旋转，可根据需要调整旋转方向或重新选择旋转轴），单击按钮。

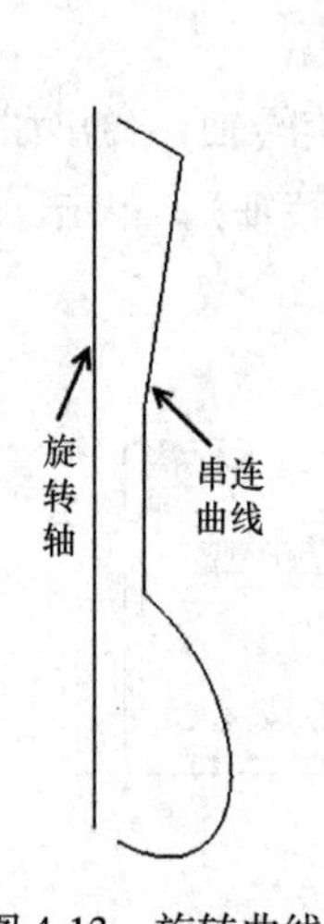

图 4-13　旋转曲线

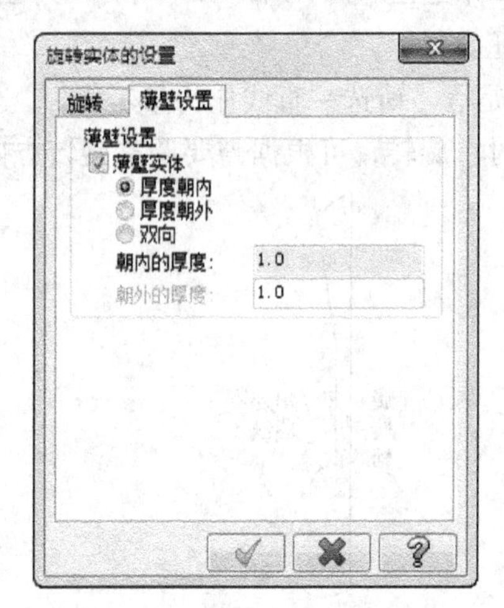

图 4-14　“薄壁设置”选项卡

③ 弹出“旋转实体的设置”对话框，单击“薄壁设置”标签，如图 4-14 所示。选中“薄壁实体”复选框，和“厚度朝内”单选按钮，设置“朝内的厚度”为 1，单击按钮，弹出如图 4-15 所示的对话框（可以根据需要更改厚度朝向），单击按钮，得到如图 4-16 所示的旋转实体。

（3）扫描实体

扫描实体是串连曲线（截面）沿选取的扫描路径曲线平移、旋转生成一个新实体，或切割现存的实体，或在现存实体上增加实体。所选截面串连曲线是封闭共面的。扫描实体操作步骤如下：

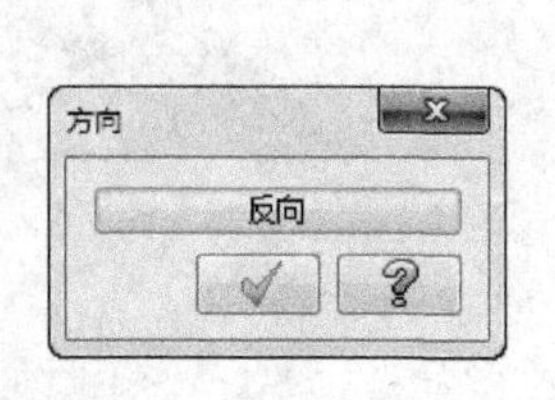

图 4-15 “方向”对话框

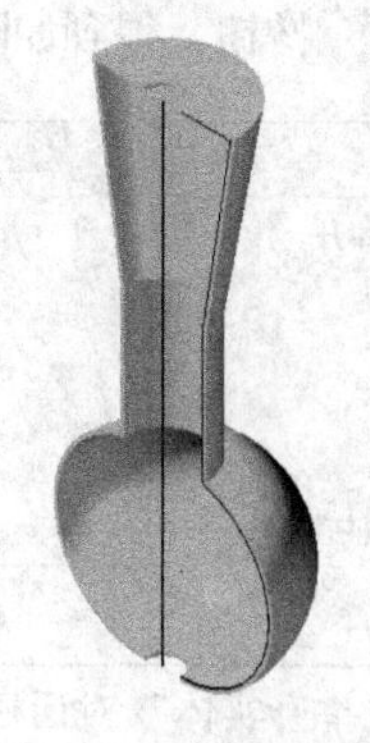

图 4-16 薄壁旋转实体

1）单击菜单“实体”→“扫描实体”命令，或单击实体工具栏中的“扫描实体”按钮，弹出“串连选择”对话框，单击“串连选择”按钮，选择如图 4-17 所示的串连曲线，单击按钮。

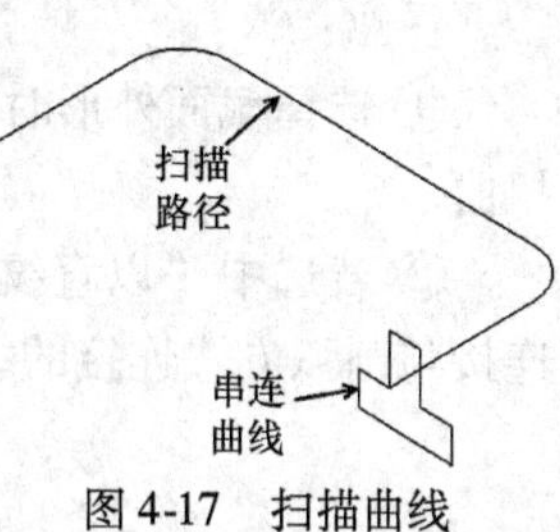

图 4-17 扫描曲线

2）弹出“串连选择”对话框，此时系统提示“请选择扫描路径的串连图素”，单击串连选择按钮，选择图 4-17 中的扫描路径，单击按钮。

3）弹出“扫描实体”对话框，如图 4-18 所示。选中“创建主体”单选按钮，单击按钮，得到如图 4-19 所示的扫描实体。

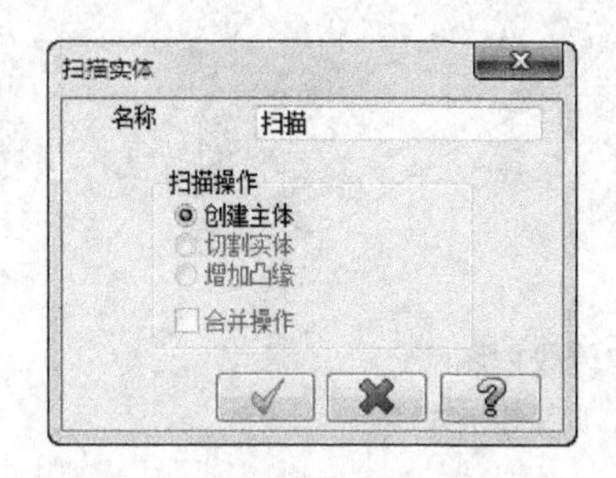

图 4-18 “扫描实体”对话框

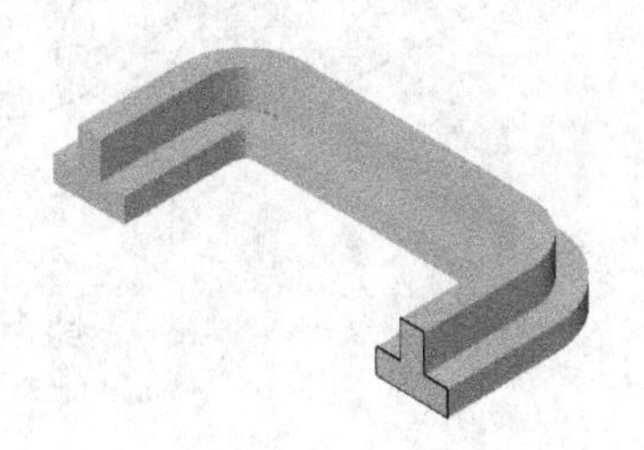

图 4-19 扫描实体

（4）举升实体

举升实体是将两个或两个以上的串连曲线（截面）按选取的熔接方式进行熔接生成新的实体，或切割现有实体，或在现有实体上增加实体。每个单独串连曲线必须是封闭的，且在一个平面内；选择两个以上的串连曲线，各串连曲线之间可以不平行，每个串连仅选一次；各个串连曲线串连方向必须沿同一方向，且起点对齐。举升实体操作步骤如下：

1）单击菜单“实体”→“举升实体”命令，或单击实体工具栏中的“举升实体”按钮，弹出“串连选择”对话框，系统提示“举升曲面：定义外形”，单击“串连选择”按钮，依次选择如图 4-20 所示的截面外形，单击按钮。

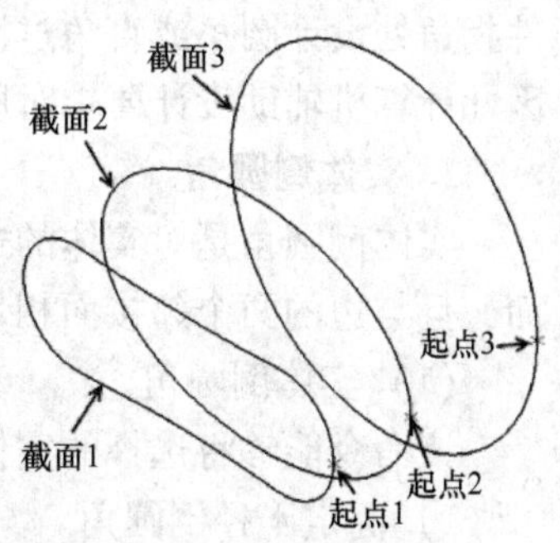

图 4-20 举升曲线

2）弹出“举升实体”对话框，如图 4-21 所示。选中“创建主体”单选按钮，单击按钮，得到如图4-22所示的扫描实体。

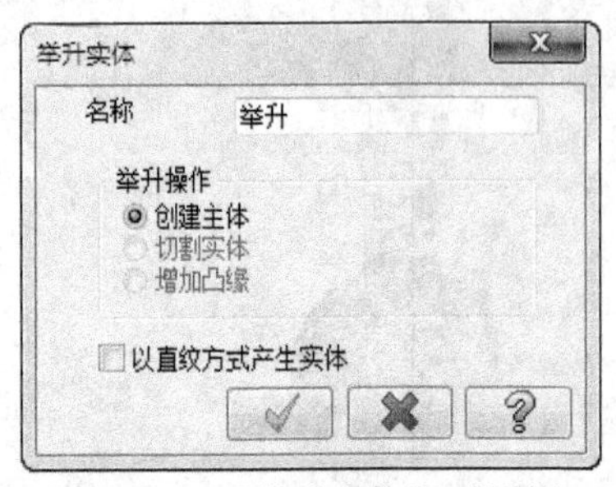

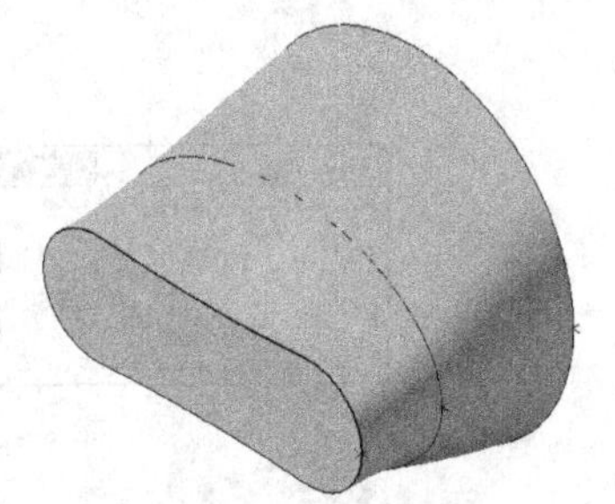

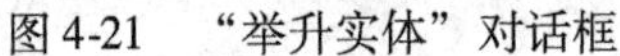

图4-21 “举升实体”对话框　　图4-22 举升实体

注意：

① 选择截面外形时，要保证截面串连方向一致、起点对应，否则得到举升实体会发生扭曲。

② 若选中“以直纹方式产生实体”复选框，则举升实体通过直线连接构建，直纹方式连接与圆弧方式连接的举升实体的区别见图4-23所示的举升实体线框图。

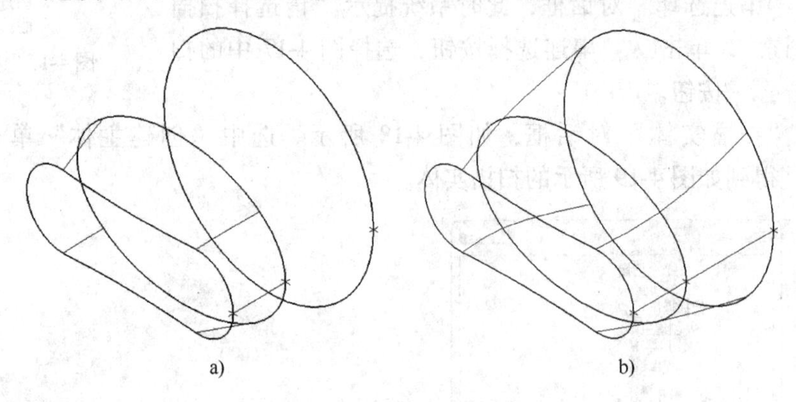

图4-23 举升实体线框图

a）直纹连接方式 b）圆弧连接方式

任务4.2 实体的修剪

在实际设计过程中，为了克服设计缺陷或者满足加工工艺、装配工艺要求，一般要在零件拐角处设计圆角或直角过渡。在模具行业中，对壳体类零件通常有拔模斜度的工艺要求，因此计算机辅助设计要求对所创建的基本实体进行必要的编辑以生成更为复杂的实体。

1. 实体倒圆角

实体倒圆角是对实体的边缘进行倒圆角操作，按设置的曲率半径生成实体的一个圆形表面，且与边的两个邻接面相切。

（1）实体倒圆角

该命令能够将选择的实体边、实体面或整个实体进行圆角。

1）固定半径倒圆角。

① 单击菜单“实体”→“倒圆角”→“实体倒圆角”命令，或单击实体工具栏中的“实体倒圆角”按钮，系统提示“请选取要倒圆角的图素”，此时工具栏中的实体选择选项得到激活，单击某一按钮，则该功能被激活，如图 4-24 所示。

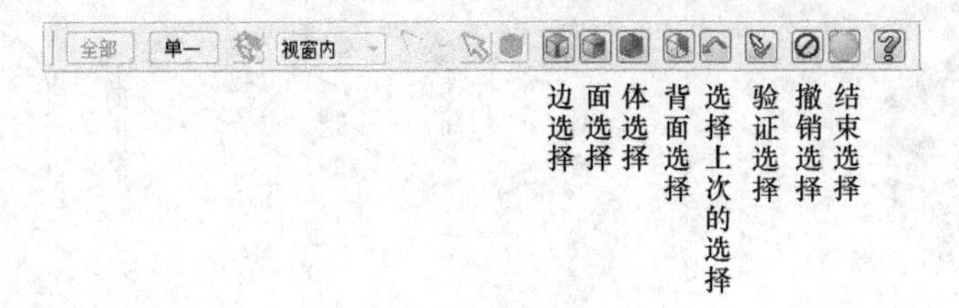

图 4-24　实体选择选项工具栏

② 单击“边选择”按钮，选择图 4-25 中的实体边，按〈Enter〉键或单击工具栏中按钮结束选择，弹出“倒圆角参数”对话框，如图 4-26 所示。“倒圆角参数”对话框选项说明见表 4-4。

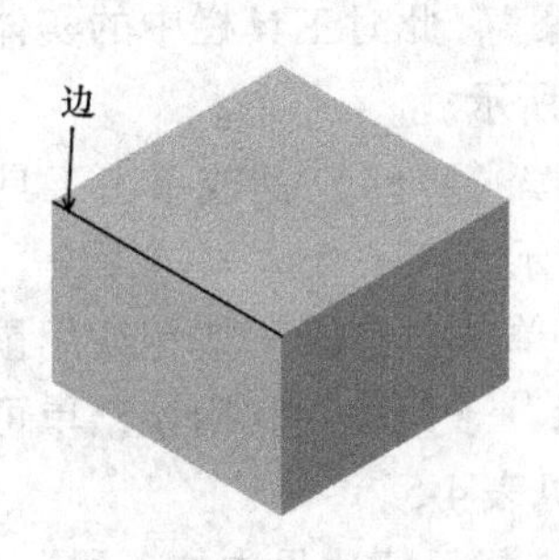

图 4-25　实体倒圆角的边

图 4-26　“倒圆角参数”对话框

表 4-4　“倒圆角参数”对话框选项说明

选　项	说　明
固定半径	生成的圆弧曲面曲率半径为恒定值
变化半径	生成的圆弧曲面曲线半径是按照一定规律变化的 “线性”：圆角的半径按照线性规律变化 “平滑”：圆角的半径平滑变化
半径	设定倒圆角的半径值
超出的处理	当倒角圆弧面超出两相切面时，可用该选项来设置弧面的熔接方式 默认：按照系统默认的方式进行熔接 维持熔接：圆弧面超出部分不受选取曲线的约束，与两切面以混合模式熔接 维持边界：圆弧面超出部分与两相切面熔接时受选取曲线约束
角落斜接	该复选框仅在“固定半径”圆角有效，用户设定两条或 3 条圆角边在其相交点处的曲面生成形式。若选中该复选框，则表示执行边角倾斜，生成圆锥角，如图 4-28b 所示。否则不执行倾斜，生成的是光滑球面，如图 4-28c 所示
沿切线边界延伸	该复选框用于设定是否将圆角延伸至相切的边界
编辑	该选项仅在“变化半径”倒圆角时有效，用于设置变化半径倒圆角各参考点处的半径值

③ 选中“固定半径”单选按钮，设置“半径”为 10，单击按钮，得到如图 4-27 所示的实体圆角。

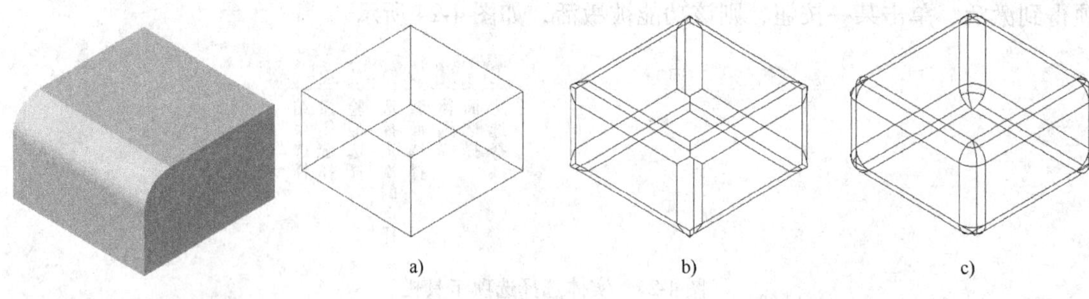

图 4-27　实体倒圆角

图 4-28　边角倾斜的实体图

a）原始图形　b）边角倾斜　c）未执行边角倾斜

2）变化半径倒圆角。

① 单击菜单“实体”→“倒圆角”→“实体倒圆角”命令，或单击实体工具栏中的“实体倒圆角”按钮，系统提示“请选取要倒圆角的图素”，此时工具栏中的实体选择选项得到激活，单击某一按钮，则该功能被激活，如图 4-24 所示。

② 单击“边选择”按钮，选择图 4-25 中的实体边，按〈Enter〉键或单击工具栏中按钮结束选择，弹出“倒圆角参数”对话框，如图 4-26 所示。

③ 选中“变化半径”单选按钮，此时编辑菜单激活，单击“编辑”按钮或用鼠标右键单击编辑菜单中的边界，弹出如图 4-29 所示的“圆角编辑”子菜单。利用该菜单可以编辑变化半径圆角倒圆角的半径变化。圆角编辑菜单选项说明见表 4-5。

④ 在圆角编辑菜单中选择“中点插入”，系统提示“选择目标边界中之一段”，选择需要变化半径倒圆角的实体边，系统弹出如图 4-30 所示的对话框，输入半径“10”，按〈Enter〉键确认，单击按钮，得到如图 4-31 所示的变化半径倒圆角。

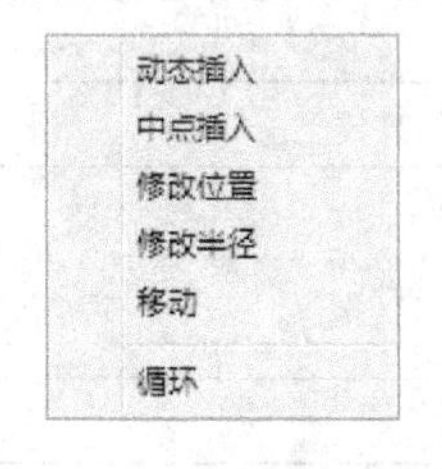

图 4-29　圆角编辑菜单

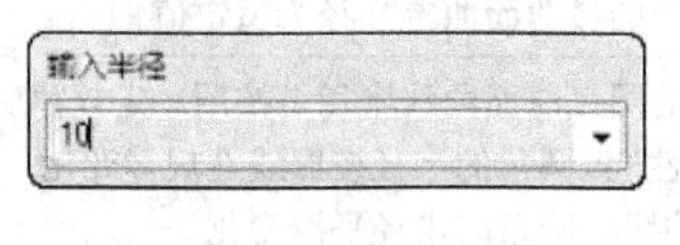

图 4-30　半径输入

图 4-31　变化半径倒圆角

表 4-5　圆角编辑菜单选项说明

选　项	说　明
动态插入	选取倒圆角边，移动光标确定插入点的位置和倒圆角半径
中点插入	在选取边的中点插入点，并输入该点处圆角半径
修改位置	选取插入点，修改其位置
修改半径	选取插入点，输入新的半径值
移动	用于移除一个选取的半径点，但不能移除倒圆角边的端点
循环	依次显示各插入点，可检验和修改半径值

（2）面与面倒圆角

该命令能够在两个实体面之间产生圆角，而这两个面并不需要有共同的边，且在两个面之间的槽或孔均会被圆角填充覆盖。实体面与面倒圆角操作步骤如下：

1）单击菜单“实体”→“倒圆角”→“面与面倒圆角”命令，或单击实体工具栏中的“实体倒圆角”按钮，系统提示“选择第一组面”，选择如图4-32所示的面1，按〈Enter〉键确认选择；系统提示“选择第一组面”，选择如图4-32所示的面2，按〈Enter〉键确认选择。

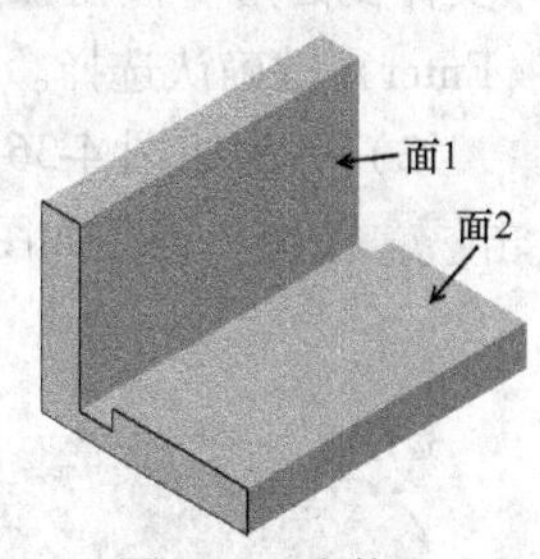

图4-32　实体面

2）弹出如图4-33所示的“实体的面与面倒圆角参数”对话框（各参数说明见表4-6），选中“半径”单选按钮，设置“半径”为10，单击按钮，得到如图4-34所示的实体圆角。

此时工具栏中的“实体选择”选项被激活，单击某一按钮，则该功能被激活，如图4-24所示。

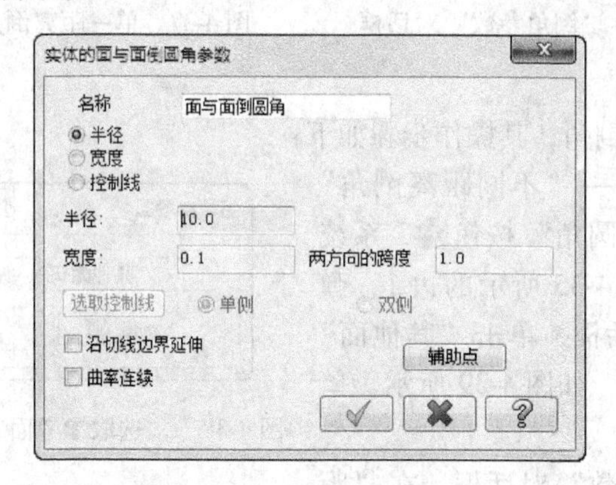

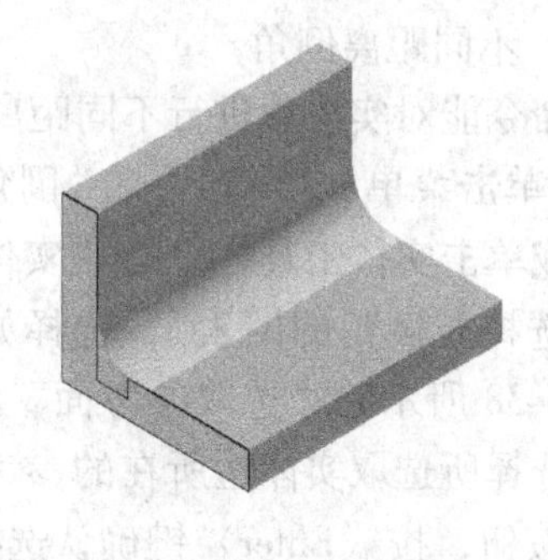

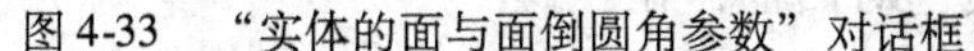
图4-33　“实体的面与面倒圆角参数”对话框　　　图4-34　面与面倒圆角

表4-6　“实体的面与面倒圆角参数”对话框选项说明

选　项	说　明
半径	输入半径值确定圆角
宽度	输入弦宽确定圆角。选中该单选按钮后，“宽度”与“两方向的跨度”文本框被激活： 宽度：弦宽 两方向的跨度：两个面的圆角比率
控制线	通过选取实体边作为控制线，确定圆角。选中该单选按钮后，“选取控制线”按钮被激活 单侧：选取一条实体边作为圆角的一边 双侧：选取两条实体边作为圆角的两边
沿切线边界延伸	与所选取的面相切的面也进行圆角操作
辅助点	当有多个圆角结果时，通过选择辅助点选择需要的圆角结果

2. 实体倒角

实体倒角是指以选取实体边为基准，将相交于该边的两个实体面去除材料生成一个斜面。实体倒角有单一距离、不同距离和距离/角度3种形式。

（1）单一距离倒角

该命令能对实体边进行相同距离的倒角，其操作步骤如下：

1）单击菜单“实体”→“倒角”→“单一距离倒角”命令，或单击实体工具栏中的“实体倒圆角”按钮，系统提示“选择要倒角的图素”，选择如图4-35所示的边1，按〈Enter〉键确认选择。

2）弹出如图4-36所示的“倒角参数”对话框，在“距离”文本框中输入“3”，单击按钮，得到如图4-37所示的单一距离倒角。

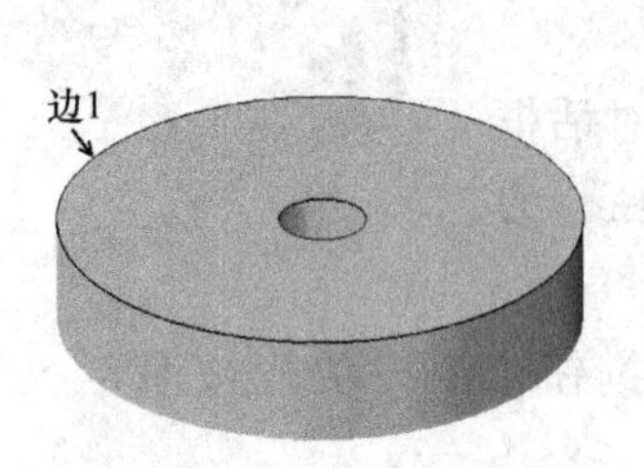

图4-35 实体倒角边

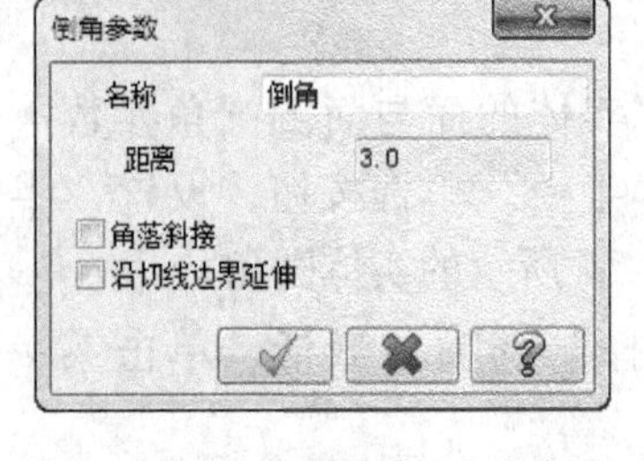

图4-36 “倒角参数”对话框

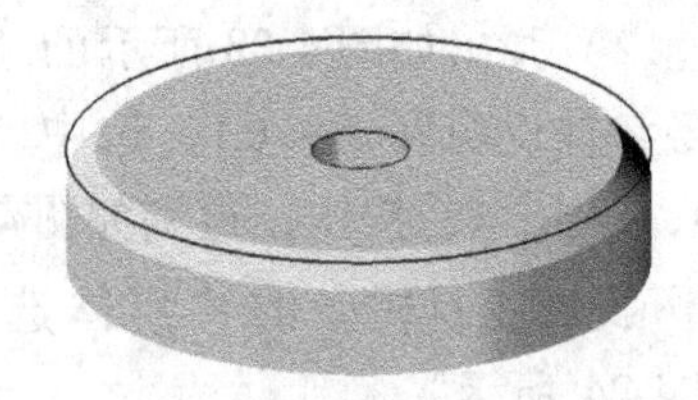

图4-37 单一距离倒角

（2）不同距离倒角

该命令能对实体边进行不同距离的倒角，其操作步骤如下：

1）单击菜单“实体”→“倒角”→“不同距离倒角”命令，或单击实体工具栏中的“实体倒圆角”按钮，系统提示“选择要倒角的图素”，选择如图4-35所示的边1，弹出如图4-38所示的“选取参考面”对话框，单击“其他面”按钮，选择所选取实体边所在的参考面，如图4-39所示。单击按钮，按〈Enter〉键确认选择。

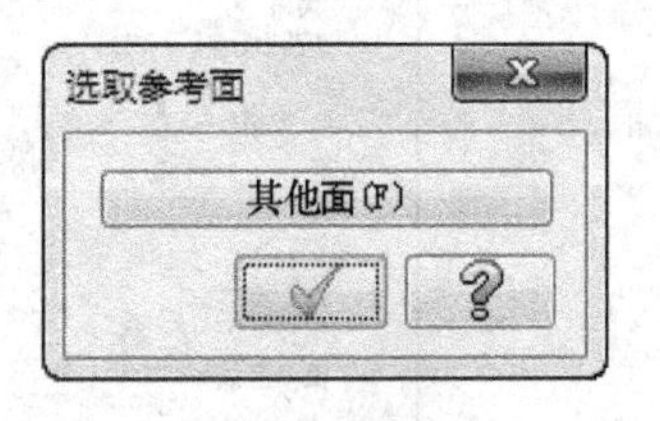

图4-38 “选取参考面”对话框

2）弹出如图4-40所示的“倒角参数”对话框，在“距离1”和“距离2”文本框中分别输入10、2，单击按钮，得到如图4-41所示的不同距离倒角。

注意：距离1是在实体边参考面（步骤1）中选择的参考面上产生的倒角距离，距离2是在另一面上产生的倒角距离。

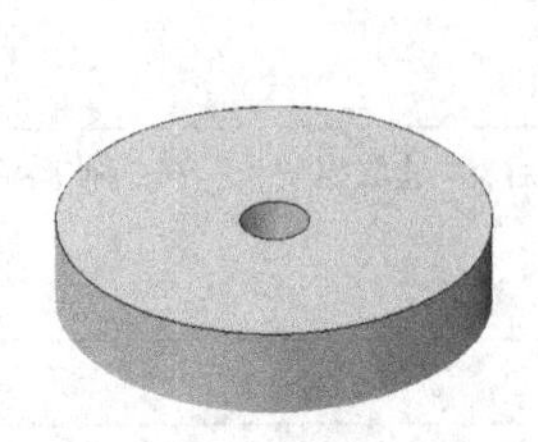

图4-39 参考面

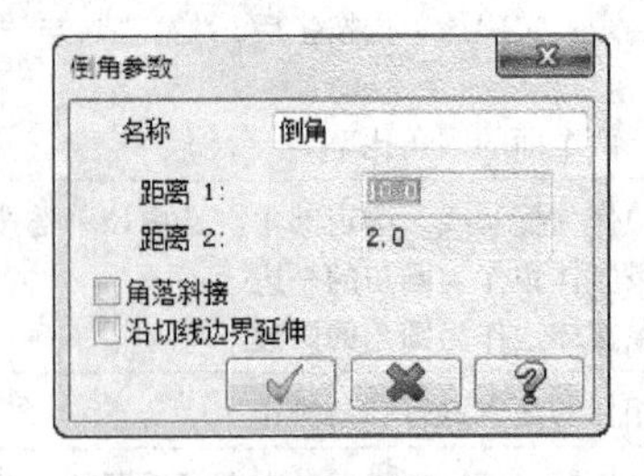

图4-40 “倒角参数”对话框

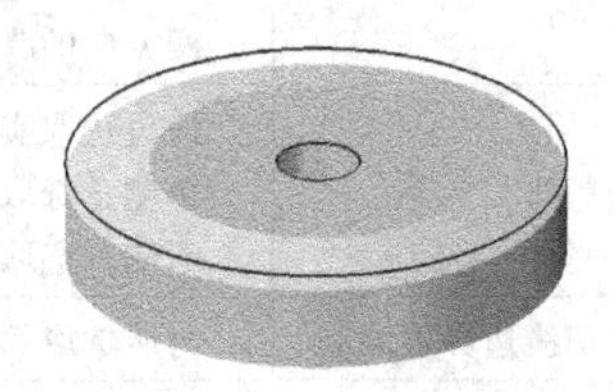

图4-41 不同距离倒角

（3）距离/角度倒角

该命令通过设置倒角距离与角度对实体边进行倒角，其操作步骤如下：

1）单击菜单“实体”→“倒角”→“距离/角度倒角”命令，或单击实体工具栏中的

"实体倒圆角"按钮，系统提示"选择要倒角的图素"，选择如图4-35所示的边1，弹出如图4-38所示的"选取参考面"对话框，单击"其他面"按钮，选择所选取实体边所在的参考面，如图4-39所示。单击，按〈Enter〉键确认。

2）弹出如图4-42所示的"倒角参数"对话框，在"距离"和"角度"文本框中分别输入10、30，单击按钮，得到如图4-43所示的距离/角度倒角。

注意：距离是在实体边参考面（步骤1）中选择的参考面上产生的倒角距离，角度是倒角面与实体边参考面的夹角。

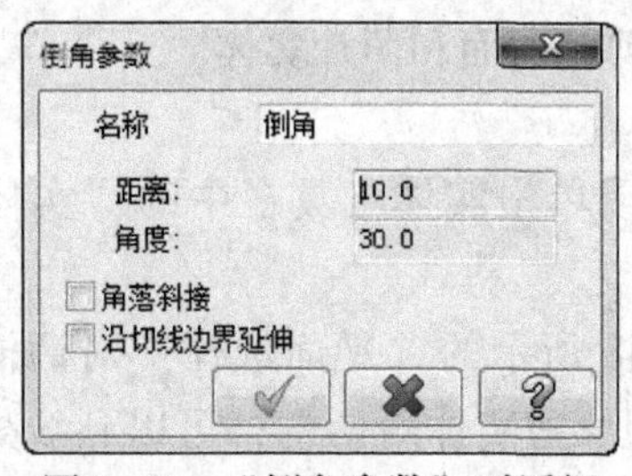

图4-42 "倒角参数"对话框

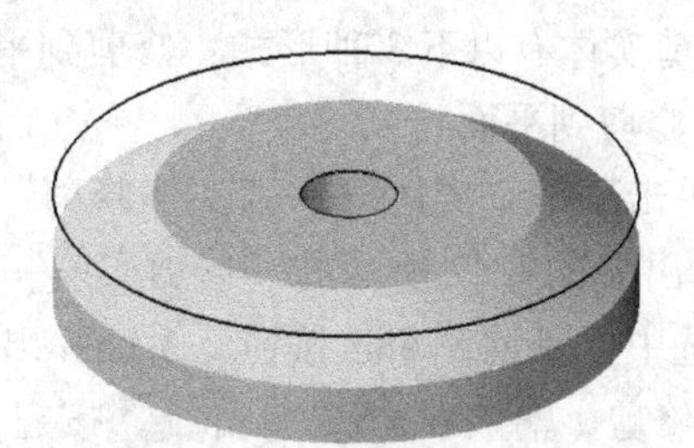

图4-43 距离/角度倒角

3. 实体抽壳

实体抽壳是用删除材料的方法去挖空实体，按设置的壁厚及方向生成一个壳体。当选择实体的一个面进行取壳操作时，从选取面的位置开始在实体上删除材料生成壳体。如果选取整个实体进行取壳操作，将从实体内部删除材料，生成一个中空的壳体。实体抽壳操作步骤如下：

1）单击菜单"实体"→"实体抽壳"命令，或单击实体工具栏中的"实体抽壳"按钮，系统提示"选择要保留开启的主体或面"，激活实体工具栏中的"面选择"按钮，选择如图4-44所示的面，按〈Enter〉键确认。

2）弹出如图4-45所示的"实体抽壳"对话框（各参数说明见表4-7），选中"朝内"单选按钮，设置"朝内的厚度"为2，单击按钮，得到如图4-46所示的抽壳实体。

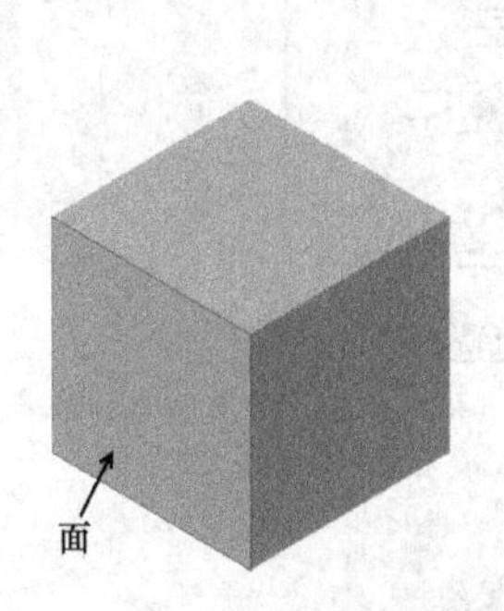

图4-44 实体抽壳的面

图4-45 "实体抽壳"对话框

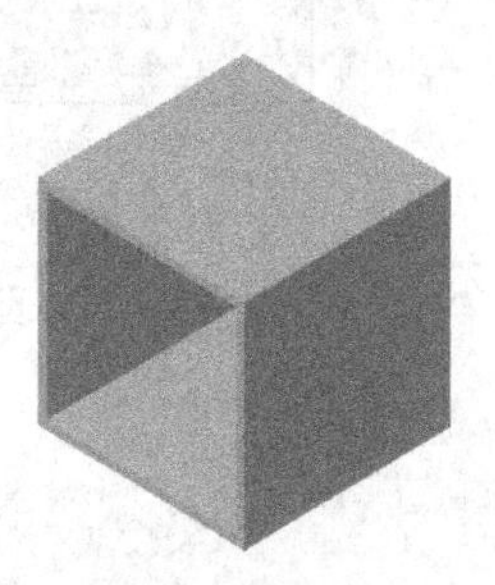

图4-46 抽壳实体

表4-7 "实体抽壳"对话框参数选项说明

选　项	说　明
实体抽壳方向	设置取壳的方向。 "朝内"单选钮：从实体边缘向内测量设定的厚度取壳； "朝外"单选钮：从实体边缘向外测量设定的厚度取壳； "两者"单选钮：从实体边缘向内、外两个方向测量设定的厚度取壳

（续）

选　项	说　明
实体抽壳厚度	设置实体取壳的厚度值。 朝内的厚度：输入朝内的厚度值； 朝外的厚度：输入朝外的厚度值

4. 实体修剪

实体修剪是指以选取的平面或曲面为边界，对选取的一个或多个实体进行修剪生成新的实体。修剪实体有以下 3 种形式：修剪到平面、修剪到曲面和薄片实体。

（1）修剪到平面

1）单击菜单“实体”→“实体修剪”命令，或单击实体工具栏中的“实体修剪”按钮，弹出如图 4-47 所示的“修剪实体”对话框。

2）选中“平面”单选按钮，系统弹出如图 4-48 所示的“平面选择”对话框，在 *Y* 轴方向进行修剪，输入 Y=5，单击按钮，返回到修剪实体对话框，可以到线架显示模式下，通过单击“修剪另一侧”按钮，参照箭头方向确定修剪方向（箭头方向为保留一侧），单击按钮，得到如图 4-49b 所示的修剪实体。

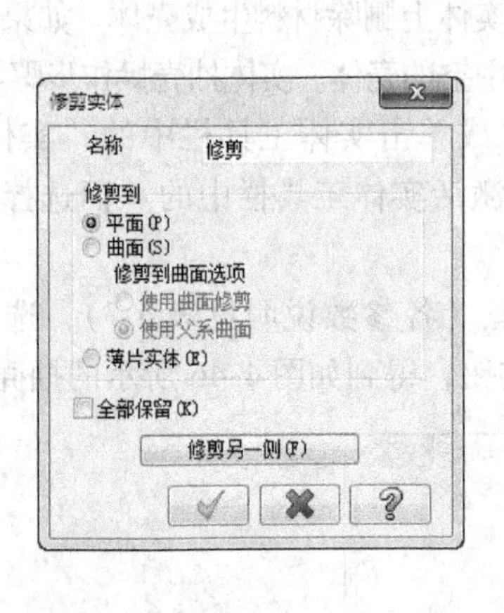

图 4-47　“修剪实体”对话框

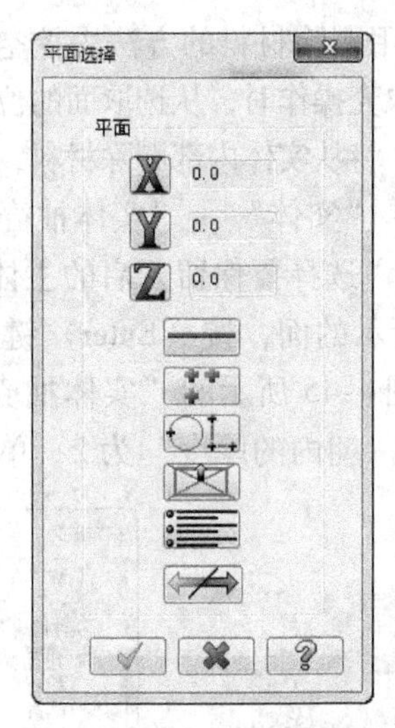

图 4-48　“平面选择”对话框

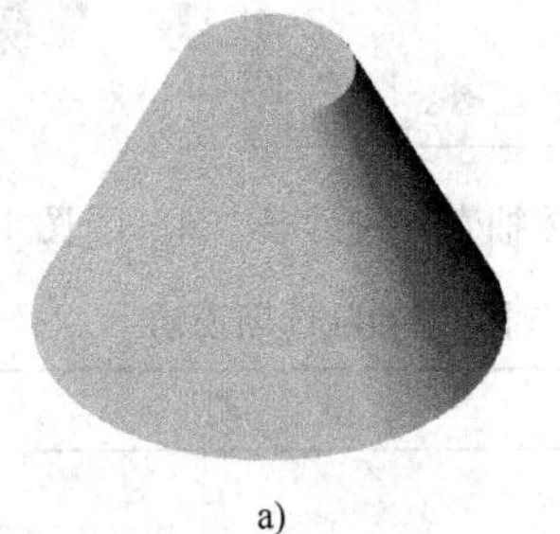

a)

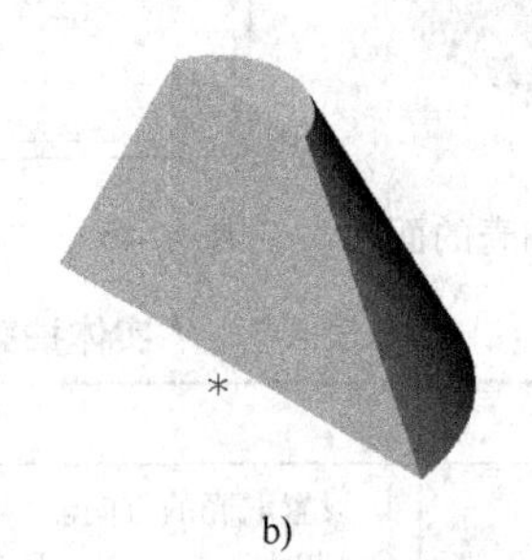

b)

图 4-49　修剪实体

a）原始实体　b）修剪后实体

（2）修剪到曲面

1）单击菜单“实体”→“实体修剪”命令，或单击实体工具栏中的“实体修剪”按钮，弹出如图4-47所示的“修剪实体”对话框。

2）选中“曲面”单选按钮，系统提示“选择要执行修剪的曲面”，选择图4-50中所示的曲面，确定修剪方向（箭头方向为保留一侧），单击按钮，得到如图4-51所示的修剪实体。

图4-50　实体

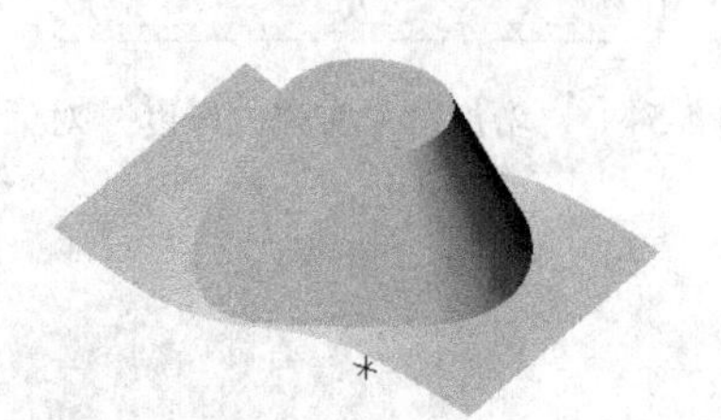

图4-51　修剪实体

（3）薄片实体

1）单击菜单“实体”→“实体修剪”命令，或单击实体工具栏中的“实体倒圆角”按钮，系统提示“选择要修剪的实体”，选择图4-52所示的实体1，按〈Enter〉键确认。

2）弹出如图4-47所示的“修剪实体”对话框，选中“薄片实体”单选按钮，系统提示“选择要修剪的薄片实体”，选择图4-52所示的薄片实体，确定修剪方向（线架模式下，箭头方向为保留一侧），单击按钮，得到如图4-53所示的修剪实体。

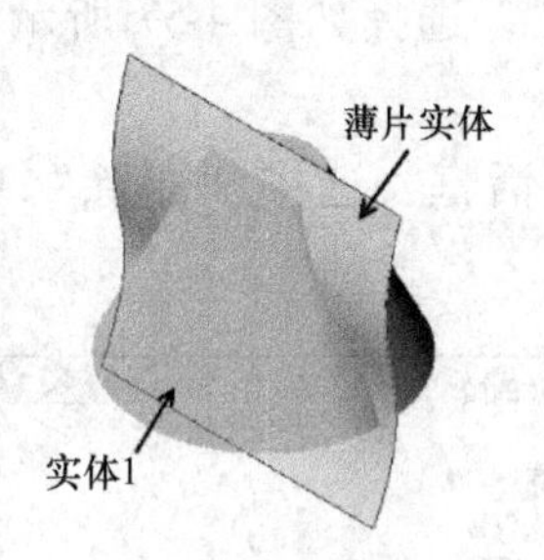

图4-52　实体与薄片实体

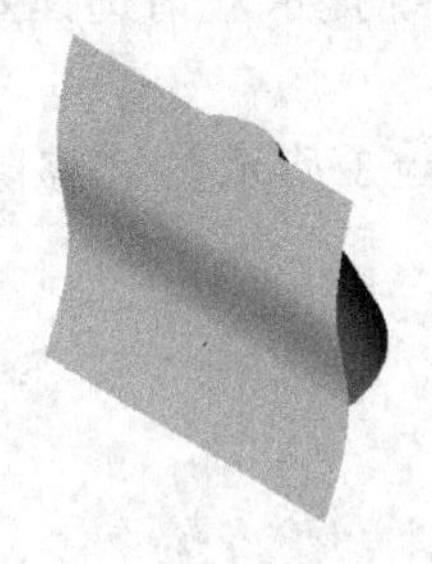

图4-53　修剪到薄片实体

5. 薄片实体加厚

薄片实体加厚是将开放曲面生成的薄片实体的厚度增厚。薄片实体加厚的操作步骤如下：

1）单击菜单“实体”→“薄片实体加厚”命令，或单击实体工具栏中的“实体倒圆角”按钮，弹出图4-54所示的“增加薄片实体的厚度”对话框，在厚度文本框中转入2，选中“单侧”单选按钮，单击按钮。

2）弹出如图4-55所示的“厚度方向”对话框，单击“切换”按钮，可以调整加厚方向，得到如图4-56所示的加厚实体。

注意：若选择加厚方向为双侧，则不会弹出“厚度方向”对话框，薄片实体双侧同时加厚一定厚度。

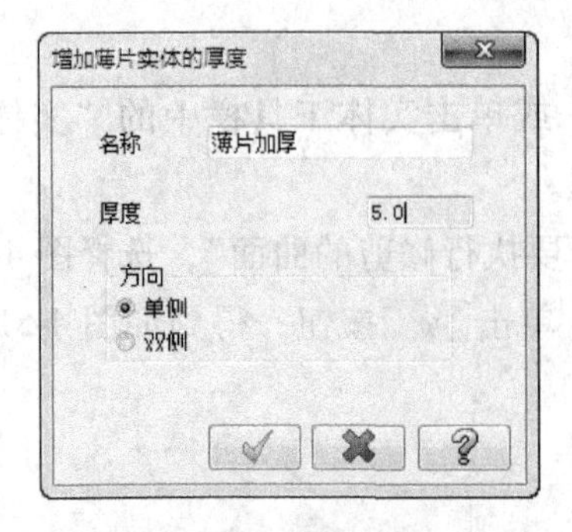

图 4-54 “增加薄片实体的厚度”对话框

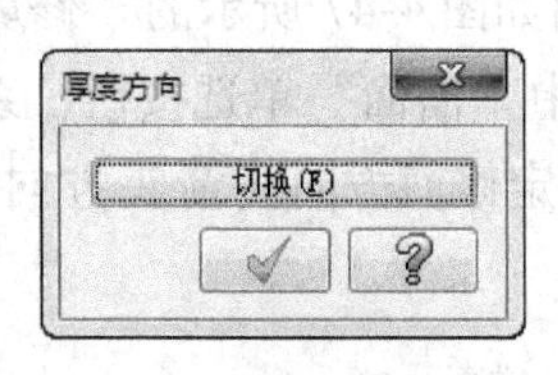

图 4-55 “厚度方向”对话框

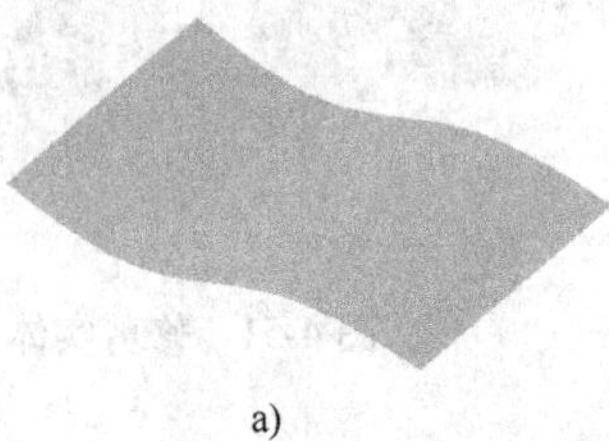

a)

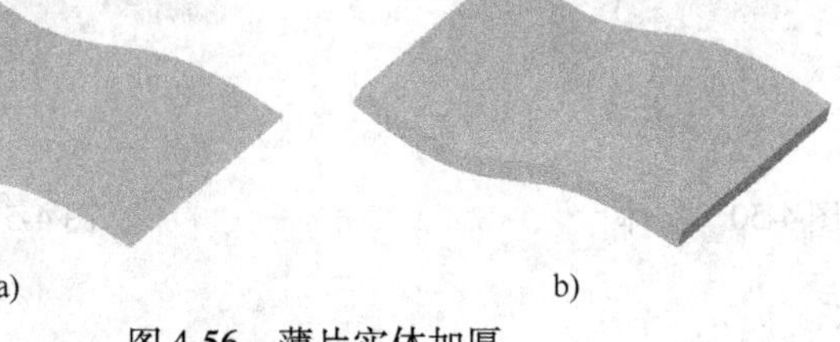

b)

图 4-56 薄片实体加厚

a）薄片实体 b）加厚的薄片实体

6. 移动实体表面

移动实体表面是指去除实体上的面，使实体成为一个开口的薄壁实体。移动实体表面的操作步骤如下：

1）单击菜单“实体”→“移动实体表面”命令，或单击实体工具栏中的“移动实体表面”按钮，系统提示“请选择要移除的实体面”，选择如图 4-57 所示的实体面，按〈Enter〉键确认。

2）弹出如图 4-58 所示的“移除实体表面”对话框，选中“删除”单选按钮，单击按钮。

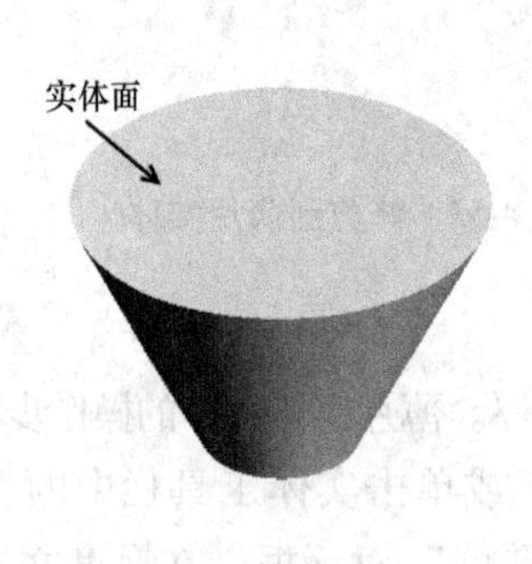

图 4-57 实体

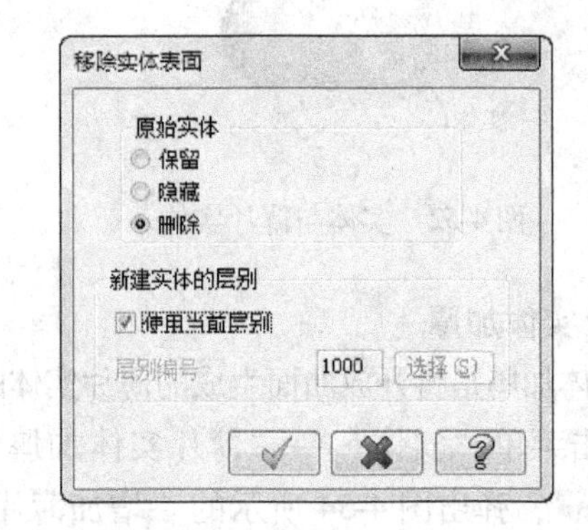

图 4-58 “移除实体表面”对话框

3）弹出如图 4-59 所示的对话框，单击“是”按钮（在开放的边界绘制边界曲线），得到如图 4-60 所示的实体。

7. 牵引实体

牵引实体用来对实体的面进行定义角度和方向的倾斜操作，实体的其他面以新生成的面为边界进行修剪或延伸后生成新的实体面，多用于模具模型的构建。有以下 4 种牵引方式。

图 4-59 “选择”对话框

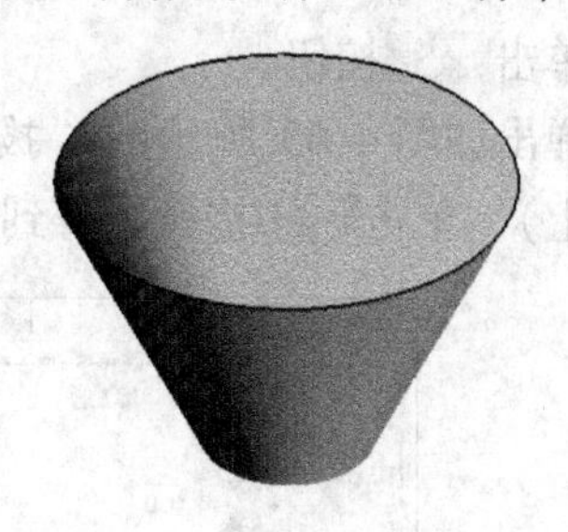

图 4-60 移除上表面的实体

（1）牵引到实体面

1）单击菜单“实体”→“牵引实体”命令，或单击实体工具栏中的“牵引实体”按钮，系统提示“请选择要牵引的实体面”，选择图 4-61 所示的实体面 1，按〈Enter〉键确认，弹出如图 4-62 所示的“实体牵引面的参数”对话框。

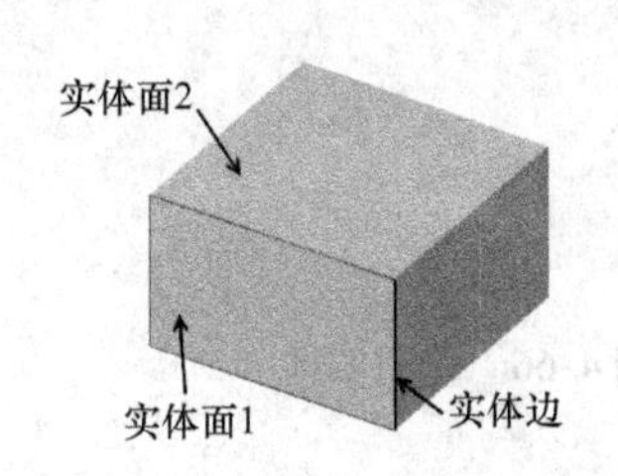

图 4-61 实体

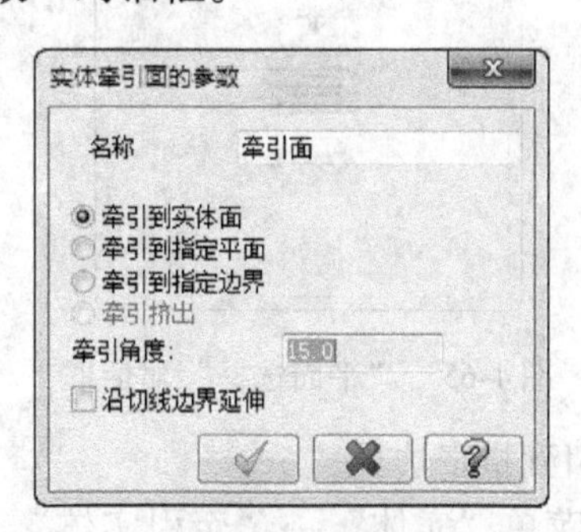

图 4-62 “实体牵引面的参数”对话框

2）选中“牵引到实体面”单选按钮，设置“牵引角度”为 15，单击按钮。

3）系统提示“选择平的实体面来指定牵引平面”，选择图 4-61 所示的实体面 2，按〈Enter〉键确认。

4）弹出如图 4-63 所示的“拔模方向”对话框，单击“反向”按钮，调整拔模方向（箭头向上），单击按钮，得到如图 4-64 所示的牵引实体面。

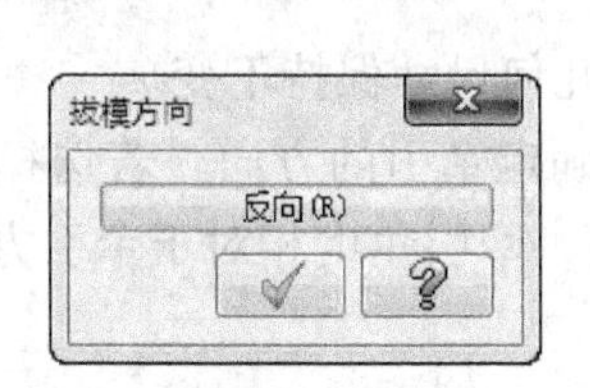

图 4-63 “拔模方向”对话框

图 4-64 牵引实体 1

（2）牵引到指定平面

1）单击菜单“实体”→“牵引实体”命令，或单击实体工具栏中的“牵引实体”按钮，系统提示“请选择要牵引的实体面”，选择图 4-61 所示的实体面 1，按〈Enter〉键确认，弹出如图 4-62 所示的“实体牵引面的参数”对话框。

2）选中“牵引到指定平面”单选按钮，设置“牵引角度”为 45，单击按钮。

3）弹出如图4-65所示的“平面选择”对话框，在Z文本框中输入“15”（选择Z = 15平面），单击✓按钮。

4）弹出如图4-63所示的“拔模方向”对话框，单击“反向”按钮，调整拔模方向（箭头向上），单击✓按钮，得到如图4-66所示的牵引实体面。

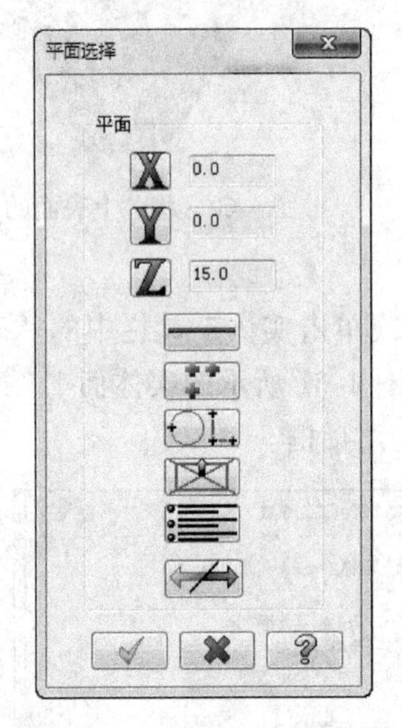

图4-65 “平面选择”对话框

图4-66 牵引实体2

（3）牵引到指定边界

1）单击菜单“实体”→“牵引实体”命令，或单击实体工具栏中的“牵引实体”按钮，系统提示“请选择要牵引的实体面”，选择如图4-61所示的实体面1，按〈Enter〉键确认，弹出如图4-62所示的“实体牵引面的参数”对话框。

2）选中“牵引到指定边界”单选按钮，设置“牵引角度”为30，单击✓按钮。

3）系统提示“选择突显之实体面的参考边界”，选择图4-67所示的实体边1，系统提示“选择边界或实体面来指定牵引的方向”，选择图4-67所示的实体边2，弹出“拔模方向”对话框（选择箭头指向+X），单击✓按钮，得到如图4-68所示的牵引实体面。

注意：

1）参考边界是确定牵引的变形，所选边界处几何尺寸保持不变。

2）选择一个边或实体上一个平面为参考面，确定牵引的方向。若选择边，则牵引方向为边的方向；若选择面，则牵引方向垂直于参考面，牵引角度相对于牵引方向测定。

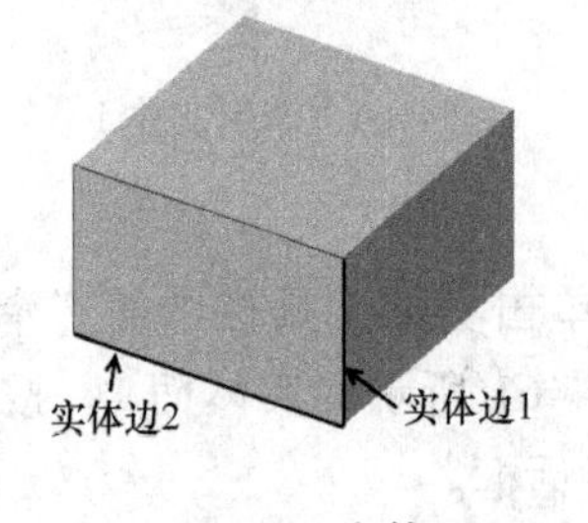

图4-67 实体

图4-68 牵引实体3

(4) 牵引挤出

该方式只用于对通过挤出生成的挤出实体面进行牵引，牵引方向由挤出方向确定，牵引角度相对于牵引方向测定。牵引挤出的操作步骤如下：

1）单击菜单“实体”→“牵引实体”命令，或单击实体工具栏中的“牵引实体”按钮，系统提示“请选择要牵引的实体面”，选择图4-69所示的实体面，按〈Enter〉键确认，弹出如图4-62所示“实体牵引面的参数”对话框。

2）选中“牵引挤出”单选按钮，设置“牵引角度”为15，单击按钮，得到如图4-70所示的牵引实体面。

图4-69　实体

图4-70　牵引实体4

8. 布尔运算

布尔运算是将两个或两个以上的已存在实体进行并、差和交运算，生成一个新的复杂实体。在选择实体时，选择的第一个实体为目标实体，所选取的其他实体统称为工具实体。关联布尔运算和非关联布尔运算的区别在于，关联布尔运算的原实体将被删除，非关联布尔运算的原实体可以保留。

(1) 关联实体结合运算

分别选取目标实体和工具实体，通过并运算生成一个新的实体。新的实体是目标实体与工具实体公共部分和不同部分的总和。其操作步骤如下：

1）单击菜单“实体”→“布尔运算结合”命令，或单击实体工具栏中的“布尔运算结合”按钮，系统提示“请选择要布尔运算的目标实体”，选择图4-71所示的实体1。

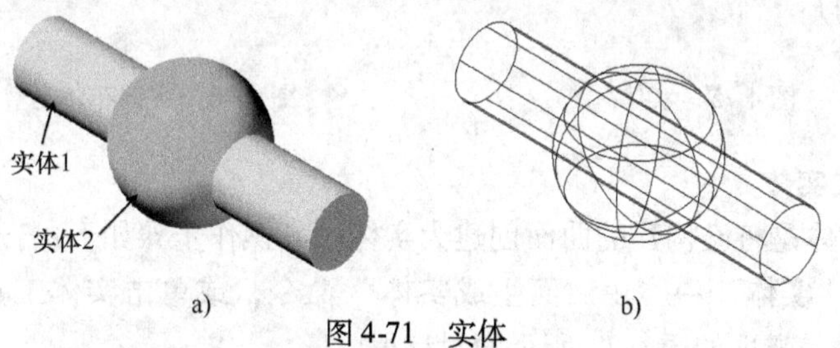

图4-71　实体

a）着色模式　b）线架模式

2）系统提示“请选择要布尔运算的工具实体”，选择如图4-71所示的实体2，按〈Enter〉键确认，得到如图4-72所示的结合实体。

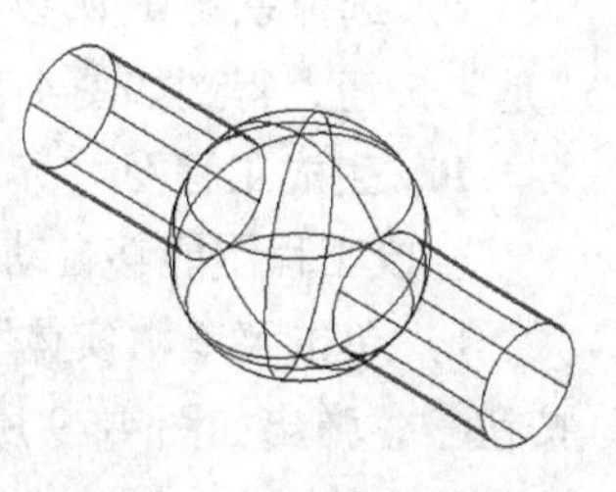

图4-72　实体布尔运算结合

(2) 关联实体切割运算

分别选取目标实体和工具实体，通过差运算生成一个新的实体。新的实体是目标实体减去工具实体的公共部分后的剩余部分。其操作步骤如下：

1）单击菜单“实体”→“布尔运算切割”命令，或单击实体工具栏中的“布尔运算切割”按钮，系统提示“请选择要布尔运算的目标实体”，选择如图4-73所示的实体1。

2）系统提示“请选择要布尔运算的工具实体”，选择图4-73所示的实体2，按〈Enter〉键确认，得到如图4-74所示的切割实体。

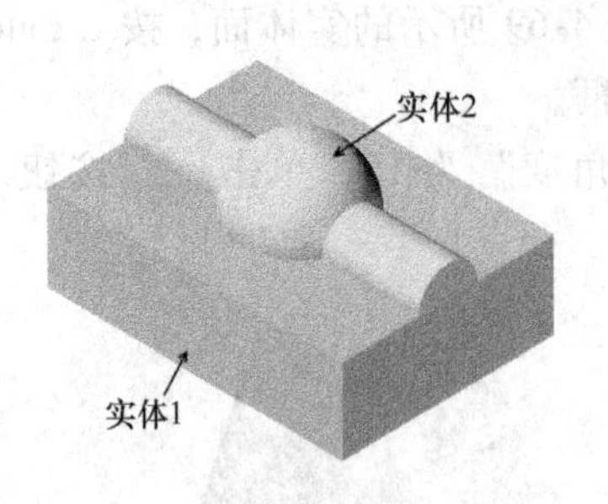

图4-73　实体

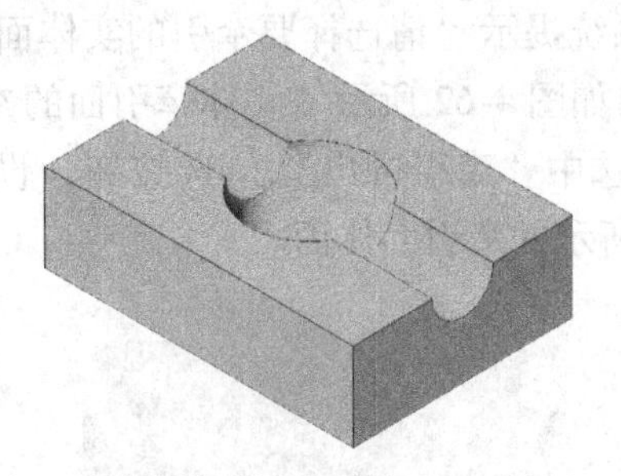

图4-74　实体布尔运算切割

（3）关联实体交集运算

分别选取目标实体和工具实体，通过差运算生成一个新的实体。新的实体是目标实体与工具实体的公共部分。其操作步骤如下：

1）单击“实体”→“布尔运算交集”，或单击实体工具栏中的“布尔运算切割”按钮，系统提示“请选择要布尔运算的目标实体”，选择图4-75所示的实体1。

2）系统提示“请选择要布尔运算的工具实体”，选择如图4-75所示的实体2，按〈Enter〉键确认，得到如图4-76所示的交集实体。

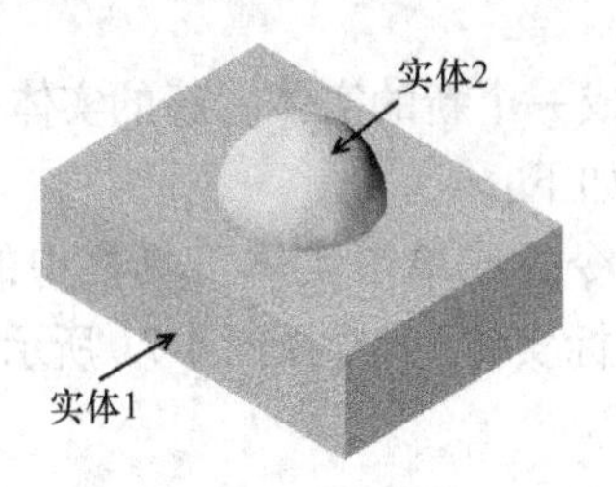

图4-75　实体

图4-76　实体布尔运算交集

9. 由曲面生成实体

由曲面生成实体是将已构建的曲面创建为实体。其操作步骤如下：

1）单击菜单“实体”→“由曲面生成实体”命令，或单击实体工具栏中的“由曲面生成实体”按钮，弹出如图4-77所示的对话框。

2）选择系统默认设置，单击按钮，弹出“是否绘制边界曲面”对话框，单击“是”按钮，得到如图4-78所示的实体。

10. 生成工程图

生成工程图能够自动产生实体的标准三视图和轴测图等。其操作步骤如下：

1）单击菜单“实体”→“生成工程图”命令，或单击实体工具栏中的“生成工程图”按钮，弹出如图4-79所示的“实体图纸布局”对话框，选择“布局方式”为4个标准视图，单击按钮。

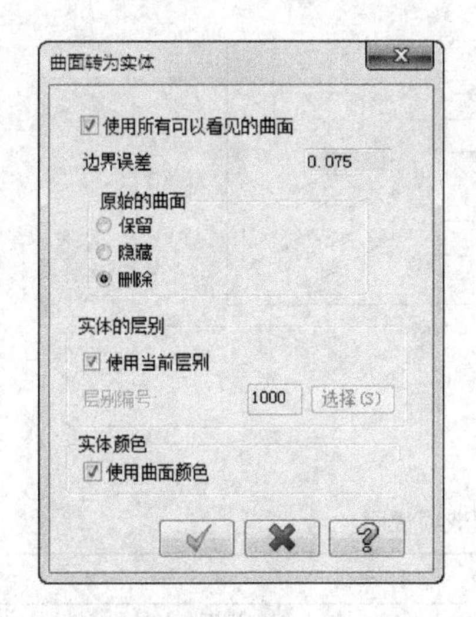

图 4-77　“曲面转为实体”对话框

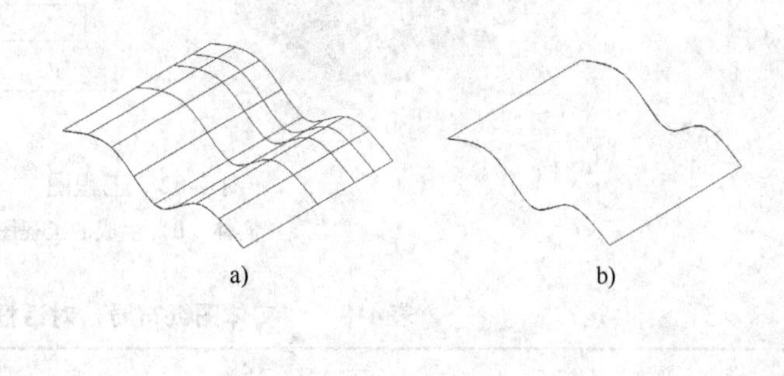

a)　　　　b)

图 4-78　由曲面生成实体

a）曲面线框　b）实体线框

2）弹出如图 4-80 所示的“层别”对话框，输入“层别号码”“名称”，单击按钮。

3）弹出如图 4-81 所示的“实体图纸布局”对话框（选项说明见表 4-8），可按需要对工程图进行调整，单击按钮，得到如图 4-82 所示的工程图。

图 4-79　“实体图纸布局”对话框 1

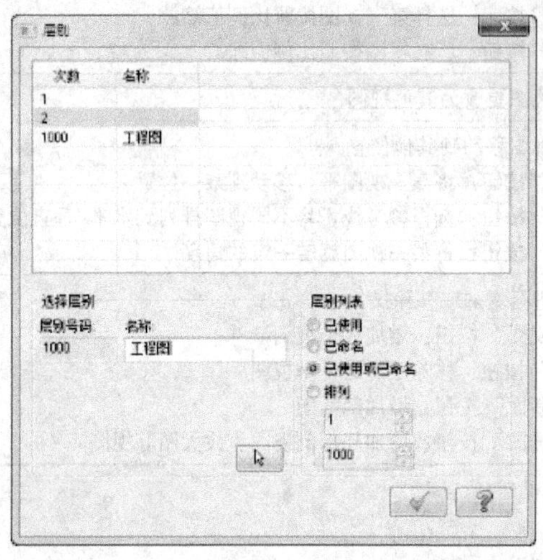

图 4-80　“层别”对话框

图 4-81　“实体图纸布局”对话框 2

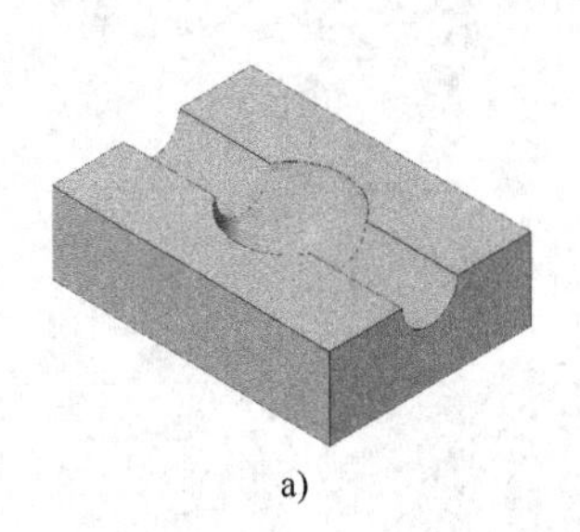

a)

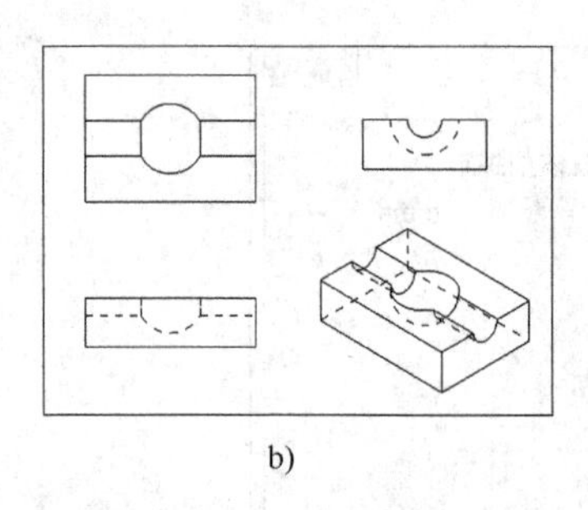

b)

图 4-82　工程图

a）实体　b）生成的工程图

表 4-8　“实体图纸布局”对话框选项说明

选　　项	说　　明
布局方式	工程图的布局方式，有 4View DIN、4 个标准视图、3View DIN、3 个标准视图、1View IsoMetric
实体	重新选择实体创建布局
重设	回到如图 4-81 所示的“实体图纸布局”对话框，重新设置布局图
隐藏线	设置隐藏线的显示 “单一视图”按钮：切换显示某一视图中的隐藏线是否显示 “全部切换”按钮：切换显示所有视图中的隐藏线 “全部隐藏”按钮：隐藏所有视图中的隐藏线 “全部显示”按钮：显示所有视图中的隐藏线
纸张大小	工程图图纸幅面设置 “使用模板文件”复选框：选中该复选框，采用系统提供的默认模板；若不选中该复选框则可以根据需要选择幅面大小或自定义
比例	设置视图显示比例 “比例”文本框：输入比例值 “单一”按钮：选择某一视图按照比例值缩放 “全部”按钮：所有视图按照比例值缩放
更改视图	将某一视图更改为其他视图
移动	将某一视图移动到其他位置 “平移”按钮：将某一视图平行移动到某一位置 “排列”按钮：选择参考线，将不同视图排列到水平/垂直位置 “旋转”按钮：将某一视图旋转一定的角度
增加/移除	对视图进行增加或移除操作 “增加视图”按钮：增加一个视图 “移除”按钮：移除已有的一个视图 “增加断面”按钮：增加剖面图 “增加详图”按钮：增加局部剖视图、放大图等视图

任务 4.3　多轴铣削加工

多轴加工也称变轴加工，是指使用四轴或五轴以上坐标系的机床加工结构复杂、控制精度高、加工程序复杂的工件的加工。多轴加工适用于加工复杂的曲面、斜轮廓以及分布在不同平面上的孔系等。在加工过程中，由于刀具与工件的位置可以随时调整，使刀具与工件达到最佳的切削状态，从而提高了机床的加工效率。多轴加工能够提高复杂机械零件的加工精度，因此它在制造业中发挥着重要作用。在多轴加工中，五轴加工应用范围最为广泛，五轴联动数控技术对工业制造特别是航空、航天、军事工业有重要贡献。由于其地位特殊，国际上把五轴联动数控技术作为衡量一个国家生产设备自动化水平的标志。这里介绍几种常用的五轴加工方法。

1. 曲线五轴加工

曲线五轴加工主要应用于加工三维（3D）曲线或可变曲面的边界，其刀具定位在一条轮廓线上。采用该加工方式可以根据机床刀具轴的不同控制方式，生成四轴或三轴的曲线加工刀具路径。曲线五轴加工的操作步骤如下：

（1）进入加工环境

打开示例文件“ch4/4-83. MCX-6”，如图 4-83 所示。

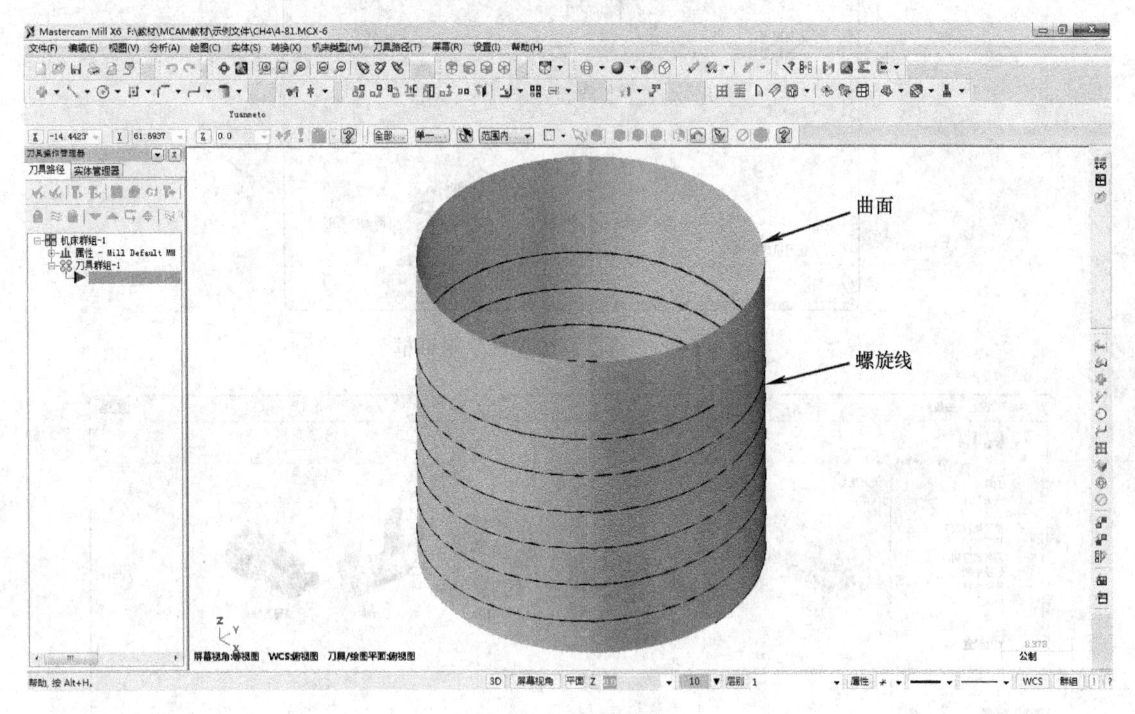

图 4-83 示例文件

（2）工件设置

1）在操作管理中单击**属性 - Mill Default MM** 节点前的“+”号，将该节点展开，然后单击“素材设置”节点，弹出如图 4-84 所示的“机器群组属性”对话框。

2）设置工件形状。在“形状”选项区域中选中“圆柱体”单选按钮，选中“Z”单选按钮。

3）设置工件尺寸。设置圆柱直径为 40、高度为 40，单击 按钮，完成工件的设置。

（3）刀具路径类型选择

单击菜单“刀具路径”→“多轴刀具路径”命令，弹出“输入新的 NC 名称”对话框，采用系统默认名称，单击 按钮。弹出如图 4-85 所示的“多轴刀具路径-曲线五轴”对话框，在“刀具路径类型”节点选择“曲线五轴”选项。

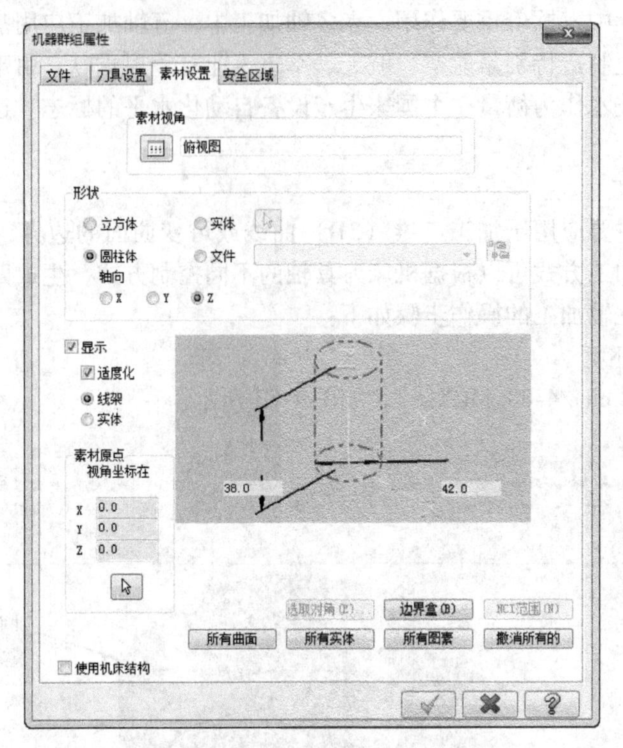

图 4-84　“机器群组属性”对话框

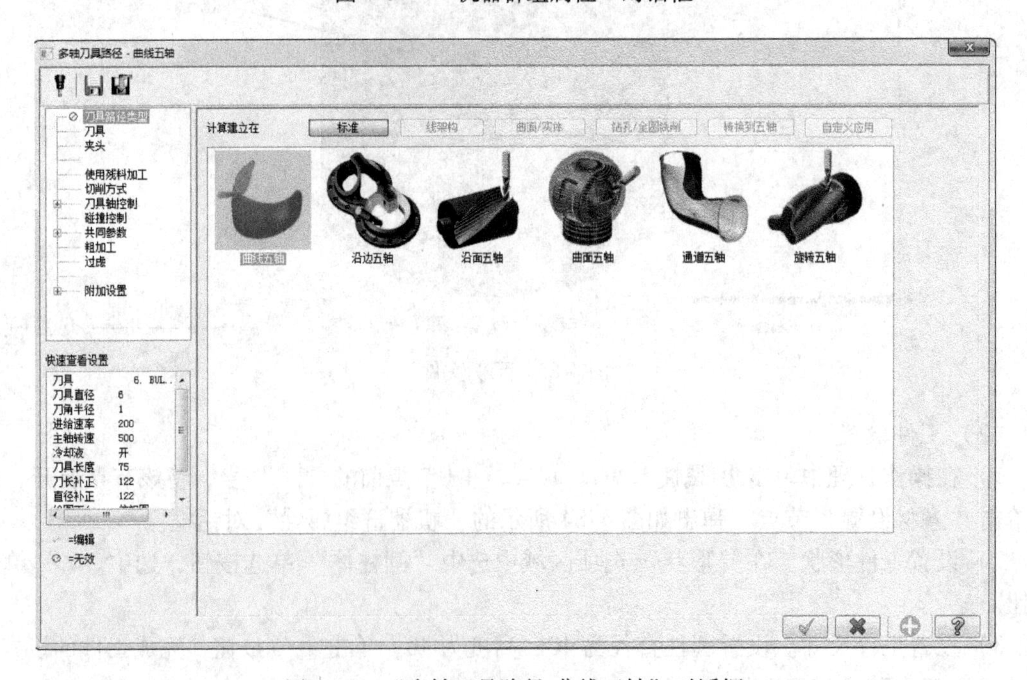

图 4-85　“多轴刀具路径-曲线五轴”对话框

（4）刀具选择

1）选取加工刀具。单击“多轴刀具路径-曲线五轴”对话框左侧列表栏的“刀具”节点，切换到刀具参数界面，选择 122 6. BULL ENDMILL 1. RAD 6.0 1.0 50.0 4 圆鼻刀刀具。

2）设置刀具相关参数。双击上一步所选刀具，在“定义刀具”对话框中设置刀具号码为1，进给速率为200，下刀速率为200，提刀速率为200，主轴转速为800，冷却液为Flood开，单击 按钮，返回“多轴刀具路径”对话框。

（5）加工参数设置

1）定义切削方式。单击左侧列表中的“切削方式”节点，弹出如图4-86所示的切削方式设置界面（参数说明见表4-9）。

图4-86　切削方式设置界面

表4-9　切削方式设置界面参数说明

参　数	说　明
曲线类型	用于定义加工曲线的类型 3D 曲线：根据选取的3D曲线创建刀具路径 所有曲面边界：根据选取的曲面全部边界创建刀具路径 单一曲面边界：根据选取的曲面的某条边界创建刀具路径
径向补正	用于定义刀具中心的补正距离，默认为刀具半径值
模拟直径为	当补正方式选择控制器、磨损和反向磨损选项时，该文本框被激活，用户定义刀具的模拟直径数值
增加距离	用于设置刀具沿曲线上测量的刀具路径的距离
壁边的计算方式	用于设置拟合刀具路径的曲线计算方式 “距离”复选框：用于设置每一刀具位置的间距。选中该复选框时，其后的文本框被激活，用户可以在该文本框中指定刀具位置的间距 “切削公差”文本框：用于定义刀具路径的切削误差值。该值越小，刀具路径越精确 “最大步进量”文本框：用于指定刀具移动时的最大距离
投影	用于设置投影方向 “法线平面”单选按钮：设置投影方向为沿当前刀具平面的法线方向进行投影 “曲面法向”单选按钮：设置投影方向为沿当前曲面的法线方向进行投影 “最大距离”文本框：设置投影的最大距离，仅在“法线平面”被选中时有效

在曲线类型下拉列表中选择“3D曲线”选项，单击其后的 按钮，系统弹出“串连选项”对话框，选择图4-83中所示的螺旋线，按〈Enter〉键确认。

在“切削公差”文本框中输入0.02，在“最大步进量”文本框中输入2.0。

在“投影”选项区域选中“曲面法向”单选按钮，在“最大距离”文本框中输入50；其他参数设置采用系统默认值。

2）设置刀具轴控制参数。单击左侧列表的“刀具轴控制”节点，弹出如图4-87所示的刀具轴控制设置界面（参数说明见表4-10）。

图4-87　刀具轴控制设置界面

表4-10　刀具轴控制设置界面参数说明

参　数	说　明
刀具轴向控制	控制刀具轴的方向 “直线”选项：在绘图区选取一条直线控制刀具轴向的方向 “曲面”选项：在绘图区选取一个曲面，系统自动设置该曲面的法向方向来控制刀具轴向的方向 “平面”选项：在绘图区选取一个平面，系统自动设置该平面的法向方向来控制刀具轴向的方向 “从…点”选项：指定刀具轴线反向延伸通过的定义点。在绘图区选取一个基准点来指定刀具轴线反向延伸通过的定义点 “到…点”选项：指定刀具轴线延伸通过的定义点。在绘图区选取一个基准点来指定刀具轴线延伸通过的定义点 “串连”选项：在绘图区选取一直线、圆弧或样条曲线来控制刀具轴向的方向
汇出格式	定义加工输出方式 “3轴”选项：选择该选项，系统将不会改变刀具的轴向角度 “4轴”选项：选择该选项，需要在其下的“模拟旋转轴”下拉列表中选择 X 轴、Y 轴、Z 轴其中任意一个轴为第四轴 “5轴”选项：选择该选项，系统以直线段的形式来表示5轴刀具路径，其直线方向便是刀具的轴向
模拟旋转轴	分别指定在4轴和5轴方式下的旋转轴
引线角度	定义刀具前倾角度或后倾角度
侧面倾斜角度	定义刀具侧倾角度
增量角度	定义相邻刀具路径间的角度增量
刀具的向量长度	指定刀具向量长度，系统会在每一刀的位置通过该长度控制刀具路径的显示

在刀具轴向控制下拉列表中选择“曲面”选项，单击其后的按钮，选择图4-83中所示的曲面，按〈Enter〉键确认。

在“侧边倾斜角度”文本框中输入135，在“最大步进量”文本框中输入2.0，其他参数设置采用系统默认值。

单击“刀具轴控制”节点下的“限制”节点，弹出如图4-88所示的轴的限制设置界面（参数说明见表4-11），在“限制方式”选项区域选中“删除超过限制的位置”单选按钮。

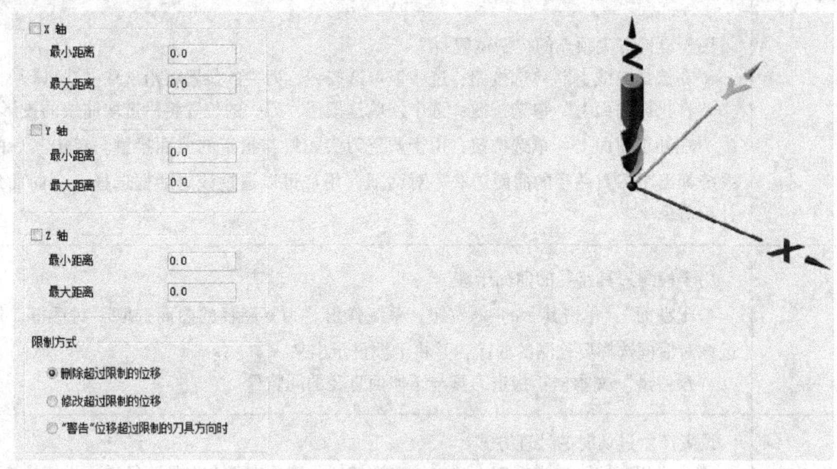

图4-88　轴的限制设置界面

表4-11　轴的限制设置界面参数说明

参　数	说　明
X 轴 Y 轴 Z 轴	设置X/Y/Z轴的旋转角度限制范围 “最小距离”文本框：设置X、Y、Z轴的最小旋转角度 “最大距离”文本框：设置X、Y、Z轴的最大旋转角度
限定方式	设置刀具的偏置参数 “删除超过限制的位移”单选按钮：选中该单选按钮，系统在计算刀路时会自动将设置角度极限以外的刀具路径删除 “修改超过限制的位移”单选按钮：选中该单选按钮，系统在计算刀路时将以锁定刀具轴线方向的方式修改设置角度极限以外的刀具路径 “‘警告’位移超过限制的刀具方向时”单选按钮：选中该单选按钮，系统在计算刀路时将设置角度极限以外的刀具路径用红色标记出来，以便用户对刀具路径进行编辑

3）设置碰撞控制参数。单击左侧列表中的“碰撞控制”节点，弹出如图4-89所示的

图4-89　碰撞控制设置界面

碰撞控制设置界面（参数说明见表4-12）。在“刀尖控制”选项区域选中“在投影曲面上”单选按钮，完成碰撞控制的设置。

表4-12 碰撞控制设置界面参数说明

参数	说明
刀尖控制	用于设置刀尖顶点的控制位置 “在选择曲线上”单选按钮：选中该单选按钮，刀尖的位置将沿选取曲线进行加工 “在投影曲面上”单选按钮：选中该单选按钮，刀尖的位置将沿选取曲线的投影进行加工 “在补正曲面上”单选按钮：用于调整刀尖始终与指定的曲面接触。单击其后的按钮，系统弹出“刀具路径的曲面选取”对话框，用户可以通过该对话框选择一个曲面作为刀尖的补正对象
干涉曲面	用于检测刀具路径的曲面干涉 “干涉面”：单击其后的按钮，系统弹出“刀具路径的曲面选取”对话框，用户可以通过该对话框选择要检测的曲面，并将干涉显示出来 “预留量”文本框：指定刀具与干涉面直径的间隙量
过切处理情形	设置产生过切时的处理方式 “寻找相交性”单选按钮：选中该单选按钮，表示在整个刀具路径进行过切检查 “过滤的点数”单选按钮：选中该单选按钮，表示在指定的程序节中进行过滤检查，用户可以在其后的文本框中指定程序节数

4）设置共同参数。单击左侧列表的“共同参数”节点，切换到共同参数设置界面。在“安全高度”文本框中输入100，在“提刀速率”文本框中输入50；在“下刀位置”文本框中输入5.0，其他参数设置采用系统默认值。

5）生成刀具路径。单击“多轴刀具路径”对话框中的按钮，系统生成如图4-90所示的刀具路径。单击“实体验证”，模拟加工结果如图4-91所示。

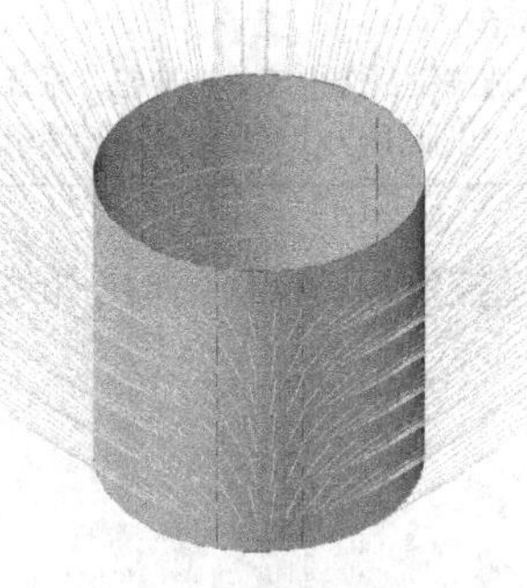

图4-90 曲线五轴加工刀具路径

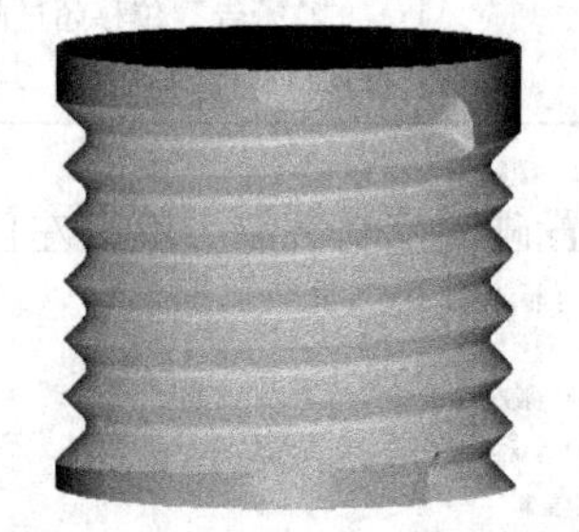

图4-91 曲线五轴加工实体模拟

2. 沿边五轴加工

沿边五轴加工通过控制刀具的侧面沿曲面进行切削，从而产生平滑且精确的精加工刀具路径。系统通常以相对于曲面切线方向来设定刀具轴向。沿边五轴加工的操作步骤如下：

（1）进入加工环境

打开示例文件“ch4/4-92. MCX-6”，如图4-92所示。

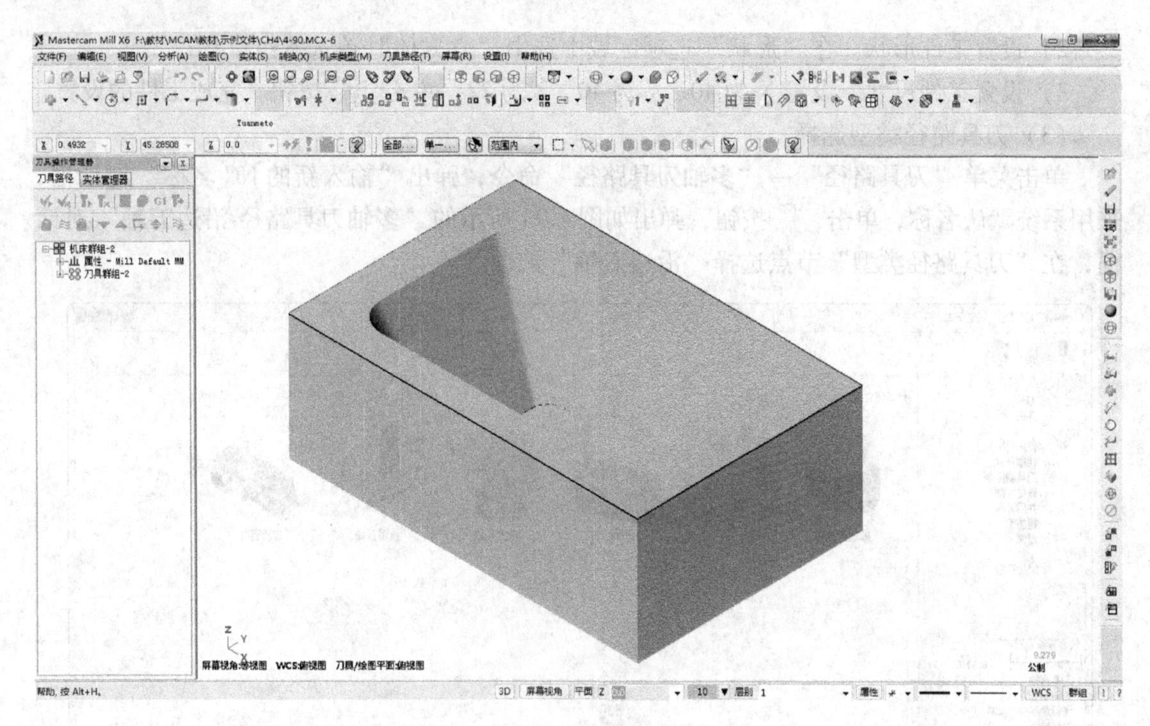

图 4-92 示例文件

（2）工件设置

1）在操作管理中单击山 属性 - Mill Default MM 节点前的“+”号，将该节点展开，然后单击“材料设置”节点，弹出如图 4-93 所示的“机器群组属性”对话框。

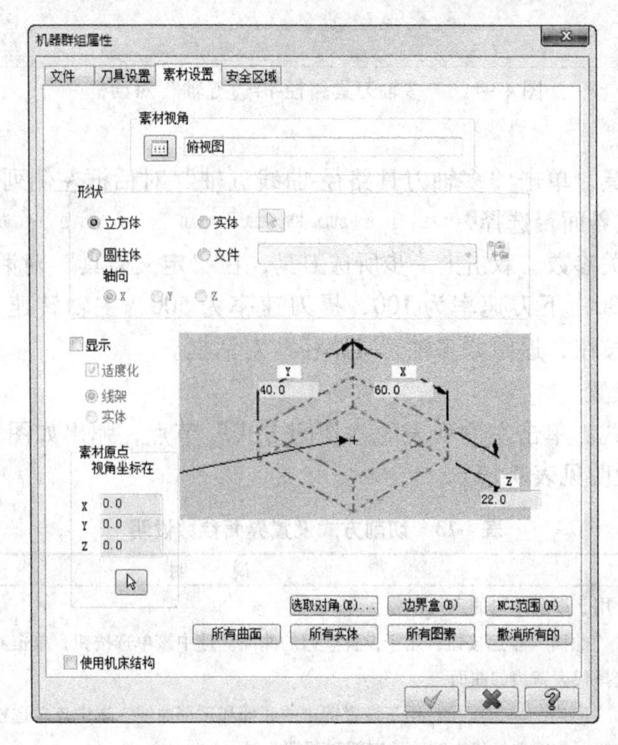

图 4-93 “机器群组属性”对话框

2）设置工件形状。在“形状”选项区域中选中“立方体”单选按钮。

3）设置工件尺寸。设置 X 为 40、Y 为 40、Z 为 22，单击 按钮，完成工件的设置。

（3）刀具路径类型选择

单击菜单“刀具路径”→“多轴刀具路径”命令，弹出“输入新的 NC 名称”对话框，采用系统默认名称，单击 按钮，弹出如图 4-94 所示的“多轴刀具路径-沿边五轴”对话框，在“刀具路径类型”节点选择“沿边五轴”选项。

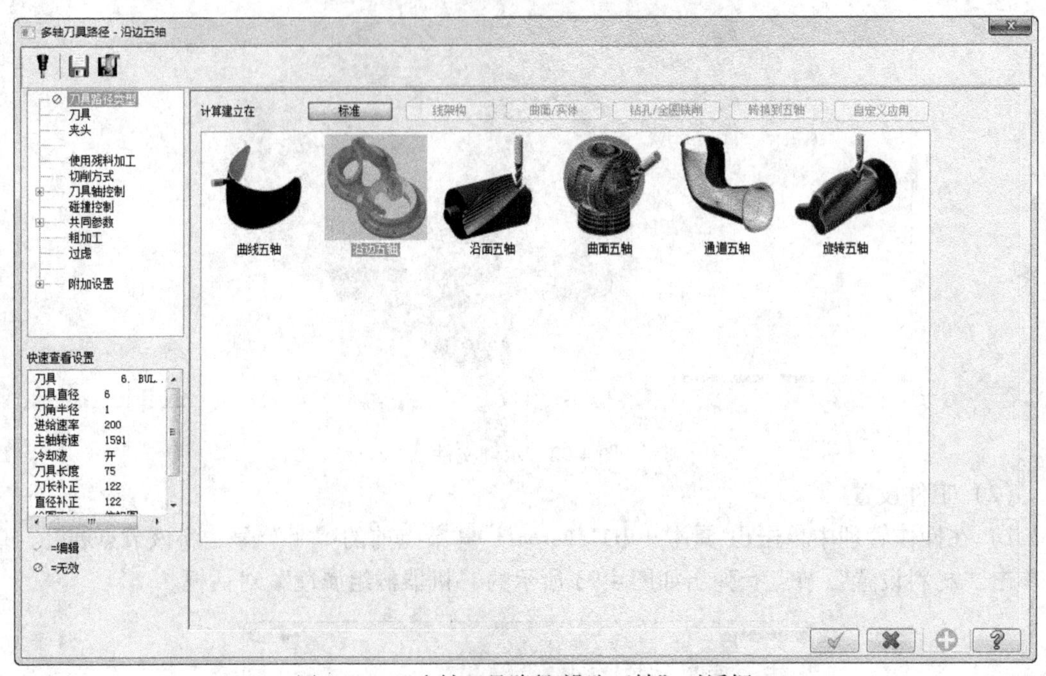

图 4-94 “多轴刀具路径-沿边五轴”对话框

（4）刀具选择

1）选取加工刀具。单击“多轴刀具路径-曲线五轴”对话框左侧列表栏的“刀具”节点，切换到刀具参数界面，选择 122 6. BULL ENDMILL 1. RAD 6.0 1.0 50.0 4 圆鼻刀刀具。

2）设置刀具相关参数。双击上一步所选刀具，在“定义刀具”对话框中设置刀具号码为 2，进给速率为 200，下刀速率为 100，提刀速率为 500，主轴转速为 1500，冷却液为 Flood 开，单击 按钮，返回“多轴刀具路径”对话框。

（5）加工参数设置

1）定义切削方式。单击左侧列表的“切削方式”节点，弹出如图 4-95 所示的切削方式设置界面（参数说明见表 4-13）。

表 4-13 切削方式设置界面参数说明

参 数	说 明
壁边	用于设置壁边的定义参数 “曲面”单选按钮：用于设置壁边的曲面。选中该单选按钮，单击其后的 按钮，依次选择代表壁边的曲面 “串连”单选按钮：用于设置壁边的底部和顶部曲线。选中该单选按钮，单击其后的 按钮，依次选择代表壁边的底部和顶部曲线

（续）

参　数	说　明
壁边的计算方式	用于设置壁边的计算方式参数 “距离”复选框：定义沿壁边的切削间距。选中该复选框，其后的文本框被激活，用户可以在该文本框中指定切削间距 “切削公差”文本框：用于设置切削路径的偏离公差 “最大步进量”文本框：用于定义沿壁边的最大切削间距。当“距离”复选框被选中时，该文本框不能被设置
封闭壁边	用于设置切削壁边的进入点 “由第一个壁边的中心进入”单选按钮：从组成壁边的第一个边的中心进刀 “由第一个壁边的开始点进入”单选按钮：从组成壁边的第一个边的一个端点进刀

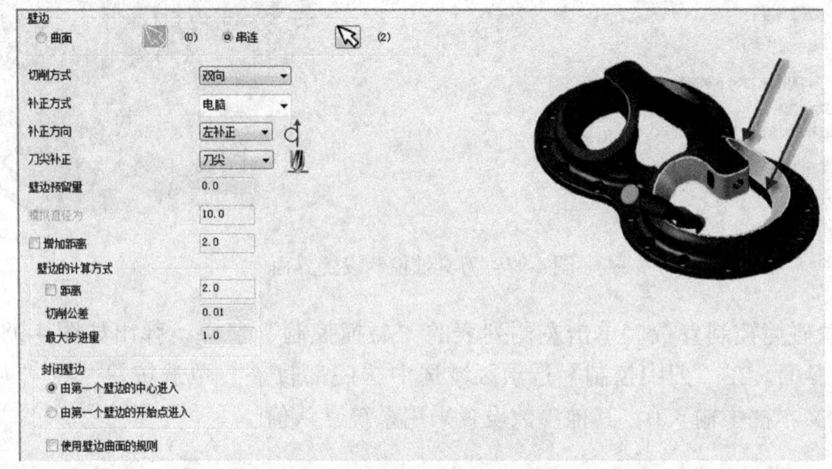

图 4-95　切削方式设置界面

在“壁边”选项区域选中“串连”单选按钮，单击其后的按钮，系统弹出“串连选项”对话框并提示“沿面 5 轴：定义底部外形”，选择图 4-96 中所示的底部外形曲线；系统提示“沿面 5 轴：定义顶部外形”，选择图 4-96 中所示的顶部外形曲线。

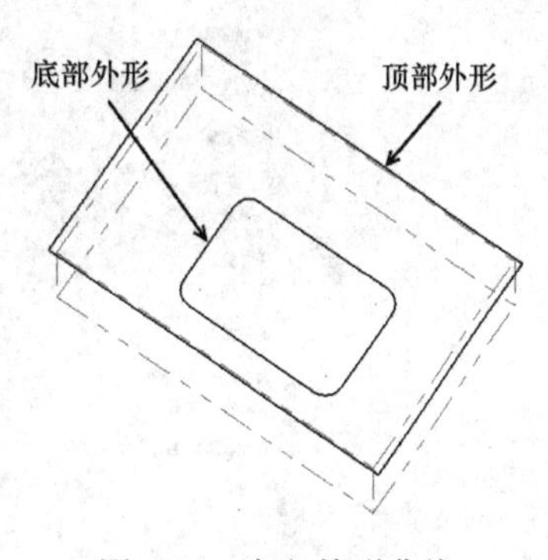

图 4-96　定义外形曲线

在“切削方式”下拉列表中选择双向选项；在“壁边的计算方式”选项区域的“切削公差”文本框中输入 0.01，在“最大步进量”文本框中输入 1；其他参数设置采用系统默认值。

2）设置刀具轴控制参数。单击左侧列表的“刀具轴控制”节点，设置如图 4-97 所示刀具轴控制界面的参数（参数说明见表 4-14）。

表 4-14　刀具轴控制设置界面参数说明

参　数	说　明
扇形切削方式	用于设置壁边的扇形切削参数 “扇形距离”文本框：用于设置扇形切削时的最小扇形距离 “扇形进给率”文本框：用于设置扇形切削时的进给率

（续）

参　　数	说　　明
增量角度	用于设置相邻刀具轴之间的增量角度数值
刀具的向量长度	用于设置刀具切削刃沿刀轴方向的长度数值
将刀具路径的转角减至最少	选中该复选框，可减少刀具路径的转角动作

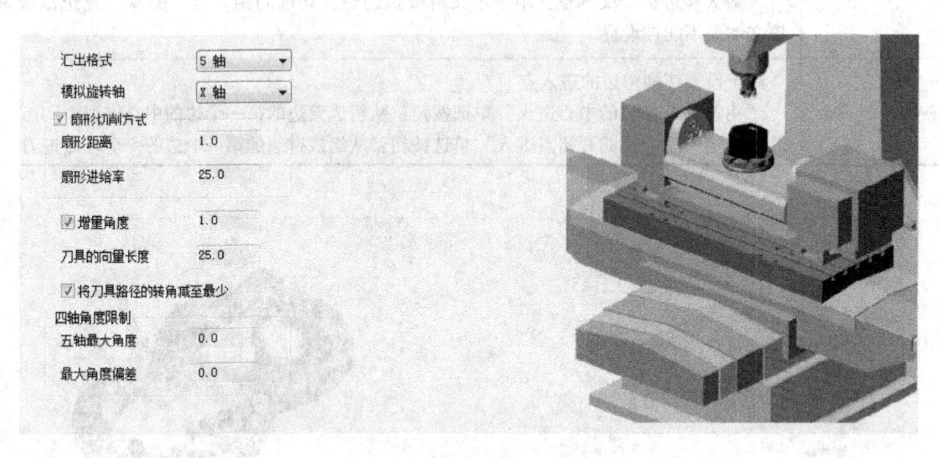

图 4-97　刀具轴控制设置界面

3）设置碰撞控制参数。单击左侧列表的“碰撞控制”节点，弹出如图 4-98 所示的碰撞控制设置界面。在“刀尖控制”选项区域选中“底部轨迹”单选按钮，在“刀中心与轨迹的距离”文本框中输入 0，其他参数设置采用系统默认值。

图 4-98　碰撞控制设置界面

4）设置共同参数。单击左侧列表的“共同参数”节点，切换到共同参数设置界面。取消“安全高度”复选框的选择，在“提刀速率”文本框中输入 25；在“下刀位置”文本框中输入 5.0。

设置进退刀参数。展开“共同参数”节点，单击“进/退刀”节点，设置如图 4-99 所示的进/退刀界面的参数。

5）设置粗加工参数。单击左侧列表的“粗加工”节点，设置如图 4-100 所示的“粗加工”界面的参数。

6）生成刀具路径。单击“多轴刀具路径”对话框中的 ✓ 按钮，系统生成如图 4-101

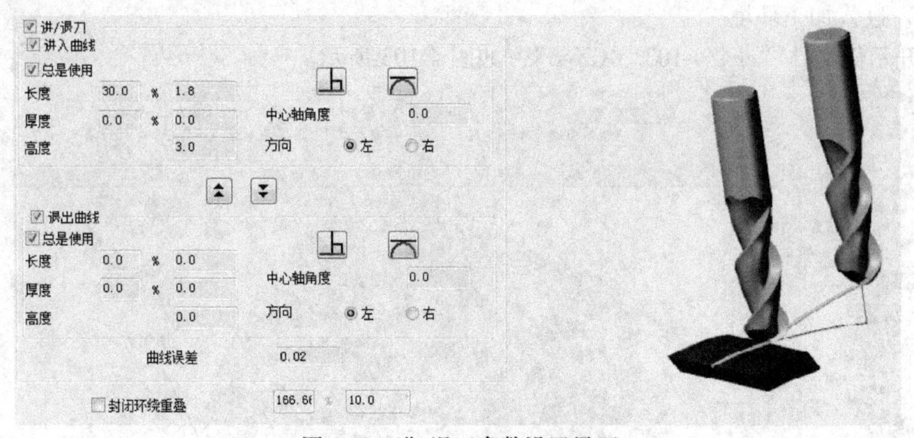

图 4-99　进/退刀参数设置界面

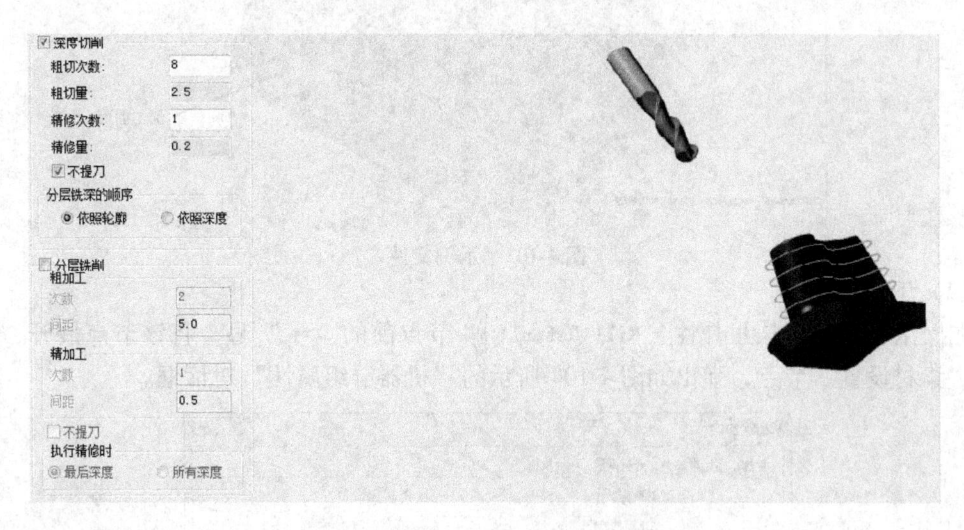

图 4-100　粗加工参数设置界面

所示的刀具路径。单击“实体验证”，模拟加工结果如图 4-102 所示。

图 4-101　沿边五轴加工刀具路径

图 4-102　沿边五轴加工实体模拟

3. 沿面五轴加工

沿面五轴加工通过控制球刀所产生的残脊高度，从而产生平滑且精确的精加工刀具路径。系统通常以相对于曲面切线方向来设定刀具轴向。操作步骤如下：

（1）进入加工环境

打开示例文件“ch4/4-103. MCX-6”，如图 4-103 所示。

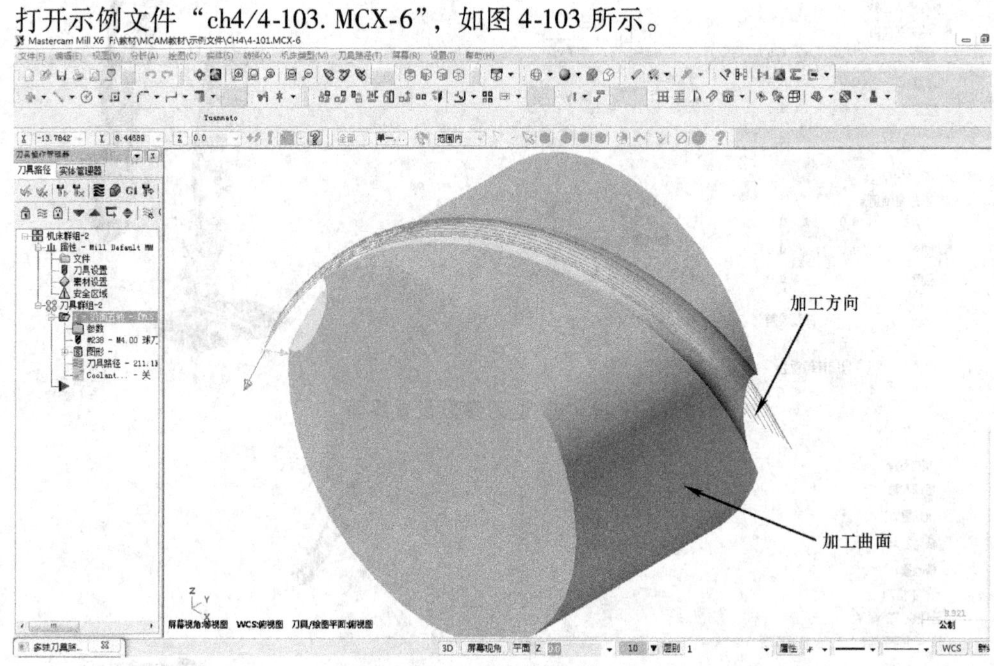

图 4-103　示例文件

（2）工件设置

在操作管理中单击**属性 - Mill Default MM** 节点前的“+”号，将该节点展开，然后单击“素材设置”节点，弹出如图 4-104 所示的“机器群组属性”对话框。

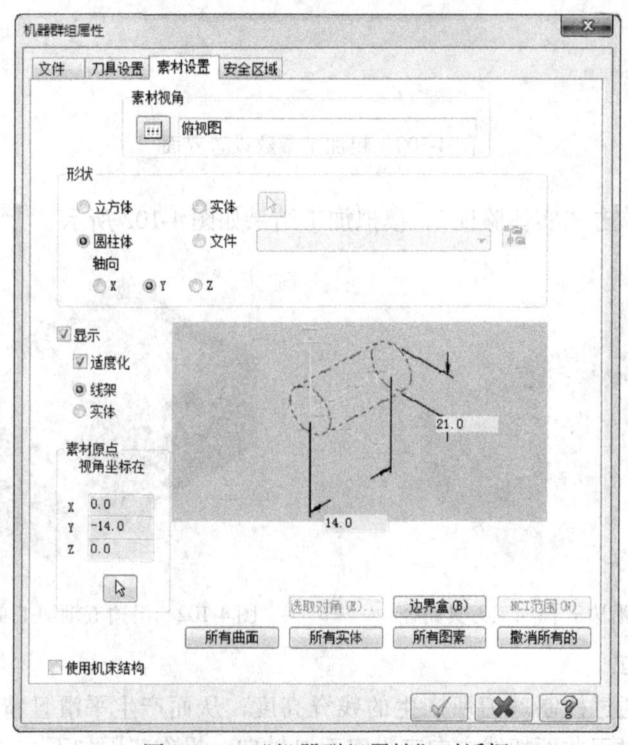

图 4-104　“机器群组属性”对话框

2）设置工件形状。在“形状”选项区域中选中“圆柱体”单选按钮，选中“Y”单选按钮。

3）设置工件尺寸。设置圆柱直径为21，高度为14，在“素材原点”选项区域设置Y为-14，单击按钮，完成工件的设置。

（3）刀具路径类型选择

1）单击菜单“刀具路径”→“多轴刀具路径”命令，弹出“输入新的NC名称”对话框，采用系统默认名称，单击按钮，弹出如图4-105所示的“多轴刀具路径-沿面五轴”对话框，在“刀具路径类型”节点选择“沿面五轴”选项。

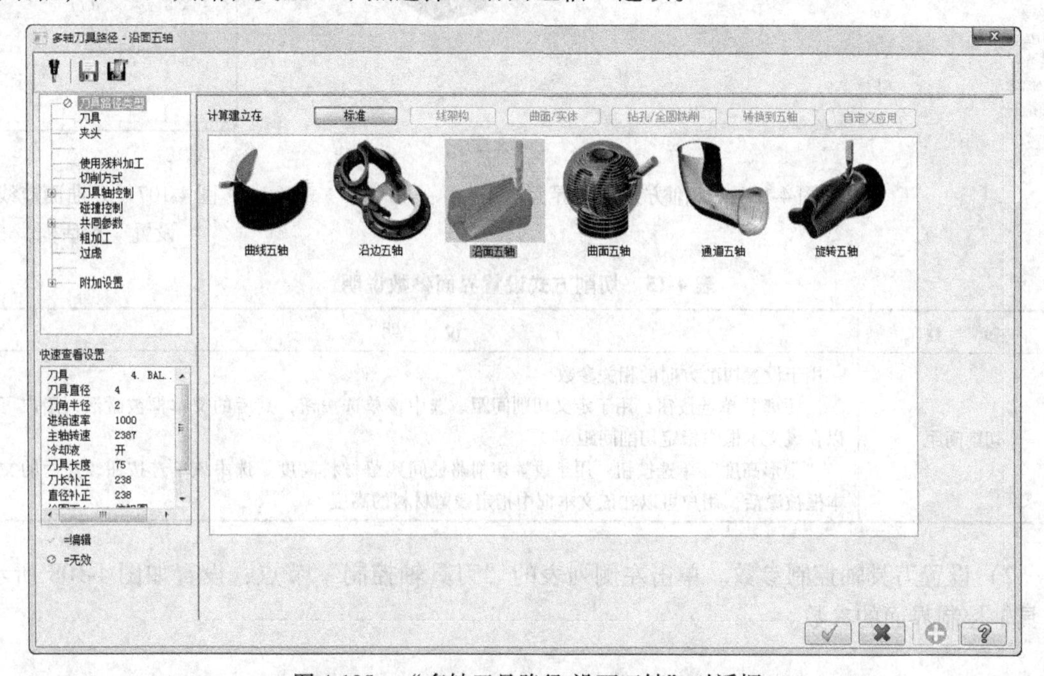

图4-105 “多轴刀具路径-沿面五轴”对话框

（4）刀具选择

1）选取加工刀具。单击“多轴刀具路径-曲线五轴”对话框左侧列表中的“刀具”节点，切换到刀具参数界面，选择 238 4. BALL ENDMILL 4.0 2.0 50.0 4 球刀刀具。

2）设置刀具相关参数。双击上一步所选刀具，在“定义刀具”对话框中设置刀具号码为1、进给速率为1000、下刀速率为500、提刀速率为1500、主轴转速为1600、冷却液为Flood开，单击按钮，返回“多轴刀具路径”对话框。

（5）加工参数设置

1）定义切削方式。单击左侧列表的“切削方式”节点，弹出如图4-106所示的切削方式设置界面（参数说明见表4-15）。

单击对话框中曲面后的按钮，在绘图区选取图4-103所示的加工曲面，在绘图区空白处双击，系统弹出如图4-107所示的“曲面流线设置”对话框，调整加工方向为曲面流线方向（见图4-103所示的加工方向），单击按钮。

在“切削方式”下拉列表中选择“双向”选项，在“切削公差”文本框中输入0.01，在“最大步进量”文本框中输入0.5，其他参数设置采用系统默认值。

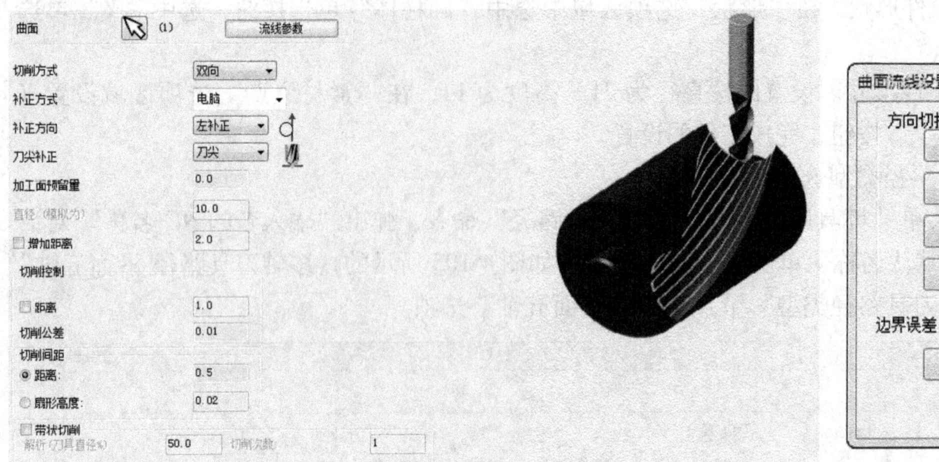

图 4-106　切削方式设置界面

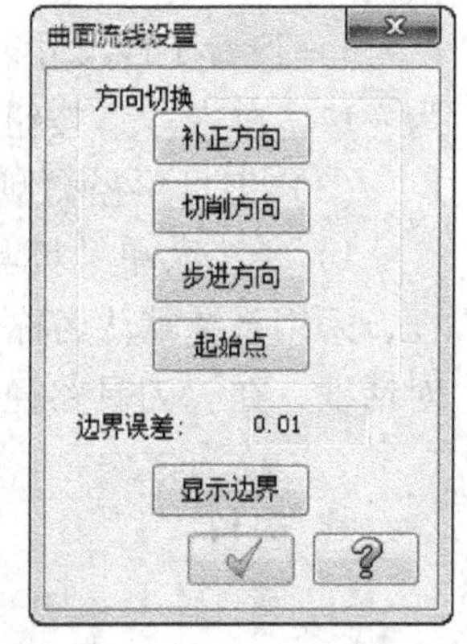

图 4-107　“曲面流线设置”对话框

表 4-15　切削方式设置界面参数说明

参　　数	说　　明
切削间距	用于设置切削方向的相关参数 “距离”单选按钮：用于定义切削间距。选中该单选按钮，其后的文本框被激活，用户可以在该文本框中指定切削间距 “扇形高度”单选按钮：用于设置切削路径间残留材料高度。选中该单选按钮，其后的文本框被激活，用户可以在该文本框中指定残留材料的高度

2）设置刀具轴控制参数。单击左侧列表的“刀具轴控制”节点，设置如图 4-108 所示刀具轴控制界面的参数。

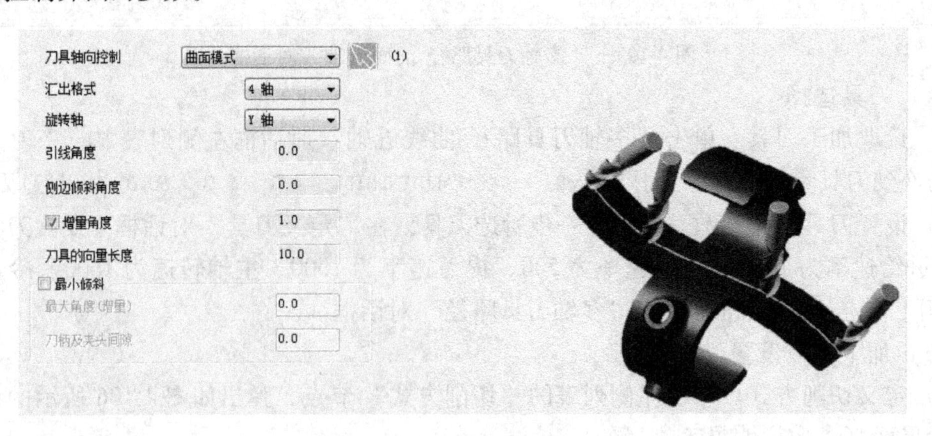

图 4-108　刀具轴控制设置界面

3）设置共同参数。单击左侧列表的“共同参数”节点，切换到“共同参数”设置界面。取消“安全高度”复选框的选择，在“提刀速率”文本框中输入 25，在“下刀位置”文本框中输入 5.0。

4）生成刀具路径。单击“多轴刀具路径”对话框中的 ✓ 按钮，生成如图 4-109 所示的刀具路径。单击“实体验证”，模拟加工结果如图 4-110 所示。

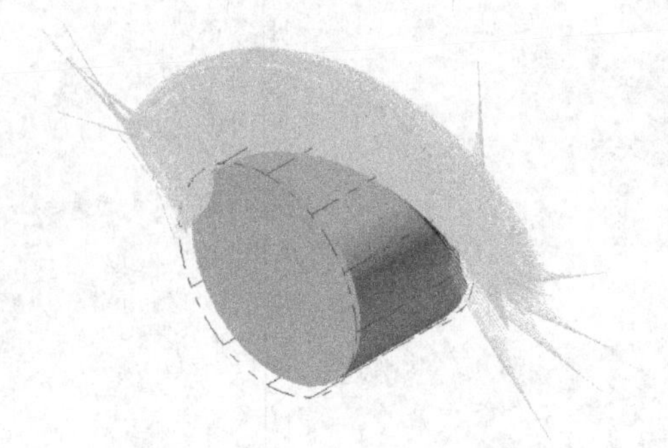

图 4-109　沿面五轴加工刀具路径

图 4-110　沿面五轴加工实体模拟

4. 曲面五轴加工

曲面五轴加工主要应用于曲面的粗精加工，系统以相对曲面法线方向来设定刀具轴线方向。曲面五轴加工的参数设置与曲线五轴的参数设置相似。曲面五轴加工的操作步骤如下：

（1）进入加工环境

打开示例文件“ch4/4-111. MCX-6”，如图 4-111 所示。

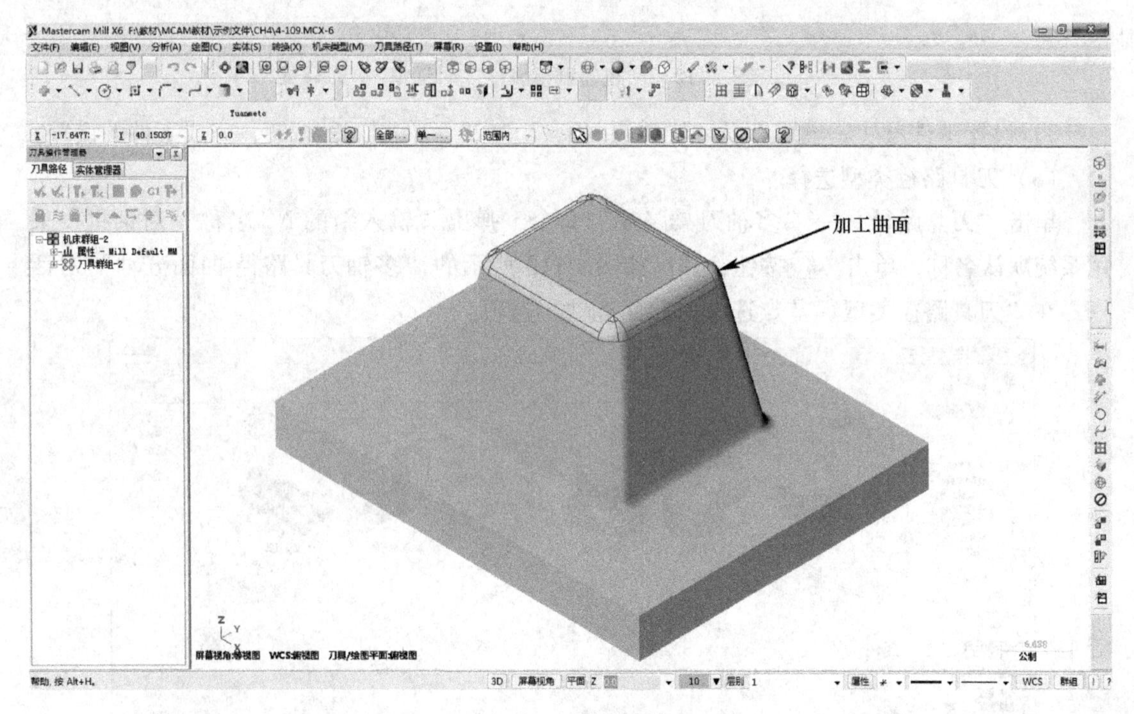

图 4-111　示例文件

（2）工件设置

1）在操作管理中单击山 属性 - Mill Default MM 节点前的“ + ”号，将该节点展开，然后单击“素材设置”节点，弹出如图 4-112 所示的“机器群组属性”对话框。

2）设置工件形状。在“形状”选项区域中选中“立方体”单选按钮。

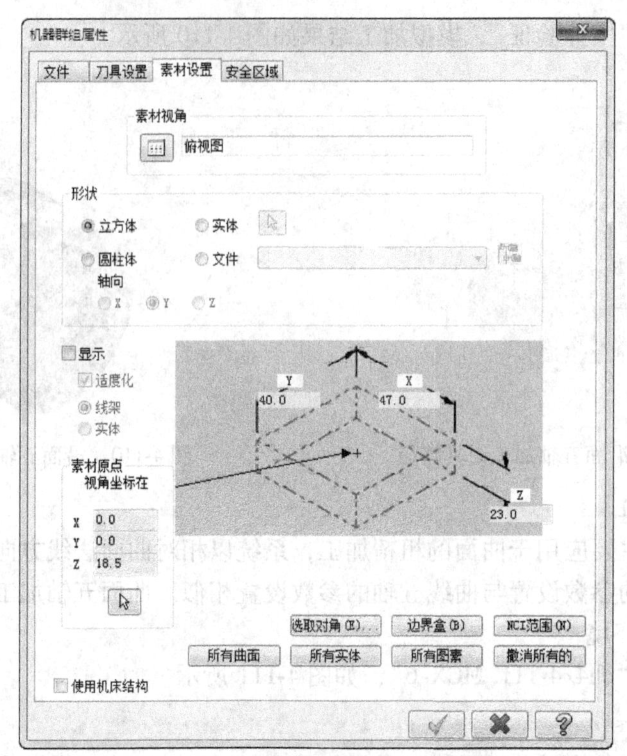

图 4-112 “机器群组属性”对话框

3）设置工件尺寸。设置 X 为 47、Y 为 40、Z 为 23，单击 按钮，完成工件的设置。

（3）刀具路径类型选择

单击“刀具路径”→“多轴刀具路径”命令，弹出“输入新的 NC 名称”对话框，采用系统默认名称，单击 按钮，弹出如图 4-113 所示的“多轴刀具路径-曲面五轴”对话框，在“刀具路径类型”节点选择“曲面五轴”选项。

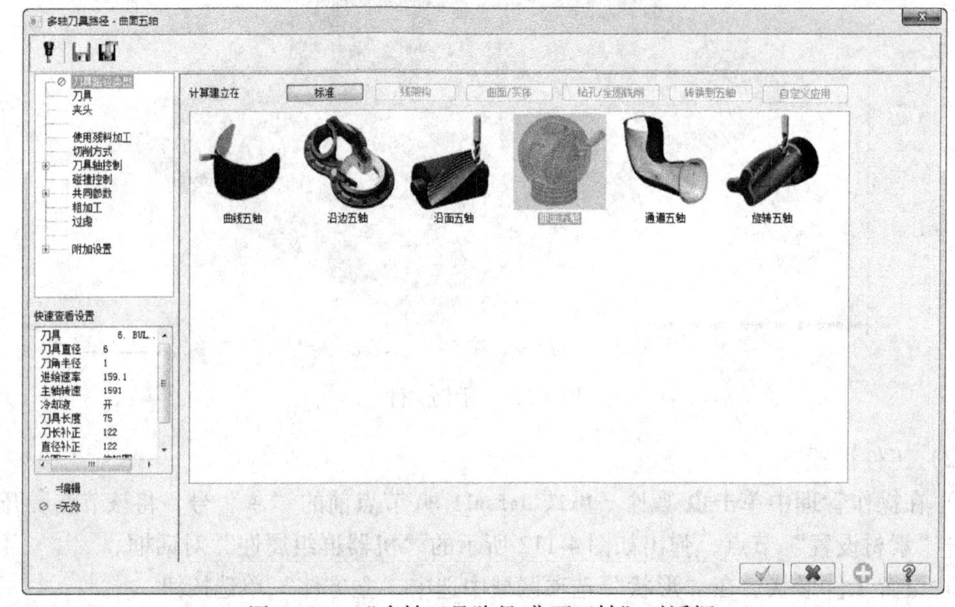

图 4-113 “多轴刀具路径-曲面五轴”对话框

(4) 刀具选择

1) 选取加工刀具。单击“多轴刀具路径-曲线五轴”对话框左侧列表中的“刀具”节点，切换到刀具参数界面，选择 122 6. BULL ENDMILL 1. RAD 6.0 1.0 50.0 4 圆鼻刀刀具。

2) 设置刀具相关参数。双击上一步所选刀具，在“定义刀具”对话框中设置刀具号码为3，进给速率为200，下刀速率为200，提刀速率为600，主轴转速为800，冷却液为Flood开，单击 ✓ 按钮，返回“多轴刀具路径”对话框。

(5) 加工参数设置

1) 定义切削方式。单击左侧列表中的“切削方式”节点，弹出如图4-114所示的切削方式设置界面（参数说明见表4-16）。

图4-114　切削方式设置界面

表4-16　切削方式设置界面参数说明

参　数	说　明
模式选项	用于定义加工区域 “曲面”选项：用于定义加工曲面。选择该选项，单击其后的按钮，在绘图区选择要加工的曲面。选择曲面后，系统弹出“曲面流线设置”对话框，可以进一步设置方向参数 “圆柱”选项：用于根据指定的位置和尺寸创建简单的圆柱作为加工面。选择该选项，单击其后的按钮，系统弹出如图4-115a所示的“圆柱体选项”对话框，可输入相关参数，定义如图4-115b所示的加工区域 “圆球”选项：用于根据指定的位置和尺寸创建简单的球作为加工面。选择该选项，单击其后的按钮，系统弹出如图4-116a所示的“球型选项”对话框，可以输入相关参数，定义如图4-116b所示的加工区域 “立方体”选项：用于根据指定的位置和尺寸创建简单的立方体作为加工面。选择该选项，单击其后的按钮，系统弹出如图4-117a所示的“立方体选项”对话框，可输入相关参数，定义如图4-117b所示的加工区域
流线参数	单击此按钮，系统弹出“曲面流线设置”对话框，用户可定义刀具运动的切削方向、步进方向、起始位置和补正方向

在“模式选项”下拉列表中选择“曲面”选项，单击其后的按钮，在绘图区选择如图4-111所示的加工曲面，单击“结束选择”按钮，单击“曲面流线设置”对话框中的 ✓ 按钮，返回“多轴刀具路径”对话框。

在“切削方式”下拉列表中选择“双向”选项，在“切削公差”文本框中输入0.02，在“截断方向步进量”文本框中输入2.0，在“引导方向步进量”文本框中输入2.0。

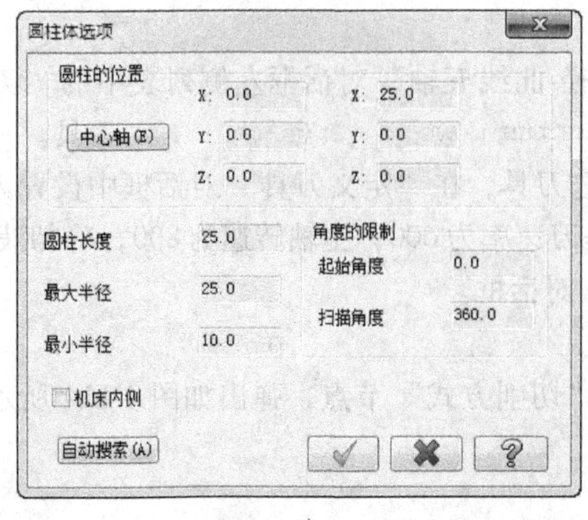

a)　　b)

图 4-115　圆柱体模式

a）“圆柱体选项”对话框　b）定义圆柱体

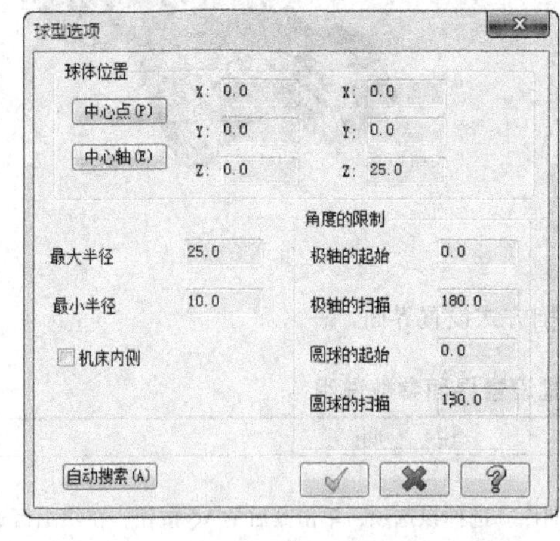

a)　　b)

图 4-116　圆球模式

a）“球型选项”对话框　b）定义圆柱体

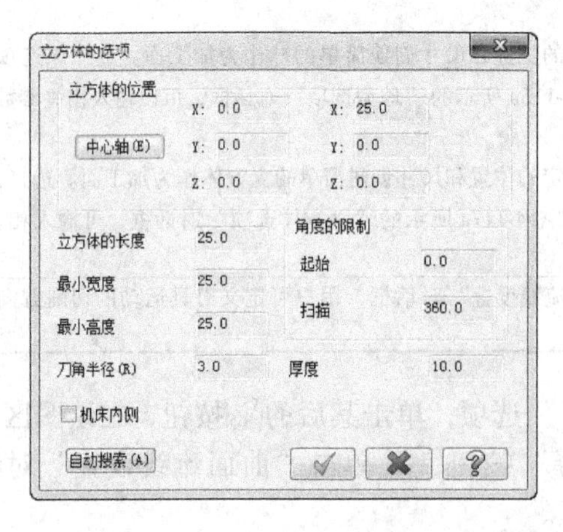

a)　　b)

图 4-117　立方体模式

a）“立方体的选项”对话框　b）定义圆柱体

2）设置刀具轴控制参数。单击左侧列表的“刀具轴控制”节点，弹出如图 4-118 所示的刀具轴控制设置界面。

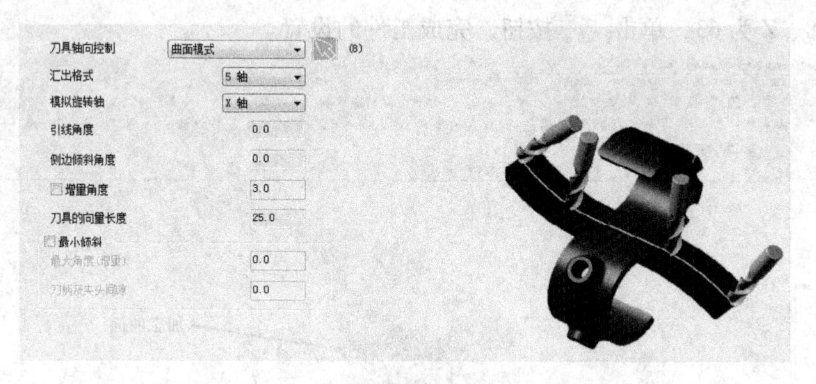

图 4-118　刀具轴向控制设置界面

在刀具轴向控制下拉列表中选择“曲面模式”选项，在“刀具的向量长度”文本框中输入 25，其他参数设置采用系统默认值。

3）设置共同参数。单击左侧列表的“共同参数”节点，切换到“共同参数”设置界面。在“安全高度”文本框中输入 100，在“提刀速率”文本框中输入 50，在“下刀位置”文本框中输入 5.0，其他参数设置采用系统默认值。

4）生成刀具路径。单击“多轴刀具路径”对话框中的 ✓ 按钮，生成如图 4-119 所示的刀具路径。单击“实体验证”，模拟加工结果如图 4-120 所示。

图 4-119　曲面五轴加工刀具路径

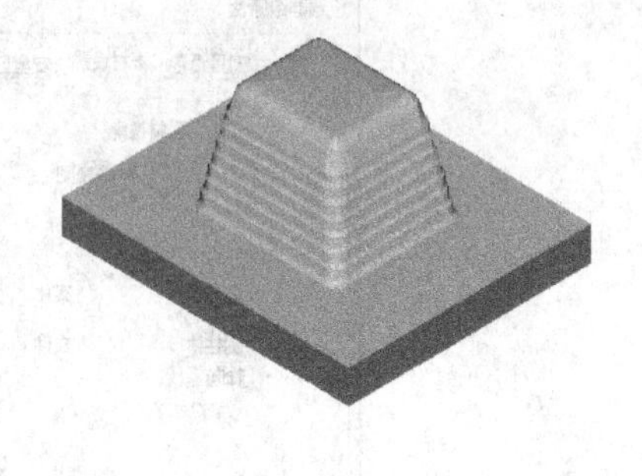

图 4-120　曲面五轴加工实体模拟

5. 旋转五轴加工

旋转五轴加工主要用于产生圆柱类工件的旋转四轴精加工的刀具路径，其刀具轴或者工作台可以在垂直于 *Z* 轴的方向上旋转。旋转五轴加工的操作步骤如下：

（1）进入加工环境

打开示例文件“ch4/4-121. MCX-6”，如图 4-121 所示。

（2）工件设置

1）在操作管理中单击 属性 - Mill Default MM 节点前的“ + ”号，将该节点展开，然后单击“素材设置”节点，弹出如图 4-120 所示的“机器群组属性”对话框。

2）设置工件形状。在“形状”选项区域中选中“立方体”单选按钮。

3）设置工件尺寸。设置 X 为 37、Y 为 64、Z 为 63，在“素材原点”选项区域设置 X 为 8、Y 为 8、Z 为 63，单击 ✓ 按钮，完成工件的设置。

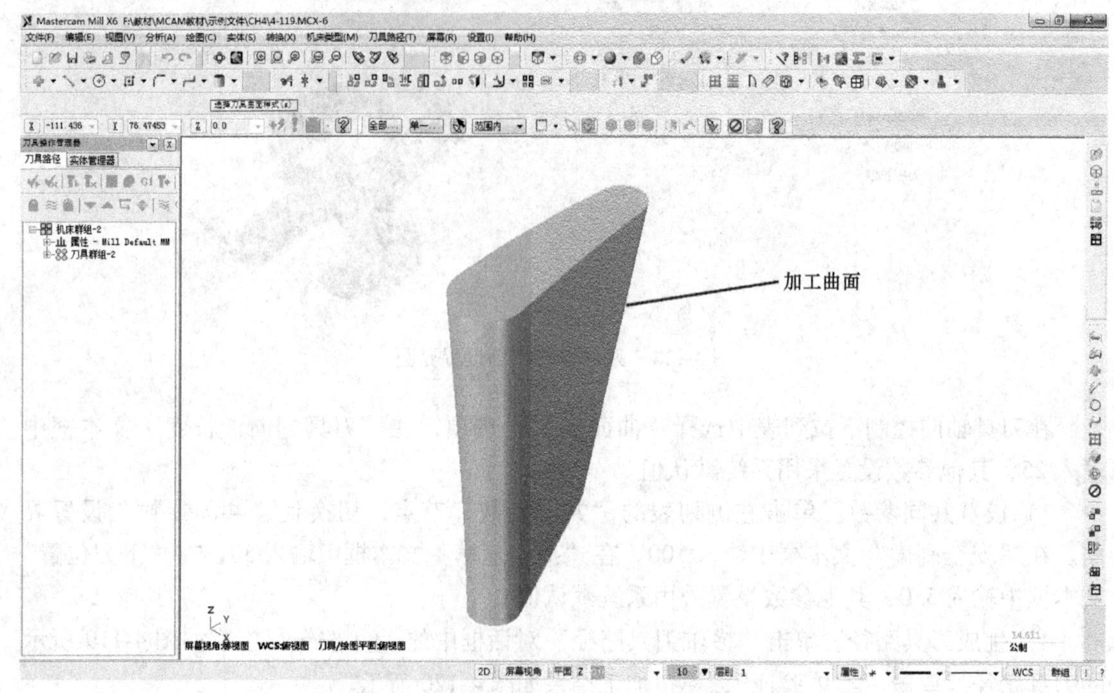

图 4-121　示例文件

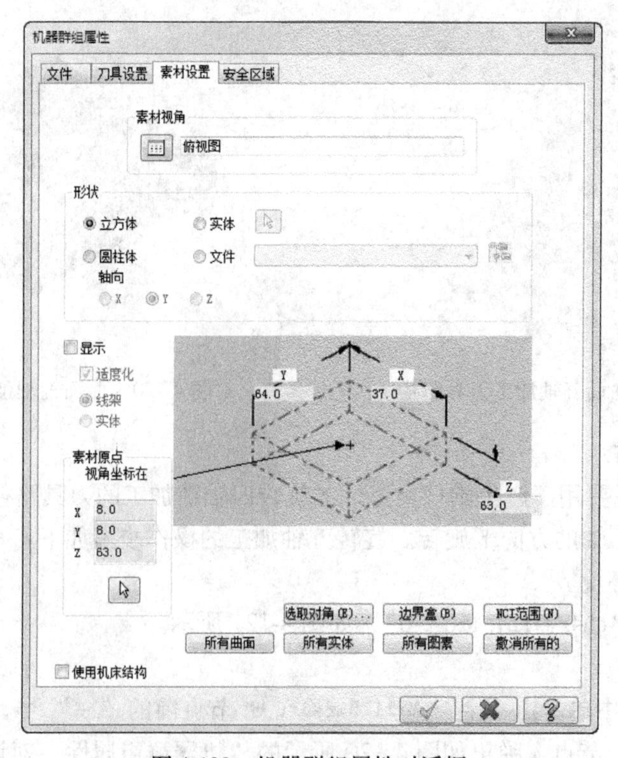

图 4-122　机器群组属性对话框

（3）刀具路径类型选择

单击“刀具路径”→“多轴刀具路径”命令，弹出“输入新的 NC 名称”对话框，采用系统默认名称，单击 ✓ 按钮，弹出如图 4-123 所示的“多轴刀具路径-旋转五轴”对话框，在“刀具路径类型”节点选择“旋转五轴”选项。

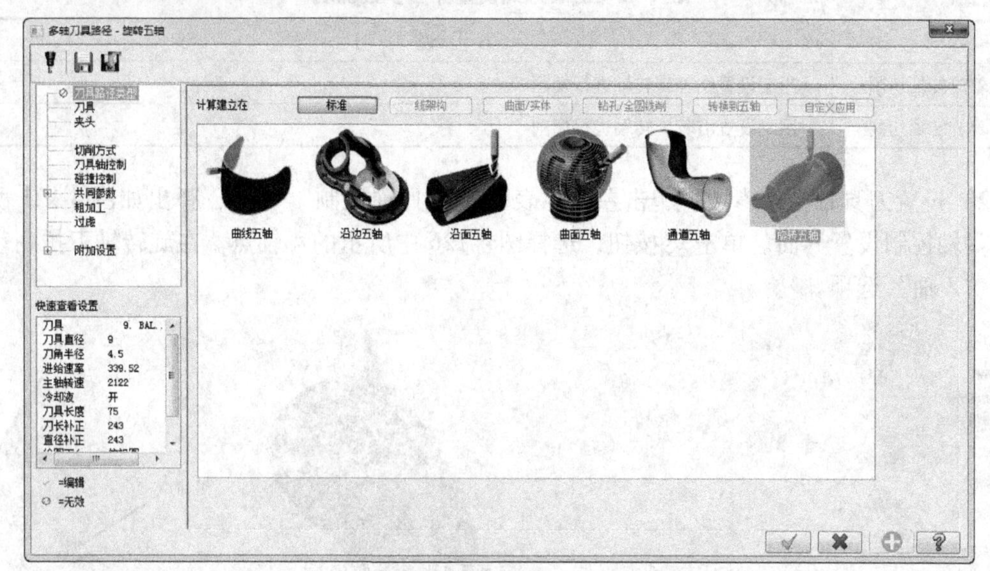

图 4-123　“多轴刀具路径-旋转五轴”对话框

（4）刀具选择

1）选取加工刀具。单击“多轴刀具路径-曲线五轴”对话框左侧列表中的“刀具”节点，切换到刀具参数界面，选择 243　9. BALL ENDMILL　9.0　4.5　50.0　4　球刀刀具。

2）设置刀具相关参数。双击上一步所选刀具，在“定义刀具”对话框中设置刀具号码为 1，单击“参数”选项卡，设置 XY 粗铣步进（%）为 50、进给速率为 400、下刀速率为 1000、提刀速率为 1200、主轴转速为 800、冷却液为 Flood 开，单击 ✓ 按钮，返回“多轴刀具路径”对话框。

（5）加工参数设置

1）定义切削方式。单击左侧列表的“切削方式”节点，弹出如图 4-124 所示的切削方

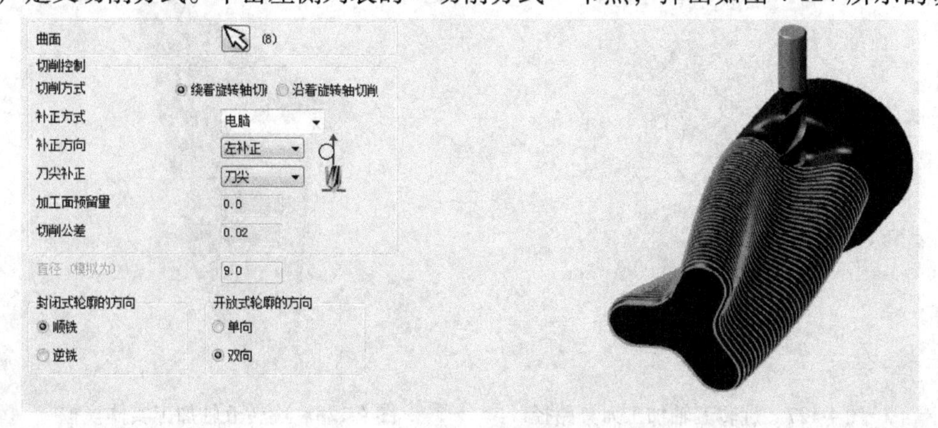

图 4-124　切削方式设置界面

式设置界面（参数说明见表 4-17）。

单击曲面后的按钮，在绘图区选择图 4-121 所示的加工曲面，单击“结束选择”按钮，在“切削公差”文本框中输入 0. 02。

表 4-17　切削方式设置界面参数说明

参　数	说　明
绕着旋转轴切削	用于设置绕着旋转轴进行切削
沿着旋转轴切削	用于设置沿着旋转轴进行切削

2）设置刀具轴控制参数。单击左侧列表的“刀具轴控制”节点，弹出如图 4-125 所示的刀具轴控制设置界面。单击按钮，选择图 4-126 中所示的 4 轴点。在旋转轴下拉列表中选择“Z 轴”选项。

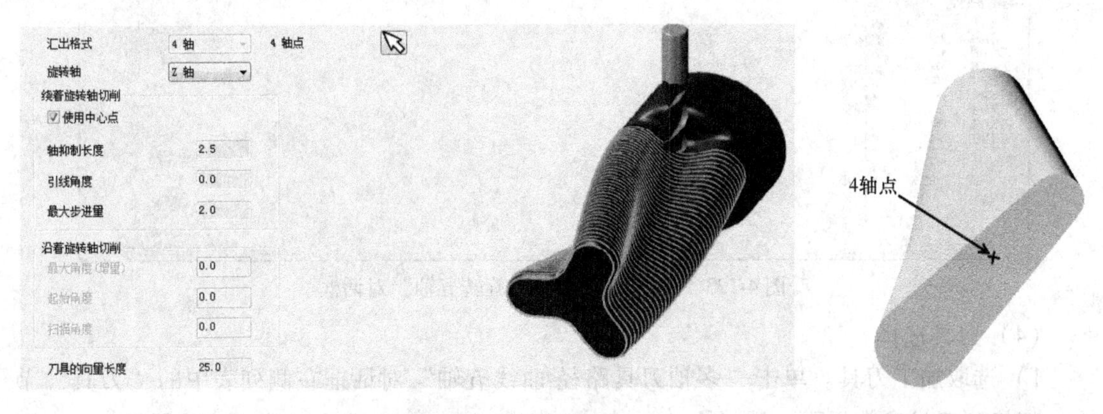

图 4-125　“刀具轴控制”设置界面　　图 4-126　4 轴点

3）设置共同参数。单击左侧列表的“共同参数”节点，切换到“共同参数”设置界面。在“安全高度”文本框中输入 100，在“提刀速率”文本框中输入 10，在“下刀位置”文本框中输入 5. 0，其他参数设置采用系统默认值。

4）生成刀具路径。单击“多轴刀具路径”对话框中的按钮，生成如图 4-127 所示的刀具路径。单击“实体验证”，模拟加工结果如图 4-128 所示。

图 4-127　旋转五轴加工刀具路径

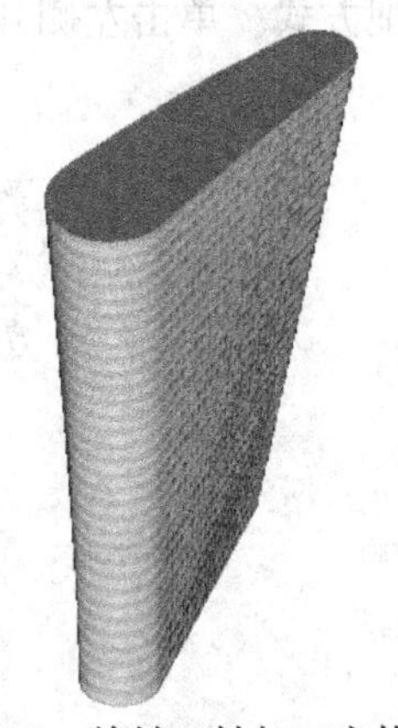

图 4-128　旋转五轴加工实体模拟

任务 4.4　烟灰缸实体造型与加工

1. 烟灰缸实体造型

根据引入任务要求，绘制如图 4-1 所示的图形。操作步骤见表 4-18。

表 4-18　烟灰缸实体构建操作步骤

序号	绘制内容	操作过程	结果图示
1	设定构图面、构图视角、图层	设置构图面为俯视图，设置视角为俯视角	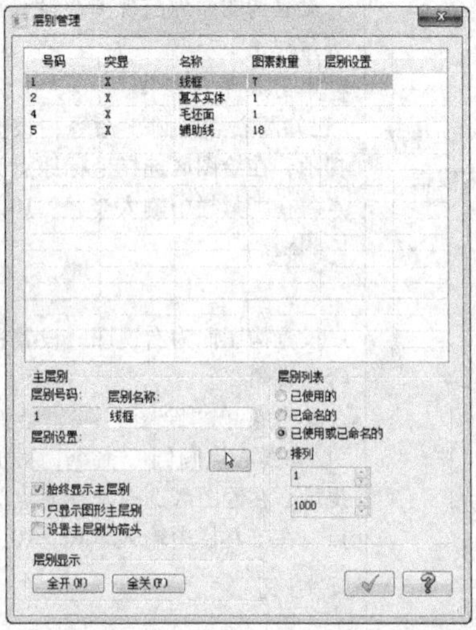
		单击状态栏的层别，在弹出的“图层管理”对话框中设置图层，单击按钮完成	
2	构建基本线框	设置图层 1 为当前构图层 单击菜单“绘图”→“绘弧”→“已知圆心点画圆”命令，根据系统提示，在绘图区选择坐标原点为圆心点，在工具栏输入直径：100，单击按钮	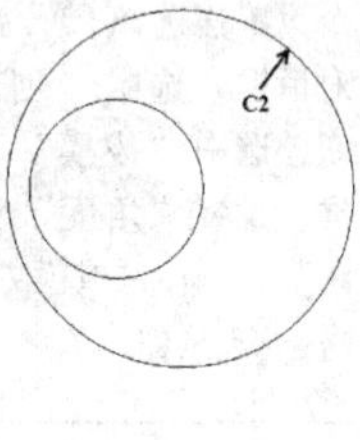
		单击菜单“绘图”→“绘弧”→“已知圆心点画圆”命令，根据系统提示，在坐标输入栏输入（37.5，0，0）为圆心点，在工具栏输入半径：100，单击按钮	
		单击菜单“转换”→“旋转”命令，根据系统提示，选择圆：C2，按〈Enter〉键确认，弹出“旋转选项”对话框，选中“复制”单选按钮，设置次数为 3，旋转角度为 90，单击按钮	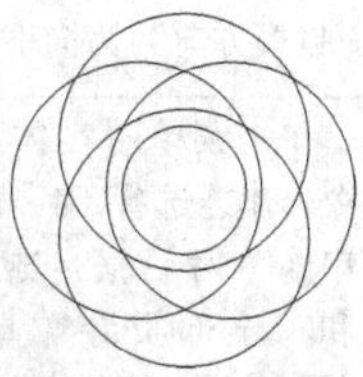

（续）

序号	绘制内容	操作过程	结果图示
2	构建基本线框	单击菜单“编辑”→“修剪/打断”→“修剪/打断/延伸”命令，在工具栏中单击，分割不需要的弧，单击按钮 注意外形选择的方向要一致，起点位置要对应	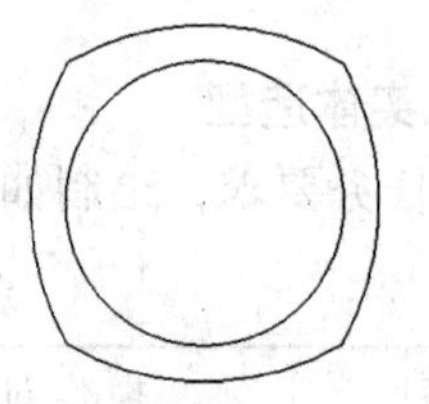
		设置构图面为前视图，设置视角为等角视角 单击菜单“绘图”→“绘弧”→“已知圆心点画圆”命令，根据系统提示，在绘图区选择坐标原点为圆心点，在工具栏中输入半径：10，单击按钮	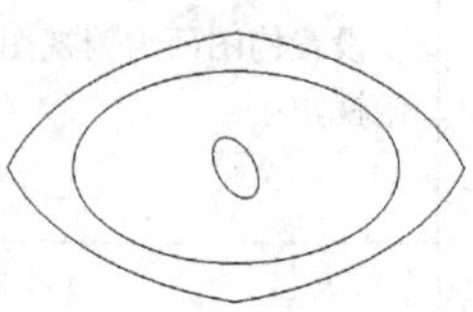
		设置构图面为右视图，设置视角为等角视角 单击菜单“绘图”→“绘弧”→“已知圆心点画圆”命令，根据系统提示，在绘图区选择坐标原点为圆心点，在工具栏中输入半径：10，单击按钮	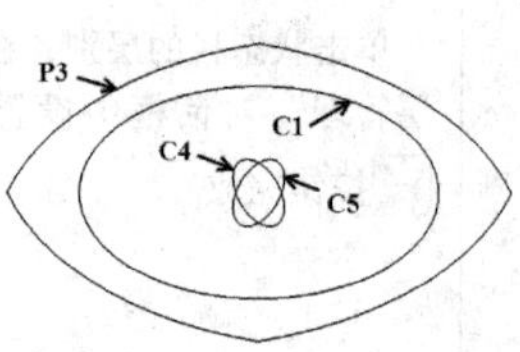
3	构建基本实体	设置图层2为当前构图层 设置构图面为俯视图，设置视角为等角视角 单击菜单“实体”→“挤出”命令，串连选择P3，弹出“挤出串连”对话框，选中“创建主体”单选按钮，选中“拔模”和“朝外”复选框，设置“角度”为10，“指定距离”为30，“拔模方向”为向下，单击按钮	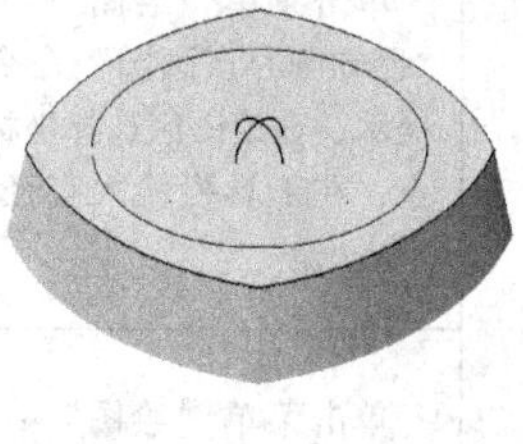
		单击菜单“实体”→“挤出”命令，串连选择C1，弹出“挤出串连”对话框，选中“切割实体”单选按钮，选中“拔模”复选框，设置“角度”为10，“指定距离”为20，“拔模方向”为向下，单击按钮	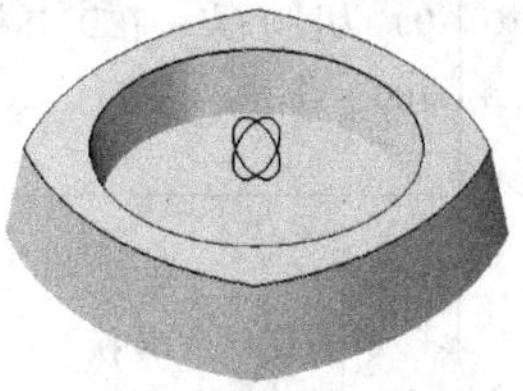
		单击菜单“实体”→“挤出”命令，串连选择C4、C5，弹出“挤出串连”对话框，选中“切割主体”和“全部贯穿”单选按钮，选中“两边同时延伸”复选框，单击按钮	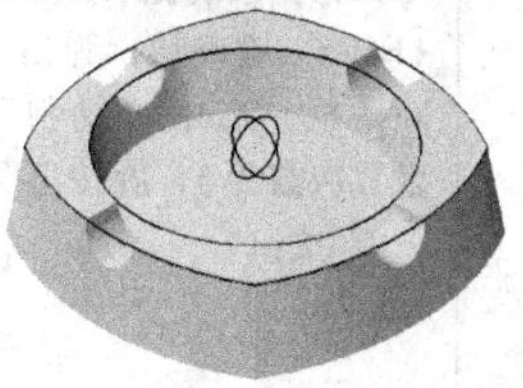

（续）

序号	绘制内容	操作过程	结果图示
4	实体倒圆角	设置图层3为当前构图层，关闭图层1 设置构图面为俯视图，设置视角为等角视角 单击菜单“实体”→“倒圆角”→“倒圆角”命令，选中工具栏上的“边选择”按钮，根据系统提示，选择如右图所示的曲线 弹出“倒圆角参数”对话框，输入圆角半径：8，单击按钮	
		单击菜单“实体”→“倒圆角”→“倒圆角”命令，单击工具栏上的“边选择”按钮，根据系统提示，选择如右图所示的曲线 弹出“倒圆角参数”对话框，输入圆角半径：3，选中“角落斜接”和“沿切线边界延伸”复选框，单击按钮	
5	构建毛坯面与辅助线	打开图层4 在状态栏设置深度Z = -30 单击菜单“绘图”→“矩形形状”命令，在工具栏上单击和按钮，在坐标栏中输入（0，0）点，在和文本框中均输入145，单击按钮	
		打开图层5 单击菜单“绘图”→“曲面曲线”→“单一边界”命令，根据提示依次选择毛坯面与烟灰缸底部的交线	

2. 烟灰缸实体加工

（1）数控加工工艺制定

该零件毛坯材料选45钢，毛坯尺寸为140mm×140mm×45mm的方料，下表面已加工。该零件加工内容包括外表面及内表面、倒圆角面。加工顺序及选用刀具如下：

1）用ϕ20立铣刀，采用挖槽粗加工方法进行实体粗加工，留0.5mm加工余量。

2）用ϕ12立铣刀，采用平行铣削加工方法进行实体半精加工，留0.2mm加工余量。

3）用ϕ8球头刀，采用环绕等距精加工方法进行实体精加工。

4）用ϕ4球头刀，采用残料精加工方法进行残料清除加工。

5）用ϕ20立铣刀，采用外形铣削加工方法精加工毛坯表面。主要切削用量见表4-19。

表 4-19　数控加工工序卡片

××	数控加工工序卡片		产品名称或代号	零件名称		材　料	零件图号
				旋钮		40Cr	
工序号	程序编号	夹具名称	夹具编号	使用设备		车间	
			台虎钳	MVC6040			
工步号	工步内容	刀具号	刀具规格/mm	主轴转速/(r/min)	进给量/(mm/r)	切削深度/mm	备注
1	曲面粗加工、留 0.5mm 加工余量	T1	ϕ20 立铣刀	1000	300	3	
2	曲面半精加工，留 0.2mm 加工余量	T2	ϕ12 立铣刀	1200	300		
3	曲面精加工	T3	ϕ8 球头刀	2000	400		
4	残料精加工	T4	ϕ4 球头刀	3000	200		
5	毛坯表面精加工	T1	ϕ20 立铣刀	1000	300		

（2）工件设置

1）单击菜单“机床类型”→“铣削”→“默认”命令，单击操作管理中的 属性 - Mill Default MM 前的“+”号，单击“素材设置”。

2）在弹出的“机床群组属性”对话框的“素材原点”的 X、Y、Z 文本框中输入工件尺寸 145×145×45。在工件原点的 Z 文本框中输入 1，单击 按钮，参数设定如图 4-129 所示。

3）工件设置结果如图 4-130 所示。

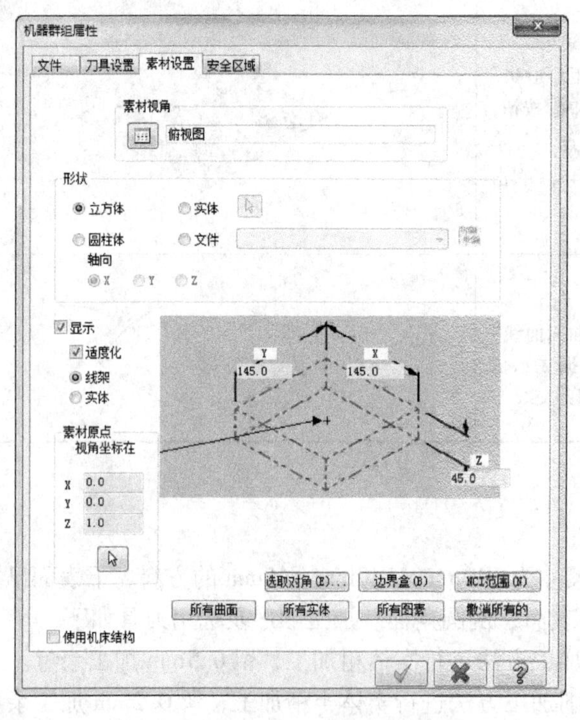

图 4-129　“机床群组属性”对话框　　　　图 4-130　毛坯设置

（3）刀具路径生成

根据旋钮数据加工工艺，刀具路径生成过程见表 4-20。

表 4-20　烟灰缸加工刀具路径生成过程

序号	绘制内容	操作过程	结果图示
1	挖槽粗加工方法进行实体粗加工	单击菜单“刀具路径”→“曲面粗加工”→“挖槽粗加工”命令，弹出“选择加工曲面”对话框，单击工具栏上的按钮，单击按钮，选择烟灰缸实体，按〈Enter〉键确认； 在弹出的“刀具路径的曲面选取”对话框中单击按钮，串连选择毛坯面矩形，单击确定 弹出“曲面粗加工挖槽”对话框，默认打开“刀具路径参数”选项卡，选择 $\phi20$ 平底立铣刀，设置刀具号码为 1，进给率为 300，主轴转速为 1000，下刀速率为 150，选中“快速提刀”复选框，设置切削液为开	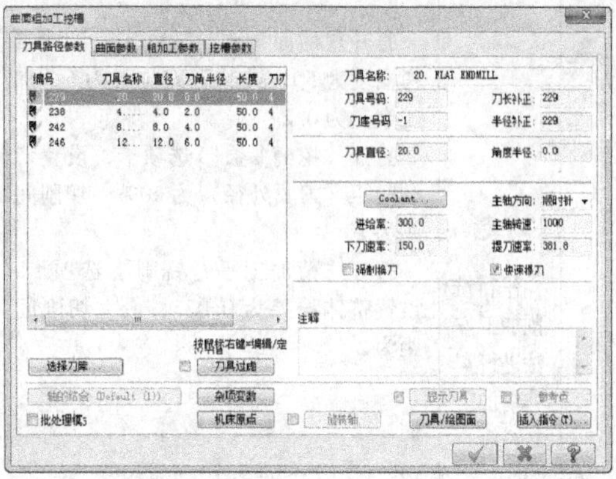
		打开“曲面参数”选项卡，设置参考高度为 50，进给下刀位置为 5，加工余量为 0.5 打开“挖槽参数”选项卡，设置切削间距（刀具外径）为 50%，切削间距为 10 打开“粗加工参数”选项卡，设置整体误差为 0.025，最大 Z 轴进给量为 3	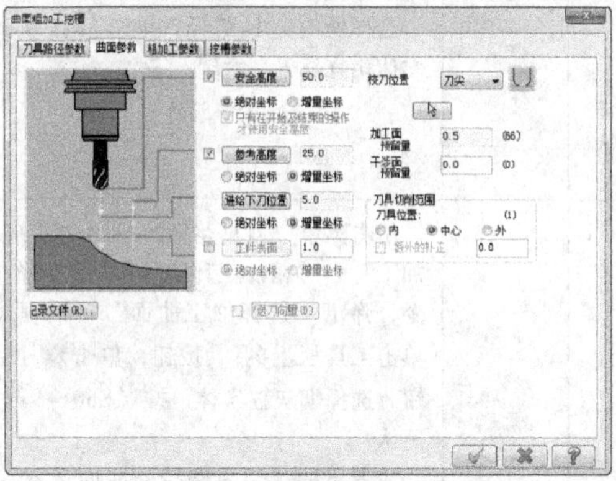
		选择所有刀具路径，单击按钮，实体仿真结果见右图	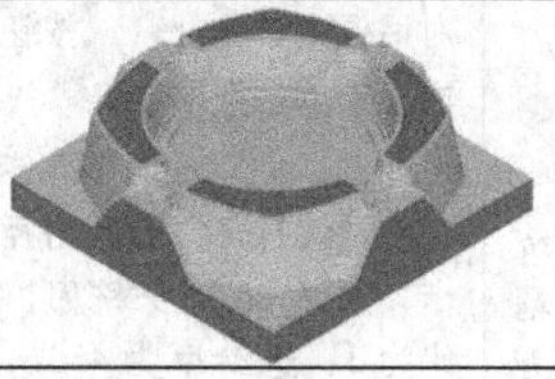
2	平行铣削加工方法进行实体精加工	单击菜单“刀具路径”→“曲面精加工”→“平行铣削精加工”命令，弹出“选择加工曲面”对话框，单击工具栏上的按钮，单击按钮，选择烟灰缸实体，按〈Enter〉键确认 在弹出的“刀具路径的曲面选取”对话框中单击按钮，选择毛坯面，单击按钮 弹出“曲面精加工平行铣削”对话框，默认打开“刀具路径参数”选项卡，选择 $\phi12$ 球头铣刀，设置刀具号码为 2、进给率为 300、主轴转速为 1200、下刀速率为 150，选中“快速提刀”复选框，设置切削液为开	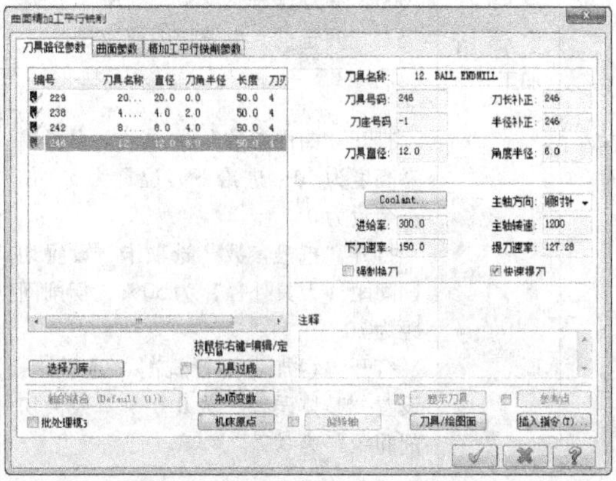

（续）

序号	绘制内容	操作过程	结果图示
2	平行铣削加工方法进行实体精加工	打开“曲面参数”选项卡，设置参考高度为50、进给下刀位置为5、加工余量为0.2 打开“挖槽参数”选项卡，设置切削间距（刀具外径）为50%、切削间距为10 打开“精加工平行铣削”选项卡，设置整体误差为0.025、最大切削间距为2	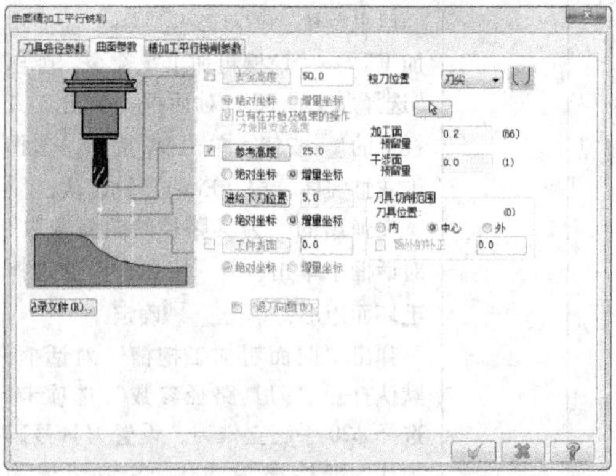
		选择所有刀具路径，单击按钮，实体仿真结果见右图	
3	环绕等距精加工方法进行实体精加工	单击菜单“刀具路径”→“曲面精加工”→“精加工环绕等距加工”命令，弹出“选择加工曲面”对话框，单击工具栏上的按钮，单击按钮，选择烟灰缸实体，按〈Enter〉键确认 在弹出的“刀具路径的曲面选取”对话框中单击按钮，选择毛坯面，单击按钮 弹出“曲面精加工环绕等距”对话框，默认打开“刀具路径参数”选项卡，选择 $\phi8$ 球头铣刀，设置刀具号码为3，进给率为450，主轴转速为2000，下刀速率为200，选中“快速提刀”复选框，设置切削液为开	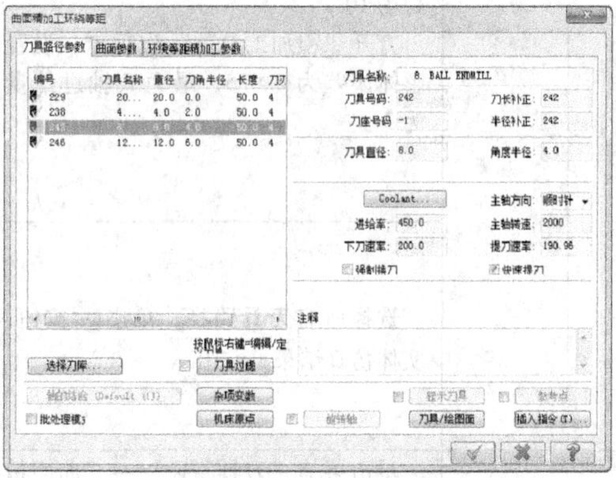
		打开“曲面参数”选项卡，设置参考高度为50，进给下刀位置为5，加工余量为0 打开“挖槽参数”选项卡，设置切削间距（刀具外径）为50%，切削间距为10 打开“精加工平行铣削”选项卡，设置“整体误差”为0.01，“最大切削间距”为0.2	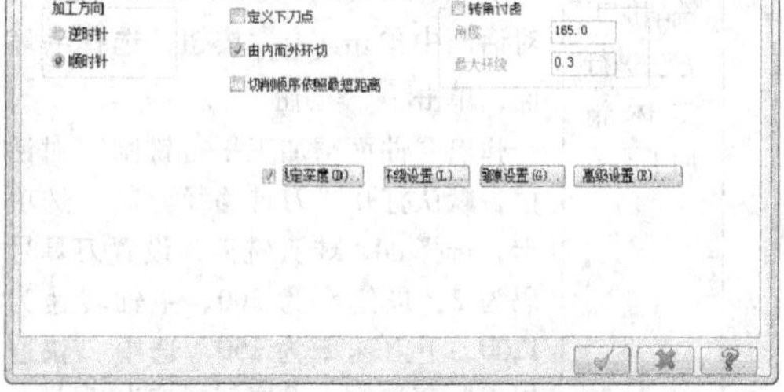

（续）

序号	绘制内容	操作过程	结果图示
3	环绕等距精加工方法进行实体精加工	选择所有刀具路径，单击按钮，实体仿真结果见右图	
4	残料精加工方法进行残料清除加工	单击菜单“刀具路径”→“曲面精加工”→“精加工残料加工”命令，弹出“选择加工曲面”对话框，单击工具栏上的按钮，单击按钮，选择烟灰缸实体，按〈Enter〉键确认 在弹出的“刀具路径的曲面选取”对话框中单击按钮，选择毛坯面，单击按钮 弹出“曲面精加工环绕等距”对话框，默认打开“刀具路径参数”选项卡，选择 $\phi 4$ 球头铣刀，设置刀具号码为 4，进给率为 150，主轴转速为 3000，下刀速率为 150，选中“快速提刀”复选框，设置“切削液”为开	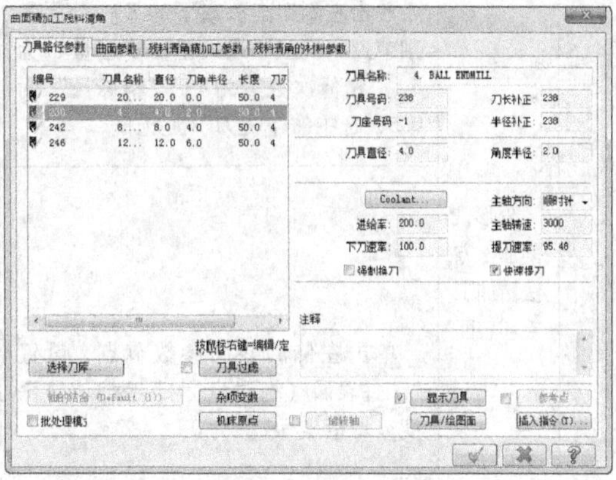
		打开“曲面参数”选项卡，设置“参考高度”为 50，“进给下刀位置”为 5，“加工余量”为 0 打开“残料清角精加工”选项卡，设置“整体误差”为 0.025，“最大切削间距”为 0.2 打开“残料清角的材料参数”选项卡，粗铣刀具的刀具直径为 8，粗铣刀具的刀具半径为 4	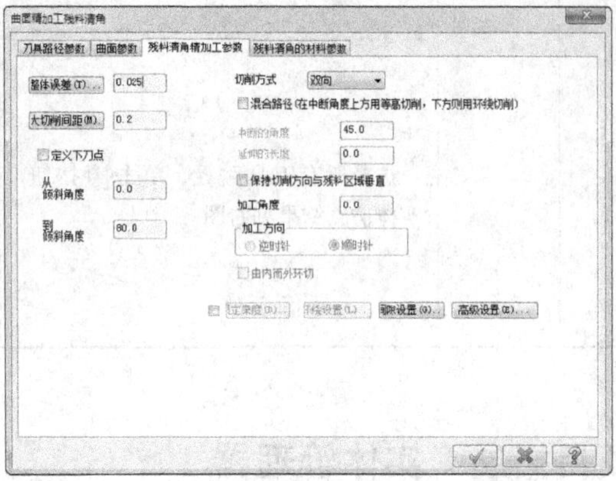
		选择所有刀具路径，单击按钮，实体仿真结果见右图	

（续）

序号	绘制内容	操作过程	结果图示
5	外形铣削加工方法精加工毛坯表面	单击菜单“刀具路径”→“外形铣削”命令，根据提示，串连选择烟灰缸底部辅助曲线，单击按钮 在弹出的“外形铣削”对话框中单击左侧刀具节点，选择 φ20 平底立铣刀，设置“进给率”为 300，主轴转速为 1000，下刀速率为 150，选中“快速提刀”复选框，设置“切削液”为开 单击左侧切削参数下的 Z 轴分层铣削节点，设置“最大粗切步进量”为 5，“精修次数”为 1，“精修量”为 0.5，选中“不提刀”复选框	
		单击左侧的共同参数节点，设置“工件表面（绝对坐标）”为 1，“深度（增量坐标）”为 0	
		选择所有刀具路径，单击按钮，实体仿真结果见右图	

项目拓展　实体管理器

实体管理器是一个管理实体、编辑实体和进行实体操作的有效工具。实体管理器位于绘图区的左侧，保存了实体操作过程的历史记录，便于用户编辑实体的特征和查看实体操作的过程。如图 4-131 所示二维图形，经过实体操作得到如图 4-132 所示的实体。实体操作过程则记录在实体管理器中，如图 4-133 所示（说明见表 4-21）。

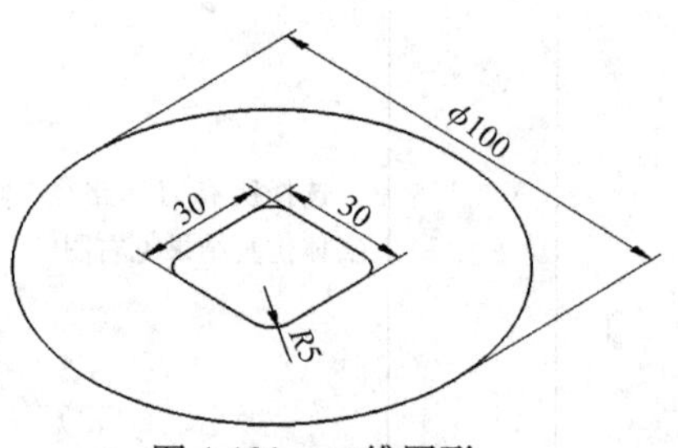

图 4-131　二维图形

图 4-132　实体操作结果

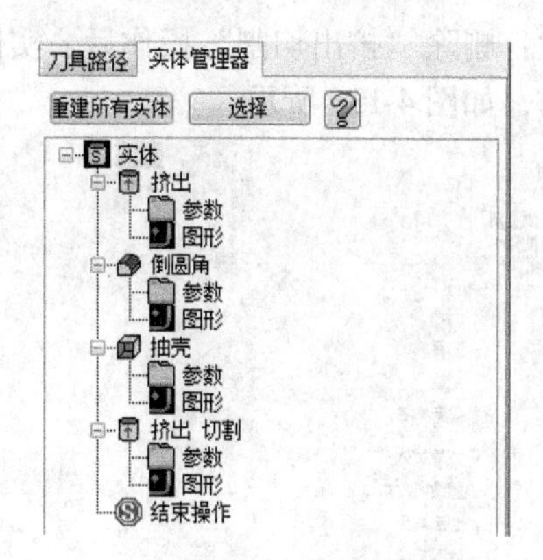

图 4-133　实体管理器

表 4-21　数控加工工序卡片

实体操作方法	实体操作结果	说　明
挤出		挤出：20 拔模：向内 10°
倒圆角		下表面轮廓线倒圆角：*R*10
抽壳		上表面薄壳：朝内 5
挤出切割		挤出：切割实体 全部贯穿

1. 删除实体特征

删除实体特征的操作步骤如下：

1）打开示例文件“ch4/4-134. MCX-6”，在实体管理器中选择“挤出切割”操作，单击鼠标右键，弹出如图 4-134 所示的实体操作菜单。

2）选择“删除”选项，此时“实体”前显示，单击重建所有实体按钮，得到如图 4-135 所示的实体。

注意：删除“挤出切割”操作后，实体管理器中只有“挤出”“倒圆角”“抽壳”3个实体操作，如图4-136所示。

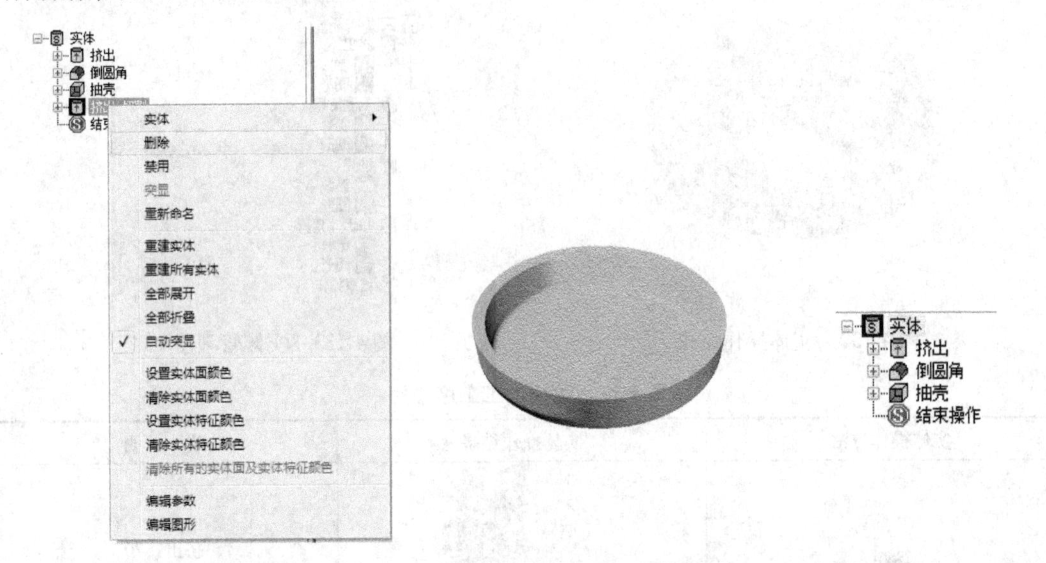

图4-134　实体操作菜单　　图4-135　删除实体操作结果　　图4-136　实体操作管理器

2. 隐藏实体操作

隐藏实体就是对实体特征进行暂时屏蔽，其操作步骤如下：

1）打开示例文件“ch4/4-132. MCX-6”，在实体管理器中选择“挤出切割”操作，单击鼠标右键。

2）在弹出的快捷菜单中选择“禁止”选项，得到如图4-137所示的实体。

注意：隐藏“挤出切割”操作后，实体管理器中还有“挤出”“倒圆角”“抽壳”“挤出切割”4个实体操作，不过“挤出切割”呈灰色显示，如图4-138所示。

图4-137　隐藏实体操作结果

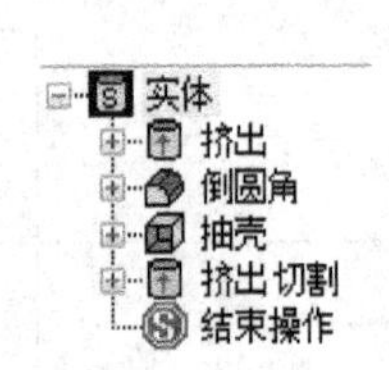

图4-138　实体操作管理器

3. 编辑实体操作的参数

修改实体特征的参数的操作步骤如下：

1）打开示例文件“ch4/4-132. MCX-6”，在实体管理器中选择“抽壳”操作，单击鼠标右键，在弹出的快捷菜单中选择“编辑参数”选项。

2）单击“抽壳”操作下的“参数”，设置朝内的厚度为15，此时“实体”前显示▨，单击重建所有实体按钮，得到如图4-139所示的实体。

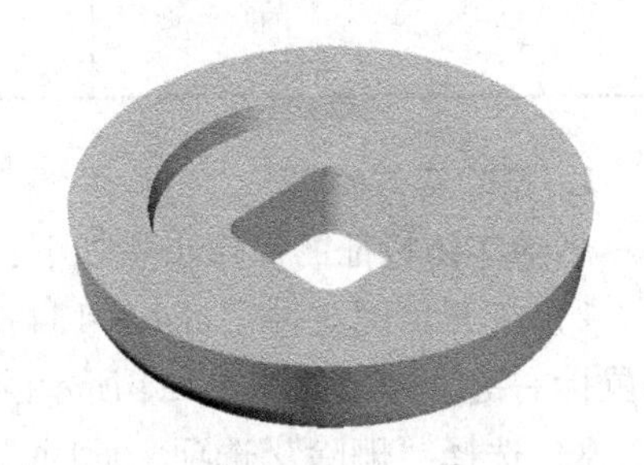

图4-139　编辑实体操作的参数结果

4. 编辑实体操作的几何对象

增加或重新选择实体操作的串连图素的操作步骤如下：

1）打开示例文件“ch4/4-132. MCX-6”，在实体管理器中选择“挤出”操作，单击鼠标右键，在弹出的快捷菜单中选择“编辑图形”选项。

2）单击“挤出”操作下的“图形”，在弹出的“实体串连管理”对话框中单击鼠标右键，在弹出的快捷菜单中选择“增加串连”，选择曲线 P1（见图 4-140 所示），单击✓按钮，此时“实体”前显示图标，单击“重建所有实体”按钮，得到如图 4-141 所示的实体。

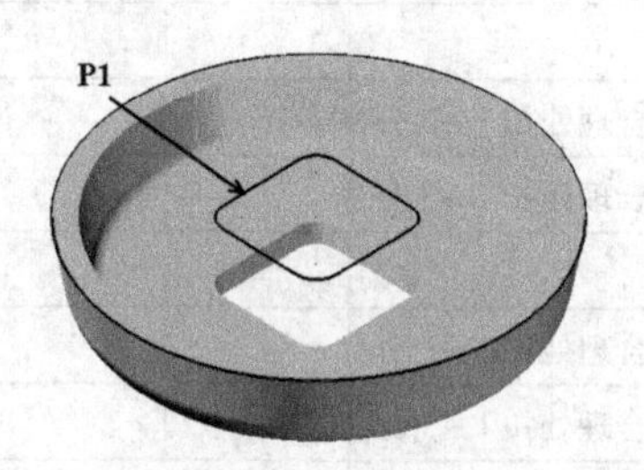

图 4-140　原始实体

图 4-141　编辑实体操作的几何对象结果

5. 改变实体操作的顺序

在不违反几何建构原理的情况下调整实体的建构顺序的操作步骤如下：

打开示例文件“ch4/4-132. MCX-6”，在实体管理器中选择“抽壳”操作，并按住不放，将其拖动到“挤出切割”实体特征后，得到如图 4-142 所示的实体。

6. 改变结束标志的位置

将结束标志移动到允许位置，隐藏该位置后面的实体操作的操作步骤如下：

打开示例文件“ch4/4-132. MCX-6”，在实体管理器中选择“结束标志”，并按住不放，将其拖动到“倒圆角”实体特征后，得到如图 4-143 所示的实体。

图 4-142　改变实体操作的顺序结果

图 4-143　改变结束标志的位置结果

项目评价

烟灰缸实体整个加工过程完成后，对学生从造型到加工实训过程进行评价，评分表见表 4-22。

表 4-22　烟灰缸实体造型与加工评分表

姓名			零件名称			开始时间	
班级						结束时间	
	序号	考核项目	考核内容及要求	配分	评分标准	学生自评	教师评分
零件造型	1	实体	线框尺寸	10	尺寸与位置各 1 分		
	2		生成实体	5	每错一处扣 3 分		
	3	半圆槽与倒圆角	半圆槽	10	尺寸与位置各 1 分		
	4		倒圆角	10	每错一处扣 3 分		
	计分			35			
工艺分析	5	加工工艺	加工方法及顺序	15	不合理处扣 1 ~ 3 分		
	6		刀具及切削用量	10	不合理处扣 1 ~ 3 分		
	计分			25			
加工刀具路径	7	刀具路径	刀具路径的完整性	15	不合理处扣 1 ~ 3 分		
	8		刀具路径的正确性	10	不合理处扣 1 ~ 3 分		
	9		加工精度、走刀次数、加工参数等合理性	10	不合理处扣 1 ~ 3 分		
	计分			35			
模拟与后处理	10	加工模拟与后置处理	毛坯设置	1	每错一项扣 1 分		
	11		模拟加工	2	每错一处扣 1 分		
	12		生成 NC 程序	2	未生成扣 1 分		
	计分			5			
教师点评				总成绩			

项目训练

绘制如图 4-144 ~ 图 4-145 所示的零件，并生成刀具路径。

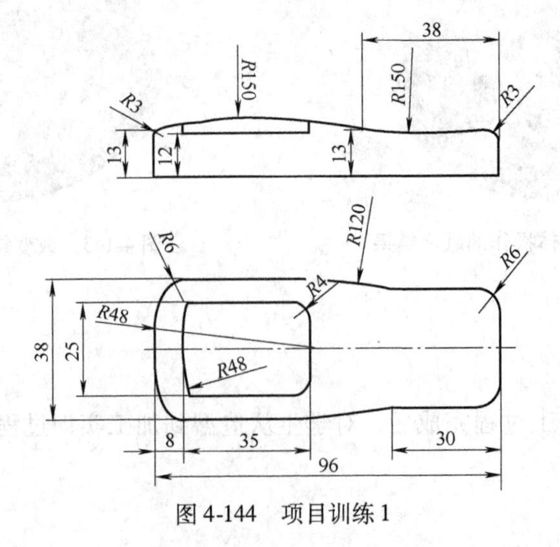

图 4-144　项目训练 1

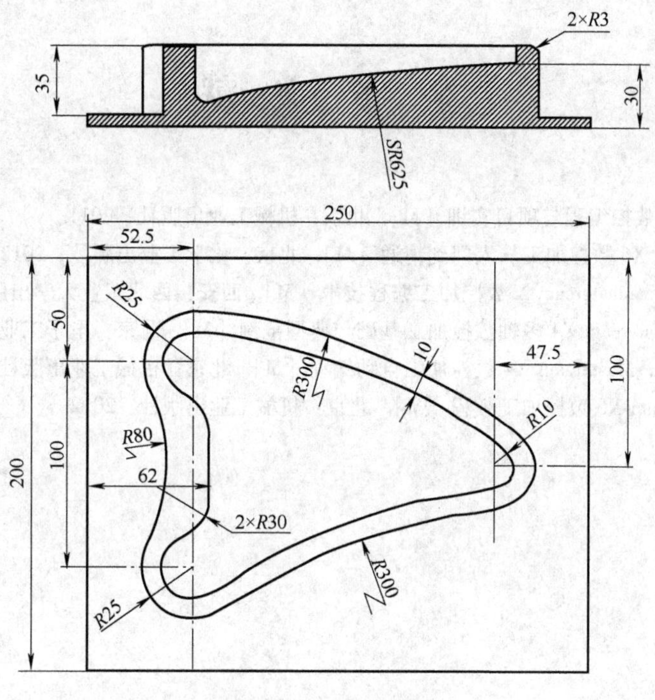
2×R3
35
30
SR625
250
52.5
R25
50
R300
10
47.5
100
R10
R80
200
100
62
2×R30
R300
R25
图 4-145　项目训练 2

参 考 文 献

[1] 田坤. Mastercam 数控编程与项目实训 [M]. 北京：机械工业出版社，2011.
[2] 曹岩. Mastercam X6 数控加工从入门到精通 [M]. 北京：化学工业出版社，2012.
[3] 冯辉英，李晓静. Mastercam X 数控加工编程技术 [M]. 西安：西北工业大学出版社，2012.
[4] 李万全，等. Mastercam X4 多轴数控加工基础与典型范例 [M]. 北京：电子工业出版社，2011.
[5] 康亚鹏，徐海军. Mastercam X4 数控加工自动编程 [M]. 北京：机械工业出版社，2011.
[6] 詹友刚. Mastercam X6 数控加工教程 [M]. 北京：机械工业出版社，2012.